Python青少年编程魔法课堂

（案例+视频教学版）

蒋子阳◎编著

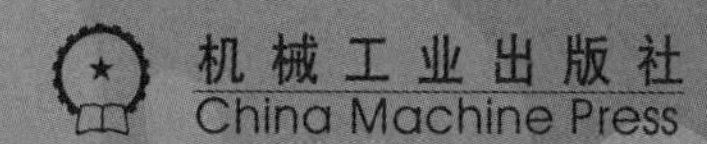
机械工业出版社
China Machine Press

图书在版编目（CIP）数据

Python青少年编程魔法课堂：案例+ 视频教学版/蒋子阳编著. —北京：机械工业出版社，2020.9

ISBN 978-7-111-66655-4

Ⅰ. P…　Ⅱ. 蒋…　Ⅲ. 软件工具－程序设计－青少年读物　Ⅳ. TP311.561-49

中国版本图书馆CIP数据核字（2020）第184863号

Python 青少年编程魔法课堂（案例+视频教学版）

出版发行：机械工业出版社（北京市西城区百万庄大街 22 号　邮政编码：100037）

责任编辑：迟振春	责任校对：姚志娟
印　　刷：中国电影出版社印刷厂	版　　次：2020 年 10 月第 1 版第 1 次印刷
开　　本：186mm×240mm　1/16	印　　张：21.75
书　　号：ISBN 978-7-111-66655-4	定　　价：99.00 元

客服电话：（010）88361066　88379833　68326294　　投稿热线：（010）88379604

华章网站：www.hzbook.com　　读者信箱：hzit@hzbook.com

前言

Python 是一门好用的计算机编程语言，其学习门槛低，使用也很简单。利用 Python 语言，可以编写各种应用程序，尤其是大数据分析程序和人工智能应用程序。可以说，Python 与大数据分析、人工智能编程的关系很密切。随着人工智能的发展，Python 越来越热门，越来越多的人加入学习 Python 编程之列，其中不乏青少年群体。如今，很多小学也都开设了 Python 编程课。可以预见，未来几年，青少年学习 Python 编程会越来越普遍。

目前，市场上 Python 编程的图书可谓汗牛充栋，但鲜见较为适合青少年阅读的图书。笔者在工作之余思考和探索青少年群体如何学好 Python 编程，发现晦涩的语法讲解会让他们失去学习的兴趣，而通过一些好玩又实用的编程案例带领他们学习，效果更好。通过完成一个个编程案例，可以激发他们学习 Python 的兴趣，能让他们在学习中获得成就感。基于这个原因，笔者决定编写一本这样的图书，以帮助青少年更好地学习 Python 编程。

本书通过一些有趣、好玩的 Python 编程小案例，一步步带领读者掌握 Python 编程。本书分为两篇：第 1 篇主要是带领读者掌握 Python 的基本语法，包括使用数字、创建常量和变量、写表达式、创建判断结构、创建循环控制结构、定义函数和类等；第 2 篇主要是带领读者练习使用 Python 额外支持的模块，如 tkinter、turtle、matplotlib 和 pygame 等。本书不仅用诙谐幽默的语言讲述，而且还在恰当的位置穿插了合适的图片，包括问题描述的示意图、实际操作的过程图、程序执行的结果展示图。相信本书可以让没有太多编程基础的青少年，特别是中小学生也能认识 Python、会用 Python 和爱用 Python。

本书特色

1. 提供300分钟配套教学视频，带领读者轻松学习

为了能让读者更加快速、直观地学习 Python 编程，笔者特意为本书中的案例录制了 20 段（共 300 分钟）配套教学视频。读者可以先阅读书中的案例实现思路，然后结合教学视频和图书学习案例的实现过程，最后自己动手实践，完成整个案例。

2. 以有趣、好玩的编程小案例引导学习的全过程，拒绝枯燥乏味

按照从基础到进阶的顺序逐个讲述 Python 的全部语法，并穿插一些示例，这是大多数 Python 图书的讲解步骤。例如，从数字、表达式、列表及字典等，到判断结构和循环

控制结构等，再到函数、类及模块等。

本书并没有从语法着手讲解 Python 编程，而是选取了 58 个有趣的编程小案例带领读者学习。这些案例有些是解决数学问题的，有些是介绍经典算法的，还有些是要做出实用功能的，可谓面面俱到。通过用 Python 编程完成这些小案例，读者可以在亲自动手的过程中掌握 Python 编程，这样学习起来更有趣，也更有成就感。

3．案例安排得当，行文幽默诙谐，适合初学者，特别是青少年阅读

考虑到本书是通过实际案例带领读者学习编程，所以在编排时非常注意案例的前后顺序。本书按照从基础到进阶的学习梯度安排案例，从简单平滑地过渡到复杂，适合读者学习。而且，读者每实现一个案例，都会学到一些新的 Python 知识。

完成案例只是一种学习方式，主要是为了让读者在动手的过程中掌握 Python 的语法知识。在需要讲述语法知识时，笔者不吝惜笔墨，力求做到细致、透彻；对于只需要大致了解的语法知识，笔者也不会拖泥带水，力争做到简明扼要。

4．章末设有课后小练习，便于读者巩固和提高

在本书中，大部分编程小案例占据了一章的篇幅，也有一些章节中包含多个小案例。总之，本书的每章都很简短，阅读起来毫不费力。为了能够巩固在完成小案例过程中所学习的新知识，一些章后还特意设置了有针对性的课后小练习。

课后小练习一般先提出一个和所学案例有关的问题，然后给出解决这个问题的思路，最后公布解决问题的答案。读者可以根据提示，自行编写 Python 程序解决问题，并把自己的答案和笔者公布的答案做对比。

本书内容

第1篇　Python编程基础案例（第1～25章）

第 1 章主要介绍用什么编写 Python 程序，以及怎样保存和运行 Python 程序，为后面学习编程小案例打下基础。

第 2～4 章的案例包括制作一个小小的计算器、求阴影部分的面积以及解对折细绳的问题。这些案例涉及的 Python 语法知识主要有数字（整数、浮点数、小数和分数）的用法、写计算表达式、print()函数和 input()函数的使用、导入 math 模块等。

第 5～10 章的案例包括解鸡兔同笼的问题、趣味数字游戏、背诵九九乘法表和给成绩排序。这些案例涉及的 Python 语法知识主要有 if 判断结构、for 循环结构、while 循环结构和列表的用法等。

第 11 和 12 章的案例是做一个升级版的成绩排序小工具。这些案例涉及的 Python 语法知识主要有 split()函数和 zip()函数的使用、元组及字典的用法等。

第 13～15 章通过案例深入介绍元组和字典的使用。其中，第 15 章分享了几个循环中的小技巧。

第 16～20 章的案例包括万年历、简易通讯录、续写斐波那契数列和解汉诺塔问题。这些案例涉及的 Python 语法知识主要有如何定义和调用函数。为了便于读者更深入地理解函数，第 16 章特意用一章的篇幅介绍函数的相关知识。

第 21～25 章的案例包括升级简易通讯录、发纸牌比大小游戏和做一个员工数据库。这些案例涉及的 Python 语法知识主要有如何定义类和创建类的实例。其中，第 21 章特意用一章的篇幅解释什么是类，第 24 章特意用一章的篇幅解释什么是继承。

第2篇　Python编程进阶案例（第26～39章）

第 26～31 章的案例包括捕捉不到的按钮、Q 版单位换算小工具、用按钮操作的小小计算器、绘制一幅卡通画、绘制动漫人物和制作一个轻量级画图板。这些案例主要涉及 tkinter 模块的导入和使用。

第 32～35 章的案例包括绘制太极图案、绘制小猪佩奇、制作一个桌面动态时钟和一个数显时钟。这些案例主要涉及 turtle 模块的导入和使用。

第 36～38 章的案例包括制作一个简易的图片浏览器、绘制二维图表（如折线图、散点图和柱状图等）和绘制三维图表（如三维散点图和三维曲面图）。这些案例主要涉及 matplotlib 模块的导入和使用。

第 39 章介绍了一个益智五子棋游戏案例的开发，涉及 pygame 模块的导入和使用。该案例比较考验读者的思维能力。

本书配套资源

- 配套教学视频；
- 所有的案例源代码文件。

这些配套资源需要读者自行下载。请在华章网站（www.hzbook.com）上搜索到本书，即可在本书页面上找到下载链接。

本书读者对象

- 对计算机编程感兴趣的青少年，尤其是中小学生；
- 有意接触 Python 编程但还没有基础的人；
- 想用 Python 编写小项目的编程爱好者；
- 想通过 Python 学习编程的入门人员；
- 部分低龄算法爱好者。

售后支持

因 Python 技术日新月异，加之作者水平和成书时间所限，书中可能还有一些疏漏和不当之处，敬请各位读者指正。阅读本书时若有疑问，请发 E-mail 到 hzbook2017@163.com。

目录

第 2 篇 Python 编程进阶案例

第1篇 Python 编程基础案例

本篇涵盖的内容有：使用 Python 打印简单内容；小小的 Python 计算器；解阴影面积谜题；解对折细绳谜题；解鸡兔同笼谜题；趣味数字游戏；背乘法表；成绩排序；别样索引；常规修改；给排序小工具添加实用功能；例说元组的使用；例说字典的使用；分享几个循环中的小技巧；函数入门；做个万年历；做个简易通讯录；写斐波那契数列；解汉诺塔问题；揭秘类的神秘面纱；升级通讯录；发纸牌比大小游戏；类的继承；做个员工数据库。

第 1 章　使用 Python 打印简单内容

Hello，大家好！从本章开始我们将逐步探索使用 Python 这门程序设计语言能够做出什么样的有趣程序。不过，万丈高楼平地起，想要做出有趣的程序，还要从能够熟练地编写 Python 代码打印出简单的内容开始。

当然了，对于 Python 本身，从基础的语法一点一滴地学起还是相当枯燥乏味的。如果能通过由浅入深的程序范例一睹 Python 的风采是再好不过的了，这也是我们今后的目标。学会使用什么样的工具去完成 Python 程序设计是我们要迈出的第一步，那么让我们这就开始吧！

1.1　初识 Python 的 IDLE

在以后的学习过程中，我们会有很多次亲自实践编写 Python 代码及运行 Python 程序的机会，这是必不可少的。为了方便编写 Python 代码和运行 Python 程序这一连串过程，需要先在计算机上准备好适合的工作环境。

在计算机上安装 Python 的过程（附录 A 详细描述了该过程需要哪些步骤）中，同时会自动安装一款名叫 IDLE 的工具软件，这是和 Python 一起提供给开发者使用的。

如果读者使用的是 Windows 10 系统，那么就能在“开始”菜单中找到安装的 Python 以及其下的一系列工具软件（包括以后会经常接触的 IDLE 工具软件），如图 1-1 所示。

图 1-1 “开始”菜单里的 Python 工具软件

不要小看 IDLE，它就是今后编写和运行 Python 程序会用到的主要环境，就像我们在计算机上创建或者打开 Word 文档需要用到 Office 或者 WPS 软件一样。

图 1-2 展示了 IDLE 软件打开后的界面。每个 IDLE 软件的名称都包含它所对应的 Python 版本（例如 Python 3.6 64-bit），随着 Python 语言的版本不断更新（目前最新版本

是 3.7），相对应的 IDLE 的版本也在同步更新。

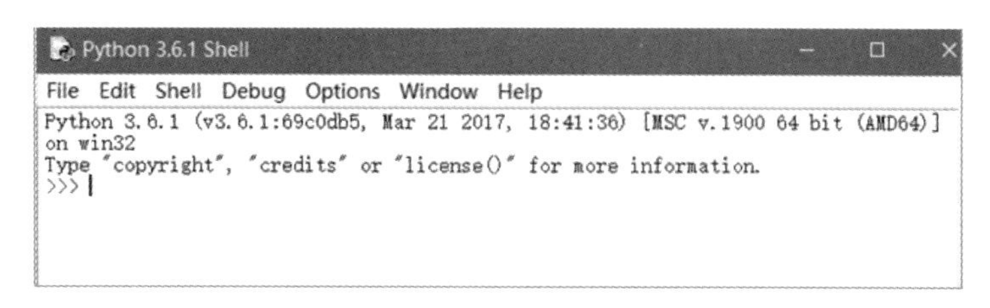

图 1-2　打开 IDLE 后的界面

我们暂且放着 IDLE 菜单上的那些选项不管，看见图 1-2 所示的 IDLE 窗口中第 4 行的 3 个箭头（“>>>”符号）了吗？它是 IDLE 中的起始提示符，代表着 Python 程序的每一行语句的开始。每当我们写完一行 Python 语句并按换行键（Enter 键）表示该行结束即将开始新的一行，这个起始提示符都会又出现在新的一行中。

1.2　在 IDLE 中打印“Python 真好玩！”

既然本章的主题是使用 Python 打印简单的内容，那么我们就在 IDLE 中编写代码，打印“Python 真好玩！”这句话。实现这样的打印功能可以在 IDLE 中的起始提示符后面输入下面这行代码：

```
print("Python 真好玩！")
```

上面这行代码其实就是使用了 Python 中自带的 print()函数而实现打印功能的。

按照规则，想要打印输出的句子需要用英文状态下的双引号（或单引号）引起来，并传递给 print()函数，Python 会把这种用双引号（或单引号）引起来的句子当作一个字符串。

图 1-3 展示了 IDLE 在输入这句代码后的样子。

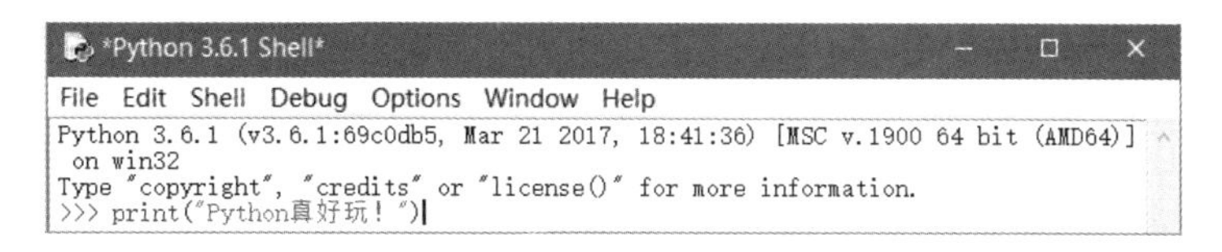

图 1-3　在 IDLE 中输入语句

这时候我们按换行键（Enter 键）会怎么样呢？答案就是这句代码被立即执行，并且在新的一行出现新的起始提示符（“>>>”符号）。图 1-4 展示的就是按换行键后的结果。

在图 1-4 中，没有被起始提示符引领（处在两个“>>>”符号之间）的就是打印的结果，可见打印的结果就是放在双引号中的内容。

```
Python 3.6.1 Shell
File  Edit  Shell  Debug  Options  Window  Help
Python 3.6.1 (v3.6.1:69c0db5, Mar 21 2017, 18:41:36) [MSC v.1900 64 bit (AMD64)]
 on win32
Type "copyright", "credits" or "license()" for more information.
>>> print("Python真好玩！")
Python真好玩！
>>> |
```

图 1-4　打印“Python 真好玩！”

感觉只是用 Python 打印出“Python 真好玩！”这句话还是有些不过瘾，那 Python 究竟还有什么好玩的？其实，Python 好玩的可多啦，例如，我们还可以用它计算乘法结果并打印出来。接下来试试在 IDLE 中输入下面这行语句：

```
print("34*99=", 34*99)
```

在 Python 中，两个数中间的“*”符号代表相乘的意思，这行语句的作用就是打印出 34×99 的结果。

print()函数中用双引号引起来的部分会在 IDLE 中直接打印出来，而没有用双引号引起来的部分则是一个计算表达式，在 IDLE 中打印的将是这个表达式的值。所以，将看到这行语句的运行结果如图 1-5 所示。

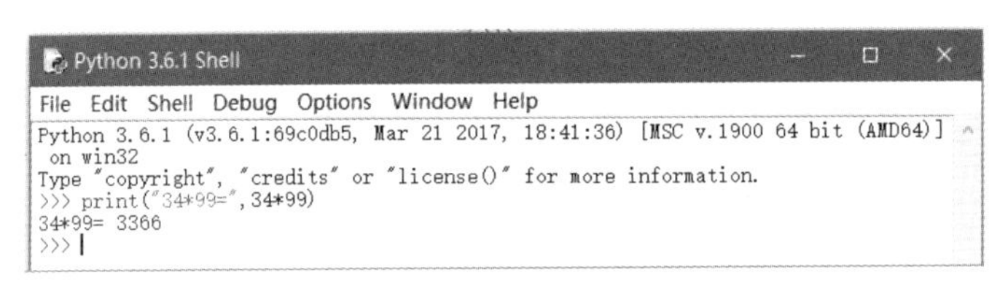

图 1-5　打印出 34×99 的结果

上面的这两个例子说明，在 IDLE 中输入的代码能够在换行之后马上运行。事实上这也是 IDLE 设计的主要功能之一，因为本质上 IDLE 就是一个 Python 的 Shell。所谓 Shell，其实就相当于一个“外壳”，这个外壳是展示给用户的，能够接收用户传递的命令，然后调用相应的应用程序。对于 IDLE 这个 Shell 来说，它还具有操作简易的界面。

实际上，对于我们输入的每一行语句，IDLE 都会将其视为一个需要立即执行的命令。这就有点像我们操作机器人一样，每当给机器人下达一条命令，机器人都会立即开始执行。那么能不能将 Python 程序输入到一个文件中并保存，然后使用 IDLE 一条一条地执行这个文件中的 Python 语句呢？那是肯定的。接下来我们就来看看该怎么使用 IDLE 提供的这个功能。

1.3　创建及保存 Python 文件

Python 的程序文件都是同样的文件类型，即后缀为.py 的文件。现在想一下，如果一个.py 文件内的 Python 程序有着成百上千行语句（成百上千这个数量并不算恐怖），那么按照我们最开始的做法是，每当要执行这个程序都要在 IDLE 中输入成百上千行的语句，一旦有某条语句输入错误，IDLE 就会立即提示并且需要重新输入该条语句。

将 Python 程序保存到.py 文件中，可以按照下面几个步骤进行。

（1）在 IDLE 的菜单栏中选择 File→New File 命令，如图 1-6 所示。

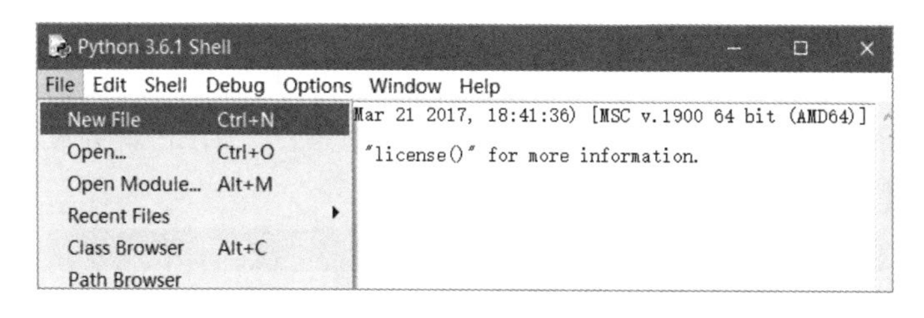

图 1-6　新建.py 文件

（2）IDLE 会打开一个新的空白文本编辑窗口。我们在这里输入那行“Python 真好玩！”的 Python 代码，如图 1-7 所示。

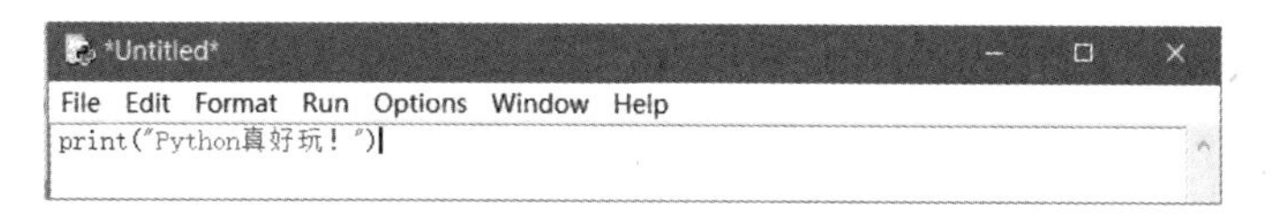

图 1-7　输入 Python 程序的文本编辑窗口

注意，如图 1-7 所示的文本编辑窗口中已经没有了每一行开始的提示符，在这里我们可以连续输入很多行的 Python 语句。每行 Python 语句后面的结束符不是分号（;），而是一个换行符（Enter 键）。

另外，这个文本编辑窗口中的菜单选项相比 IDLE 中的菜单选项发生了一些变化，最明显的就是 IDLE 菜单中的 Debug 选项被替换为 Run 选项。选择 Run→Run Module 命令可以直接运行文本编辑窗口中的 Python 程序，不过在此之前你必须保存它。

在文本编辑窗口的菜单栏中选择 File→Save 命令是保存 Python 程序到一个.py 文件的最直接办法，此时会弹出一个对话框询问文件名以及保存位置。

保存好之后，便可以运行 Run Module（运行模块）命令，这时会重新打开 IDLE，所有的打印都在 IDLE 中进行，如图 1-8 所示。

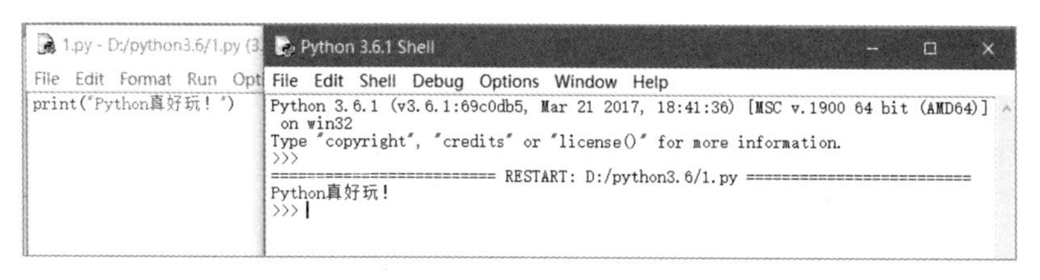

图 1-8　在 IDLE 中执行.py 文件

还想要实现更有意思的功能吗？例如，程序能够读取输入的内容，然后正确地打印出来。假设想要 IDLE 问我们“你来自哪里？”，我们只需要输入“中国”，然后 IDLE 就打印出“我来自：中国”。这需要重新执行 New File 命令，然后输入以下 Python 程序代码并按照上述步骤保存。

```
str = input("你来自哪里?")
print("我来自 : ", str)
```

再次执行 Run Module 命令，就会打开一个新的 IDLE 窗口，打印出“你来自哪里？”并等待内容的输入。我们在该行提示的后面输入“中国”，IDLE 就会读取输入的“中国”并打印出“我来自：中国”，如图 1-9 所示。

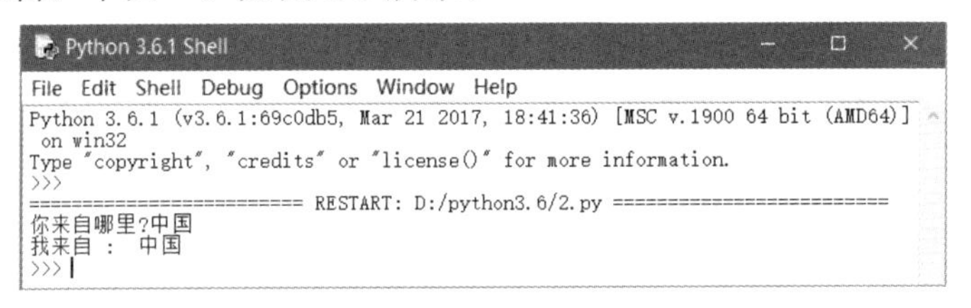

图 1-9　读取输入的内容

这其实就是 Python 的 input()函数的妙用。input()函数负责读取键盘的输入，同时也可以提示我们要输入什么样的内容。

str 保存的是 input()函数监听到的来自键盘的输入内容。在以后的编程实践中，我们通常会将程序中存在的 str 称为变量。str 被传递给 print()函数，print()函数就将双引号中的内容及 str 存储的内容一起打印出来。

通过编写简短的 Python 代码打印简单的内容，相信读者已经熟悉了 IDLE 这款工具软件的基本使用方法。怎么样？是不是很期待利用 Python 实现更复杂（不仅仅是读取键盘输入和打印内容）的功能呢？那我们开始后面章节的探索吧！

第 2 章　小小的 Python 计算器

开启有趣的 Python 编程探索之旅的第一个小例子就是做一个小小的 Python 计算器，这也是我们在本章的任务。计算器想必大家都用过，当我们计算比较复杂的数学难题时，希望有这个工具助我们一臂之力。对于非常大的数或非常小的数的计算，计算器都能胜任，包括加法运算、减法运算、乘法运算和除法运算甚至更复杂的幂运算。

好了，话不多说，就让我们马上开始吧。

2.1　从加减乘除入手：写计算表达式

既然本章的目的是做一个小小的 Python 计算器，那么我们首先就来试试使用 Python 完成一些简单的计算吧。假如我们遇到了数学中的几个计算式子——24+3、24−3、24×3、24^3 及 24÷3，并且希望使用 Python 计算它们，那么就可以编写下面这 6 个 Python 计算表达式：

```
24+3
24-3
24*3
24**3
24/3
24//3
```

在 IDLE 中依次输入这 6 个计算表达式，并按换行键（Enter 键）。因为 IDLE 会在一行语句换行之后立刻执行这行语句，所以这 6 个计算表达式都能立刻得到计算结果。图 2-1 展示了上面这 6 个计算表达式在 IDLE 中的执行结果。

关于 Python 的计算表达式，需要知道的是每一个计算表达式都可以分为操作数和表达式操作符两个部分。就拿上面这 6 个计算表达式来说，它们都有两个操作数——24 和 3，而表达式操作符则分别为+、−、*、**、/和//。

在这些表达式操作符中，加法运算和减法运算的表达式操作符与我们在数学中遇到的加法运算符号和减法运算符号是一致的，这让我们在使用时非常方便。

乘法运算的表达式操作符是“*”，这要和数学中的乘法运算符号区分开。此外，两个乘法运算表达式操作符叠加起来的表达式操作符“**”在 Python 中指的是乘方运算，例如表达式 24**3 是指 24^3。

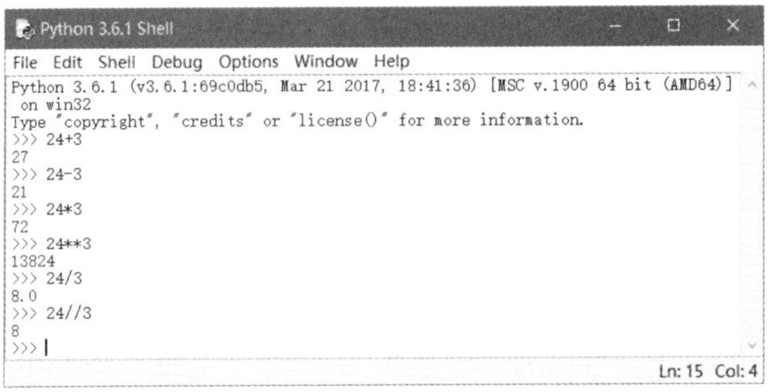

```
Python 3.6.1 Shell
File Edit Shell Debug Options Window Help
Python 3.6.1 (v3.6.1:69c0db5, Mar 21 2017, 18:41:36) [MSC v.1900 64 bit (AMD64)]
 on win32
Type "copyright", "credits" or "license()" for more information.
>>> 24+3
27
>>> 24-3
21
>>> 24*3
72
>>> 24**3
13824
>>> 24/3
8.0
>>> 24//3
8
>>> |
Ln: 15 Col: 4
```

图 2-1　在 IDLE 中运行计算表达式

“/” 和 “//” 在 Python 中都是除法运算的表达式操作符，但是它们两个稍有不同，这在图 2-1 中也能看得出来。

使用 “/” 符号的除法计算表达式会将计算结果保留小数部分，即便计算得到的结果是整数，这样的除法在 Python 中就是真除法。而使用 “//” 符号的除法计算表达式会将计算结果的小数部分统统去掉，即便计算结果本就应该带有小数部分，这样的除法在 Python 中就是 Floor 除法。

2.2　保存输入的数字：变量

我们在 IDLE 中输入计算表达式之后能立刻打印出计算结果，这是因为 IDLE 本质上是一个 Shell，它会在每一行的 Python 语句结束后立即执行这行语句。可是，这未免也“太低端”了！

我们要想一个办法，让程序能够读取我们在键盘上输入的数字，然后将这个数字保存起来作为操作数。

要达到这样的效果也不难，可以使用我们在第 1 章所学的 input()函数，它可以读取我们在键盘上输入的数字。当然，只使用 input()函数还是不够的，我们还需要创建一个变量，用变量将这个数字存储起来，例如下面这段代码：

```
str1 = input("请输入第一个操作数：")
print(str1)
str2 = input("接下来是第二个操作数：")
print(str2)
```

试着在 IDLE 中依次输入上面的 4 行代码。其中，输入完第一行语句并按 Enter 键之后，IDLE 会提示“请输入第一个操作数：”，这时假设输入了“24”，第二行语句使用 print()函数打印 str1，结果就是 24。

类似地，IDLE 执行第 3 行语句后会提示“接下来是第二个操作数：”，这时假设输入了“3”，第 4 行语句使用 print()函数打印 str2，结果就是 3。

图 2-2 展示了这 4 行代码在 IDLE 中的执行情况。

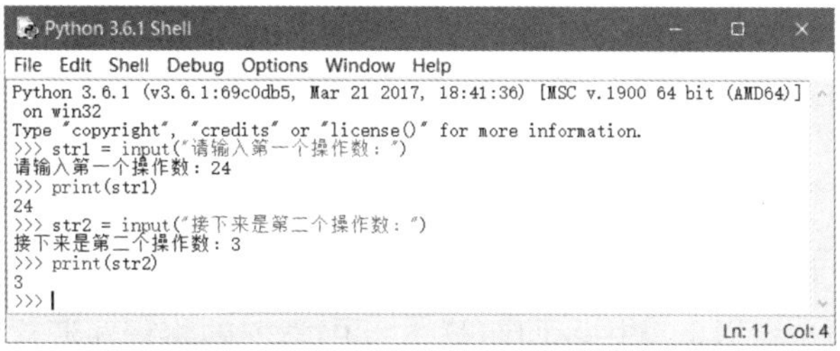

```
Python 3.6.1 Shell
File Edit Shell Debug Options Window Help
Python 3.6.1 (v3.6.1:69c0db5, Mar 21 2017, 18:41:36) [MSC v.1900 64 bit (AMD64)]
 on win32
Type "copyright", "credits" or "license()" for more information.
>>> str1 = input("请输入第一个操作数：")
请输入第一个操作数：24
>>> print(str1)
24
>>> str2 = input("接下来是第二个操作数：")
接下来是第二个操作数：3
>>> print(str2)
3
>>> |
Ln: 11 Col: 4
```

图 2-2　使用变量保存操作数

你一定好奇 str1 和 str2 为什么会被称为变量？变量又有什么作用呢？

其实，变量的作用就是暂时保存一个值，这个值是可以改变的。例如 str1 和 str2 可以读取我们从键盘输入的任何值，所以就被称为变量。

在 Python 中，与变量相对的是常量。对它们的正确理解是，常量的值是直接写出来的且不会再发生改变，而变量的值可以多次发生改变。例如在 2.1 节我们编写的 6 个计算表达式，它们的操作数就属于常量。

如果我们将上面那段程序改写为下面这段：

```
str1 = input("请输入第一个操作数：")
print(str1)
str1 = input("接下来是第二个操作数：")
print(str1)
```

这就让 str1 既保存了第一个操作数又保存了第二个操作数，那么使用 print()函数打印的结果就有可能不同。在 IDLE 中试着运行一下，假如第一个操作数我们还是输入了“24”，第二个操作数还是输入了“3”，那么两次 print()函数打印同一个变量 str1 的结果就分别为 24 和 3。

对于变量来说，下面是一些需要注意的事项：

（1）变量比较关键的一个操作就是让它得到需要存储的值，这个操作通常称为赋值操作。

（2）变量的赋值操作通过赋值表达式完成，表达式操作符是“=”，变量在操作符左边，而它的值在操作符右边。不要把赋值操作符“=”理解成“等于”的意思，表达“等于”含义的操作符是“==”，这个操作符在后面会用到。

（3）变量不需要在程序的一开始就创建并且在使用之前才赋值，通常变量在创建的同时就要执行赋值操作。

（4）将变量用于其他表达式之前，一定要确保该变量已被赋值。

2.3　小小的 Python 计算器成品

现在我们知道了使用 input()函数读取键盘输入的数字作为操作数，也知道了使用变量来存储这个操作数，理论上来说，目前为止这个小小的 Python 计算器的雏形已经有了。我们可以使用变量所存储的操作数执行加、减、乘、除操作，然后再用 print()函数将结果打印出来。

可是转念一想，这样也太麻烦了，每计算两个数的加、减、乘、除就需要在 IDLE 中编写好几行代码，这样还不如直接在 IDLE 中编写计算表达式去计算呢。

要想不这么麻烦也可以，就用我们在第 1 章中学习的将程序源代码保存到 Python 文件中的办法。想想看，其实可以把我们要做的这个小小的 Python 计算器的源码保存到一个 Python 文件中，然后每次我们想使用它的时候就直接执行 Run Module 命令。这个计算器会提示我们输入要计算的数字，然后再将计算结果打印出来。

沿着这样的思路就可以用 Python 设计出我们想要的计算器。计算器开始运行时会先提示“请输入第一个操作数：”，在输入第一个操作数之后又会提示“接下来是第二个操作数：”，在输入第二个操作数之后，它就会打印出两个操作数相加、相减、相乘、乘方和相除的结果。

下面就是这个小小的 Python 计算器的源代码。

```
# 使用 input()函数读取键盘输入
str1 = input("请输入第一个操作数：")
str2 = input("接下来是第二个操作数：")

# 使用 int()函数
x = int(str1)
y = int(str2)

# 输出计算结果
print(x,"+",y,"=",x+y)
print(x,"-",y,"=",x-y)
print(x,"*",y,"=",x*y)
print(x,"**",y,"=",x**y)
print(x,"/",y,"=",x/y)
print(x,"//",y,"=",x//y)
```

阅读更多的 Python 程序后你会发现，程序中会有很多以“#”符号开头的语句，有时候是一行，有时候是多行。无论是几行，凡是以“#”符号开头的语句，在 Python 中都是注释语句，注释语句不会被执行，只是起到说明的作用。为程序添加注释语句可以帮助别人快速地阅读我们的程序代码，所以一定要养成在适当的位置添加合理的注释语句的习惯哦！

我们试着在 IDLE 中保存并执行 Run Module 命令，假如第一个操作数输入的是 45，第二个操作数输入的是 6，那么计算器运行得到的结果如图 2-3 所示。尝试输入其他数字作为操作数也是可以的，不过对于数字，这里限定只能是整数。

```
Python 3.6.1 Shell
File Edit Shell Debug Options Window Help
Python 3.6.1 (v3.6.1:69c0db5, Mar 21 2017, 18:41:36) [MSC v.1900 64 bit (AMD64)]
 on win32
Type "copyright", "credits" or "license()" for more information.
>>>
================= RESTART: C:\Users\ziyang\Documents\2.3.py =================
请输入第一个操作数：45
接下来是第二个操作数：6
45 + 6 = 51
45 - 6 = 39
45 * 6 = 270
45 ** 6 = 8303765625
45 / 6 = 7.5
45 // 6 = 7
>>>
Ln: 13 Col: 4
```

图 2-3　小小的 Python 计算器运行结果

2.4　课后小练习

【问题提出】

想不想再稍微扩展一下这个小小的Python计算器的功能呢？在2.3节中我们实现的那个计算器只能进行整数的运算，如果在输入操作数的时候不慎输入了一个小数，那么程序的执行将会报错。

【小小提示】

实际上，input()函数读取键盘输入的数字后会将其作为字符赋值给 str1 和 str2 变量，这个字符经过 int()函数后才会成为整数。要想使这个小小的 Python 计算器能够进行小数的运算，那么就需要将字符转换为小数，即把使用 int()函数换成使用 float()函数。

【参考结果】

聪明的读者有没有想到解决的办法呢？其实可以根据上面的小小提示试着改动 2.3 节的程序，以实现能够进行小数运算的小小的 Python 计算器。图 2-4 展示了成功执行小数运算后的结果。

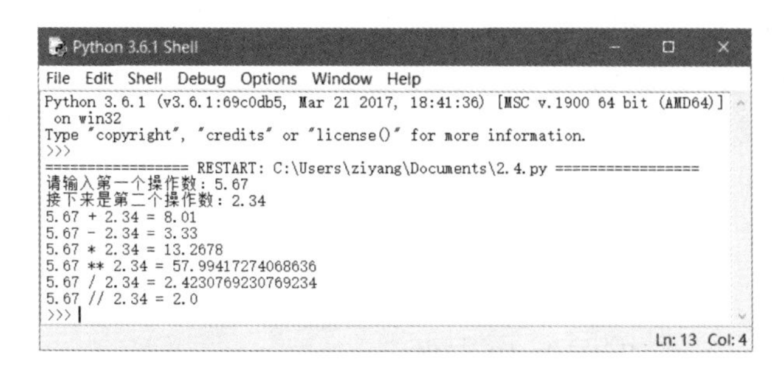

图 2-4　用小小的 Python 计算器进行小数运算

第 3 章　巧用数字解谜题——阴影面积

第 2 章我们制作了一个小小的 Python 计算器，在制作过程中可学到了不少的东西，还能记起它们吗？

使用表达式操作符和操作数就能写一个计算表达式，这个计算表达式在我们的这个小小的 Python 计算器中实现了大部分的功能。当然我们还学到了其他知识，包括 int()函数、float()函数及注释语句等。

工程师最喜欢使用 Python 进行科学计算啦，当然我们也可以通过 Python 编程来求解数学问题，这也是我们在学会了列写 Python 的计算表达式之后要做的下一步尝试。

本章我们就来试着用 Python 的计算表达式来解决一个简单的数学问题——求阴影部分的面积。那么，就让我们开始吧。

3.1　问题描述：阴影面积是多少

在上学的时候，尤其是初学圆形的时候，我们通常都会遇到和圆的面积相关的问题。现在有一个半径为 5cm 的圆，如图 3-1 所示，它外接了一个长度为 10cm 的正方形。规定在正方形的内部并且在圆形的外部的区域为阴影部分。

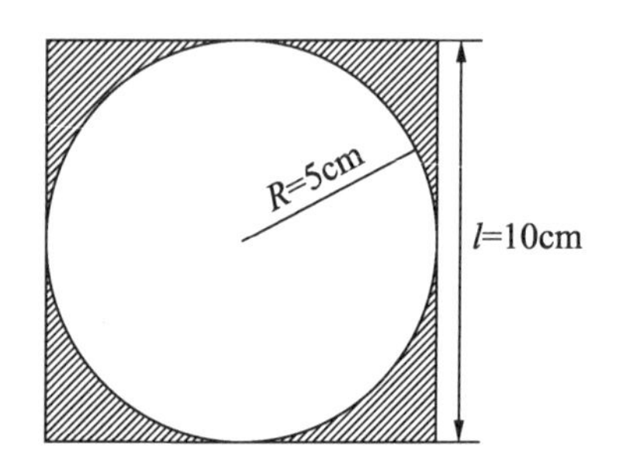

图 3-1　阴影部分面积示意图

如果是求阴影部分的面积，按照做数学题的逻辑，我们一定会先分别计算出圆的面积和正方形的面积，再用正方形的面积减去圆的面积，从而计算出阴影部分的面积。

计算过程可通过下面这个计算步骤来完成。

$$S_1 = \pi R^2 = 25\pi \approx 78.5(\text{cm}^2)$$

$$S_2 = 10 \times 10 = 100(\text{cm}^2)$$

$$S = S_2 - S_1 = 100 - 78.5 = 21.5(\text{cm}^2)$$

这样计算过后，得到的阴影部分的面积就等于 21.5cm^2。

在计算圆的面积的时候需要用到圆周率 π。众所周知，这是一个无限不循环小数，如果非要展开来写的话，可能厚厚的一沓稿纸都写不完。因此，在计算的时候，这个圆周率 π 我们一般会取值为 3.14，而在背诵记忆的时候这个数值会精确到小数点后 7 位(3.1415926)。

使用 Python 当然也可以描述出阴影部分面积的计算过程。打开 IDLE，输入下面这 4 行 Python 语句：

```
R=5
l=10
S=l ** 2 - 3.14 * (R ** 2)
print(S)
```

在这 4 行 Python 语句中，我们先是创建了两个变量 R 和 l，分别是圆的半径和正方形的边长，然后通过一个较长的计算表达式计算出阴影部分的面积并赋值给了变量 S。

在阴影部分面积的计算表达式中，我们设定了圆周率 π 的值为 3.14。准确地说，这种直接在表达式中写出来且带有小数点的数字在 Python 中被称为浮点数，使用 float()函数创建的也是浮点数。

在口语中，我们通常会直接称呼这种带有小数点的数字为小数，为了遵从 Python 标准，今后将会称之为浮点数。浮点数和我们在第 2 章中接触过的整数同属于 Python 中的数据类型。

Python 支持在计算表达式中使用括号，它可以将一部分算式当成一个整体去计算，在计算圆的半径的平方时用到了括号，括号的用法就如同数学中的括号那样简单。

图 3-2 展示了上面的 4 行 Python 语句在 IDLE 中执行的结果，从 print()函数打印的结果来看，阴影部分的面积值 21.5 已成功输出。

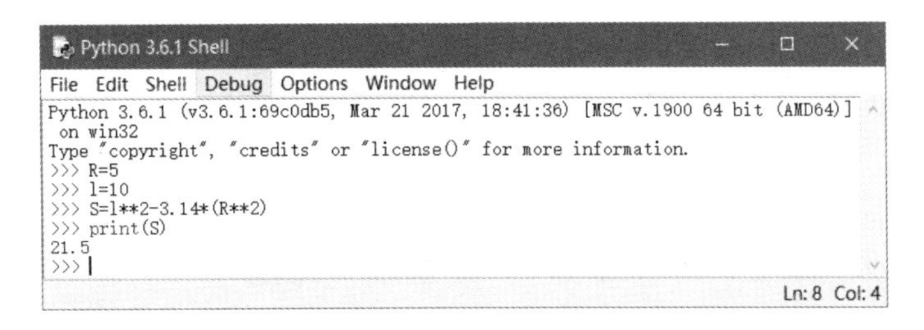

图 3-2　在 IDLE 中计算出阴影部分的面积

3.2　使用更精确的 π：导入 math 模块

因为 π=3.14 只是一般情况下使用的一个近似值，所以假设我们要求计算出更精确的阴影部分面积，这时候就需要一个保留了小数点后面更多位数字的 π，例如 3.1415926。

Python 已经为我们定义了一个保留小数点后 15 位数字的 π，如果我们没准确地记住 π

的小数点后任意一位数字，那在创建定义了 π 的变量时可能会出错。

要使用 Python 中定义的 π，就要首先使用 import 语句导入一个名为 math 的模块。在 math 模块中有一个名为 pi 的变量，这个变量存储的值为 3.141592653589793，可以当作很精确的 π 来使用。

例如，在 IDLE 中直接执行下面这两行 Python 语句就打印出了 pi 的值：

```
import math
math.pi
```

第一行 import math 的作用就是导入 math 模块，math.pi 就是调用 math 模块中的变量 pi。打印结果如图 3-3 所示。

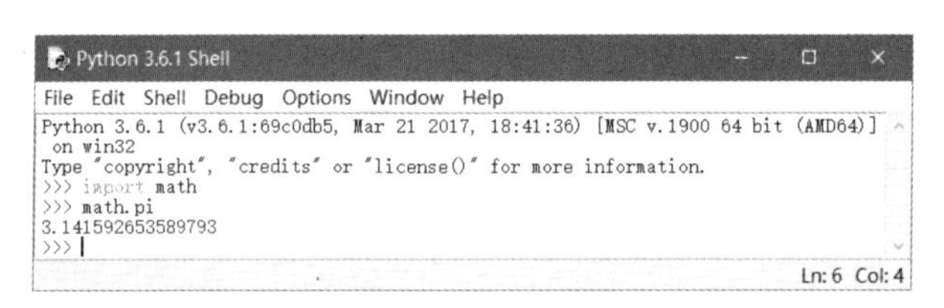

图 3-3　math.pi 的打印结果

知道怎么使用 math 模块中的 π 之后，我们就可以尝试着用这个 π 来计算更精确的阴影部分的面积啦。这很简单，只需要在 3.1 节的程序代码的基础上添加一行 math 模块的导入语句，以及用 math.pi 替换掉 3.14 即可。完整的程序代码如下：

```
import math
R=5
l=10
S=l**2-math.pi*(R**2)
print(S)
```

将上面的程序代码放到 IDLE 中运行，得到的结果如图 3-4 所示。

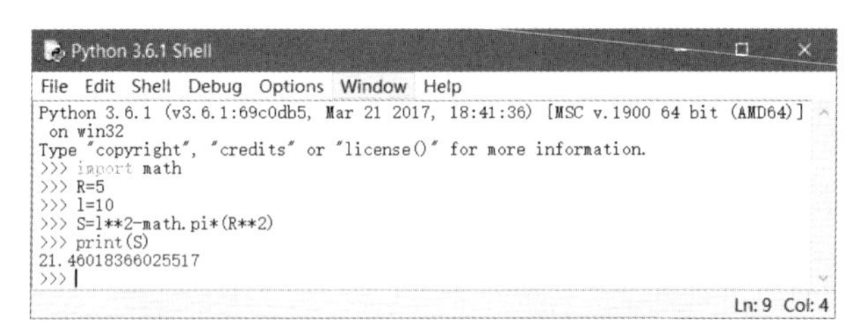

图 3-4　使用 math.pi 计算阴影部分的面积

之前我们并没有接触过 Python 中的模块，那么所谓的“模块”究竟是什么呢？我们刚刚使用的 math 模块又能发挥什么作用呢？不要着急，我们一点一点地看。

1. 什么是模块

事先把可能用到的变量或者函数等都写好，放在一个 Python 程序文件（后面直接称为.py 文件）里，这个 Python 程序文件就是一个模块。需要使用哪一个变量或者调用哪一个函数，直接导入这个模块就可以了。

实际上，模块就是一个 Python 程序文件，而我们之前所保存的.py 文件也是一个 Python 程序文件。那么，我们保存的.py 文件也能作为一个模块吗？答案是肯定的。

当我们在计算机上安装好 Python 之后，就有 200 多个模块默认被一起安装好了，我们可以把这些模块当作 Python 的原有模块对待。原有模块使用 import 就能导入，我们自己定义的模块也能使用 import 导入。

2. math模块有什么用处

在 200 多个原有模块中，math 模块就是其中的一个。

在进行某些专业的数学计算时会用到 math 模块，因为 math 模块里放置的是一些与数学计算有关的函数（例如对数函数 math.log()及阶乘函数 math.factorial()等）和变量（例如圆周率 pi 及自然常数 e 等）。

如果要使用高精度的 π，相比于自定义一个变量，直接导入 math 模块并使用其中的变量 pi 显然更方便一些。

假设要计算更复杂的式子（例如 x 的阶乘），如果没有 math 模块，我们只能自己去实现这个阶乘，而使用 math 模块中的 factorial()函数，只需要给它传入要求解阶乘的数字就可以了。

3.3　计算结果的近似处理：浮点数的精度控制

在 3.2 节中，得益于使用了 math 模块中的 pi，我们计算得到的阴影部分面积值是 21.46018366025517cm^2。这个值已经很精确了，只不过在有些时候我们却希望将这个精确的计算结果只保留小数点后 4 位或 5 位，这样既可以保证足够高的精度，又可以保证结果是比较直观的。

那么，想要得到这样的结果该怎么办呢？

比较直接的办法就是在使用 print()函数打印输出的时候直接省略掉不需要的小数部分。例如，我们要保留浮点数 21.46018366025517 的小数点后面 4 位，那么就可以在使用 print()函数时这样编写：

```
print(' %.4f ' %S)
```

将 3.2 节程序中的 print()函数替换成以上语句，再次执行之后，面积的打印结果就成了 21.4602。这样的做法概括起来讲就是在 print()函数中加入 S 的格式化表达式。

对于这种格式化表达式的成分可以这样理解：变量 S 前的“%”符号表示对 S 使用格式化表达式，“.4f”就是这个格式化表达式的主体，它的含义是保留浮点数的小数点后 4

位，.4f 前的“%”符号用于告诉 IDLE 这是一个格式化表达式而不是简单的一串字符。

这种采用格式化表达式的做法可以做到四舍五入，但是它只在打印的时候起作用，而被格式化的变量（例如 S）的值本身并没有发生改变。

想要灵活地控制小数点后面保留的位数，可以使用 Python 专门为此而设计的小数数据类型。同样是打印面积 S 四舍五入保留小数点后 4 位的结果，使用小数数据类型实现可以参考下面这段代码：

```
import math
from decimal import Decimal
R=5
l=10
S=Decimal.from_float(l**2-math.pi*(R**2))
print(S.quantize(Decimal('0.0000')))
```

将上述代码放在 IDLE 中执行，如果不出什么差错，就可以得到如图 3-5 所示的结果。

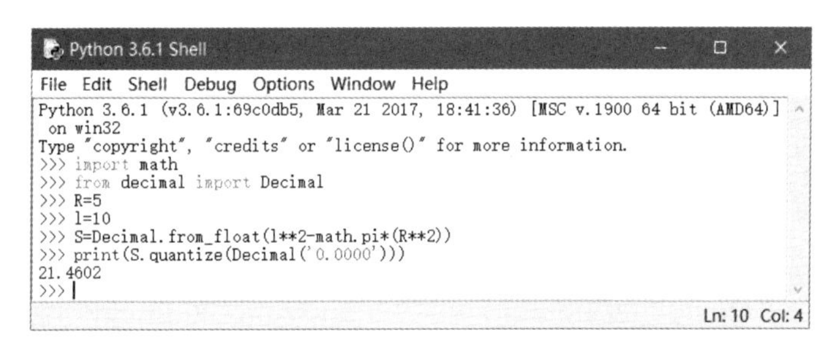

图 3-5　使用小数保留小数点后 4 位数

Python 将创建小数的 Decimal 类及与之相关的内容都放在了 decimal 模块中。也就是说，想要使用小数，就必须导入 decimal 模块。在上面的代码中，from decimal import Decimal 的作用是直接从 decimal 模块中导入 Decimal。

类里面一般包含很多功能上有关联的函数。Decimal 类中的 from_float()函数就可以根据传入的浮点数创建一个小数，在这里 S 是一个小数而不是浮点数。此时的 S 如果直接打印出来，小数点后还是会有数不清的数字，因为传入的浮点数就是这样的。

quantize()函数的作用就是对一个小数保留小数点后固定的位数。quantize()函数只需要传入一个小数“模板”就可以了，例如上面的模板是 Decimal('0.0000')，表示保留小数点后 4 位。

那么你有没有想过，为什么会在 Python 中特别设计出“小数”的概念呢？难道是浮点数不能满足需要吗？确实是这样的。我们不妨先来试着在 IDLE 中运行下面这几行代码：

```
print(0.1+0.1+0.1-0.3)

from decimal import Decimal
a = Decimal("0.1")+Decimal("0.1")+Decimal("0.1")-Decimal("0.3")
print(a)
```

其实这段代码就演示了如何用最简单的方式创建一个小数。仔细看这个例子，打印出的 0.1+0.1+0.1−0.3 的计算结果并不是等于 0，而是 5.551115123125783e-17，这是非常非常小的一个数，但是我们都知道这是不对的。从 decimal 模块导入 Decimal 类并用它创建了小数 0.1、0.1、0.1 和 0.3 后，再对它们进行相同的相加和相减计算，结果就等于 0 了。

最后值得一提的是，如果参加计算的小数拥有不同的精度，那么计算结果也会自动升级为精度最高的。例如在 IDLE 中执行下面这段代码：

```
from decimal import Decimal
a = Decimal("0.1")+Decimal("0.10")+Decimal("0.100")-Decimal("0.3000")
print(a)
```

你会发现打印的 a 的结果是 0.0000，它和 Decimal("0.3000")一样保留了小数点后 4 位。

3.4　课后小练习

【问题提出】

在这一章的前几节，我们主要解决了关于计算阴影部分面积的问题，并围绕问题的解决方法学习了一些新的 Python 内容。既然关于面积一类的问题已经不在话下了，那么我们不妨就大胆一点，使用 Python 解决体积一类的问题吧。

如图 3-6 所示，一个边长为 10cm 的标准正方体，内接了一个半径为 5cm 的标准球体，那么在正方体之内并且在球体之外的这部分体积是多少呢？

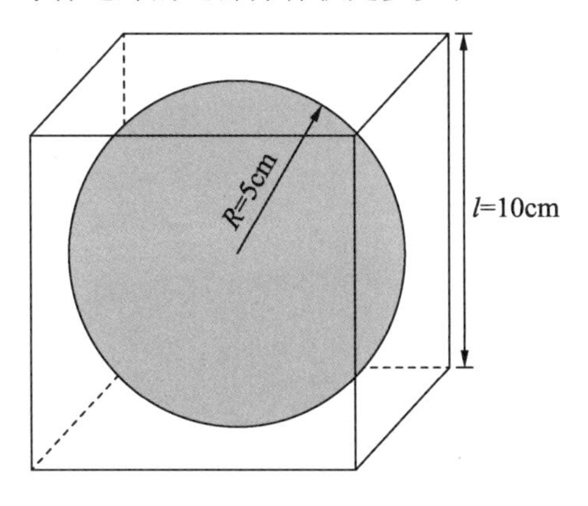

图 3-6　体积求解示意图

【小小提示】

已知球体体积的计算公式为

$$V=\frac{4}{3}\pi R^3$$

正方体体积的计算公式为

$$V=l^3$$

那么，聪明的你想到解决办法了吗？与求阴影部分面积时的计算类似，求这部分的体积可以采取正方体体积减去球体体积的办法，赶快动手编程试试看吧！

【参考结果】

图 3-7 展示了笔者通过编写程序计算得到的体积结果，这个结果只保留了小数点后 5 位。

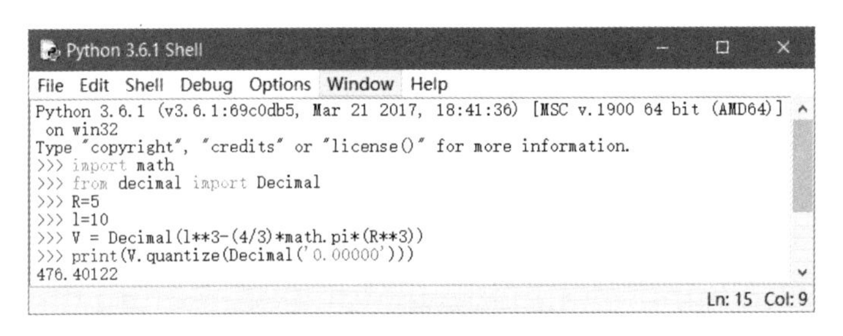

图 3-7　体积的计算结果

第 4 章　巧用数字解谜题——对折细绳

《庄子·天下篇》说了这样一句话：一尺之棰，日取其半，万世不竭。你知道这句话是什么意思吗？这句话大概就是说：现有一根一尺长的木棒，每日用刀子截取它的一半，那么万世（永远）都截取不完。实际上这句话还是反映了一种连续的物质观。

对于一尺之棰，如果做到日取其半，真的会万世不竭吗？答案是肯定的。本章我们将通过使用 Python 中的数字解决数学中经典的对折细绳问题，来验证这句话中所包含的观点。

4.1　问题描述：对折并剪断细绳

假设现在我们手里就有一根细绳，它的长度姑且以 l 来表示。为了模拟一尺之棰，日取其半，现在我们每天将其从中间对折并剪断一次。图 4-1 简单展示了细绳在每次剪断之后所剩的长度。

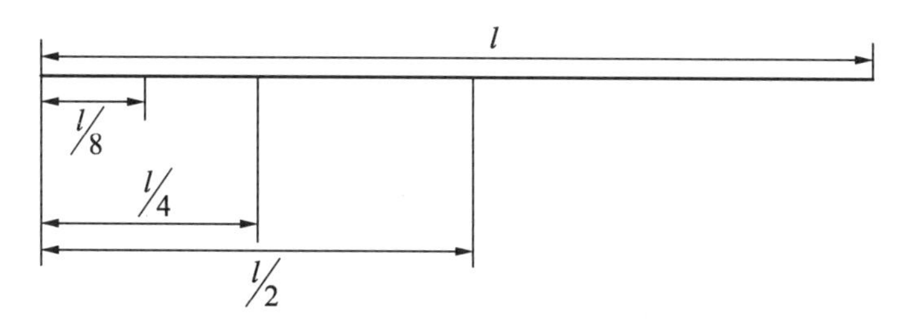

图 4-1　细绳对折剪断示意

从图 4-1 中可以看到，原先长度为 l 的细绳，在第 1 天对折剪断后长度变成了 $l/2$，第 2 天对折剪断后长度变成了 $l/4$，第 3 天对折剪断后长度变成了 $l/8$。

这样的结果很有规律。在这 3 次对折剪断的过程中，无论细绳的长度变成了几分之一的 l，这个几分之一的分母总是 2 的整数次幂。再继续对折剪断，第 4 天对折剪断后长度会变成 $l/16$，第 5 天对折剪断后长度会变成 $l/32$，以此类推。

是的，如果用 n 表示第 n 天的对折剪断，那么这个过程完全可以用一个公式描述，也就是 $l/2^n$。例如，n=1 表示第 1 天的对折剪断，那么结果就是 $l/2$；再如 n=4 表示第 4 天的对折剪断，那么结果就是 $l/16$。

在数学中，把 $l/2$、$l/4$、$l/8$、$l/16$、$l/32$ 这种有规律可循的数写在一起就组成了一个数列。如果用一个通项公式来描述这个数列的规律，很明显，这个通项公式就是 $l/2^n$。

4.2 表示每次剪断后的结果：初识分数

就像我们在 4.1 节中所看到的，所有对折剪断的结果都是采用分数形式表示的。简明、直观和易于理解是采用分数形式最大的一个优点。那么，我们可以在 Python 中也使用这种分数形式打印出每次对折剪断后的结果吗？答案是肯定的。

Python 不仅为我们准备了小数，还为我们准备了分数。就像在使用小数时需要先导入 decimal 模块并使用其中的 Decimal 类创建一个小数一样，在使用分数时也需要先导入 fractions 模块并使用其中的 Fraction 类创建一个分数。

例如，想要打印出分数形式的 6 次对折剪断后的结果，那么就可以在 IDLE 中新建一个 Python 文件并录入下面这段代码：

```
import fractions
L1=fractions.Fraction(1,2)
print("第一次对折剪断的结果：")
print(L1,"*l")

L2=fractions.Fraction(1,4)
print("第二次对折剪断的结果：")
```

```
print(L2,"*1")

L3=fractions.Fraction(1,8)
print("第三次对折剪断的结果：")
print(L3,"*1")

L4=fractions.Fraction(1,16)
print("第四次对折剪断的结果：")
print(L4,"*1")

L5=fractions.Fraction(1,32)
print("第五次对折剪断的结果：")
print(L5,"*1")

L6=fractions.Fraction(1,64)
print("第六次对折剪断的结果：")
print(L6,"*1")
```

在上面的这段代码中，同样还是先导入了需要用到的 fractions 模块，然后使用 fractions 模块中的 Fraction 类连续创建了 L1 到 L6 这 6 个分数变量。在创建分数变量时，填写在括号中的第一个数就是分数的分子，第二个数就是分数的分母。

接下来还是直接执行 Run Module 命令，就会在 IDLE 中得到如图 4-2 所示的输出。

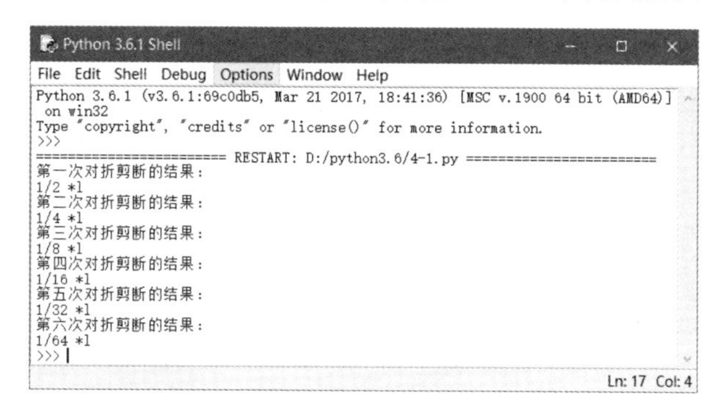

图 4-2　打印 6 次对折剪断后的结果

使用 Fraction 创建小数就一定要填写分子、分母吗？那可不一定，还能直接填写小数字符串呢。例如，将上面那段代码换成下面这段代码：

```
import fractions
L1=fractions.Fraction("0.5")
print("第一次对折剪断的结果：")
print(L1,"*1")

L2=fractions.Fraction("0.25")
print("第二次对折剪断的结果：")
print(L2,"*1")

L3=fractions.Fraction("0.125")
print("第三次对折剪断的结果：")
```

```
print(L3,"*1")

L4=fractions.Fraction("0.0625")
print("第四次对折剪断的结果：")
print(L4,"*1")

L5=fractions.Fraction("0.03125")
print("第五次对折剪断的结果：")
print(L5,"*1")

L6=fractions.Fraction("0.015625")
print("第六次对折剪断的结果：")
print(L6,"*1")
```

替换过后执行 File→Save 命令进行保存，然后再次执行 Run Module 命令，会发现运行结果和图 4-2 是相同的。

4.3　得到任意剪断 *n* 次后的结果

还记得 4.1 节中我们总结的那个通项公式吗？如果想根据那个通项公式的思路编写一段程序，每当需要得到任意对折剪断 *n* 次后的长度结果时，就在 IDLE 中输入 *n*，很快 IDLE 就会打印出正确的结果。

事实上这也不难，可以在 IDLE 中新建一个 Python 文件并输入下面这段代码：

```
import fractions
print("想得到第 n 次对折剪断后的结果,")
n=input("先输入 n 的值：")
L=fractions.Fraction(1,2**int(n))
print("第%s 次对折剪断的结果："%n)
print(L,"*1")
```

上面的这段程序并没有用到什么新方法，也就是简简单单地在用 Fraction 创建分数时对分母部分使用了一个表达式。

输入完成后执行 File→Save 命令保存这个 Python 文件，然后执行 Run Module 命令，如果不出什么意外，就能得到如图 4-3 所示的运行结果。快来试试输入不同的 *n* 值都能得到什么结果吧。

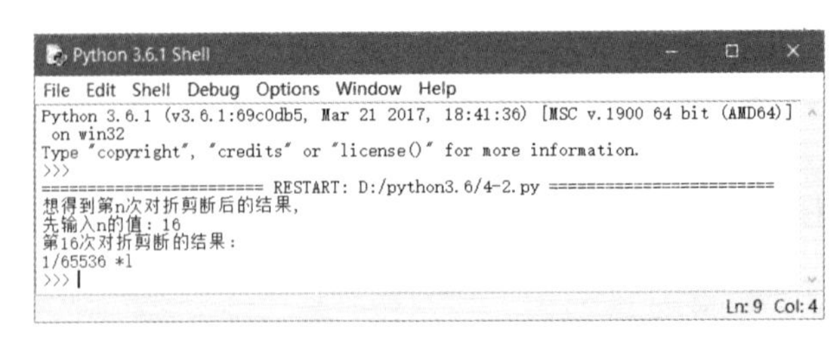

图 4-3　任意对折剪断 *n* 次后的长度结果

Python 支持对浮点数使用 as_integer_ratio()函数，并且 Fraction 类还提供了 from_float()函数，这两个函数对浮点数和分数之间的相互转换起到了很好的作用。下面，对照图 4-4 所示在 IDLE 中的几行程序代码的执行情况，思考 as_integer_ratio()函数和 from_float()函数分别有什么作用吧。

```
Python 3.6.1 Shell
File  Edit  Shell  Debug  Options  Window  Help
Python 3.6.1 (v3.6.1:69c0db5, Mar 21 2017, 18:41:36) [MSC v.1900 64 bit (AMD64)]
 on win32
Type "copyright", "credits" or "license()" for more information.
>>> from fractions import Fraction
>>> (3.6).as_integer_ratio()
(8106479329266893, 2251799813685248)
>>> x = 2.5
>>> y = Fraction(*x.as_integer_ratio())
>>> y
Fraction(5, 2)
>>> z = Fraction(1,3)
>>> y + z
Fraction(17, 6)
>>>
>>> float(z)
0.3333333333333333
>>> float(y)
2.5
>>> float(y + z)
2.8333333333333335
>>> 17/6
2.8333333333333335
>>>
>>> Fraction.from_float(0.25)
Fraction(1, 4)
>>> Fraction(*(0.25).as_integer_ratio())
Fraction(1, 4)
>>> |
                                                            Ln: 27  Col: 4
```

图 4-4　as_integer_ratio()函数和 from_float()函数的使用

4.4　课后小练习

【问题提出】

在 Python 中，使用 Fraction 创建的分数可不是“花架子”，它也能参与到运算表达式中来。既然如此，现在假设细绳的长度已知为 1m，如图 4-5 所示，那么怎样通过编写 Python 程序算出对折剪断 *n* 次后细绳的长度结果呢?

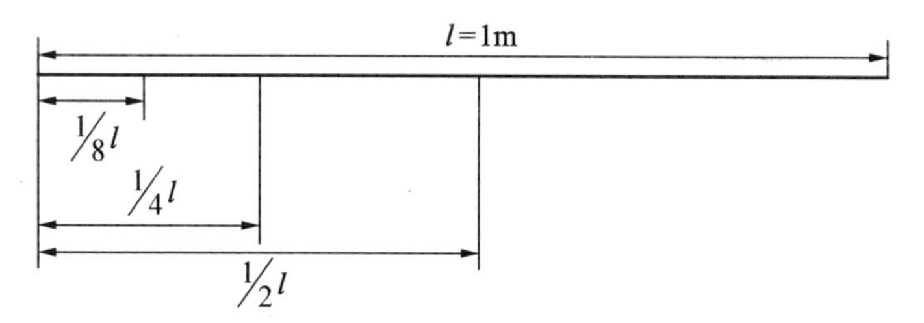

图 4-5　细绳长度已知，求解对折剪断 *n* 次后的长度结果

【小小提示】

在 Python 中，一旦创建了分数，它就可以立即像其他的整数或浮点数变量一样直接用于计算表达式中。图 4-6 演示了在 IDLE 中对两个分数进行加、减和乘法运算。

```
Python 3.6.1 Shell
File  Edit  Shell  Debug  Options  Window  Help
Python 3.6.1 (v3.6.1:69c0db5, Mar 21 2017, 18:41:36) [MSC v.1900 64 bit (AMD64)]
 on win32
Type "copyright", "credits" or "license()" for more information.
>>> from fractions import Fraction
>>> x = Fraction(1,3)
>>> y = Fraction(4,6)
>>> x + y
Fraction(1, 1)
>>> print(x + y)
1
>>> x - y
Fraction(-1, 3)
>>> print(x - y)
-1/3
>>> x * y
Fraction(2, 9)
>>> print(x * y)
2/9
>>> |
Ln: 18  Col: 4
```

图 4-6　演示将分数用于常见的计算表达式中

float()函数可以实现将分数转换为浮点数的功能。在图 4-4 中，这个功能已经展示过了。

【参考结果】

在 IDLE 中新建 Python 文件并输入自己编写的 Python 程序，大致的工作流程是读取用户从键盘输入的细绳长度和对折剪断次数 *n* 的值，这个程序就会打印出细绳对折剪断后的长度。

图 4-7 展示了笔者所编写的 Python 程序的执行结果，可以作为参考。

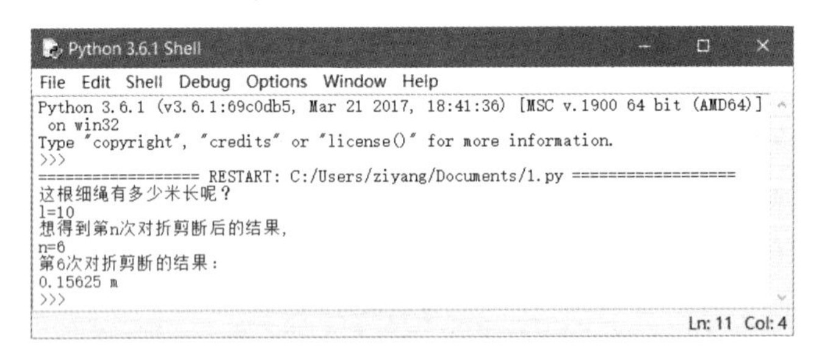

图 4-7　课后小练习的参考结果

第 5 章　巧用数字解谜题——鸡兔同笼

早在 1500 年前的《孙子算经》一书中就记载了这样一个有趣的数学问题：今有雉兔同笼，上有三十五头，下有九十四足，问雉兔各几何？大概的意思是：有若干只鸡兔同在一个笼子里，从上面数有 35 个头，从下面数有 94 只脚，那么笼中各有多少只鸡和兔呢？

这么一翻译大家就都知道了，这其实就是我们在做数学题时经常会遇到的鸡兔同笼问题。本章我们就用 Python 来解决这个经典有趣的问题吧。

5.1　问题描述：鸡兔各几只

想要解决鸡兔同笼问题并不困难，参考图 5-1 所示。

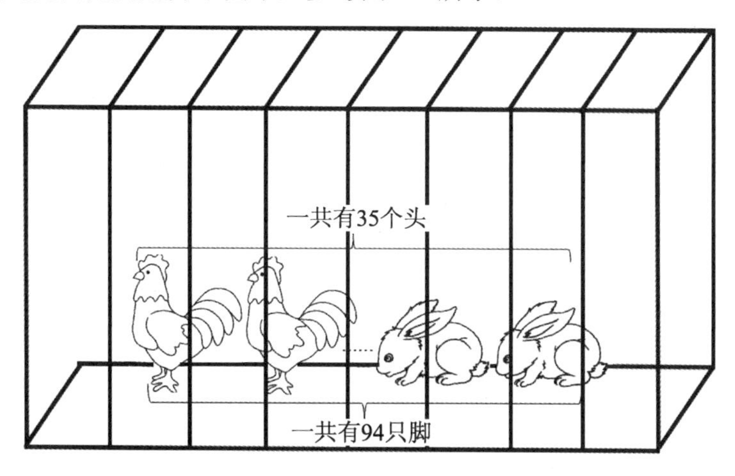

图 5-1　鸡兔同笼问题示意

首先，我们知道鸡和兔子都只有一个头，这样就可以假设鸡和兔子的数量各自用 x 和 y 来表示，x 与 y 的和就是：

$$x+y=35$$

其次是脚的数量，鸡只有 2 只脚，而兔子却有 4 只脚，同样是假设鸡和兔子的数量各

自为 x 和 y，$2x$ 与 $4y$ 的和就是：

$$2x+4y=94$$

只使用上面这两个计算式子，我们就可以很轻松地确定 x 与 y 的值分别是多少啦！例如，可以按照以下过程进行计算：

$$\begin{cases} x+y=35 \\ 2x+4y=94 \end{cases}$$

$$\downarrow$$

$$x=35-y$$

$$\downarrow$$

$$2(35-y)+4y=94$$

$$\downarrow$$

$$y=12$$

$$\downarrow$$

$$x=35-12=23$$

确定 x 与 y 的值分别是 23 和 12，也就是说，鸡有 23 只，兔子有 12 只。那么这个结果是否正确呢？我们试着计算 $2x+4y$ 是否为 94，这样一算便知得到的结果是正确的。

在数组中，与 $\begin{cases} x+y=35 \\ 2x+4y=94 \end{cases}$ 形式类似的计算式子一般会被叫作“二元一次方程组”，而上述解二元一次方程组的办法又被称为“带入消元法”。

5.2　合理的逻辑控制：循环结构和判断结构

既然二元一次方程组非常直观，带入消元法又非常方便，那么可不可以使用 Python 实现模拟带入消元法的过程，进而解决鸡兔同笼的问题呢？

很抱歉，目前我们还不能让 Python 推断出计算表达式中变量的具体值，而只是能根据变量的值得到计算表达式的结果。

即便如此，用 Python 得到鸡兔同笼问题的正确答案也足够了！前提是，我们要在之前的程序基础之上加点料：增加程序的循环和判断部分。

我们可以这样做：事先规定鸡和兔子一共 35 只，并且先从鸡有 1 只而兔子有 34 只开始尝试，看看是否满足一共有 94 只脚的结果。如果不满足，那就试试鸡有 2 只而兔子有 33 只。如果还不满足，那就再试试鸡有 3 只而兔子有 32 只，以此类推。

上述推算过程如图 5-2 所示。

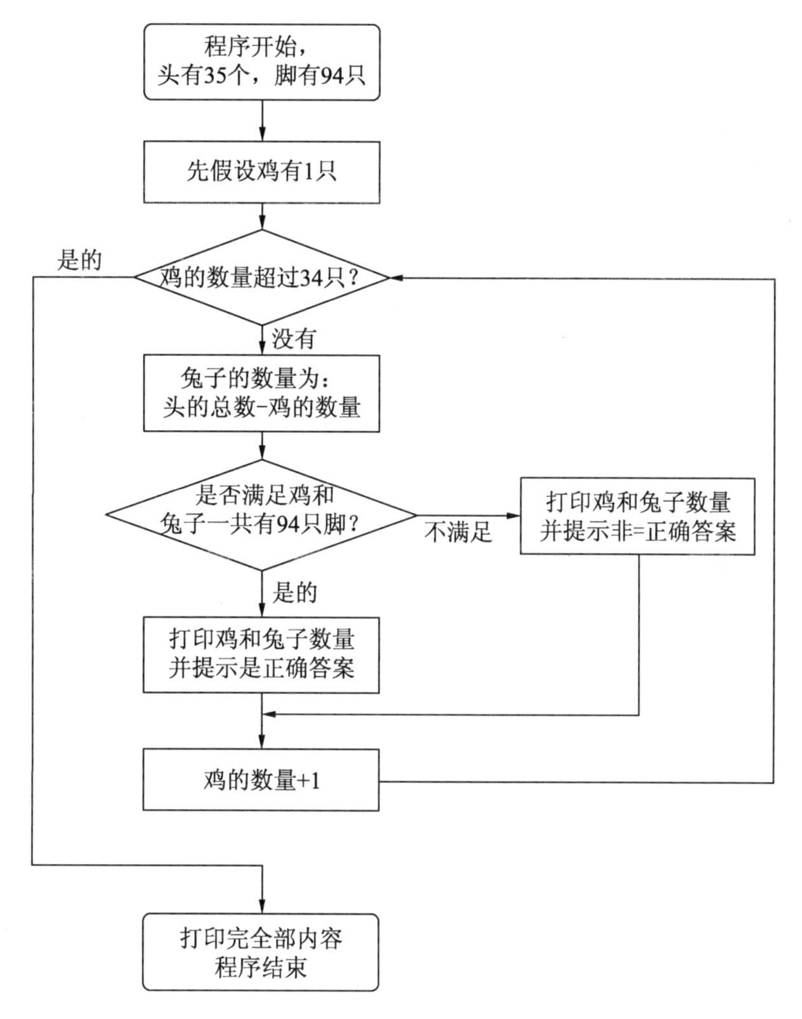

图 5-2　鸡兔同笼问题程序流程图

图 5-2 是一个比较简单的程序流程图，作用就是更直观地表现出程序的逻辑思路。

对于一些初学者而言，程序流程图可是一个有助于理解程序思路的非常棒的工具呢！就拿图 5-2 来说吧，如果用文字描述出来其中的程序处理过程，那很可能需要用一大段话，这样写起来既麻烦，读起来也不友好。在绘制成程序流程图之后，不仅省去了写一大段话的麻烦，而且读起来也很直观、易懂。

在程序流程图中，为了方便识别，不同类型的处理过程写在不同形状的线框里，例如，开始和结束写在圆角矩形框中，判断写在菱形框中等。附录 B 汇总了可以出现在程序流程图中的所有图形，读者需要厘清创新思路的时候，直接参考附录 B 绘制出程序流程图就可以啦。

好了，言归正传，现在打开 IDLE，新建一个 Python 文件，输入以下代码实现上述过程。

```
a=35                                    # 定义变量 a 代表头的数量
b=94                                    # 定义变量 b 代表脚的数量

# 开始循环的部分
# 循环中会依次尝试从 1 到 34 只鸡，也就是从 34 到 1 只兔子
# 如果符合一共有 94 只脚的条件，那么就说明找到了答案
for x in range(1,a):
    y=a-x                               #循环中变量 x 和 y 分别代表鸡和兔子的总数
    if 2*x+4*y == b:
        print("鸡有"+str(x)+"只","兔有"+str(y)+"只",
              "是正确答案")
    else:
        print("鸡有"+str(x)+"只","兔有"+str(y)+"只",
              "不是正确答案")
```

像前面一样保存这个 Python 文件执行 Run Module 命令，就会得到类似于图 5-3 所示的结果。

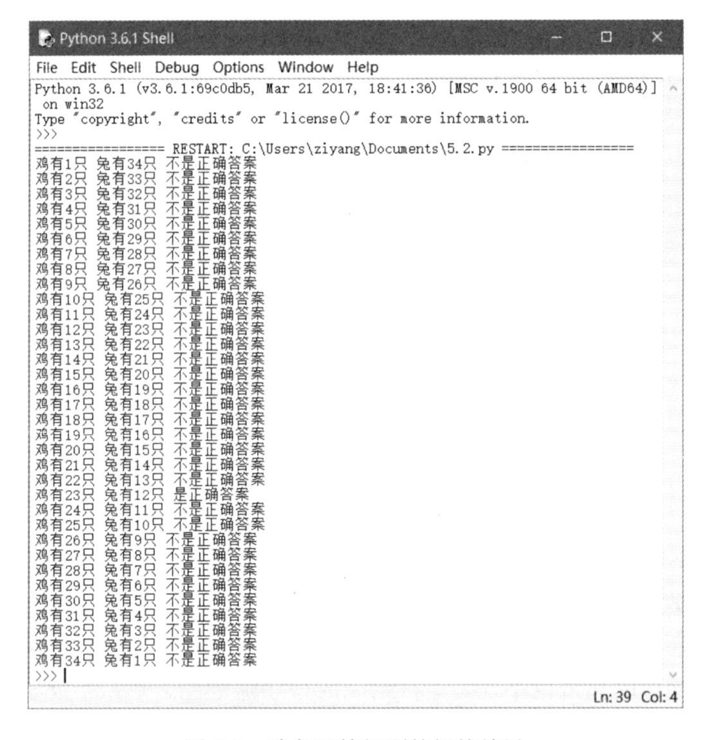

图 5-3　鸡兔同笼问题的解答结果

从图 5-3 中可以看出，程序运行之后得到的鸡兔数量结果和在 5.1 节中所计算出的鸡兔数量结果是一样的。

在上面一段程序中，出现了很多之前没有见过的东西，你一定很好奇它们的功能是什么，以及程序的循环和判断是怎样执行的吧？其实，形如以下结构框架的代码片段就是 Python 中的一种循环结构：

```
for <target> in <object>:
    <statements>
else:
    < statements >
```

这种循环结构在 Python 中被称之为“for 循环”。在 for 循环中，<object>部分一般会包含很多的数值，<target>部分相当于变量，循环的过程就是一个一个地遍历这些数值。循环执行的第一轮，<target>变量的值就是<object>部分的第一个值，下一轮循环执行时，<target>变量会从<object>部分获取第二个值，以此类推。当<target>变量的值是<object>部分的最后一个值时就是最后一轮循环。

简单来说，<object>部分所包含的数值的个数就是循环的轮数。有时<object>部分会是一串连续的数字，这时候<target>变量每执行过一轮循环之后其值就会自动增加，在这种情况下，<target>变量就可以被看作是一个计数器。

很容易做到使<object>部分是一串连续的数字，最常用的办法是用 Python 内置的 range()函数。例如，range(3)会产生 0～2 这 3 个数字，range(1,10)会产生 1～9 这 9 个数字。紧接着的<statements>部分就是循环的主体，所谓主体，也就是说每一轮循环都是以执行这部分为主的。

下面就按照图 5-4 所示，简单地试试 for 循环的用法吧。

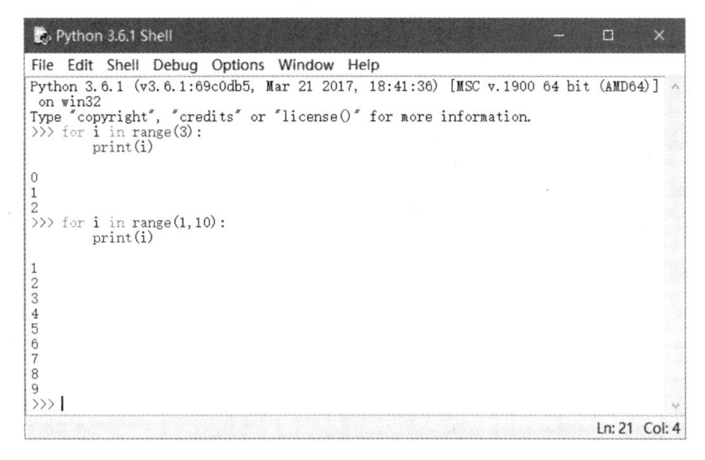

图 5-4　在 IDLE 中编写简单的 for 循环

else 及接下来的<statements>主体部分就是当循环条件不满足（<target>变量的值超出<object>部分的值）时要执行的内容。else 部分是候选的，在实际使用时也可以选择省略，这样就是当循环条件不满足时直接退出循环了。

关于 for 循环，还需要注意的是循环主体的缩进。有没有发现循环主体的位置都比 for 循环开始的位置靠后呢？其实这就是为了方便识别循环主体而特意设计的，在使用 IDLE 时，这种缩进都是自动的。

实际上，for 循环也可以用来遍历一组数据中的每个成员，这听起来好像很神奇。再举个例子，如图 5-5 所示，我们也可以在 IDLE 中编写 for 循环遍历字符串列表中的每个字符串。

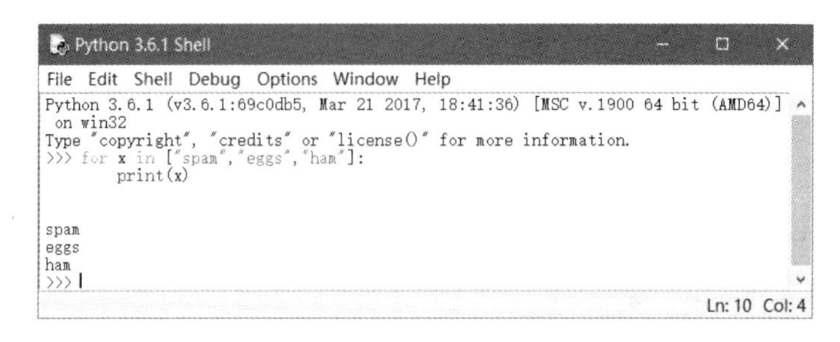

图 5-5　使用 for 循环迭代字符串列表的简单示例

Python 中的循环结构只有 for 循环吗？当然不是。既然用到的是 for 循环，那我们就先来领略一下 for 循环。明白了循环是怎么执行的，我们再来看看 Python 中的判断是怎么执行的吧。

形如以下结构的代码片段就是 Python 中的判断结构：

```
if <test1>:
    <statements1>
elif <test2>:
    <statements2>
else:
    <statements3>
```

这种判断结构在 Python 中被称之为“if 判断”。

在 if 判断结构中，单词 if 后面的<test1>部分就是判断的条件（即条件表达式），如果这个判断的结果是正确的（例如 3＞2），那么执行<statements1>部分；如果<test1>部分判断的结果不是正确的，那么就再尝试 elif 分支后面的<test2>部分判断的条件是否正确，若正确，则执行<statements2>部分，以此类推。

在一个 if 判断结构中，elif 分支是可以无限多的，当然也可以省略。如果<test1>和 elif 分支的判断条件都不正确，那么就会直接执行 else 后面的<statements3>部分。举个例子，如图 5-6 所示，我们可以在 IDLE 中编写 if 判断。

```
Python 3.6.1 Shell
File Edit Shell Debug Options Window Help
Python 3.6.1 (v3.6.1:69c0db5, Mar 21 2017, 18:41:36) [MSC v.1900 64 bit (AMD64)]
 on win32
Type "copyright", "credits" or "license()" for more information.
>>> x = "Aaron"
>>> if x == "Liam":
        print("His name is Liam")
elif x == "Noah":
        print("His name is Noah")
elif x == "Mason":
        print("His name is Mason")
elif x == "Aaron":
        print("His name is Aaron")
else:
        print("I don't know his name ")


His name is Aaron
>>>
Ln: 17 Col: 4
```

图 5-6　在 IDLE 中编写简单的 if 判断

5.3　鸡兔同笼问题再升级

经过不懈的努力，使用 Python 解决鸡兔同笼问题终于还是得到了比较理想的结果，尽管采用的是一遍又一遍地尝试鸡的数量值这样的笨办法。所幸的是，在解决这个问题的过程中我们也学了不少新的知识，包括 for 循环结构及 if 判断结构等。

那么，我们能不能利用目前所学的知识想办法更灵活地解决鸡兔同笼问题呢？例如，我们自己规定鸡兔的总数及鸡兔的脚的总数，然后通过编写 Python 程序求得鸡和兔子的数量。

办法当然还是有的。假设鸡兔得到的总数是 a，而鸡兔的脚的总数是 b，还假设鸡的数量是 x，而兔子的数量是 y，那么很明显 x 就可以通过以下计算式子得到 $x=(4*a-b)/2$。

这是因为兔子有 4 只脚，鸡有 2 只脚，每只兔子的脚数正好是每只鸡的 2 倍，用 $4*a-b$ 可以模拟每只鸡都多出 2 只脚时多出来的脚的总数，既然是每只鸡都多出了 2 只脚，那自然再除以 2 就是鸡的只数啦。通过鸡的只数，我们就可以很快得到兔子的只数为 $y=a-x$。

不要忘了，鸡兔的总数是整数，脚的总数是整数，鸡和兔子各自的只数也要是整数。因此，有些时候我们自己规定的鸡兔总数和脚的总数可能不会刚好得出整数的鸡和兔子只数，这种情况我们可以称之为“问题无解”。

问题无解的情况在编写程序的时候也要考虑进来，造成问题无解的原因可能是 x 或 y 中有非整数（用(4*a-b)/(x*2)取余数是否为 0 进行判断），还可能是 x 或 y 中存在有负数（用 $x<0$ 或 $y<0$ 进行判断）。

考虑了这么多，基本上这个 Python 程序就可以编写出来了。打开 IDLE，新建一个 Python 文件，输入以下代码实现我们需要的功能。

```
a=input("请输入鸡和兔的总数\n")
b=input("请输入鸡和兔的脚数\n")
a= int(a)
b= int(b)

x=(4*a-b)/2                                # x是由总只数和总脚数计算出的鸡的数量
if a != 0 and (4*a-b) % (x*2) == 0:
    y=a-x
    if x<0 or y<0:
        print("{}只动物{}条腿的情况无解".format(a,b))
    else:
        print("鸡有{}只，兔有{}只".format(int(x),int(y)))
else:
    print("{}只动物{}条腿的情况无解".format(a, b))
```

在上面的两个 if 判断结构中，and 和 or 的作用都是连接两个条件表达式。

- 用 and 连接的两个表达式中，只有这两个表达式都是成立的，连接以后的表达式整体才是成立的。
- 用 or 连接的两个表达式中，只要这两个表达式有一个是成立的，则连接以后的表达式整体是成立的。

and 和 or 都属于 Python 中的表达式操作符，和它们类似的还有 not。

只能在表达式操作符 not 的后面连接一个表达式，在这个表达式不成立的情况下，使用了 not 后整体就是成立的；相反，在这个表达式成立的情况下，使用了 not 后整体就是不成立的。

另外，表达式操作符“!=”在 Python 程序中的含义是不等于。

保存这个 Python 文件，然后执行 Run Module 命令。在 IDLE 中，我们按照提示输入鸡兔总数及脚的总数，以分别是 35 和 94 为例，执行的结果如图 5-7 所示。

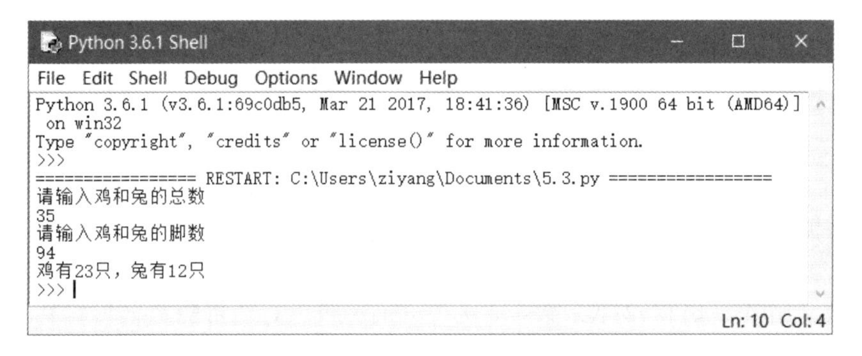

图 5-7　动物总数 35，脚总数 94

再以分别是 35 和 100 为例，执行的结果如图 5-8 所示。

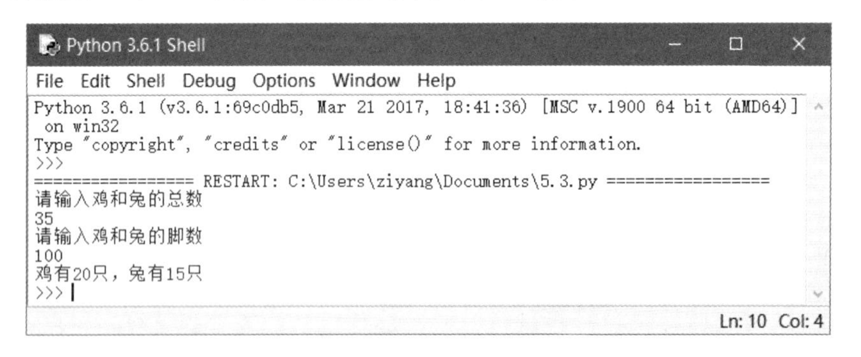

图 5-8　动物总数 35，脚总数 100

如果对程序得到的结果还抱有疑问的话，可以自行在纸上计算验证哦！

5.4　课后小练习

【问题提出】

把鸡兔同笼问题换个形式，你还能利用相似的办法求解出问题的正确答案吗？例如，现在你的手里拿着一沓 5 元和 10 元混在一起的纸币，数了数后发现一共是 150 元，并且一共有 20 张，那么 5 元的和 10 元的纸币各有多少张呢？

【小小提示】

其实这就相当于鸡兔同笼问题换了个“马甲”，将 $x=(4*a-b)/2$ 及 if 判断中的 $(4*a-b)\ \%\ (x*2)$ 做出一些相应的修改即可。

【参考结果】

图 5-9 展示了笔者通过编写程序并在 IDLE 中运行得到的纸币张数的结果，读者也赶紧试试吧。

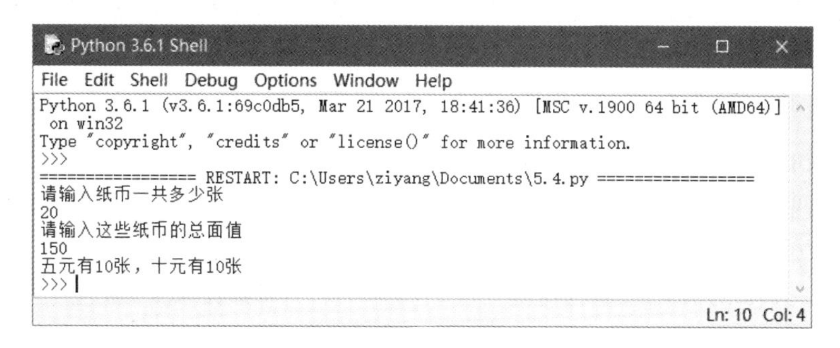

图 5-9　解决纸币张数问题

第 6 章　趣味数字游戏

在数学中，数字可以分为很多种类，数字的分类依据也是各自不同。将范围放到最大，数学中的数字可以分为实数和虚数两大类。在实数范围中，最常见的也是最简单的分类方式就是根据数字大于 0 或者小于 0 将数字分为正数或者负数。

一些有趣的数字游戏可以让刚刚接触数字分类的同学们更好地记住每种分类方式，以及这种分类方式下对应的数字有哪些。最简单的例如求解 1～100 以内的奇数和偶数的和分别是多少，再如求解 1～100 以内的质数和合数分别有多少个。这些有趣的数字游戏也可以用 Python 来完成，大致需要用到的就是在第 5 章刚刚接触的循环和判断结构。让我们马上开始吧。

6.1　奇数、偶数各几何：while 和 for 的较量

在数学中，偶数指的是能被 2 整除的整数，例如 20、36、100、1000 等；奇数指的是不能被 2 整除的整数，例如 31、49、95、107 等。奇数和偶数的概念非常好理解，但是往往有些问题会要求我们计算 1～100 以内的奇数和偶数各有多少个，以及计算 1～100 以内的奇数和偶数的和分别是多少。如图 6-1 所示，在 1～100 以内，奇数有 1、3、5、7...99，偶数有 2、4、6、8...100，可以说每隔一个奇数就有一个偶数。

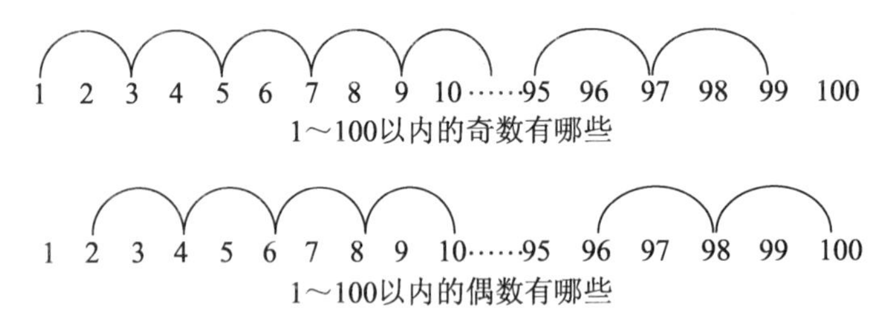

图 6-1　1～100 的奇数和偶数

从图 6-1 中可以看出，1～100 范围内的奇数和偶数各占一半。在计算 1～100 以内的奇数和偶数的和分别是多少时，也有个非常巧妙的办法，例如偶数的和可以计算为：

$$50\times(2+100)/2$$

同理，奇数的和就可以计算为：

$$50\times(1+99)/2$$

那么，换做是用 Python，这样的问题该怎么解决呢？这时候就轮到循环结构和判断结构登场了。打开 IDLE，新建一个 Python 文件，然后输入下面这段代码：

```
i = 1                           # 定义变量 i 代表 1~100 中的数字
odd_num = 0                     # 定义变量 odd_num 用来累计奇数的个数
even_num = 0                    # 定义变量 even_num 用来累计偶数的个数
odd_sum = 0                     # 定义变量 odd_sum 用来累计奇数的和
even_sum = 0                    # 定义变量 even_sum 用来累计偶数的和

# 定义一个 while 循环遍历 1~100 中的数字
while i<=100:
    if i%2==0:
        even_sum += i           # 相当于 even_sum = even_sum + i
        even_num += 1           # 相当于 even_num = even_num + 1
    else:
        odd_sum += i            # 相当于 odd_sum = odd_sum + i
        odd_num += 1            # 相当于 odd_num = odd_num + 1
    i += 1

# 打印奇数和偶数的个数，以及奇数和偶数的和
print('1-100 之间偶数的个数为：%d' % even_num)
print('1-100 之间奇数的个数为：%d' % odd_num)
print('1-100 之间偶数的和为：%d' % even_sum)
print('1-100 之间奇数的和为：%d' % odd_sum)
```

保存这个 Python 文件并 Run Moudle 一下，可以得到如图 6-2 所示的结果。

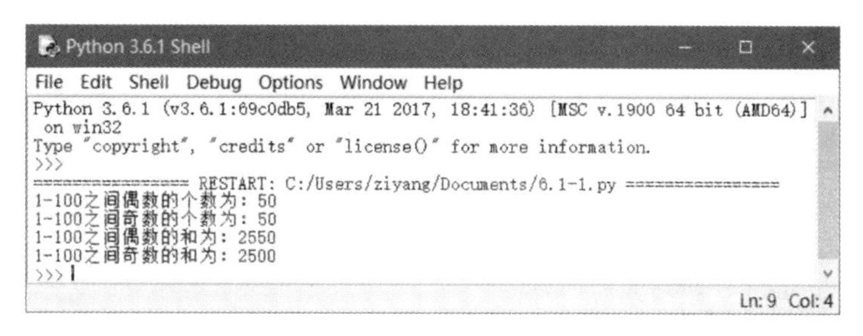

图 6-2　统计 1～100 范围内奇偶数的个数及其相应的求和结果

上面这段代码主要是使用了一个前面未曾见过的 while 循环结构，并且在循环内使用了 if 判断结构。代码段中的 while 循环一共循环 100 次，从 1～100 判断每个数字除以 2 后的余数是否等于 0，如果是，则该数字为偶数，如果不是，那自然该数字就为奇数啦。

执行的结果也看过了，下面我们就来正式地认识认识 Python 的 while 循环结构吧。形如以下结构框架的代码片段就是 Python 中的 while 循环结构：

```
while <test>:
    <statements1>
else:
    <statements2>
```

while 循环中的<test>部分可以看作是循环的判断条件，即条件表达式，类似于 if 判断结构的判断条件。例如，<test>部分可以是运算表达式 i<=100，其中表达式操作符“<=”的含义是小于等于。

while 循环中每轮循环执行的一开始都是判断<test>部分是否成立，在<test>部分判断成立的情况下，<statements1>部分会执行，这就是循环的主体。在<test>部分判断不成立的情况下，else 分支内的<statements2>部分会执行，此时通常意味着要退出循环了。

当然，对于 while 循环结构来说，else 分支也是可选的。如果没有 else 分支部分，那么<test>部分被判断为不成立时，循环就会直接退出。举个例子，我们可以模仿图 6-3 所示的代码在 IDLE 中编写简单的 while 循环结构。

```
Python 3.6.1 Shell
File  Edit  Shell  Debug  Options  Window  Help
Python 3.6.1 (v3.6.1:69c0db5, Mar 21 2017, 18:41:36) [MSC v.1900 64 bit (AMD64)]
 on win32
Type "copyright", "credits" or "license()" for more information.
>>> a = 0;b = 10
>>> while a < b:
        print(a, end=" ")
        a += 1


0 1 2 3 4 5 6 7 8 9
>>> |
                                                              Ln: 10  Col: 4
```

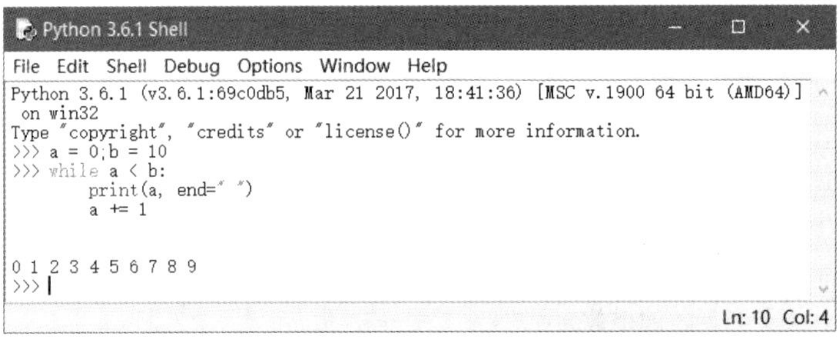

图 6-3　在 IDLE 中编写简单的 while 循环结构

使用了 while 循环结构实现的功能基本都可以使用 for 循环结构实现。例如，在 IDLE 中继续新建一个 Python 文件并输入下面这段代码，然后保存并试着 Run Moudle 一下，看看能不能得到和图 6-2 相同的结果。

```
odd_num = 0                          # 定义变量 odd_num 用来累计奇数的个数
even_num = 0                         # 定义变量 even_num 用来累计偶数的个数
odd_sum = 0                          # 定义变量 odd_sum 用来累计奇数的和
even_sum = 0                         # 定义变量 even_sum 用来累计偶数的和

for i in range(1,101):
    if i%2==0:
        even_sum += i                # 相当于 even_sum = even_sum + i
        even_num += 1                # 相当于 even_num = even_num + 1
    else:
        odd_sum += i                 # 相当于 odd_sum = odd_sum + i
        odd_num += 1                 # 相当于 odd_num = odd_num + 1

# 打印奇数和偶数的个数，以及奇数和偶数的和
print('1-100 之间偶数的个数为：%d' % even_num)
print('1-100 之间奇数的个数为：%d' % odd_num)
print('1-100 之间偶数的和为：%d' % even_sum)
print('1-100 之间奇数的和为：%d' % odd_sum)
```

乍一看这段代码和图 6-2 上面的代码似乎并没有太大的区别，可是 for 循环结构和 while 循环结构毕竟是在代码模板上稍有不同。

仔细看来，while 循环结构在使用前就定义了变量 i，循环的条件表达式中也使用到了变量 i，在循环的结束前还添加了变量 i 自加 1 的操作（表达式 i += 1）。

反观 for 循环结构则没有在使用前就定义变量 i，而是将变量 i 作为<traget>部分，每到一轮循环的最后，i 都会自动加 1，而不是需要我们去编写表达式来完成。

这样看来，似乎 for 循环结构能够比 while 循环结构更方便一些，也因此有些人更倾向使用 for 循环结构。另外，在上面这段代码中，还使用了 range()函数产生一系列数字来作为 for 循环结构的<object>部分，需要注意的是，range(1,101)产生的数字就是 1～100 这个范围内的整数。

6.2　质数、合数有哪些：break 语句和嵌套的循环

提起“质数”“合数”这两个名词，估计大家听起来就比较陌生，即便不陌生，相信也是一时间摸不清它们究竟指的是哪一类数字。其实这也难怪，质数和合数毕竟也很少被提及。

在数学中，质数又称素数，是指在大于 1 的自然数中，除了 1 和它本身以外不再有其他因数的数；合数指的是在大于 1 的自然数中，除了能被 1 和本身整除外，还能被其他数（0 除外）整除的数。质数有无限个，合数也有无限个。最小的质数是 2，最小的合数则是 4。

根据质数和合数的定义，在尝试判断 1～100 范围内的某个数字是质数还是合数时，常常可以依据这个数字能不能被比它还小的数字整除。沿着这样的思路，统计 1～100 范围内的质数和合数各多少，以及这些质数和合数相应的和，就可以用下面这段代码解决。

```
min_prime = 2                        #定义变量 min_prime 存储最小的质数
prime_num = 0                        #定义变量 prime_num 用来累计质数的个数
composite_num = 0                    #定义变量 composite_num 用来累计合数的个数
prime_sum = 0                        #定义变量 prime_sum 用来累计质数的和
composite_sum = 0                    #定义变量 composite_sum 用来累计合数的和

for i in range(3,101):
    for b in range(2,i):
        # 判断除了 1 和本身外，还能不能被其他数整除
        # 如果可以，那么这个数就是合数
        if i % b == 0:
            composite_sum += i
            composite_num += 1
            break                    #用 break 语句跳出最近的循环
    # 内层嵌套的 for 循环顺利执行结束后发现 i 并不是
```

```
        # 合数，那么它就应该是质数
        else:
            prime_sum += i
            prime_num += 1
print("1-100 之间质数的和为：%d" % (prime_sum + min_prime))
print("1-100 之间质数的个数为：%d" % (prime_num + 1))
print("1-100 之间合数的和为：%d" % composite_sum)
print("1-100 之间合数的个数为：%d" % composite_num)
```

和之前使用的 for 循环结构不同，这里使用了一种嵌套的 for 循环结构。所谓的嵌套 for 循环结构，其实就是在一个 for 循环结构中再使用一个 for 循环结构。

为了可以遍历 1～100 范围内的数字，同时对每个数字都测试它是否能被更小的数字整除，最外层的 for 循环要循环执行 100 次，从而达到遍历 1～100 范围内的数字的目的，嵌套在内层的 for 循环的循环次数并不固定，主要是测试某个数字能否被比它还小的数字整除（1 及其本身除外）。

同样还是在 IDLE 中创建一个新的 Python 文件，然后将上面的代码输入，最后保存并 Run Moudle 一下，就可以得到如图 6-4 所示的结果。

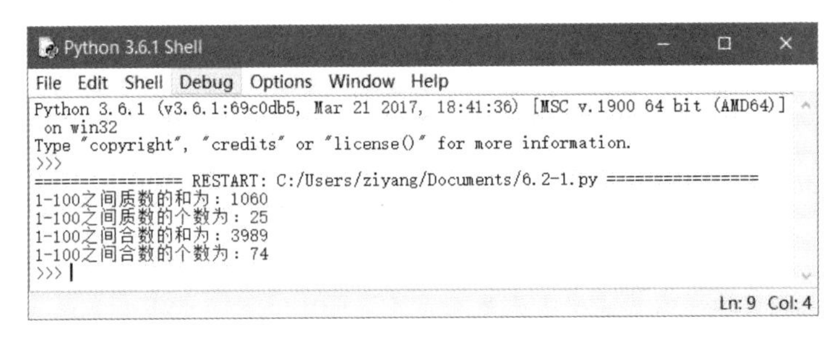

图 6-4　统计 1～100 范围内质与合数的个数及其相应的求和结果

翻阅第 5 章可以发现，for 循环结构可以添加一个 else 分支，当然也可以省略这个 else 分支，在上面的代码中，只有嵌套的内层 for 循环结构使用了 else 分支，这是当判断某个数为质数时要执行的部分。

嵌套在内层的 for 循环结构中使用了一个 if 判断结构，当然这个 if 判断结构没什么稀奇的，作用就是判断是否可以整除。比较有意思的是这个 if 判断结构的最后使用了一个 break 语句。

先说一下 break 语句在 Python 中的作用，它可以跳出最近所在的循环。这样直白地说未免有些枯燥，下面看一个 break 语句使用的例子：

```
for letter in 'Python':
    if letter == 'o':
        break
    print('current letter is:',letter)
```

保存这段代码到一个 Python 文件中，并在 IDLE 中 Run Moudle 一下，应该可以得到如图 6-5 所示的结果。

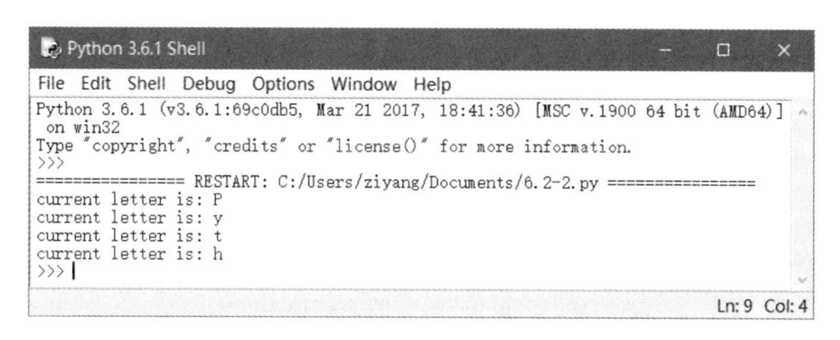

图 6-5　break 语句的使用演示结果

这个 for 循环实现的功能是一个字符一个字符地遍历字符串“Python”，并打印出来，这里面有一个 if 判断结构，作用是当遇到字符“o”时就执行 break 语句。从图 6-5 所示的执行结果来看，字符“o”并没有打印出来，for 循环在打印出字符“h”之后就结束了。

这下该明白 break 语句的作用了吧，其实就是跳出（结束运行）最近所在的循环。值得一提的是 break 语句不仅可以用在 for 循环结构中，在 while 循环结构中也同样适用。

6.3　课后小练习

【问题提出】

在 Python 中，和 break 语句有异曲同工之妙的还有 continue 语句。如果说 break 语句的作用是跳出（结束运行）最近所在的循环，那么 continue 语句的作用就是跳过本次循环内接下来的部分并且重新开始下一轮循环。

本次小练习的任务是使用 continue 语句和循环结构，把 1～100 之间的奇数过滤掉，只将其中的偶数打印出来。

【小小提示】

之前的实践中我们并没有使用过 continue 语句，不过要是参考 break 语句的话，熟练使用 continue 语句也并不难。下面看一个 continue 语句使用的小例子：

```
for letter in 'Python':
    if letter == 'o':
        continue
    print('current letter is:',letter)
```

将这段代码在 IDLE 中 Run Moudle 之后，应该可以得到如图 6-6 所示的结果。

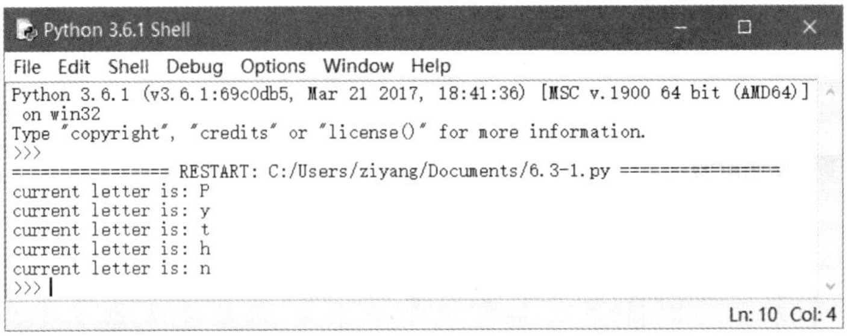

Python 3.6.1 Shell
File Edit Shell Debug Options Window Help
Python 3.6.1 (v3.6.1:69c0db5, Mar 21 2017, 18:41:36) [MSC v.1900 64 bit (AMD64)] on win32
Type "copyright", "credits" or "license()" for more information.
>>>
================ RESTART: C:/Users/ziyang/Documents/6.3-1.py ================
current letter is: P
current letter is: y
current letter is: t
current letter is: h
current letter is: n
>>>
Ln: 10 Col: 4

图 6-6　continue 语句的简单使用示例

从图 6-6 中可以看出，同样是在循环结构中一个字符一个字符地遍历字符串“Python”并打印出来，当遇到字符“o”的时候，continue 语句的执行导致了后面的 print()函数被跳过，从而开始了一轮新的循环，结果就是只有字符“o”没有被打印出来。

【参考结果】

图 6-7 展示了笔者所编写的 Python 程序的执行结果，可以作为一项参考。

Python 3.6.1 Shell
File Edit Shell Debug Options Window Help
Python 3.6.1 (v3.6.1:69c0db5, Mar 21 2017, 18:41:36) [MSC v.1900 64 bit (AMD64)] on win32
Type "copyright", "credits" or "license()" for more information.
>>>
================ RESTART: C:/Users/ziyang/Documents/6.3-2.py ================
2 4 6 8 10 12 14 16 18 20 22 24 26 28 30 32 34 36 38 40 42 44 46 48 50 52 54 56
58 60 62 64 66 68 70 72 74 76 78 80 82 84 86 88 90 92 94 96 98 100
>>>
Ln: 6 Col: 4

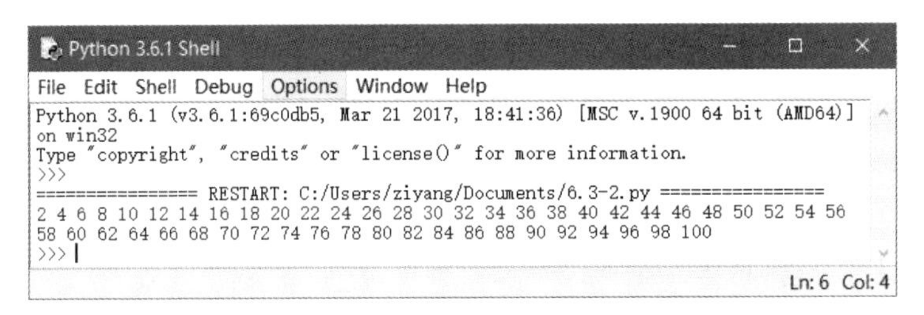

图 6-7　打印出 1～100 范围内的偶数

第 7 章　循环和判断的魅力——背乘法表

提起九九乘法表，相信大家都不会陌生，它是我们在上小学的时候必须要背下来的。九九乘法表的出现和使用都比较早，在历史上的早些时候也被叫作“九九口诀”。如果翻阅《荀子》《淮南子》《管子》《战国策》等古代书籍，就可以从中轻易地找到“三九二十七”“六八四十八”“四八三十二”“六六三十六”等类似的九九口诀中的句子。

通过九九乘法表，一些简单的乘法计算可以快速地口算得出结果，这也正是它的强大之处。既然九九乘法表如此方便，那么有没有办法使用 Python 让计算机背诵出九九乘法表呢？当然没问题！这也正是我们在本章要做的事情。

好了，话不多说，就让我们即刻开始吧。

7.1　回忆九九乘法表

先来看一下九九乘法表，如图 7-1 所示。

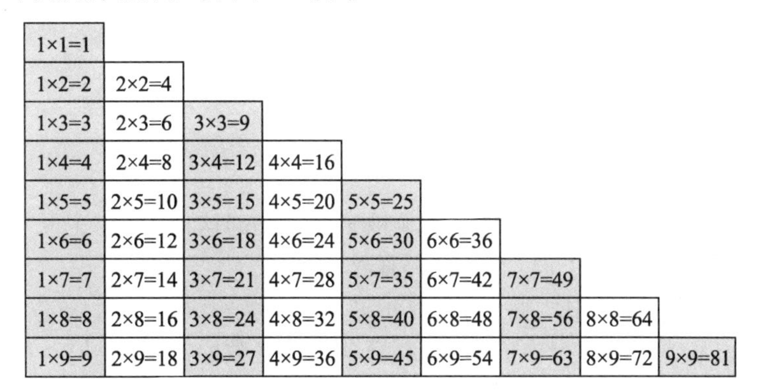

1×1=1								
1×2=2	2×2=4							
1×3=3	2×3=6	3×3=9						
1×4=4	2×4=8	3×4=12	4×4=16					
1×5=5	2×5=10	3×5=15	4×5=20	5×5=25				
1×6=6	2×6=12	3×6=18	4×6=24	5×6=30	6×6=36			
1×7=7	2×7=14	3×7=21	4×7=28	5×7=35	6×7=42	7×7=49		
1×8=8	2×8=16	3×8=24	4×8=32	5×8=40	6×8=48	7×8=56	8×8=64	
1×9=9	2×9=18	3×9=27	4×9=36	5×9=45	6×9=54	7×9=63	8×9=72	9×9=81

图 7-1　九九乘法表

如果细心观察，可能会发现九九乘法表的一些规律。九九乘法表一般有 9 行，第 1 行只有 1 列，从上往下看，每一行都会比它的上一行多出一列，直到最下面的一行有 9 列为止。

九九乘法表第 1 行的内容是 1×1 的结果，第 2 行的两列分别是 1×2 和 2×2 的结果，第 3 行的 3 列分别是 1×3、2×3 和 3×3 的结果，以此类推，第 9 行就是 1×9、2×9、3×9 直到 9×9 的结果。

也就是说，从图 7-1 中可以发现，九九乘法表每到第几行，该行就有几列。

7.2　用最熟悉的办法：for 循环结构嵌套

让计算机背诵出九九乘法表，说得直白一点就是通过编写 Python 程序在 IDLE 中打印出九九乘法表。在找到了九九乘法表的规律之后，要想打印就容易多了。

比较可行的办法就是每次打印出九九乘法表的一行，这样分 9 次就能打印完。每次打印的时候还要判断当前行数，并根据当前行数打印出相同列数的乘法表达式。

按照上述这样的思路，打开 IDLE，新建一个 Python 文件，输入以下代码：

```
for i in range(1, 10):
    for j in range (i):
        j = j + 1
        print("%d*%d=%d" % (i, j, i*j),end=" ")
    print()
```

上面的这段代码看上去好短，到底能不能实现我们想要的功能呢？试试就知道了。保存这个 Python 文件，然后 Run Moudle 一下会惊奇地发现，得到了如图 7-2 所示的结果。

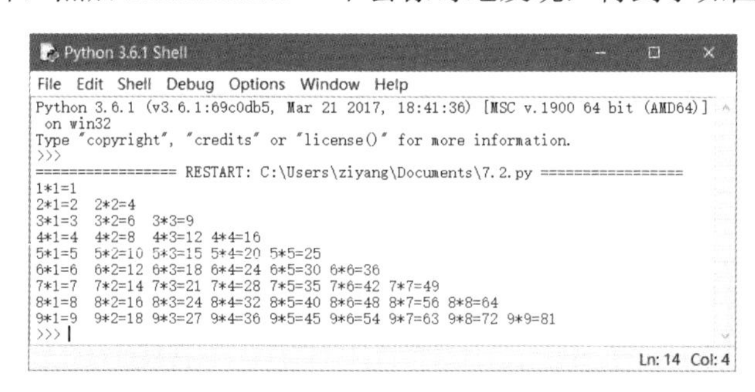

图 7-2　用嵌套 for 循环打印九九乘法表的结果

我们在第 6 章就见识了把两个循环结构嵌套在一起的这种用法，上面的这段代码为了实现打印九九乘法表也使用了嵌套的 for 循环结构。

在嵌套的 for 循环结构中，最外层的 for 循环一共执行 9 轮，每一轮循环执行的主体部分又是一个 for 循环，而这个内层的 for 循环执行的轮数取决于外层 for 循环当前执行到了第几轮。举个例子，打印到九九乘法表的最后一行，最外层的 for 循环执行到了第 9 轮，那么内层的 for 循环也要执行 9 轮，这是因为乘法表的最后一行有 9 个乘法表达式。

内层的 for 循环的主体是一个 print()函数，用于打印出乘法表达式。在 print()函数中，还是使用了之前介绍的%d 格式化输出的方式，用于将 i、j 和 i*j 的结果以整数的形式打印出来。

print()函数还有一些其他的使用窍门。例如，参数 end=" "（一个空格）的功能是将所有打印的内容放在同一行，并且每次打印后都追加一个空格作为分隔。再例如，一个空的 print()函数并不是什么都没做，其作用可以理解为输出换行。参考图 7-3 所演示的在 IDLE 中使用 print()函数的示例，这两个使用窍门理解起来就轻松多了。

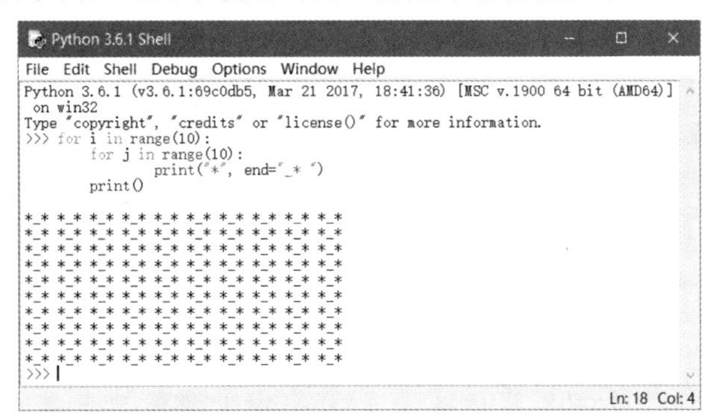

图 7-3　在 IDLE 中试试 print()函数

如果关于上面的整段代码的文字描述太过于枯燥，那么图 7-4 所绘制出的程序流程图正好可以把代码的运行过程描述得非常浅显易懂。

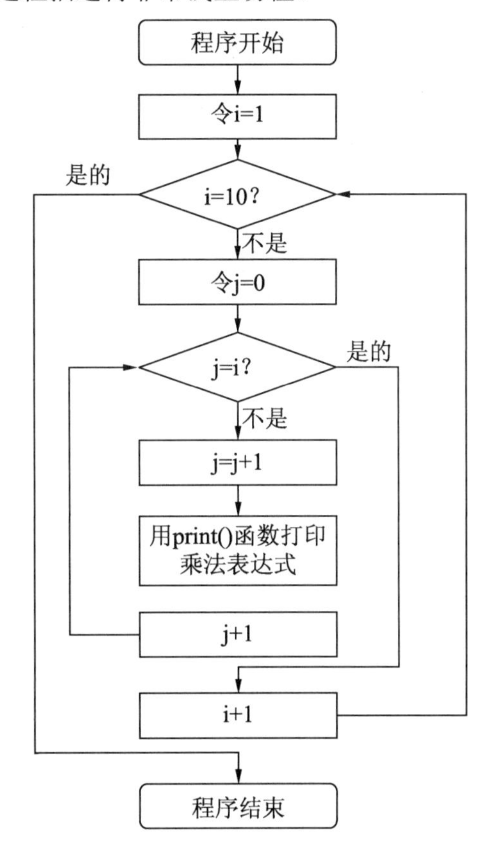

图 7-4　嵌套 for 循环打印九九乘法表的程序流程图

7.3　换一种办法：别样的 while 循环结构

在第 6 章中我们就见识了 Python 中的 while 循环结构，它是一种功能上和 for 循环结构非常类似，但结构模板上又完全不相同的循环结构。打印出九九乘法表可以使用 for 循环结构，除此之外，while 循环结构也完全可以胜任。

例如，用 while 循环结构代替 for 循环结构完成九九乘法表的打印可以是这样的：

```
i = 1
while i <= 9:
    j = 1
    while j <= i:
        print("%d*%d=%d" % (i, j, i*j),end=" ")
        j +=1
    print()
    i += 1
```

在运算表达式 i<= 9 及 j<= i 中，表达式操作符“<=”的含义是小于等于。在运算表达式 j += 1 及 i += 1 中，表达式操作符“+=”的含义是相加后赋值，两个运算表达式分别相当于 j=j+1 及 i=i+1。

看上去这段代码很符合在第 6 章看到的 while 循环结构的结构框架代码：

```
while <test>:
    <statements1>
else:
    <statements2>
```

但是在实际使用的时候，while 循环结构的写法还可以另辟蹊径，例如以下代码：

```
i = 1

# i in range(1, 10)可以当作一个表达式对待
# 表达式操作符就是 in
while i in range(1, 10):
    j = 1

    # j in range(1, i+1)也可以当作一个表达式对待
    while j in range(1, i+1):
        print("%d*%d=%d" % (i, j, i*j),end=" ")
        j += 1
    print()
    i += 1
```

上面的两段代码都可以实现打印九九乘法表的功能。将它们保存为 Python 文件并 Run Moudle 一下，都可以得到如图 7-5 所示的结果。

大家一定很好奇为什么 while 循环结构的<test>部分，也可以像 for 循环结构中那样写成这种类似“i in range(1,10)”的形式吧？

```
Python 3.6.1 Shell
File  Edit  Shell  Debug  Options  Window  Help
Python 3.6.1 (v3.6.1:69c0db5, Mar 21 2017, 18:41:36) [MSC v.1900 64 bit (AMD64)]
 on win32
Type "copyright", "credits" or "license()" for more information.
>>>
=============== RESTART: C:/Users/ziyang/Documents/7.3-2.py ===============
1*1=1
2*1=2 2*2=4
3*1=3 3*2=6 3*3=9
4*1=4 4*2=8 4*3=12 4*4=16
5*1=5 5*2=10 5*3=15 5*4=20 5*5=25
6*1=6 6*2=12 6*3=18 6*4=24 6*5=30 6*6=36
7*1=7 7*2=14 7*3=21 7*4=28 7*5=35 7*6=42 7*7=49
8*1=8 8*2=16 8*3=24 8*4=32 8*5=40 8*6=48 8*7=56 8*8=64
9*1=9 9*2=18 9*3=27 9*4=36 9*5=45 9*6=54 9*7=63 9*8=72 9*9=81
>>> |
Ln: 14  Col: 4
```

图 7-5　用 while 循环结构打印九九乘法表的结果

记住，对于 for 循环结构来说，规定的格式就是那样的，但是对于 while 循环结构来说，这种类似“i in range(1,10)”的形式也是一种表达式，在 Python 中称作“成员关系运算表达式”。

使用表达式操作符 in 可以构成一种成员关系运算表达式。例如 i in range(1,10)，表达式的含义是变量 i 的值是否存在于 range()函数所产生的一系列数值中，如果是，则表达式成立，如果不是，则表达式不成立。

下面就用图 7-6 展示一下在 IDLE 中编写简单的 while 循环结构的方法。

```
Python 3.6.1 Shell
File  Edit  Shell  Debug  Options  Window  Help
Python 3.6.1 (v3.6.1:69c0db5, Mar 21 2017, 18:41:36) [MSC v.1900 64 bit (AMD64)]
 on win32
Type "copyright", "credits" or "license()" for more information.
>>> a = 0
>>> while a in range(10):
        print(a, end=" ")
        a += 1


0 1 2 3 4 5 6 7 8 9
>>> |
Ln: 10  Col: 4
```

图 7-6　在 IDLE 中编写简单的 while 循环结构

为什么要特意引出 while 循环结构这种看似另辟蹊径的写法呢？其实还是跟 range()函数有关。range()函数的功能还是非常多的，其厉害之处，只有在以后慢慢尝试啦。

到目前为止，我们已经看过了许多种 Python 的运算表达式，同时也认识了许多种的表达式操作符，它们各有各的用处，各有各的功能。当然，还有很大一部分 Python 支持的表达式操作符没有见到。

附录 C 总结了 Python 中全部的表达式操作符。如果读者以后遇到了感觉熟悉但是怎么也想不起来功能的表达式操作符，记得不妨翻阅附录 C 来查找哦！

7.4　课后小练习

【问题提出】

绘制程序流程图可不是一项简单的工作，虽然它看上去非常简单。在看过了第 5 章中图 5-2 展示的解决鸡兔同笼问题的程序流程图，以及本章中图 7-4 所示的程序流程图之后，想不想亲自试着来绘制一张程序流程图呢？不如就以 7.3 节所介绍的用嵌套 while 循环结构打印九九乘法表的那段代码为例，绘制相应的程序流程图吧。

【小小提示】

在 7.3 节也看过了 while 循环结构的结构框架代码，图 7-7 展示的便是 while 循环结构的程序流程图框架模板。

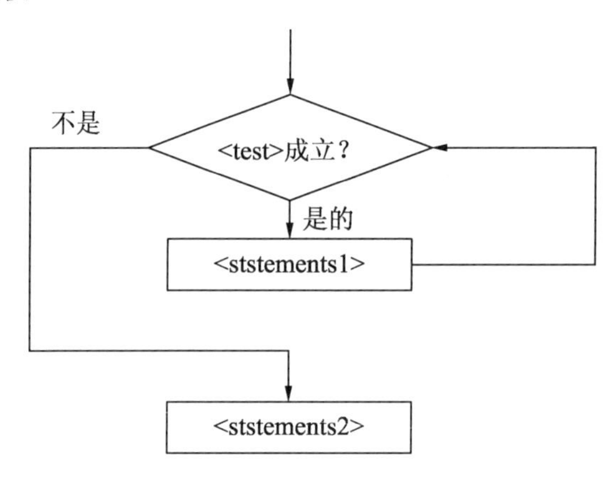

图 7-7　while 循环结构的程序流程图框架模板

第 8 章　循环和判断的魅力——成绩排序

大大小小的考试是我们在学生时代总要面对的，在每次考试结束后，老师都会想办法按照成绩的高低给班里所有的同学排好名次并制作一份成绩单。有了这份成绩单，谁的成绩高，谁的成绩低，谁的成绩比较稳定，谁的成绩忽高忽低就都一目了然了。

制作成绩单并不算难，只要在按照分数的高低排名次时格外细心就好了，既然如此，那么老师会通过什么样的办法完成对成绩的排序呢？带着这样的疑问，让我们在这一章就来亲自探索一下这种按分数高低排序的过程吧。

8.1　厘清思路：排序过程当如何

既然是排序，那不妨首先从简单的情况入手。

一般老师都会事先在班里划分多个学习小组，一个小组或有 6 个人，或有 8 个人，平日里探讨问题和交流汇报都是以一个小组为单位。假如在某次考试成绩出来后，一个学习小组的 8 名成员成绩如表 8-1 所示。

表 8-1　组内 8 名成员的成绩

学号	001	002	003	004	005	006	007	008
分数	87	64	92	90	74	82	75	91

简单的排序情况就是先给一个小组的所有成员排出名次。这时候，如果你作为小组的组长，那么就要考虑了，该使用什么样的排序办法才会更快捷、有效呢？

或许可以这样做：

（1）先按学号从小到大的顺序把成绩写好。

（2）比较前两个学号的成绩，如果学号位置靠后的人反而成绩高于学号位置靠前的人，那么就进行位置互换。

（3）接着比较学号位置第 2 个人和学号位置第 3 个人的成绩。同理，对于学号位置靠后的人反而成绩高于学号位置靠前的人这种情况，就要进行位置互换。

（4）然后比较学号位置第 3 个人和学号位置第 4 个人的成绩，若依旧是学号位置靠后的人反而成绩高于学号位置靠前的人，那么就进行位置互换。

（5）以此类推，直到比较到学号位置最后一个人和学号位置倒数第 2 个人的成绩并完成位置互换，或者学号位置靠后的人成绩低于学号位置靠前的人，那么就不进行位置互换。

以上这个过程是第一轮比较，将这个比较过程重复进行不超过 6 次，那么就可以给组内的成员排出名次了。

按照上面的描述，大概过程如图 8-1 所示。

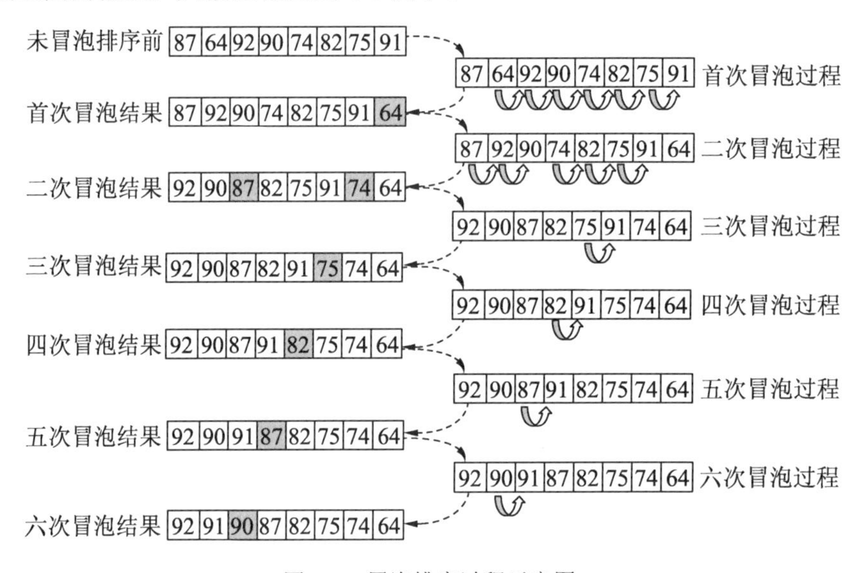

图 8-1　冒泡排序过程示意图

在图 8-1 中，每轮排序过后的结果中，成绩被后移的都用深色标注了出来。仔细观察图 8-1，排序的过程是不是就会一目了然了呢？

事实上，以上所描述的排序过程及图 8-1 所示的排序过程都有一个共同的名字，那就是“冒泡排序过程”，也可以称这种排序办法为“冒泡排序法”。冒泡排序法是一种比较经典的按照数字大小排序的程序算法。

8.2　最直接的办法：用 for 循环完成冒泡排序

不知不觉我们好像已经渐渐接触到一些算法了，是不是很惊奇呢？其实算法也并不是高高在上的，在后面，我们将会逐渐地了解到究竟什么是算法，当然也还会接触到一些非常有趣的算法。

好了，现在言归正传。重点是以上利用冒泡排序法排序组员成绩的思路该如何用

Python 实现呢？

在实现的过程中，我们首先需要创建一个能够保存组员成绩的变量，这个变量可以是一个列表。接着，图 8-1 所示的过程经过了 6 轮冒泡排序，这 6 轮冒泡排序可以写在一个循环结构里，例如 for 循环，控制循环的次数为 6 次。然后，for 循环内部还要嵌套一层循环，用于对相邻的两个成绩进行比较。大致的实现过程就是这样。接下来打开 IDLE，新建一个 Python 文件，输入以下代码：

```
# 创建一个名为 grade 的列表保存组员成绩
grade = [87, 64, 92, 90, 74, 82, 75, 91]

# len()函数的作用是获取列表的长度
n = len(grade)

for j in range(0, n - 1):
    for i in range(0, n - 1 - j):
        # 用一个 if 判断结构判断 grade 列表中两个
        # 相邻位置的成绩，如果前面一个位置的
        # 成绩比后面一个位置的成绩低，那么这
        # 两个位置的成绩互换
        if grade[i] < grade[i + 1]:
            grade[i], grade[i + 1] = grade[i + 1], grade[i]

# 打印顺序经过排列之后的 grade 列表
print(grade)
```

理解了冒泡排序法之后，可能读者就会觉得每一轮的冒泡排序过程都要进行 7 次比较，等同于上面的这个内层 for 循环就要循环 7 轮。但是，仔细观察上面的这段代码就会发现，这个内层 for 循环的轮数并不是固定的，一开始的确是 7 轮，随着外层 for 循环的执行，这个内层 for 循环的轮数在一轮一轮地减少。

这是因为经过第一轮冒泡过后，最低的成绩被放到了最后面，第二轮冒泡的时候就不必再对最后面的成绩进行比较。同理，经过第二轮冒泡过后，次低的成绩被放到了倒数第二位，第三轮冒泡的时候就不必再对最后面这两位的成绩进行比较。以此类推，自然而然的也就能够确定内层 for 循环的轮数是可以一轮一轮地减少的。

按照老“套路”，先保存这个 Python 文件然后 Run Moudle 一下看看结果。图 8-2 展示了程序的执行结果，可以看到组员的成绩确实按从高到低的顺序排列好了。

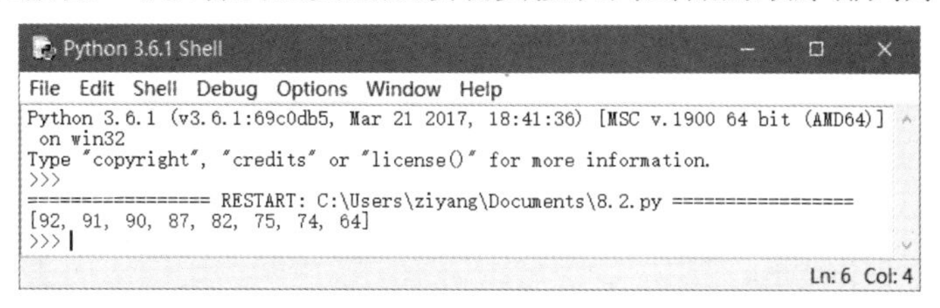

图 8-2　用 for 循环实现冒泡排序法排序成绩的结果

控制内层 for 循环的轮数应该不是非常难理解，相反，怎么样保存 8 名组员的成绩，倒是一个值得思考的问题。回顾之前见过的一些变量，都是只存储了一个值，这个值可以是整型的、浮点型的、字符串型的或者单个字符型的等，都没问题。

对于 Python 来说，保存 8 名组员的成绩并不在话下，只不过要用到一种新类型的变量——列表变量。例如，在上面的程序中，一开始就创建了一个名为 grade 的列表来保存组员的成绩。

下面的 L1、L2、L3 及 L4 都是在 Python 程序中能够正常使用的列表变量。

```
# 成员分别是整型数、字符串和浮点数的列表
L1 = [123, "python", 1.23]

# 成员全是整型数的列表
L2 = [0, 1, 2, 3]

# 成员全是字符串的列表
L3 = ["spam", "Spam", "SPAM"]

# 在内部嵌套了一个列表的列表
L4 = ['abc', ['def', 'ghi']]
```

通过这些例子，相信读者对于列表应该已经不再陌生。在 Python 中，列表就好像是一个变量的集合体，可以以数字、单个字符和字符串等这些之前常见的类型作为成员，当然，列表里面也可以嵌入一个或多个列表。

对于列表来说，方括号“[]”就是它的边界，所有的成员都放在方括号“[]”中，并且用逗号隔开。有时为了清晰，也可以在逗号后面紧紧地追加一个空格。

列表变量也有大小，等于里面包含的成员的数量。例如上面的 L1 和 L3 都是包含 3 个成员，那么它们的大小就都是 3；L2 包含 4 个成员，那么它的大小就是 4；L4 包含一个字符串成员和一个子列表，可以认为它的大小就是 2。

当我们想要引用列表中的某一个成员时，列表的索引可以提供非常大的帮助。列表的索引就好像是列表对所有的成员默认设置的编号一样，这个编号以 0 开始，列表成员从左到右编号依次加 1。

图 8-3 演示的是在 IDLE 中如何通过列表索引打印出 L1、L2、L3 和 L4 中指定位置的成员。

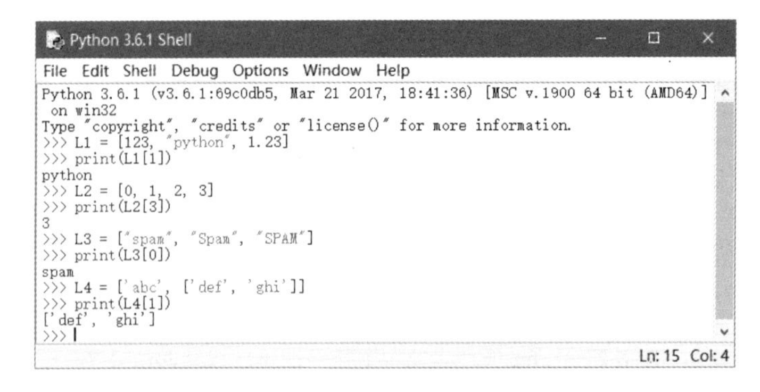

图 8-3　列表索引的初步使用

8.3　换一种办法：用 while 循环完成冒泡排序

对于 Python 来说，既然支持 for 循环和 while 循环两种结构，那么用嵌套的 while 循环结构可以实现成绩的冒泡排序吗？当然是没问题的。

在 8.2 节的那段代码中，内层 for 循环的一个 if 判断就完成了相邻两个位置的成绩高低的判断，这个 if 判断里只用了一行语句就完成了相邻两个位置的成绩互换。

这行语句就是“grade[i], grade[i + 1] = grade[i + 1], grade[i]”，实际上就是利用了列表的索引完成列表内成员的位置互换。如果想避免这样直接的做法，可以利用一个中间变量暂时存储成绩值。

打开 IDLE，新建一个 Python 文件，输入以下代码：

```
grade = [87, 64, 92, 90, 74, 82, 75, 91]
j =1
while j < len(grade):
    i = 0
    while i < len(grade)-1:
        if grade[i] < grade[i + 1]:
            # temp 可以当作一种中间变量对待
            # 替换掉“grade[i], grade[i + 1] = grade[i + 1], grade[i]”
            temp = grade[i]
            grade[i] = grade[i + 1]
            grade[i + 1] = temp
        i += 1
    j += 1

# 打印顺序经过排列之后的 grade 列表
print(grade)
```

保存这个 Python 文件然后 Run Moudle 一下，结果如图 8-4 所示。

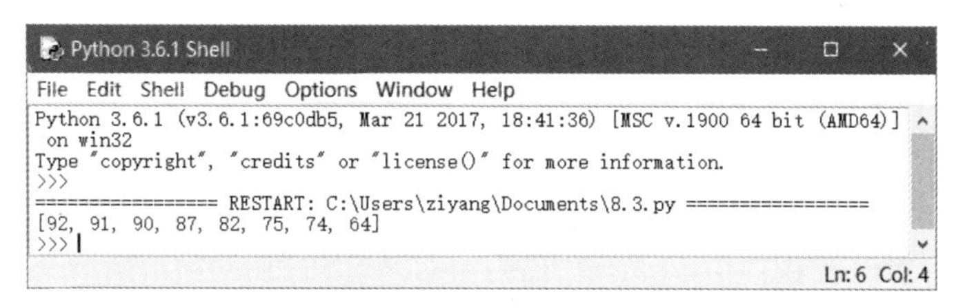

图 8-4　用 while 循环实现冒泡排序法排序成绩的结果

8.4　课后小练习

【问题提出】

在前面几节，无论是使用 for 循环结构排序成绩也好，还是使用 while 循环结构排序成绩也罢，结果都是按从高到低的顺序进行排序。读者能不能想个办法将成绩由从高到低排序更改为从低到高排序呢？

【小小提示】

回顾之前的排序过程，两个相邻位置的值在比较时通常是将成绩较高的那个放在前面。沿着这样的思路，将成绩更改为从低到高地排序就简单多了，只需在比较两个相邻位置的值时将成绩较低的那个放在前面即可。

【参考结果】

图 8-5 展示了笔者所编写的 Python 程序的执行结果，可以作为一项参考。

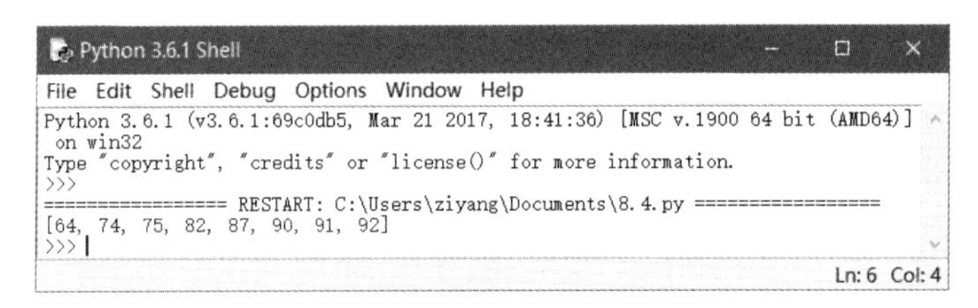

图 8-5　将成绩改为从低到高排序的结果

第 9 章　挖掘列表的潜能——别样索引

按照从高到低或者从低到高的顺序把成绩排序好是不是非常简单呢？是的没错，在第 8 章中，我们就完成了这个成绩排序的小目标。

给成绩排序首先用到的自然是嵌套的循环结构，在这个嵌套的循环结构里我们不断地比较相邻的两个成绩并适当地互换位置。其次，给成绩排序还用到了一种之前没有见到过的数据形式——列表。

列表的作用就是把需要排序的成绩共同保存在一起。列表还支持索引，通过索引的方式，能够获取到列表中的每一个成绩。需要知道的是，列表支持的索引也可以具体分为不同的形式，这一章我们就来见识一下这些不同形式的索引。

9.1　最末位的成绩：从后向前的索引顺序

让我们再来看看第 8 章的成绩列表：

```
grade = [87, 64, 92, 90, 74, 82, 75, 91]
```

假如我们想获得 90 这个成绩，那么我们应该会立刻想到用 grade[3]。在 IDLE 中试试用 print()函数打印 grade[3]，如图 9-1 所示，可以看出打印的结果就是 90。

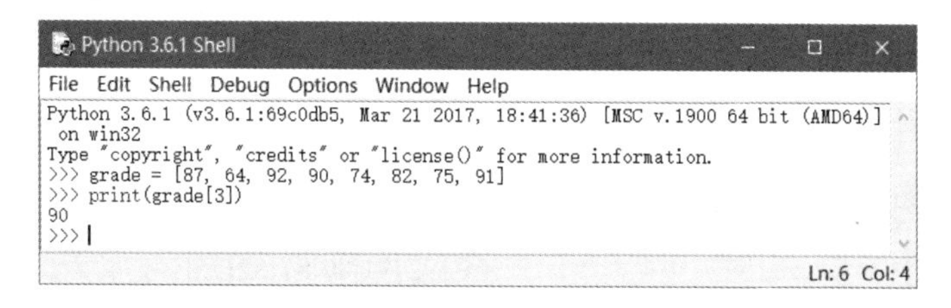

图 9-1　打印 grade[3]

列表中的第一个成员索引是 0，第二个成员索引是 1，以此类推。按照这样的规则，用 grade[3]能够得到 90 这个成绩倒也是在预料之中的。不仅如此，想要获得 90 这个成绩，还可以用 grade[-5]。

在 IDLE 中试试用 print()函数打印 grade[-5]，如图 9-2 所示，可以看出打印的结果也是 90。

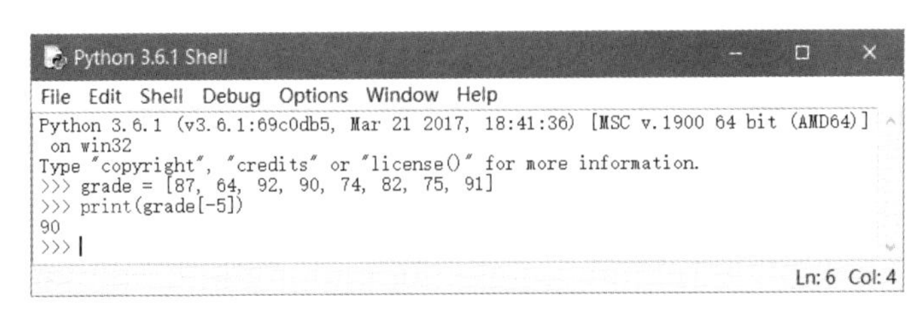

图 9-2　打印 grade[-5]

如果把 grade[3]想象成是按照从前向后的顺序索引（正序）的，那么 grade[-5]就可以想象成是按照从后向前的顺序索引（倒序）的，即 grade[-1]会得到 91，grade[-2]会得到 75，以此类推，grade[-5]会得到 90，grade[-8]会得到 87。

在知晓了 grade 列表长度的情况下，得到 91 这个成绩可以用 grade[7]，而在不知晓 grade 列表长度的情况下，想要得到 91 这个成绩则可以用 grade[-1]。这就是这种从后向前的索引顺序带来的便捷。

毫无疑问，这种索引方式也能用于成绩的排序，而且会自动地让成绩的比较从后面开始。如图 9-3 展示的还是对 grade 使用冒泡排序法排序的过程，和图 8-1 展示的排序过程不同的是，这里对成绩的比较是从后向前的。

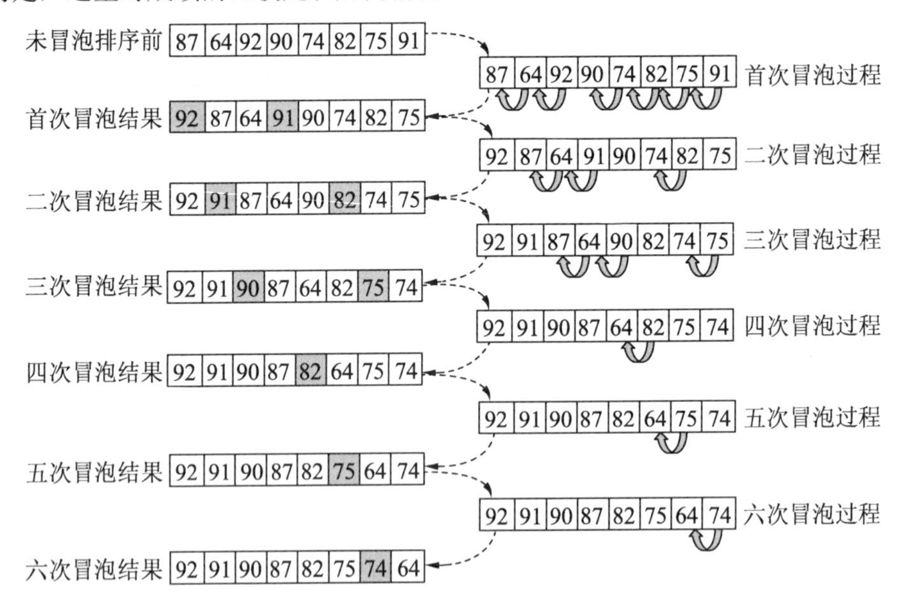

图 9-3　成绩冒泡排序逆向过程

乍一看上去，图 9-3 还是和第 8 章的图 8-1 非常相似的，同样是经历了 6 轮的冒泡排序过程，得到了相同的最终排序结果。差别在于，图 8-1 是从最左边的成绩开始比较的，而图 9-3 是从最右边的成绩开始比较的。

比较的过程发生了一些改动，那么代码肯定就不会原封不动，也要在 8.2 节的代码的基础上进行一些改动，具体如下：

```
# 创建成绩列表并获取这个列表的长度
grade = [87, 64, 92, 90, 74, 82, 75, 91]
n = len(grade)

# 最外层循环的次数不变
for j in range(0, n - 1):
    # 因为索引是从-1 到-8，所以最内层的 for 循环的
    # range()函数要产生的数字要适当改变一下
    for i in range(1, n - j):
        # if 判断的判断条件也要适当改变一下
        # i 改为-i，i+1 改为-i - 1
        if grade[-i] > grade[-i - 1]:
            grade[-i], grade[-i - 1] = grade[-i - 1], grade[-i]

# 打印
print(grade)
```

保存为.py 文件并试着执行 Run Module 命令，看看是否还能得到和 8.2 节相同的成绩从高到低排序的结果。图 9-4 展示了执行 Run Module 命令的运行结果。

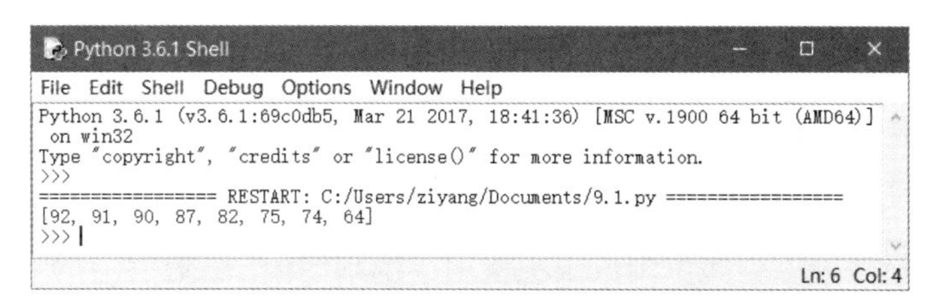

图 9-4　成绩冒泡排序的结果

结果不言而喻，是正确的。

9.2　前（后）一段的成绩：用索引截取列表

令人意想不到的是，通过索引不仅能获取 grade 列表中的一个成绩，甚至还能获取 grade 列表中的前一段或后一段的连续多个成绩。具体怎么做呢？只需要给索引数字添加一个冒号就可以了。

下面一起来看看图 9-5 所示的这些在 IDLE 中进行测试的例子。

对于这样的用法来说，冒号所放的位置很有讲究。

从图 9-5 中可以看出，grade[3:]会获得 grade[3]以后的所有成绩（包括 grade[3]在内），而 grade[-3:]会获得 grade[-3:]以后的所有成绩（也包括 grade[-3]在内），这是冒号在索引

数字之后的情况。

```
Python 3.6.1 Shell
File Edit Shell Debug Options Window Help
Python 3.6.1 (v3.6.1:69c0db5, Mar 21 2017, 18:41:36) [MSC v.1900 64 bit (AMD64)]
 on win32
Type "copyright", "credits" or "license()" for more information.
>>> grade = [87, 64, 92, 90, 74, 82, 75, 91]
>>> print(grade[3:])
[90, 74, 82, 75, 91]
>>> print(grade[-3:])
[82, 75, 91]
>>> print(grade[:3])
[87, 64, 92]
>>> print(grade[:-3])
[87, 64, 92, 90, 74]
>>>
Ln: 12 Col: 4
```

图 9-5　测试通过索引获得列表的多个成员

从图 9-5 中还可以看出，grade[:3]会获得 grade[3]以前的所有成绩（不包括 grade[3]在内），而 grade[:-3]会获得 grade[:-3]以前的所有成绩（也不包括 grade[-3]在内），这是冒号在索引数字之前的情况。

9.3　特定区间的成绩：列表分片

比较有意思的是，有这样一种索引，它由两个单独的索引数字组成，这两个单独的索引数字之间用冒号作为分隔，这种索引也能获得 grade 列表中的连续多个成绩。

下面来看看图 9-6 所示的这些在 IDLE 中进行测试的例子。

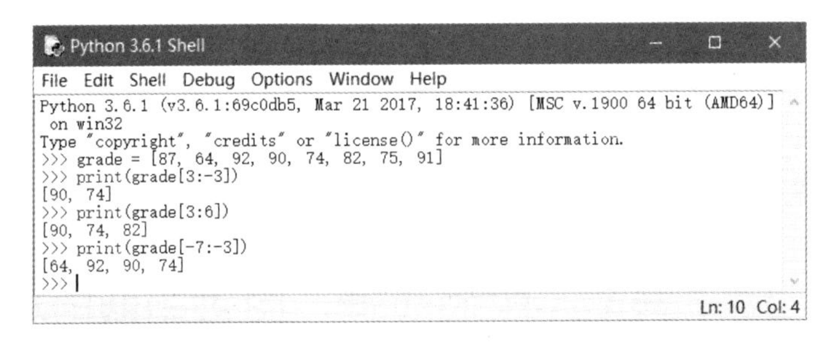

图 9-6　用索引获取 grade 列表特定区间的成绩

看着图 9-6 中展示的结果，想一想为什么会这样呢？如果结合图 9-5 所示的打印结果来看的话，相信答案已经呼之欲出了。

其实，对于这种由两个单独的索引数字及一个冒号组成的索引，有一个正式一点的称呼，即“切片操作”。切片操作的意思就是对于一个列表，用两个索引确定一个区间，在这个区间内的成员就是切片的结果。

在进行列表的切片操作时，有一个需要注意的地方，那就是两个单独的索引可以构成一个区间，如果不是这样，切片操作就不会得到任何结果，图 9-7 演示的就是这种情况。

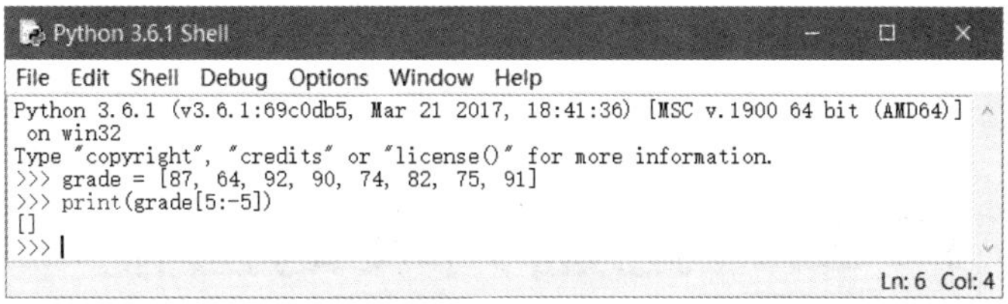

```
Python 3.6.1 Shell
File  Edit  Shell  Debug  Options  Window  Help
Python 3.6.1 (v3.6.1:69c0db5, Mar 21 2017, 18:41:36) [MSC v.1900 64 bit (AMD64)]
 on win32
Type "copyright", "credits" or "license()" for more information.
>>> grade = [87, 64, 92, 90, 74, 82, 75, 91]
>>> print(grade[5:-5])
[]
>>> |
Ln: 6  Col: 4
```

图 9-7　切片操作没有得到结果

这是因为 grade[5:]能得到的结果是[82,75,91]，而 grade[:-5]能得到的结果是[87, 64, 92]，这两个结果要么是在 grade 列表中太靠前了，要么就是在 grade 列表中太靠后了，中间没有交集，因此 grade[5:-5]也就没有任何结果。

第 10 章　挖掘列表的潜能——常规修改

对于 Python 的列表来说，使用索引既可以获得其中指定位置的一个成员，又可以修改其中指定位置的一个成员的值，非常方便。不过在遇到一些特殊情况时，索引的使用就会显得有些力不从心。

例如，当需要给列表添加新的成员时只用索引是行不通的，当要删除列表中的某个成员时只用索引也是行不通的，当要翻转列表或者将列表按照降序排序时只用索引会让过程非常烦琐。

Python 早就考虑到了这些情况，所以准备了一些专门针对列表使用的函数，使用这些函数就可以实现给列表添加新的成员、删除列表中的某个成员及翻转或者将列表按照降序排序等操作。

主角同样还是第 8 章中的成绩列表 grade，本章我们将试着用 Python 准备的这些函数来修改它。

10.1　给 grade 追加新成绩：增加列表成员

如果要给已经存在的列表增加新的成员，可以使用 Python 提供的 append()函数、extend()函数和 insert()函数。这些函数都可以向列表添加新的成员，并且添加新成员的方式各不相同。

append()函数的作用是在列表的最后面添加一个新的成员。例如，想要在成绩列表 grade 的基础上再追加一个成绩，那么就可以对 grade 使用 append()函数。图 10-1 展示的就是用 append()函数把 85 这个成绩追加到 grade 的末尾。

给列表添加新的成员时，一般首选的就是 append()函数。

但是通过 append()函数对 grade 追加成绩时，一次只能追加一个成绩，这是因为 append()函数本身只允许每次给列表添加一个成员。

extend()函数同样可以在列表的最后面添加新的成员，只不过不会像 append()函数那样限制一次只能给列表添加一个成员。

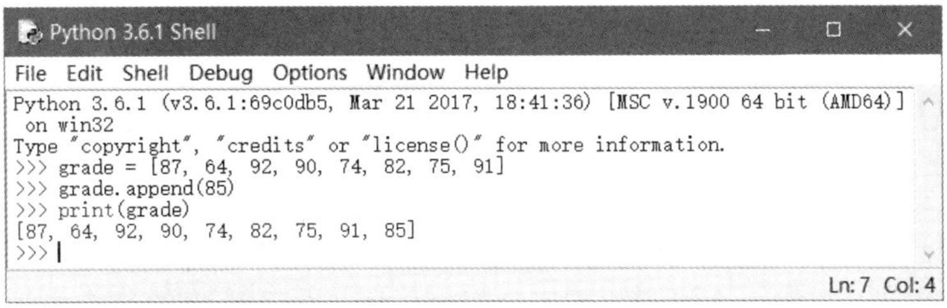
Python 3.6.1 Shell
File Edit Shell Debug Options Window Help
Python 3.6.1 (v3.6.1:69c0db5, Mar 21 2017, 18:41:36) [MSC v.1900 64 bit (AMD64)] on win32
Type "copyright", "credits" or "license()" for more information.
>>> grade = [87, 64, 92, 90, 74, 82, 75, 91]
>>> grade.append(85)
>>> print(grade)
[87, 64, 92, 90, 74, 82, 75, 91, 85]
>>>
Ln: 7 Col: 4

图 10-1　用 append()函数给 grade 添加一个新成绩

例如，除了成绩列表 grade 之外，还有另一个成绩列表 grade2，现在想要把 grade2 里的成绩追加到 grade 的最后面，那么就可以使用 extend()函数，图 10-2 展示的就是这种用法。

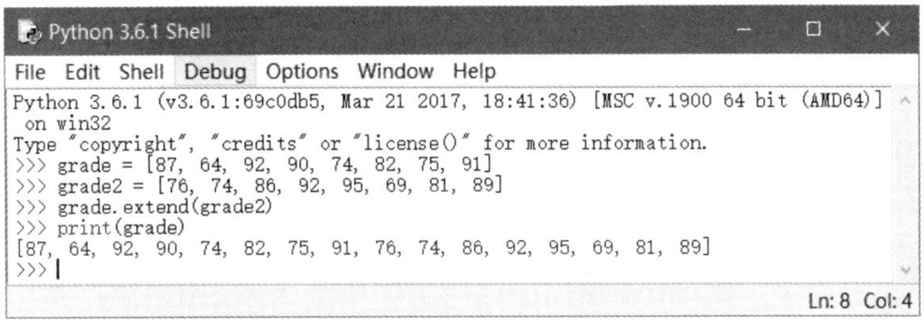
Python 3.6.1 Shell
File Edit Shell Debug Options Window Help
Python 3.6.1 (v3.6.1:69c0db5, Mar 21 2017, 18:41:36) [MSC v.1900 64 bit (AMD64)] on win32
Type "copyright", "credits" or "license()" for more information.
>>> grade = [87, 64, 92, 90, 74, 82, 75, 91]
>>> grade2 = [76, 74, 86, 92, 95, 69, 81, 89]
>>> grade.extend(grade2)
>>> print(grade)
[87, 64, 92, 90, 74, 82, 75, 91, 76, 74, 86, 92, 95, 69, 81, 89]
>>>
Ln: 8 Col: 4

图 10-2　用 append()函数把另一段成绩追加给 grade

extend()函数看起来就相当于把一个列表直接插入到了另一个列表的最后面，如果遇到需要合并两个列表的情况，那么就可以考虑使用 extend()函数。

append()函数和 extend()函数都只是在列表的最后面添加新的成员，有时我们可能会遇到需要在列表中间的某个位置添加新成员的情况，那么这时候就该轮到 insert()函数发挥作用了。

在调用 insert()函数时要给函数两个参数，第一个参数是新成员要插入到列表中的位置索引，第二个参数是要插入的新成员。图 10-3 展示的是用 insert()函数把 93 这个成绩插入到 grade 列表中索引为 3 的位置上。

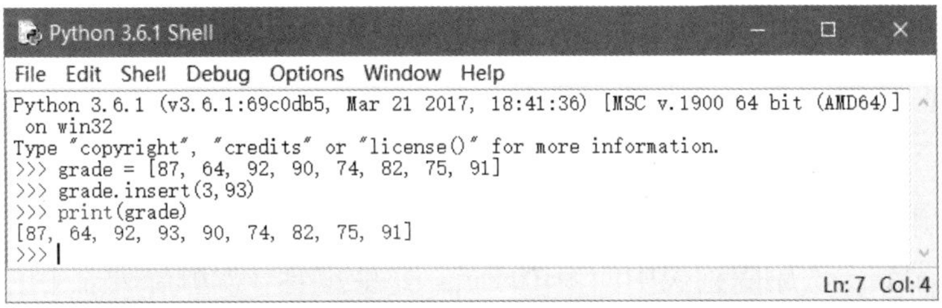
Python 3.6.1 Shell
File Edit Shell Debug Options Window Help
Python 3.6.1 (v3.6.1:69c0db5, Mar 21 2017, 18:41:36) [MSC v.1900 64 bit (AMD64)] on win32
Type "copyright", "credits" or "license()" for more information.
>>> grade = [87, 64, 92, 90, 74, 82, 75, 91]
>>> grade.insert(3,93)
>>> print(grade)
[87, 64, 92, 93, 90, 74, 82, 75, 91]
>>>
Ln: 7 Col: 4

图 10-3　用 insert()函数把成绩插入到 grade 中的指定位置

10.2　去掉 grade 中的成绩：删除列表成员

如果要把已经存在的列表中的某个成员删除，可以使用 Python 提供的 pop()函数、remove()函数和 del 语句。这些函数或语句都可以用于把列表中的某个成员删除，并且删除成员的方式也各不相同。

pop()函数用于删除列表中的最后一个成员，在使用时不用给函数任何参数。

例如，想要把成绩列表 grade 的最后一个成绩删除，那么就可以使用 pop()函数。图 10-4 展示的就是对 grade 使用了两次 pop()函数后得到的结果。

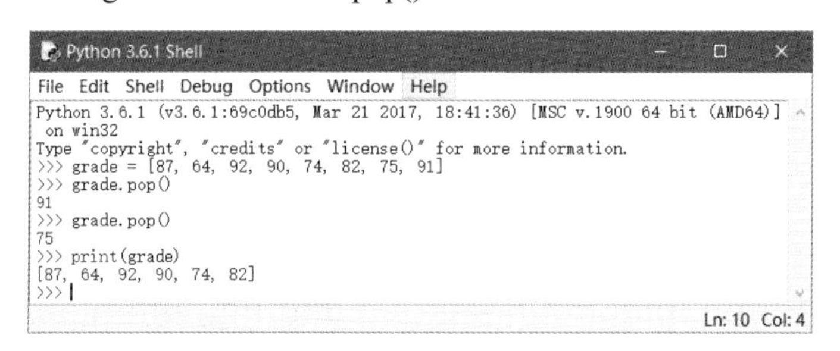

图 10-4　用 pop()函数删除 grade 中最后面的两个成绩

同样是删除列表中的一个成员，和 pop()函数只能从列表的最后面开始删除成员不同的是，remove()函数会删除列表中指定的一个成员。在使用 remove()函数时，只需要把想删除的成员作为参数交给 remove()函数即可。

例如，想要把成绩列表 grade 中的第二个成绩 64 删除，那么就可以执行 grade.remove(64)这行 Python 语句，执行效果如图 10-5 所示。

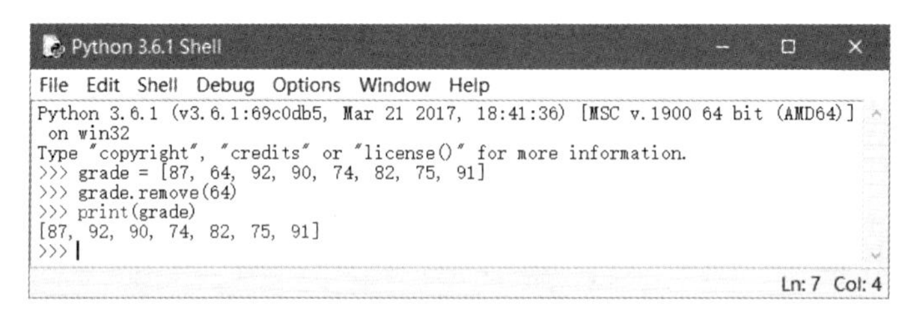

图 10-5　用 remove()函数删除 grade 中指定的一个成绩

无论是使用 pop()函数还是 remove()函数，每次执行都只能一次删除列表中的一个成员，没有办法做到一次删除列表中的多个成员。如果想要一次删除列表中的多个成员，可以尝试使用 Python 为此而准备的 del 语句。

del 语句可以通过索引选择删除列表中的哪些成员。在第 9 章中我们见识了可以对列表使用的各种形式的索引，幸运的是，这些索引完全可以用在 del 语句中。图 10-6 展示的就是用 del 语句删除 grade 成绩列表中的一部分成绩。

```
Python 3.6.1 Shell
File Edit Shell Debug Options Window Help
Python 3.6.1 (v3.6.1:69c0db5, Mar 21 2017, 18:41:36) [MSC v.1900 64 bit (AMD64)]
 on win32
Type "copyright", "credits" or "license()" for more information.
>>> grade = [87, 64, 92, 90, 74, 82, 75, 91]
>>> del grade[0]
>>> print(grade)
[64, 92, 90, 74, 82, 75, 91]
>>> del grade[2:4]
>>> print(grade)
[64, 92, 82, 75, 91]
>>> del grade[-1]
>>> print(grade)
[64, 92, 82, 75]
>>> |
Ln: 13 Col: 4
```

图 10-6　用 del 语句删除 grade 中的一部分成绩

10.3　调整 grade 中的成绩：给列表成员排序

一提到要给列表的成员进行排序，相信大多数人第一时间想到的都是利用冒泡排序的办法将列表的成员按照从大到小或者从小到大的顺序进行排序。

冒泡排序属于我们自行设计的办法，除了冒泡排序以外，还有什么办法可以调整列表中成员的顺序呢？如果还要求这个办法的使用足够简单，那就只能试试 Python 专门为此而准备的 sort()函数和 reverse()函数了。

sort()函数的作用是按照上升的顺序对列表中的成员进行排序。

假设现在要再对 grade 中的成绩进行从低到高的排序，那么除了可以使用冒泡排序的办法外，还能使用 sort()函数。图 10-7 展示的就是对 grade 直接使用 sort()函数后得到的结果。

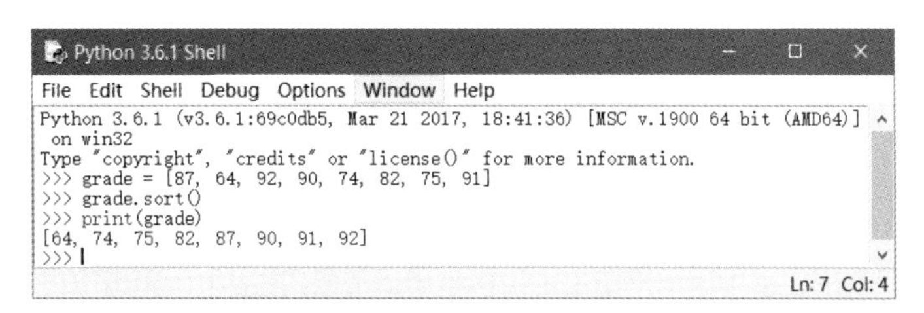

图 10-7　用 sort()函数对 grade 中的成绩按照升序进行排序

对于 sort()函数来说，无论这个列表中的成员是数字还是字符串，都是可以按照上升的顺序对成员进行排序的，图 10-8 展示的就是用 sort()函数对字符串列表进行排序。

如果能够把按照上升的顺序进行排序之后的列表再翻转一下，那么结果就直接变成了把列表按照下降的顺序进行排序。所谓的翻转指的就是原先在列表第一个位置上的成员放在列表最后一个位置上，原先在列表第二个位置上的成员放在列表倒数第二个位置上，以此类推。

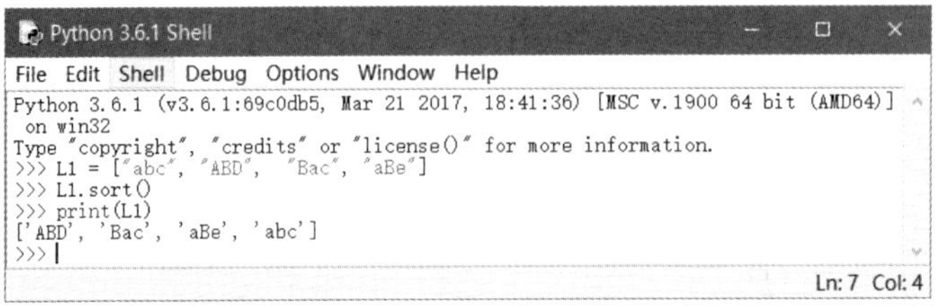

Python 3.6.1 Shell
File Edit Shell Debug Options Window Help
Python 3.6.1 (v3.6.1:69c0db5, Mar 21 2017, 18:41:36) [MSC v.1900 64 bit (AMD64)]
on win32
Type "copyright", "credits" or "license()" for more information.
>>> L1 = ["abc", "ABD", "Bac", "aBe"]
>>> L1.sort()
>>> print(L1)
['ABD', 'Bac', 'aBe', 'abc']
>>>
Ln: 7 Col: 4

图 10-8　用 sort()函数对字符串列表进行排序

Python 中的 reverse()函数就是用于把列表中的成员进行翻转。图 10-9 展示的是对成绩列表 grade 先用 sort()函数进行成绩升序排序，然后再用 reverse()函数进行成绩翻转。

Python 3.6.1 Shell
File Edit Shell Debug Options Window Help
Python 3.6.1 (v3.6.1:69c0db5, Mar 21 2017, 18:41:36) [MSC v.1900 64 bit (AMD64)]
on win32
Type "copyright", "credits" or "license()" for more information.
>>> grade = [87, 64, 92, 90, 74, 82, 75, 91]
>>> grade.sort()
>>> grade.reverse()
>>> print(grade)
[92, 91, 90, 87, 82, 75, 74, 64]
>>>
Ln: 8 Col: 4

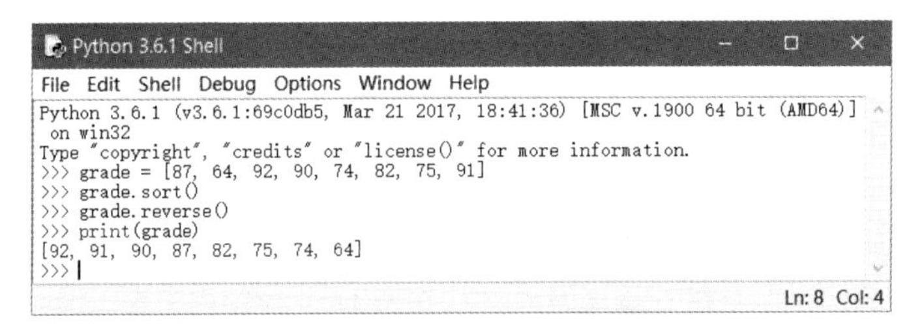

图 10-9　对成绩列表 grade 先升序排序再翻转

回顾第 8 章，在那里使用了冒泡排序的办法对 grade 中的成绩进行排序，得到的结果和图 10-9 中展示的结果是相同的。

第 11 章　给排序小工具添加实用功能 1

在第 8 章中，我们用 Python 设计了一个简单的成绩排序小工具，在这个过程中，不仅了解和尝试了经典的冒泡排序算法，还学会了一些新的 Python 知识，例如列表的创建和通过索引访问列表成员等。

但是再怎么看，这个成绩排序小工具也太低端了，有多低端呢？其实就是利用冒泡排序法把列表中的一串数字按照从大到小的顺序重新排列了一下而已。我们当然不能满足于现状，一定要下决心做出一个更加实用的成绩排序小工具才行！

这将是本章和下一章的目标，过程中必定会充满各种挑战，当然也会用到一些新的 Python 知识。好了，让我们这就开始吧！

11.1　输入学号和成绩：input()函数和 split()函数

既然要做个实用的成绩排序小工具，该从哪里开始着手呢？毫无疑问，当然是从输入学号和成绩开始。这是因为，如果我们要求程序能够把任意一份成绩单都按照分数的高低排好顺序，那么首先要把成绩单输入程序中。

一提到把成绩单输入程序中，很可能读者会直接想到之前见过也用过的 input()函数，很遗憾的是，input()函数在这里并不能直接使用，这是为什么呢？当然是因为 input()函数本身的功能所限。

想想看，成绩单上的成绩有很多，而我们最希望的成绩单输入办法应该是输入一个成绩，用空格隔开，然后再输入下一个成绩，再用空格隔开，这样周而复始，输完所有成绩后按一下 Enter 键表示输入结束。

可是实际上，input()函数不会把空格当作分数的分隔，它只会一股脑地把空格和分数当作一体的字符串。举个例子来说，下面这两行代码就可以读取输入的分数，然后打印出来：

```
grade = input("在这里输入分数，中间用空格隔开：")
print(grade)
```

执行 Run Module 命令的结果如图 11-1 所示。

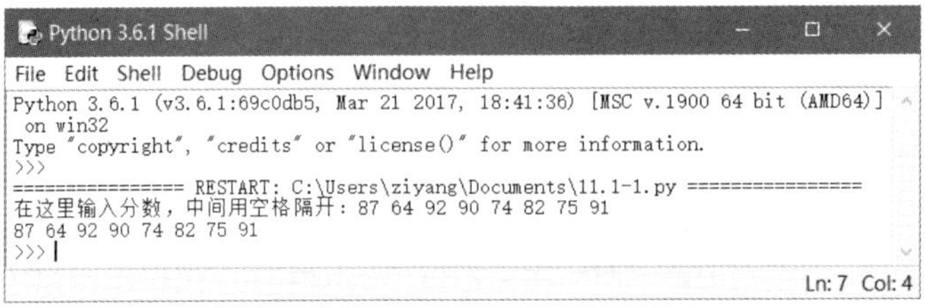

```
Python 3.6.1 Shell
File Edit Shell Debug Options Window Help
Python 3.6.1 (v3.6.1:69c0db5, Mar 21 2017, 18:41:36) [MSC v.1900 64 bit (AMD64)]
 on win32
Type "copyright", "credits" or "license()" for more information.
>>>
=============== RESTART: C:\Users\ziyang\Documents\11.1-1.py ===============
在这里输入分数，中间用空格隔开：87 64 92 90 74 82 75 91
87 64 92 90 74 82 75 91
>>> |
Ln: 7 Col: 4
```

图 11-1　直接使用 input()函数读取成绩输入

当然了，车到山前必有路，眼前遇到的这个问题还是有办法解决的，那就是对 input()函数得到的结果再使用 split()函数。

split()函数的作用就是按照指定的分隔符对字符串进行切片。还是上面那个例子，在对 input()函数使用了 split()函数之后，代码看起来是这样的：

```
grade = input("在这里输入分数，中间用空格隔开：").split(" ")
print(grade)
```

但是执行 Run Module 命令之后得到的结果却完全不一样，如图 11-2 所示。

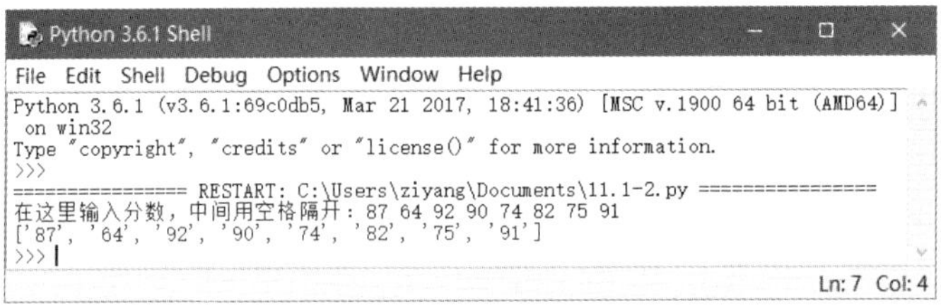

```
Python 3.6.1 Shell
File Edit Shell Debug Options Window Help
Python 3.6.1 (v3.6.1:69c0db5, Mar 21 2017, 18:41:36) [MSC v.1900 64 bit (AMD64)]
 on win32
Type "copyright", "credits" or "license()" for more information.
>>>
=============== RESTART: C:\Users\ziyang\Documents\11.1-2.py ===============
在这里输入分数，中间用空格隔开：87 64 92 90 74 82 75 91
['87', '64', '92', '90', '74', '82', '75', '91']
>>> |
Ln: 7 Col: 4
```

图 11-2　使用 split()函数处理 input()函数读取的成绩输入

对比图 11-1 和图 11-2 可以发现，打印的结果发生了变化，由直接打印出一个字符串变成了打印出一个字符列表，这就是 split()函数的奇妙用处。我们在上段代码中对 input()函数使用了 split()函数，并且还是以一个空格作为 split()函数的参数，结果就是 input()函数读取的键盘输入被切割（切片）成多份，切割的依据就是空格。

在体会了 split()函数的妙用之后，学号和分数的输入应该已经不再是难题。例如，我们可以用以下代码片段完成学号和成绩的录入：

```
# 定义变量 number 读取输入的学号
number = input("在这里输入学号，中间用空格隔开：")

# 定义变量 grade 读取输入的成绩
grade = input("接下来输入分数，同样中间以空格隔开：")

# 对变量 number 和 grade 使用 split()函数
number = number.split(" ")
grade = grade.split(" ")
```

```
print(number)
print(grade)
```

如果不出现什么意外的话，执行 Run Module 命令之后得到的结果如图 11-3 所示。

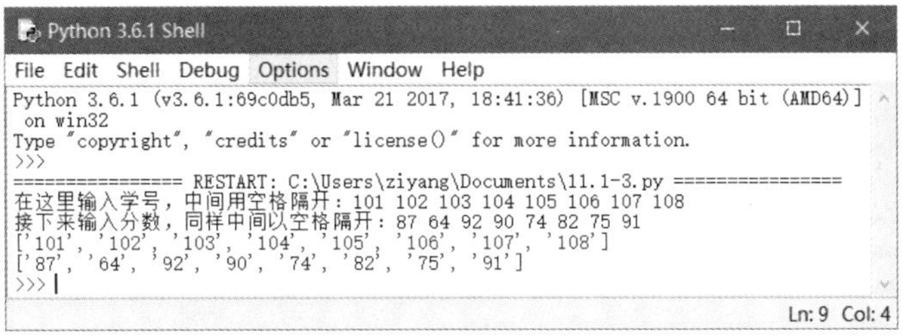

```
Python 3.6.1 Shell
File  Edit  Shell  Debug  Options  Window  Help
Python 3.6.1 (v3.6.1:69c0db5, Mar 21 2017, 18:41:36) [MSC v.1900 64 bit (AMD64)]
 on win32
Type "copyright", "credits" or "license()" for more information.
>>>
=============== RESTART: C:\Users\ziyang\Documents\11.1-3.py ===============
在这里输入学号，中间用空格隔开：101 102 103 104 105 106 107 108
接下来输入分数，同样中间以空格隔开：87 64 92 90 74 82 75 91
['101', '102', '103', '104', '105', '106', '107', '108']
['87', '64', '92', '90', '74', '82', '75', '91']
>>> |
                                                              Ln: 9  Col: 4
```

图 11-3　input()函数和 split()函数配合实现学号与成绩的输入

11.2　保存学号和成绩：append()函数

能够正常输入学号和成绩之后，下一步要做的就是保存学号和成绩。难道变量 number 和变量 grade 不能保存学号和成绩吗？当然可以，完全没有问题，可是变量 number 和变量 grade 保存的并不是我们想要的。

想一想，在成绩排序的时候，grade 是一个字符串列表，那么比较成员的大小会不会很麻烦呢？所以，我们在保存学号和成绩的时候要做的就是把 number 和 grade 两个字符串列表保存为整数列表。

与此类似的操作在之前也进行过，仔细回顾一下那个小小的 Python 计算器的制作。在那里曾用过 int()函数，目的主要是把 input()函数读取的键盘输入从字符串型更改为整型。

类比过来，这里也应该使用 int()函数，只不过要把字符串列表里的字符串一一转换为整型，然后再存到一个新的列表中。按照这样的思路，保存学号和成绩就简单多了，用下面这段代码就可以。

```
# 定义变量 number 和 grade 存储 input()函数所读取的从键盘输入的学号和成绩
number = input("在这里输入学号，中间用空格隔开：")
grade = input("接下来输入分数，同样中间以空格隔开：")

# 对变量 number 和 grade 使用 split()函数进行切片
number = number.split(" ")
grade = grade.split(" ")

# 定义 list_number 和 list_grade 两个空列表，
# 用于存放学号和成绩的整型列表
list_number = []
```

```
list_grade = []

# 列表的索引都从 0 开始，所以变量 i 和 j 定义为 0，
# 便于循环结构从列表开始处遍历
i = 0
j = 0

# len()函数用于计算列表的长度，也就是成员的数量，
# 得到的值可以作为控制循环次数的依据。
# 使用 append()函数可向列表逐个地添加成员
while i <= len(number) - 1:
    list_number.append(int(number[i]))
    i += 1

# 同样，这里也用 len()函数获取列表的长度，以此作为循环的次数控制。
# 循环中使用 append()函数逐个地向列表中添加成员
while j <= len(grade) - 1:
    list_grade.append(int(grade[j]))
    j += 1

# 程序执行的最后试着打印 list_number 和 list_grade 两个列表
print(list_number)
print(list_grade)
```

幸亏我们在之前已经学过了 Python 的循环结构，使用循环结构可以说是大大地方便了遍历 number 列表和 grade 列表中的每一个成员，循环的内部主要用到了 int()函数完成字符串到整型数字的转换。这个程序的 Run Module 命令执行结果如图 11-4 所示。

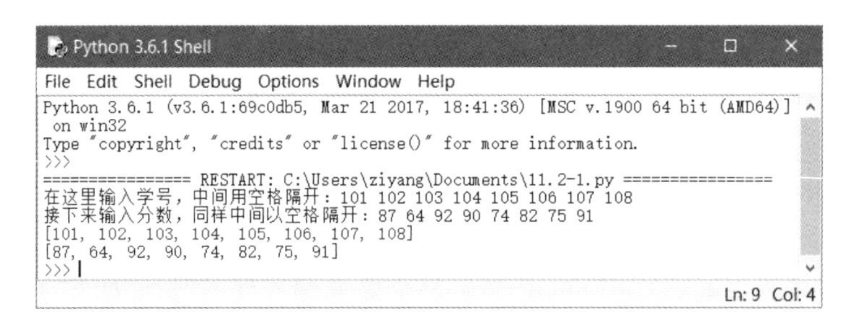

图 11-4 把输入的学号和成绩保存为整型列表

这段代码中的大部分成分在之前都是见过的，值得注意的还是代码中的那两个 while 循环结构。这两个 while 循环在循环条件表达式中再次使用了 len()函数。在第 8 章中我们就知道了，len()函数的参数可以是一个列表，这样函数执行的结果就是列表的长度（等于列表中的成员数量）。

同样是在那两个 while 循环结构中，再注意看循环内的循环体。循环体中用到了在第 10 章见过的 append()函数。append()函数的作用是在列表尾部追加一个成员，例如 list_grade.append()表示使用 append()函数向 list_grade 添加一个新的成员，这样 append()函数的参数就被当作一个新成员添加到列表 list_grade 中的最后一个位置上。

因为 len()函数和 append()函数比较实用，所以在一些用到了列表的场合会经常看到它们的身影。下面这段代码可以看作是 len()函数和 append()函数搭配使用的小练习。

```
list1 = []
list2 = [87, 64, 92, 90, 74, 82, 75, 91]

for i in range(len(list2)):
    list1.append(list2[i])

print("list1 =",list1)
print("list2 =",list2)
```

list1 是一个空列表，而 list2 是一个拥有 8 个成员的整型列表，for 循环的作用就是将 list2 列表的内容复制到 list1 列表中。len(list2)的结果是 8，而 range(8)的结果是产生 0～7 这 8 个整数，正好对应 list2 列表的 0～7 的索引。

图 11-5 展示了上面这段代码的 Run Module 命令执行结果。

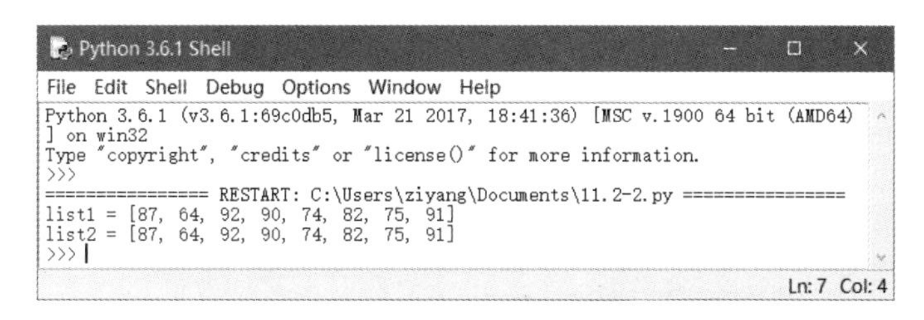

图 11-5　len()函数和 append()函数搭配使用的小练习

11.3　把学号与成绩保存在一起：zip()函数和元组

学号和成绩都保存了，接下来是不是该将成绩按高低排序了呢？先不要着急，现在排序还为时尚早。尽管已经可以保存学号和成绩，但是如果班级里面学生比较多，那么输入的学号和成绩将会是长长的一大串，这样很难看出来哪位学生成绩是多少。另外，现在成绩还没有对应到学号，换句话说，如果现在就排序，那么只能单独对成绩或者学号排序。

问题的解决要一步一步地进行，既然如此，那不如先来把学号对应到成绩后再保存到一起吧。其实这并不难，要想实现的话，还是要在循环结构上动一些“手脚”。

通过之前例子中对 range()函数的使用，我们可以发现它的确非常简单又非常方便。除了 range()函数以外，Python 还准备了 zip()、map()和 enumerate()等可以用在循环结构中的非常简单方便的函数。

在这些函数中，也许 zip()函数可以满足我们的需求，它提供的功能就是对两个列表并行遍历。我们要在循环结构上动一些“手脚”，以实现学号和成绩的对应并保存，办法无非就是在循环中使用 zip()函数。按照这样的思路，只要在 11.2 节代码的基础上添加一个循环结构就可以了，代码如下：

```
# 定义变量 number 和 grade 存储 input()函数所读取的从键盘输入的学号和成绩
number = input("在这里输入学号，中间用空格隔开：")
grade = input("接下来输入分数，同样中间以空格隔开：")

# 对变量 number 和 grade 使用 split()函数进行切片
number = number.split(" ")
grade = grade.split(" ")

# 定义 list_number 和 list_grade 两个空列表，
# 用于存放学号和成绩的整型列表
list_number = []
list_grade = []

# 列表的索引都从 0 开始，所以变量 i 和 j 定义为 0，
# 便于循环结构从列表开始处遍历
i = 0
j = 0

# len()函数用于计算列表的长度，也就是成员的数量，
# 得到的值可以作为控制循环次数的依据。
# 使用 append()函数可向列表逐个地添加成员
while i <= len(number) - 1:
    list_number.append(int(number[i]))
    i += 1

# 同样，这里也用 len()函数获取列表的长度，以此作为循环的次数控制。
# 循环中使用 append()函数逐个地向列表中添加成员
while j <= len(grade) - 1:
    list_grade.append(int(grade[j]))
    j += 1

print("以下是学号和成绩一一对应的结果")
print("------------------------------")
print("学号：   成绩：")
# 用 zip()函数并行遍历 list_number 和 list_grade
for (i, j) in  zip(list_number, list_grade):
    print("    ",i,"    ",j)
```

图 11-6 展示的就是上面这段代码执行 Run Module 命令的结果。从图 11-6 中可以看出，像之前一样，输入学号和成绩之后，学号和成绩也是立刻被打印出来，而和之前不同的是，这次是分多行打印，每一行只有一个学号和一个成绩。

不得不说，zip()函数的确是既简单又方便。它提供了两个列表并行遍历的功能，就是一次遍历两个列表中相同索引位置的成员。例如 list_number[0]是 101，list_grade[0]是 87，这样 zip(list_number，list_grade)的第一个结果就是 101 和 87。

学号和成绩的对应功能现在算是完成了，那如何保存呢？实现保存的功能当然也离不开 zip()函数，同时还要用到一个新的函数——list()。

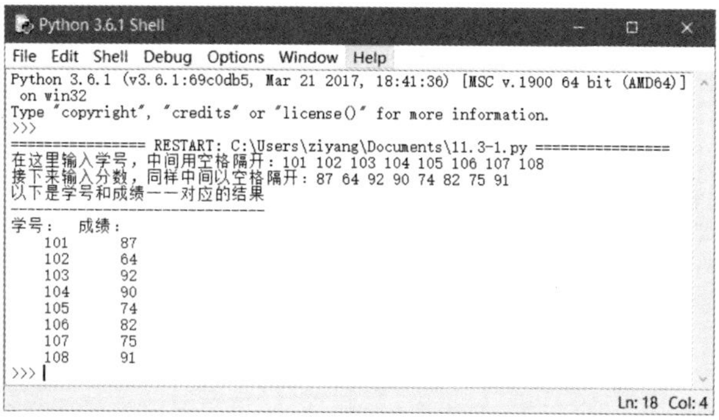

```
Python 3.6.1 Shell
File  Edit  Shell  Debug  Options  Window  Help
Python 3.6.1 (v3.6.1:69c0db5, Mar 21 2017, 18:41:36) [MSC v.1900 64 bit (AMD64)]
 on win32
Type "copyright", "credits" or "license()" for more information.
>>>
================ RESTART: C:\Users\ziyang\Documents\11.3-1.py ================
在这里输入学号，中间用空格隔开：101 102 103 104 105 106 107 108
接下来输入分数，同样中间以空格隔开：87 64 92 90 74 82 75 91
以下是学号和成绩一一对应的结果
----------------------------------
学号：  成绩：
    101      87
    102      64
    103      92
    104      90
    105      74
    106      82
    107      75
    108      91
>>> |
                                                              Ln: 18  Col: 4
```

图 11-6　用 zip()函数把学号和成绩对应起来

下面这段代码其实就是替换了上面那段代码最后面的那部分，实现了学号和成绩对应地保存到一个列表中。

```
number = input("在这里输入学号，中间用空格隔开：")
grade = input("接下来输入分数，同样中间以空格隔开：")
number = number.split(" ")
grade = grade.split(" ")
list_number = []
list_grade = []
i = 0
j = 0

while i <= len(number) - 1:
    list_number.append(int(number[i]))
    i += 1
while j <= len(grade) - 1:
    list_grade.append(int(grade[j]))
    j += 1

# 以下是替换的部分
print("新的成绩单：")
report = list(zip(list_number, list_grade))
print(report)
```

想要在 Python 中创建一个列表变量，既可以采用在方括号“[]”内直接写出列表成员然后赋值给变量的方式，也可以采用把列表成员直接当作参数赋给 list()函数的方式。list()是一种用于创建列表的函数，不过它的参数最多只有一个，可以给它一个字符（串）参数用于创建只有一个成员的字符串列表，但是不能给它整型或浮点型参数。

先来看一下这段代码的 Run Module 命令执行结果吧，如图 11-7 所示。按照提示输入完学号和成绩之后，程序立刻打印出新的成绩单，这个成绩单还是用列表保存的，在每个学号后面都有一个与之对应的成绩。

对于 list()函数来说，最好是能只用一个参数一次性就给它一系列的成员，zip()函数恰好能做到。zip()函数并行遍历两个列表后会得到许多个元组，每个元组里包括来自不同列表的两个成员。

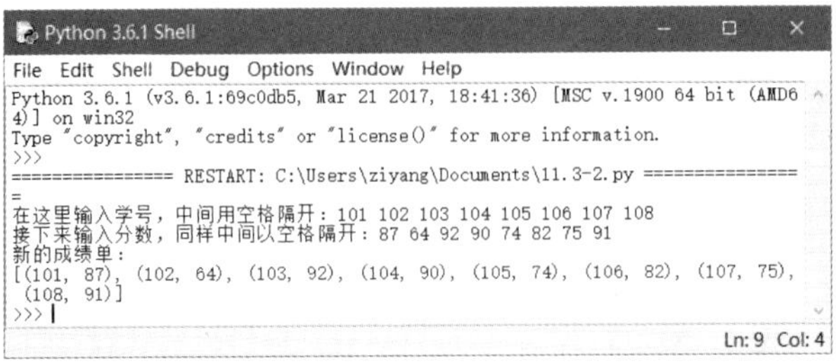

```
Python 3.6.1 Shell
File Edit Shell Debug Options Window Help
Python 3.6.1 (v3.6.1:69c0db5, Mar 21 2017, 18:41:36) [MSC v.1900 64 bit (AMD6
4)] on win32
Type "copyright", "credits" or "license()" for more information.
>>>
=============== RESTART: C:\Users\ziyang\Documents\11.3-2.py ===============
=
在这里输入学号，中间用空格隔开：101 102 103 104 105 106 107 108
接下来输入分数，同样中间以空格隔开：87 64 92 90 74 82 75 91
新的成绩单：
[(101, 87), (102, 64), (103, 92), (104, 90), (105, 74), (106, 82), (107, 75),
 (108, 91)]
>>> |
Ln: 9 Col: 4
```

图 11-7　学号和成绩对应地保存到同一个列表中

元组是什么样的呢？其实它和列表非常相似，可以说几乎是一模一样，只不过列表是用一对方括号“[]”括起来的，而元组是使用一对圆括号“()”括起来的。下面这些都是能在 Python 中正常使用的元组。

```
# 成员分别是整型数、字符串和浮点数的元组
T1 = (123, "python", 1.23)

# 成员全是整型数的元组
T2 = (0, 1, 2, 3)

# 成员全是字符串的元组
T3 = ("spam", "Spam", "SPAM")

# 在内部嵌套了一个列表的元组
T4 = ('abc', ['def', 'ghi'])
```

元组当然也可以通过索引访问指定位置的成员。图 11-8 就在 IDLE 中演示了如何通过元组索引打印出 T1、T2、T3 和 T4 中指定位置的成员。

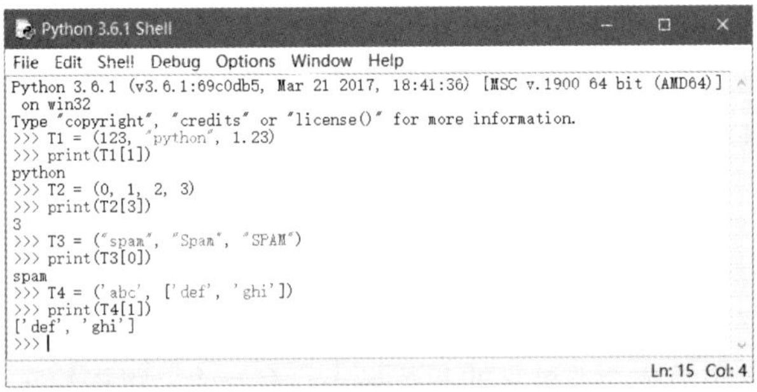

```
Python 3.6.1 Shell
File Edit Shell Debug Options Window Help
Python 3.6.1 (v3.6.1:69c0db5, Mar 21 2017, 18:41:36) [MSC v.1900 64 bit (AMD64)]
 on win32
Type "copyright", "credits" or "license()" for more information.
>>> T1 = (123, "python", 1.23)
>>> print(T1[1])
python
>>> T2 = (0, 1, 2, 3)
>>> print(T2[3])
3
>>> T3 = ("spam", "Spam", "SPAM")
>>> print(T3[0])
spam
>>> T4 = ('abc', ['def', 'ghi'])
>>> print(T4[1])
['def', 'ghi']
>>> |
Ln: 15 Col: 4
```

图 11-8　演示通过索引获取元组的成员

与列表对比，元组除了所使用的括号不同外，最关键的区别当属成员是否可以改变。拿列表来说，其中的成员可以通过 append()函数追加，可以通过索引改变某个成员的值，还可以通过 pop()函数移除某个成员等。再看元组，想要执行这些操作是不可能的，一个元组在定义后，其中的成员就不能再改变了。

第 12 章　给排序小工具添加实用功能 2

在第 11 章中我们就开始给之前完成的成绩排序小工具添加更实用的功能，到目前为止，可以说这个目标已经完成一大半了。

目前，我们向成绩排序小工具添加的功能包括由用户输入学号和成绩以及把用户输入的学号和成绩对应地保存到列表中等。

这些功能都不算是比较复杂的功能，所以实现起来也没什么难点。本章将继续向排序小工具添加功能，非常肯定的是，在这个过程中我们还将会接触到更多关于 Python 的新知识。好了，让我们开始吧！

12.1　按学号查成绩：使用字典

经过了前一章的努力，我们得到了 report 这个成绩单。report 是一个列表，它的成员是多个元组，元组的第一个成员是学号，第二个成员是成绩。

选择 Run Module 命令执行第 11 章的最后一个程序，按照提示输入一些学号和成绩，程序执行的最后就会得到 report，并会通过 print()函数打印出 report。例如可以按照图 12-1 所示输入学号和成绩，从而得到打印结果。

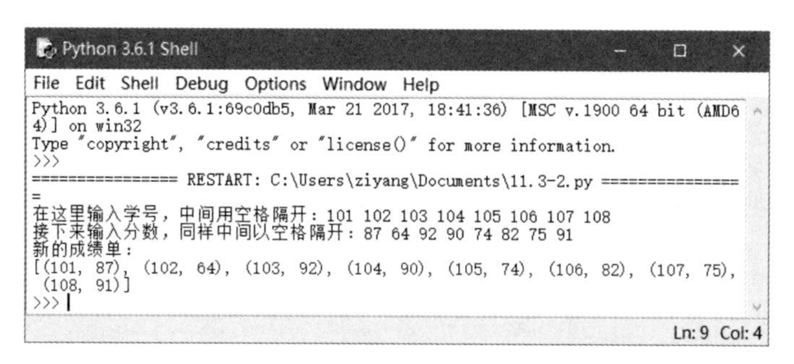

图 12-1　输入学号和成绩得到存储为列表的成绩单

到现在为止，这个成绩单 report 看上去还是比较清晰的，可是很遗憾，它还不是我们想要的成绩单，主要原因还是列表能够支持的操作比较少。

仔细想想，例如我们想要从成绩单 report 中查询学号 103 的学生成绩，那么使用列表的索引，我们可以用 print()函数打印 report[2]，结果自然就是(103,92)了。

在学号少的情况下，这种办法还能勉强接受，一旦学号多达十几个或几十个，谁又可以保证立即就能确定学号 103 的索引呢？假设一下，如果直接输入学号就能得到相对应的成绩，那么这样的效果才是比较理想的。

想要实现这样的功能，直接依靠列表或元组就比较困难了，不过幸好 Python 还为我们准备了另一种数据形式——字典。接下来试试下面这段使用了字典汇总 report 成绩单的代码。

```
# 定义变量 number 和 grade 存储 input()函数所读取的从
# 键盘输入的学号和成绩
number = input("在这里输入学号，中间用空格隔开：")
grade = input("接下来输入分数，同样中间以空格隔开：")

# 对变量 number 和 grade 使用 split()函数进行切片
number = number.split(" ")
grade = grade.split(" ")

# 定义 list_number 和 list_grade 两个空列表，
# 用于存放学号和成绩的整型列表
list_number = []
list_grade = []

# 列表的索引都从 0 开始，所以变量 i 和 j 定义为 0，
# 可以便于循环结构从列表最开始处遍历
i = 0
j = 0

# len()函数可以用于计算列表的长度，也就是成员的数量，
# 得到的值可以作为控制循环次数的依据。使用 append()函数
# 可向列表逐个地添加成员
while i <= len(number) - 1:
    list_number.append(int(number[i]))
    i += 1

# 同样的，这里也用 len()函数获取列表的长度，以此作为循环的
# 次数控制。循环中使用 append()函数逐个地向列表添加成员
while j <= len(grade) - 1:
    list_grade.append(int(grade[j]))
    j += 1

# 将 list()函数替换为 dict()函数，
# 这样 report 就成为一个字典
print("新的成绩单：")
report = dict(zip(list_number, list_grade))
```

```
print(report)

# 下面测试在 report 中通过学号获得成绩
num = input("现在输入要查询成绩的学号：")
print("%d 的成绩是：%d" %(int(num), report[int(num)]))
```

还是像之前那样对这段代码执行 Run Module 命令，打印出的新成绩单如图 12-2 所示。在 IDLE 提示输入要查询的学号时输入 103，接着就又打印出了 103 的成绩是 92。

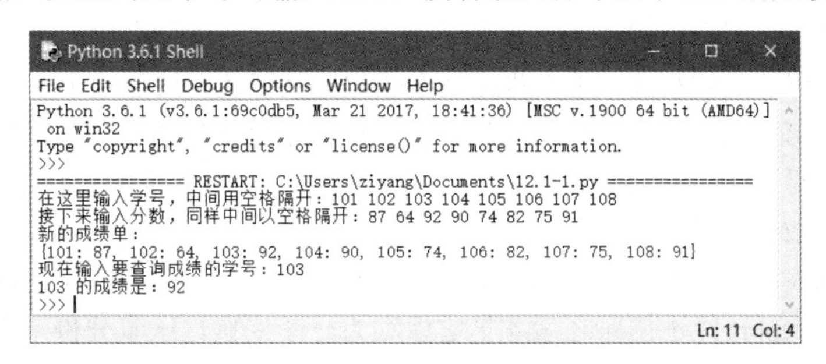

图 12-2　使用字典保存 report 成绩单

就像可以在 Python 中使用 list()函数创建列表，还可以使用 tuple()函数创建元组一样，创建字典可以使用 dict()函数。除此之外，字典能不能直接创建呢？当然没问题！下面这些都是直接创建的并且能在 Python 中正常使用的字典范例。

```
# 键、值均为整型的字典
D1 = {101: 87, 102: 64, 103: 92, 104: 90}

# 键、值分别为字符串型和整型的字典
D2 = {'ham':1, 'spam':2, 'eggs':3}

# 键、值分别为整型和字符串型的字典
D3 = {1:'ham', 2:'spam', 3:'eggs'}

# 在内部嵌套了字典的字典
D4 = {'food':{'spam':2, 'eggs':3}}
```

和列表、元组相比，字典所使用的括号是花括号“{}”，相同的是每个成员之间都用逗号隔开。在字典中，之所以能通过学号查询分数，完全是因为字典的每个成员都是一个键值对。

例如，在 101: 87 中，键就是 101，值就是 87；在 1:'ham'中，键就是 1，值就是'ham'；在'food':{ 'spam':2, 'eggs':3}中，键就是'food'，值就是{'spam':2, 'eggs':3}。键和值之间用一个冒号分隔，共同组成一个键值对。

字典以键值对的方式存储数据，目的就是可以通过键直接找到值。例如在上面的字典 D1 中，键值对 101: 87 的键就是 101，值就是 87，那么 D1[101]索引的结果就是 87。

12.2　又见冒泡排序：列表的二维索引

期待了好久，终于可以开始排序啦！在间隔了数章过后，还记得第 8 章中练习过的冒泡排序过程吗？

冒泡排序的大致过程可以简单地这样描述：前一位置的成绩和后一位置的成绩进行比较，如果后一位置的成绩较高，那么将这两个成绩互换位置，按照这个规则依次首位的跟第 2 位的比较，第 2 位的跟第 3 位的比较，第 3 位的跟第 4 位的比较，以此类推，比较至倒数第 2 位和最后一位，这样就算是经过了一轮冒泡排序，将这样的比较过程多进行几轮，终将会完成全部成绩的排序工作。

排序要在列表的基础上进行，所以这里先不打算直接把成绩单 report 保存为一个字典，而是要在成绩单 report 经过排序之后才把它保存为一个字典。试着分析下面这段代码。

```
# 定义变量 number 和 grade 存储 input()函数所读取的从
# 键盘输入的学号和成绩
number = input("在这里输入学号，中间用空格隔开：")
grade = input("接下来输入分数，同样中间以空格隔开：")

# 对变量 number 和 grade 使用 split()函数进行切片
number = number.split(" ")
grade = grade.split(" ")

# 定义 list_number 和 list_grade 两个空列表，
# 用于存放学号和成绩的整型列表
list_number = []
list_grade = []

# 列表的索引都从 0 开始，所以变量 i 和 j 定义为 0，
# 可以便于循环结构从列表最开始处遍历
i = 0
j = 0

# len()函数可以用于计算列表的长度，也就是成员的数量，
# 得到的值可以作为控制循环次数的依据。使用 append()函数
# 可向列表逐个地添加成员
while i <= len(number) - 1:
    list_number.append(int(number[i]))
    i += 1

# 同样的，这里也用 len()函数获取列表的长度，以此作为循环的
# 次数控制。循环中使用 append()函数逐个地向列表添加成员
while j <= len(grade) - 1:
    list_grade.append(int(grade[j]))
    j += 1
```

```
# 为方便排序，还是先将成绩单 report 保存为列表
# 排序过后再存储为字典
report = list(zip(list_number, list_grade))

# 使用和第 8 章介绍过的相同的冒泡排序办法
n = len(report)
for j in range(0, n - 1):
    for i in range(0, n - 1 - j):
        # 稍微留意这里使用的索引的格式，这是一种二维索引
        if report[i][1] < report[i + 1][1]:
            report[i], report[i + 1] = report[i + 1], report[i]

# 打印经过顺序排列之后的 grade 列表
print("按照成绩的高低排序之后的成绩单：")
print(report)
```

上面这段代码大部分都还好理解，因为大部分都是之前所见到过的，没有什么陌生的地方。不过稍微留意的话，会注意到实现冒泡排序的嵌套 for 循环结构中的一句注释，这是一句关于列表的二维索引的注释。

什么是列表的二维索引呢？回顾之前所见到过的列表索引，大多是类似 L1[0]、L2[1]及 L3[2]这样的，索引只有一个数字。所谓二维索引，指的就是类似 report[i][1]这样的，索引有两个数字。

不妨先把注意力从二维索引转移到这段代码的运行结果上来，图 12-3 展示的就是程序执行 Run Module 命令的过程，在输入了学号和成绩之后，程序打印出了按照成绩从高到低排序之后的成绩单 report。

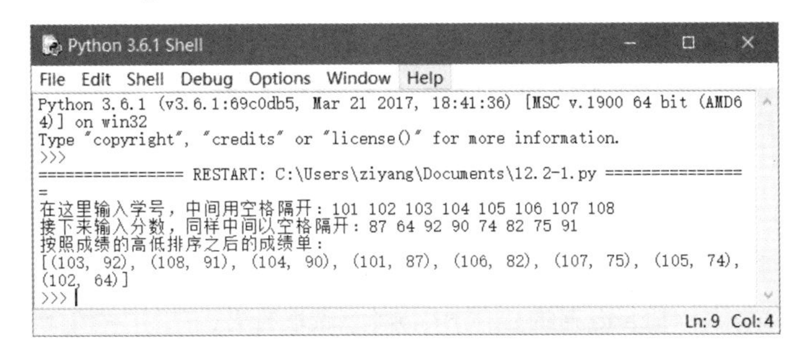

图 12-3　成绩单用冒泡排序法排序

现在我们再回过头来看看哪些情况下会用到列表的二维索引。假如一个列表中还嵌套了一个子列表，现在想要索引这个子列表中的成员，此时就需要对这个列表使用二维索引。参考图 12-4 这个在 IDLE 中执行的例子。

从图 12-4 中可以看出，列表 L1 中嵌套了一个子列表作为成员，使用 L1[2]可以索引到这个子列表，这是常见的一维索引。假如想要索引到 L1 子列表中的成员，则可以通过 L1[2][0]或 L1[2][1]，这就是二维索引。对于子列表来说，它的成员索引依旧从 0 开始。

二维索引的方式不仅可以用于列表，对于元组或字典来说都能适用，只要有嵌套的成

员就可以。继续参考图 12-5 这个在 IDLE 中使用二维索引的例子。

```
Python 3.6.1 Shell
File Edit Shell Debug Options Window Help
Python 3.6.1 (v3.6.1:69c0db5, Mar 21 2017, 18:41:36) [MSC v.1900 64 bit (AMD64)]
 on win32
Type "copyright", "credits" or "license()" for more information.
>>> L1 = [34, 'Python', [25, 'spam']]
>>> print(L1[2])
[25, 'spam']
>>> print(L1[2][1])
spam
>>>
Ln: 7 Col: 4
```

图 12-4　演示列表的二维索引的使用

```
Python 3.6.1 Shell
File Edit Shell Debug Options Window Help
Python 3.6.1 (v3.6.1:69c0db5, Mar 21 2017, 18:41:36) [MSC v.1900 64 bit (AMD64)]
 on win32
Type "copyright", "credits" or "license()" for more information.
>>> # D1是在内部嵌套了子字典的字典
>>> D1 = {'food':{'spam':2, 'eggs':3}}
>>> print(D1['food'])
{'spam': 2, 'eggs': 3}
>>> print(D1['food']['spam'])
2
>>>
>>> # T1是在内部嵌套了子元组的元组
>>> T1 = ('abc',('def','ghi'))
>>> print(T1[1])
('def', 'ghi')
>>> print(T1[1][0])
def
>>> |
Ln: 16 Col: 4
```

图 12-5　在嵌套的元组及字典上演示二维索引的使用

12.3　大 功 告 成

几经周折，终于要大功告成了，开不开心？惊不惊喜？所谓的大功告成，不外乎就是把本章和第 11 章所有见到过的内容做一个组合，话不多说，让我们直接来看代码。

```
# 定义变量 number 和 grade 存储 input()函数所读取的从
# 键盘输入的学号和成绩
number = input("在这里输入学号，中间用空格隔开：")
grade = input("接下来输入分数，同样中间以空格隔开：")

# 对变量 number 和 grade 使用 split()函数进行切片
number = number.split(" ")
grade = grade.split(" ")

# 定义 list_number 和 list_grade 两个空列表，
# 用于存放学号和成绩的整型列表
list_number = []
list_grade = []
```

```
# 列表的索引都从 0 开始，所以变量 i 和 j 定义为 0，
# 可以便于循环结构从列表最开始处遍历
i = 0
j = 0

# len()函数可以用于计算列表的长度，也就是成员的数量，
# 得到的值可以作为控制循环次数的依据。使用 append()函数
# 可向列表逐个地添加成员
while i <= len(number) - 1:
    list_number.append(int(number[i]))
    i += 1

# 同样的，这里也用 len()函数获取列表的长度，以此作为循环的
# 次数控制。循环中使用 append()函数逐个地向列表添加成员
while j <= len(grade) - 1:
    list_grade.append(int(grade[j]))
    j += 1

# 下面打印一下仅仅保存为字典格式的成绩单
print("----------------------------------------")
print("初步得到的成绩单：")
print(dict(zip(list_number, list_grade)))

# 下面打印已经按照成绩从高到低的顺序排好
# 并且保存为字典格式的成绩单
print("----------------------------------------")
print("经过成绩排序之后的成绩单：")
report = list(zip(list_number, list_grade))
n = len(report)
for j in range(0, n - 1):
    for i in range(0, n - 1 - j):
        if report[i][1] < report[i + 1][1]:
            report[i], report[i + 1] = report[i + 1], report[i]
# new_report 就是经过成绩排序之后的成绩单
new_report = dict(report)
print(new_report)
print("----------------------------------------")

# 用一个循环结构实现多次成绩查询的功能
i = 1
while i == 1:
    num = input("现在输入要查询成绩的学号：")
    print("%d 的成绩是：%d" % (int(num), new_report[int(num)]))

    # 通过输入的 y 或 n 判断是否继续查询
    j = input("是否继续查询(y/n)？：")
    if j == "y":
        i = 1
    else:
        i = 0
        print("程序结束")
```

上面这段代码中，除了实现了学号和成绩输入、学号和成绩保存为字典格式的成绩单，以及成绩单按照成绩从高到低的顺序重新排序外，还实现了根据学号查询成绩的功能。

根据学号查询成绩的功能是在一个 while 循环结构中实现的，这样每次输入完学号后，程序都会展示成绩的查询结果，除此之外，还会提示是否选择继续查询。如果在选择是否继续查询时输入字母 y 并按 Enter 键确认，那么就代表继续查询，如果在此时输入字母 n 并按 Enter 键确认，那么就代表不再继续查询，程序至此结束。

图 12-6 展示的是上面这段代码在 IDLE 中执行 Run Module 命令的过程。

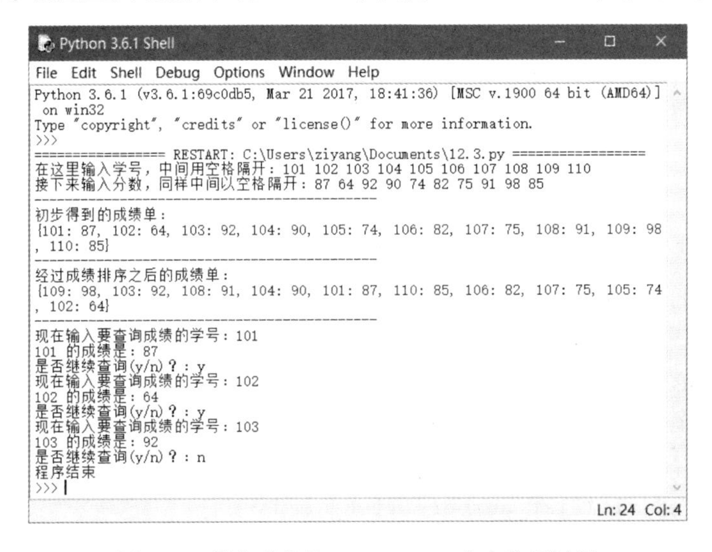

图 12-6　最终成果的 Run Module 命令执行过程

其实我们在本节编写的 Python 程序不单单能支持输入 10 组学号和成绩数据，事实上还能支持更多组的学号和成绩数据输入。快来亲自编写以上代码并在 IDLE 中执行 Run Module 命令试试吧！

12.4　课后小练习

【问题提出】

考虑这样的一个场景：当程序询问我们要查询成绩的学号是多少时，如果输入了一个并不存在的学号，那么程序还会展示成绩的查询结果吗？事实上并不会，因为字典中没有这个键，所以程序就因为发生异常而退出了。

不如在这里我们就设计一段程序，功能就是判断所输入的学号是否包含于成绩单字典的键中，如果包含，则展示成绩的查询结果，而如果不包含，则提示不包含此学号并要求重新输入学号。

【小小提示】

Python 中的字典支持两个函数——values()函数和 keys()函数，这两个函数都是非常常用的。在这二者中，keys()函数的作用就是返回字典中的所有键。除了要用到 keys()函数外，我们在这里还要用到之前提到的成员关系表达式操作符 in。

例如，想要判断 103 这个学号是不是字典 D1 中的键，那么可以试试把 103 in D1.keys()这句作为 if 判断结构的条件表达式，如果是，则 103 in D1.keys()成立，如果不是，则 103 in D1.keys()不成立。

【参考结果】

相信经过上述的提示，大家已经猜到所需要的功能该怎么设计了，那不如就即刻开始吧。图 12-7 展示的排序过程可以作为一项参考，从中可以看出，当输入的学号不被包括时，程序就会给出提示。

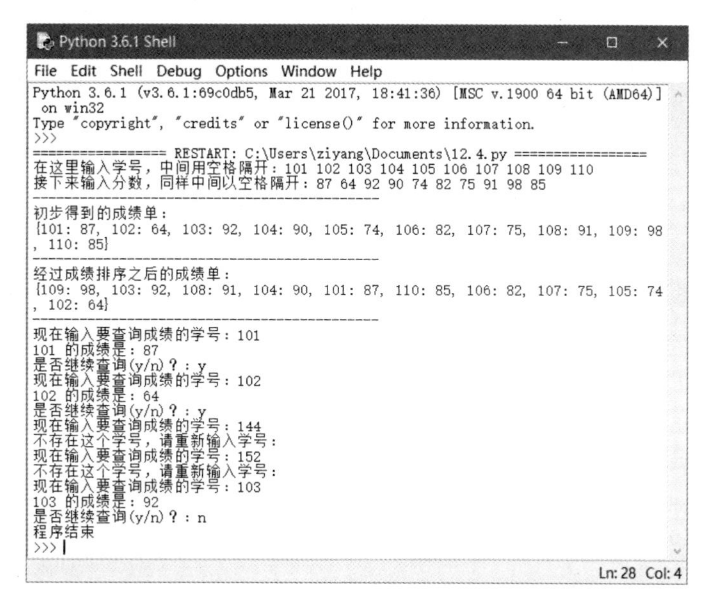

图 12-7　增加学号验证功能后的成绩排序过程

第 13 章 例说元组的使用

还记得第一次用到元组是在什么时候吗？没错，就是在第 11 章中把学号和成绩保存在一起的时候，在那里使用了 zip()函数并行遍历学号和成绩这两个列表，zip()函数把遍历的结果一对一地保存在元组里并返回。

元组，可以理解成就是把方括号“[]”换成了圆括号“()”之后的列表。元组和列表之间也有区别，例如列表中成员的值可以改变，而元组中成员的值是没有办法改变的。另外，那些可以给列表增加新成员或者删除已有成员的函数，在元组中就不能再使用了。

事实上，适合用列表的地方不一定适合用元组，反过来，适合用元组的地方也不一定适合用列表。元组也有很多有趣的用法，本章我们就通过一些例子看一下元组都能怎么使用吧。

13.1 创建新的元组

如果已经熟悉了列表的创建，那么基本上也就熟悉了元组的创建，因为创建一个元组和创建一个列表一样简单。

下面的 T1、T2、T3 和 T4 都是在 Python 程序中可以正常使用的元组变量。

```
# 最普遍的创建元组的方式
T1 = (101, 102, "abc", 103, "def")

# 在创建元组时也可以省略圆括号“()”
T2 = 101, 102, "abc", 103, "def"

# 如果是嵌套的元组，那么圆括号“()”不能省略
T3 = (101, 102, ("abc", 103), "def")

# 使用 tuple()函数也能创建元组
T4 = tuple("abcdef")
```

图 13-1 展示的就是用上面这段代码在 IDLE 中创建元组 T1、T2、T3 和 T4，并把 T1、T2、T3 和 T4 打印出来的过程。

在创建元组时要记住，如果不是嵌套的元组，可以省略圆括号“()”，如果是嵌套的元组，则一定要用圆括号表示边界。另外，用 tuple()函数创建元组时，tuple()函数只能有

一个参数，如果这个参数是字符串，那么字符串中的每个字符就是元组中的成员，当然，这个参数也可以是另一个元组或列表。

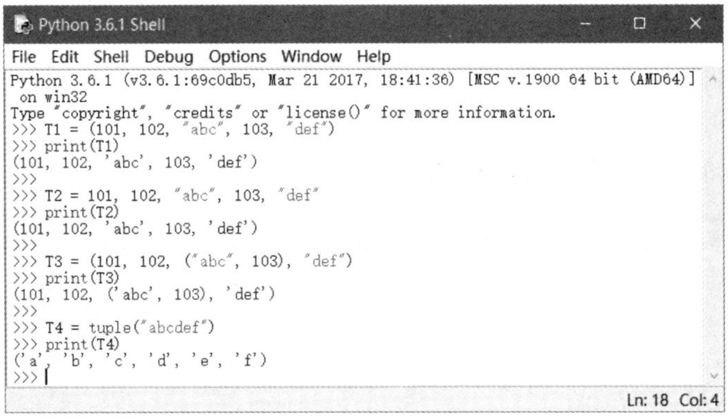

```
Python 3.6.1 Shell
File Edit Shell Debug Options Window Help
Python 3.6.1 (v3.6.1:69c0db5, Mar 21 2017, 18:41:36) [MSC v.1900 64 bit (AMD64)]
 on win32
Type "copyright", "credits" or "license()" for more information.
>>> T1 = (101, 102, "abc", 103, "def")
>>> print(T1)
(101, 102, 'abc', 103, 'def')
>>>
>>> T2 = 101, 102, "abc", 103, "def"
>>> print(T2)
(101, 102, 'abc', 103, 'def')
>>>
>>> T3 = (101, 102, ("abc", 103), "def")
>>> print(T3)
(101, 102, ('abc', 103), 'def')
>>>
>>> T4 = tuple("abcdef")
>>> print(T4)
('a', 'b', 'c', 'd', 'e', 'f')
>>> |
Ln: 18 Col: 4
```

图 13-1　创建元组并打印出来

13.2　对元组使用索引

当想要引用列表中的某一个成员时，可以使用列表的索引。列表的索引就好像是列表对所有的成员默认设置的编号一样，这个编号以 0 开始，列表成员从左到右编号依次加 1。同样的道理，当想要引用元组中的某一个成员时，可以使用元组的索引。

在列表中，可以通过索引获取到指定的某个成员，也可以通过索引获取到头部或尾部的一段成员，当然还可以通过索引获取到指定区间内的一段成员。对于元组的索引来说，这些功能也都不在话下。

下面的这段代码就是在试着对元组使用索引。

```
# 先创建两个元组
T1 = (101, 102, "abc", 103, "def")
T3 = (101, 102, ("abc", 103), "def")

# 对元组 T1 使用正序的索引
print(T1[1])

# 对元组 T1 使用倒序的索引
print(T1[-1])

# 对元组 T1 使用索引获取后半段的成员
print(T1[2:])

# 对元组 T1 使用索引获取前半段的成员
```

```
print(T1[:3])

# 对元组 T1 使用索引获取分片内的成员
print(T1[2:4])

# 对嵌套元组 T3 使用二维索引
print(T3[2][0])
```

图 13-2 展示的是上面这些 print()函数在 IDLE 中打印的结果。

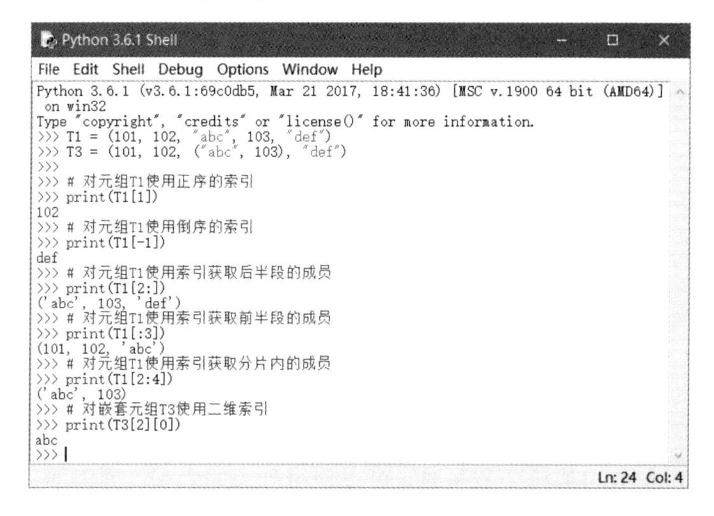

图 13-2　对元组使用索引

13.3　获取成员的索引

虽然元组不能通过某个函数增加新的成员，也不能通过某个函数删除已有的成员，但是仍有一些函数可以针对元组使用。

例如，对元组使用 index()函数可以获取元组中某个成员的索引。下面的这段代码就是在试着对元组使用 index()函数。

```
T1 = (101, 102, "abc", 103, "def")
T3 = (101, 102, ("abc", 103), "def")

# 获取 T1 元组中成员"abc"的索引并打印出来
print(T1.index("abc"))

# 获取 T3 元组中成员"def"的索引并打印出来
print(T3.index("def"))
```

把这段代码放在 IDLE 中执行，可以得到如图 13-3 所示的结果。

```
Python 3.6.1 Shell
File Edit Shell Debug Options Window Help
Python 3.6.1 (v3.6.1:69c0db5, Mar 21 2017, 18:41:36) [MSC v.1900 64 bit (AMD64)]
 on win32
Type "copyright", "credits" or "license()" for more information.
>>> T1 = (101, 102, "abc", 103, "def")
>>> T3 = (101, 102, ("abc", 103), "def")
>>>
>>> # 获取T1元组中成员"abc"的索引，并打印出来
>>> print(T1.index("abc"))
2
>>> # 获取T3元组中成员"def"的索引，并打印出来
>>> print(T3.index("def"))
3
>>> |
Ln: 12 Col: 4
```

图 13-3　使用 index()函数获取元组中成员的索引

从图 13-3 中可以看出，字符串"abc"在 T1 元组中的索引值是 2，字符串"def"在 T3 元组中的索引是 3。

13.4　对元组成员计数

除了可以使用 index()函数获取元组中某个成员的索引外，还可以使用 count()函数获取元组中值相同的成员的数量。

下面的这段代码就是在试着使用 count()函数计算 T1 元组中值为 102 的成员的数量和 T3 元组中值为字符串"def"的成员的数量。

```
T1 = (102, 102,"abc", 102, "def")
T3 = (101, 102, ("abc", 103), "def")

# 计算 T1 元组中值为 102 的成员的数量并打印出来
print(T1.count(102))

# 计算 T3 元组中值为"def"的成员的数量并打印出来
print(T3.count("def"))
```

把上面的这段代码放在 IDLE 中执行，可以得到如图 13-4 所示的结果。

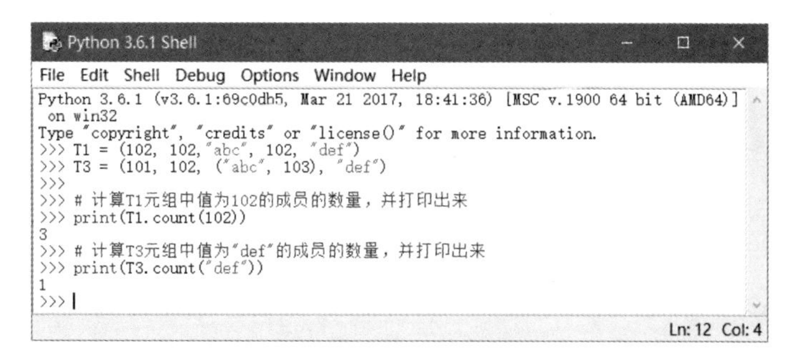

图 13-4　使用 count()函数计数元组中成员的数量

从图 13-4 中可以看出，值为 102 的成员在 T1 元组中一共有 3 个，值为字符串"def"

的成员在 T3 元组中只有 1 个。

元组支持的操作并不如列表支持的操作多，那么 Python 中为什么在有了列表之后还要加入元组呢？这是因为考虑到某些程序可能需要存储一些有关联的常量而不是变量，所以在列表的基础上 Python 又设计了元组。如果只能使用列表的话，那么列表中一些关键的值可能会在程序的其他地方被不慎修改，这就体现了列表可能没有办法保证数值的安全。

第 14 章　例说字典的使用

还记得第一次使用字典时是在哪里吗？那是在第 12 章中，我们想要通过学号就能查询到成绩，所以就把学号和成绩一对一地保存在了字典中。

对于列表或者元组而言，每个成员只能保存一个值，而对于字典来说，每个成员能够保存两个值，这两个值一起构成了一个键值对。

在字典中可以有一连串的键值对，键值对中值的部分才是真正起到了保存数值的作用，键主要用于获取和它在同一个键值对中的值，这和列表或者元组通过数字索引的方式获取内部的成员类似。

除了通过键获取到与之对应的值外，字典当然也有很多其他的用法，如制作字典的副本、删除字典的已有成员及向字典增加成员等。这一章，我们就通过一些例子看一下字典能怎么使用吧。

14.1　创建新的字典

让我们先来回顾一下字典是如何创建的。下面这段代码中的 D1、D2、D3 和 D4 都是在 Python 程序中可以正常使用的字典变量。

```
# D1 是通过最简单直接的办法创建的字典
D1 = {"a":1, "b":2, "c":3}

# D2 是一个嵌套的字典
D2 = {"a":1, "b":{"c":3, "d":4}}

# D3 是通过 dict() 函数创建的一个字典
D3 = dict(name = "a", age = "b")

# D4 是用 dict() 函数和 zip() 函数共同创建的一个字典
L1 = [101, 102, 103, 104]
T1 = (54, 64, 87, 78)
D4 = dict(zip(L1, T1))
```

在创建字典时，既可以采用直接把键值对写在花括号“{}”里的这种方式，也可以采用通过 dict()函数直接生成字典的这种方式。

图 14-1 展示的就是用上面这段代码在 IDLE 中创建字典 D1、D2、D3 和 D4，并把 D1、

D2、D3 和 D4 打印出来的过程。

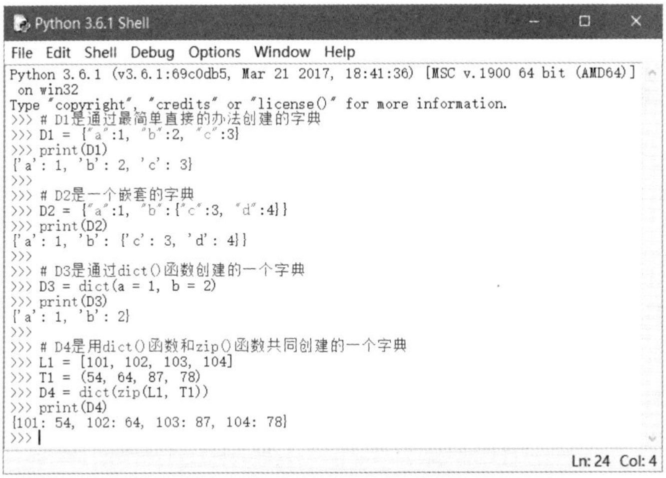

```
Python 3.6.1 Shell
File Edit Shell Debug Options Window Help
Python 3.6.1 (v3.6.1:69c0db5, Mar 21 2017, 18:41:36) [MSC v.1900 64 bit (AMD64)]
 on win32
Type "copyright", "credits" or "license()" for more information.
>>> # D1是通过最简单直接的办法创建的字典
>>> D1 = {"a":1, "b":2, "c":3}
>>> print(D1)
{'a': 1, 'b': 2, 'c': 3}
>>>
>>> # D2是一个嵌套的字典
>>> D2 = {"a":1, "b":{"c":3, "d":4}}
>>> print(D2)
{'a': 1, 'b': {'c': 3, 'd': 4}}
>>>
>>> # D3是通过dict()函数创建的一个字典
>>> D3 = dict(a = 1, b = 2)
>>> print(D3)
{'a': 1, 'b': 2}
>>>
>>> # D4是用dict()函数和zip()函数共同创建的一个字典
>>> L1 = [101, 102, 103, 104]
>>> T1 = (54, 64, 87, 78)
>>> D4 = dict(zip(L1, T1))
>>> print(D4)
{101: 54, 102: 64, 103: 87, 104: 78}
>>> |
Ln: 24 Col: 4
```

图 14-1　创建字典并把字典打印出来

在使用 dict()函数创建字典时，参数可以是 zip()函数遍历其他两个列表或元组的结果，例如字典 D4，也可以是一些直接给参数赋值的语句，例如字典 D3。

14.2　获取字典中的成员

列表或元组是通过数字索引的方式获取内部的成员，这种方式既可以选择索引的顺序是正序的还是倒序的，也可以选择一次获取单个成员还是一次获取一连串的多个成员，非常方便、灵活。

到了字典这里，数字索引的方式就不管用了。字典中的成员是一连串的键值对，并且有用的数据一般都保存在值的部分。Python 规定如果想获得键值对中的值，就必须要用这个键值对中与之对应的键进行索引，这是一种键索引的方式。可以这样理解，键索引是字典独有的一种索引方式。

当然，字典不单单支持键索引的方式。Python 专门为字典准备了一些函数，用于获得字典中的成员，这些函数分别是 keys()函数、values()函数和 items()函数。

下面这段代码演示的就是字典的键索引方式，以及对字典使用 keys()函数、values()函数和 items()函数都会得到什么结果。

```
# 先创建两个字典
D1 = {"a":1, "b":2, "c":3}
D2 = {"a":1, "b":{"c":3, "d":4}}

# 普通字典的键索引方式
print(D1["a"])
```

```
# 嵌套字典的键索引方式
print(D2["b"]["c"])

# 演示对字典 D1 使用 keys()函数
# keys()函数会以列表的形式返回字典中
# 所有键值对中的键
print(D1.keys())

# 演示对字典 D1 使用 values()函数
# values()函数会以列表的形式返回字典中
# 所有键值对中的值
print(D1.values())

# 演示对字典 D1 使用 items()函数
# 使用 items()函数以列表的形式返回字典中所有
# 键值对，并且把每个键值对都写成元组的形式
print(D1.items())
```

简单来说，keys()函数的作用就是遍历一个字典中的所有键值对，并把所有键值对中的键汇总在列表里。

values()函数的作用就是遍历一个字典中的所有键值对，并把所有键值对中的值汇总在列表里。

items()函数的作用就是遍历一个字典中的所有键值对，并把所有键值对都汇总在列表里，每个键值对又汇总成元组。

图 14-2 展示的就是把上面这段代码在 IDLE 中输入并执行后得到的打印结果。

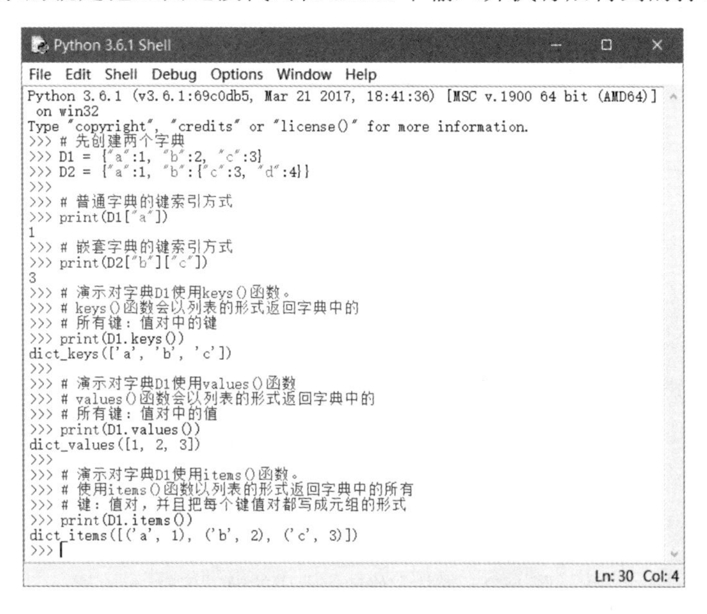

图 14-2　keys()、values()和 items()函数的使用

14.3　增/改字典中的成员

列表中增加成员的方式是使用 append()函数、extend()函数和 insert()函数，元组中没有用于增加成员的函数，那么字典中可以临时增加键值对吗？这当然是没问题的。

字典的键索引的方式不仅可以获取键值对中的值，还可以给字典新增一个键值对或者修改原有键值对中的值。

此外，Python 还为字典准备了 update()函数，用于把一个字典中的键值对复制到一个字典中。

下面这段代码演示了通过键索引的方式给字典新增一个键值对并修改原有键值对中的值，以及 update()函数的使用。

```
# 先创建两个字典
D1 = {"a":1, "b":2, "c":3}
D2 = {"a":1, "b":{"c":3, "d":4}}

# 用键索引的方式修改字典 D1 的键值对中的值
D1["a"] = 10

# 用键索引的方式给字典 D1 新增一个键值对
D1["d"] = 4

# 用 update()函数把字典 D2 中的键值对复制到字典 D1 中
D1.update(D2)
```

图 14-3 展示的就是把上面这段代码在 IDLE 中输入和执行，并逐步打印出执行结果的过程。

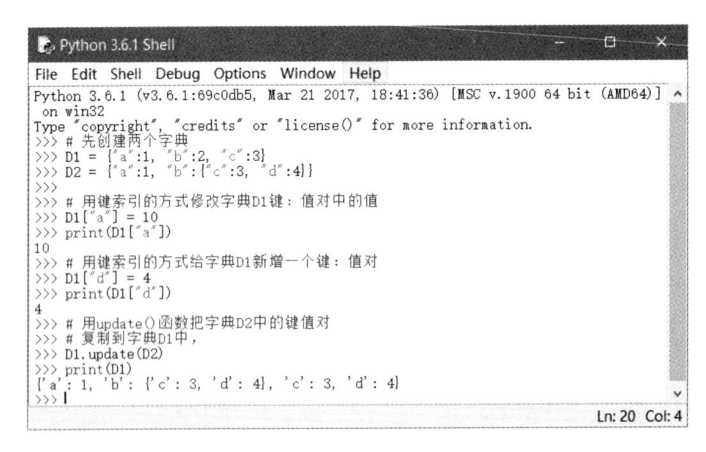

图 14-3　增加和修改字典中的键：值对

14.4　删除字典中的成员

列表中删除成员的方式是使用 pop()函数、remove()函数和 del 语句，元组中没有用于删除成员的函数或语句，那么字典中可以删除键值对吗？这当然也是没问题的。

要删除字典中的键值对也可以使用 pop()函数及 del 语句，用法和删除列表成员时的用法基本相同。

下面这段代码展示的就是如何用 pop()函数及 del 语句删除字典中的键值对。

```
# 先创建两个字典
D1 = {"a":1, "b":2, "c":3}
D2 = {"a":1, "b":{"c":3, "d":4}}

# 用 pop()函数删除字典 D1 中键为"b"的键值对
D1.pop("b")

# 用 del 语句删除字典 D2 中键为"b"的键值对
del D2["b"]
```

图 14-4 展示的就是把上面这段代码在 IDLE 中输入和执行，并逐步打印出执行结果的过程。

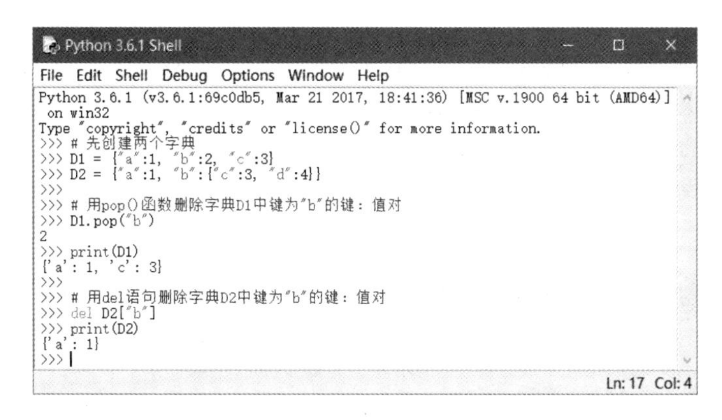

图 14-4　删除字典中的键值对

第 15 章　几个循环中的小技巧

为了让循环结构更灵活也更实用，尤其是让 for 循环结构更灵活也更实用，Python 特意准备了一些函数。这些函数有的在之前已经见过和使用过了，有的我们还没有见过，它们就是 range()函数、zip()函数、map()函数和 enumerate()函数。

用过也好，没见过也罢，这一章都将是它们集体亮相的“舞台”，我们熟悉的 range()函数和 zip()函数也有别样的妙用，陌生的 map()函数和 enumerate()函数也有独特的风采。

是不是迫不及待了呢，让我们这就开始吧！

15.1　range()函数的另类用法

首先登台亮相的就是 range()函数。range()函数在这些函数之中相较是略早使用的。经过前面一次又一次的使用，一提到 range()函数，我们可能立刻就会产生这样的印象：它能产生一系列连续的整数。

回想一下，我们之前在使用 range()函数时可能只给了它一个参数，就像图 15-1 展示的那样。

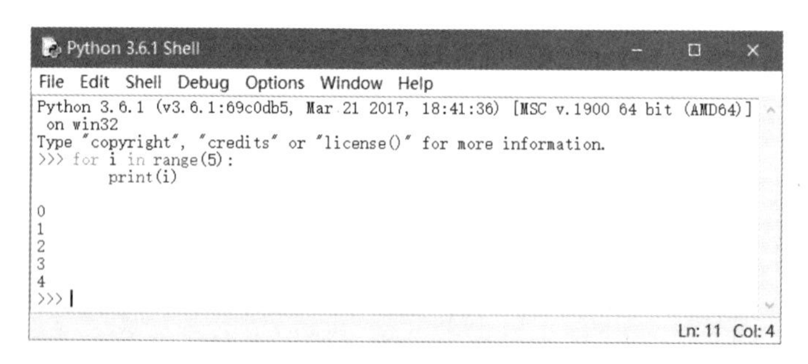

图 15-1　只给 range()函数一个参数

再回想一下，我们之前在使用 range()函数时也可能会给它两个参数，就像图 15-2 展示的那样。

以上这两种使用 range()函数的方法都没问题。range()函数在只有一个参数时产生的连续整数是从 0 开始，而 range()函数在有两个参数时产生的连续整数是从第一个参数开始。

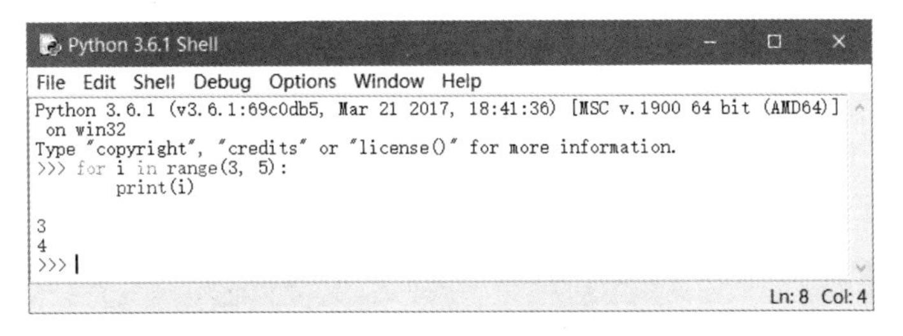

图 15-2　给 range()函数两个参数

除了可以给 range()函数一个参数或两个参数之外，在使用 range()函数时还可以给它 3 个参数，这样也是没有问题的，这就是 range()函数的第 3 种用法。

给 range()函数 3 个参数的这种用法可以产生非连续的整数，更准确地说是固定间隔的断续的整数。这种用法就像图 15-3 展示的那样。

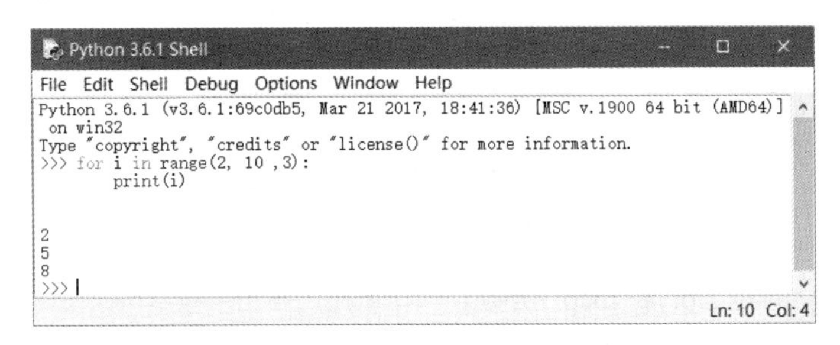

图 15-3　给 range()函数 3 个参数

range(2,10,3)得到的结果是 2、5 和 8，这个结果可以这样理解：产生 2～9 这些整数间从 2 开始，以 3 为递增值的等差数列。这就是 range()函数产生有固定间隔的断续的整数的用法。

要知道，range()函数不仅仅可以用在循环结构中，如果我们需要元组或列表中的成员是一些连续的整数或者有固定间隔的断续的整数，那么 range()函数也能担当重任。例如，试试把下面这几行代码保存到.py 文件里。

```
L1 = list(range(5))
print(L1)

L2 = list(range(2, 10))
print(L2)

L3 = list(range(2, 10, 3))
print(L3)

T1 = tuple(range(5))
print(T1)
```

```
T2 = tuple(range(2, 10))
print(T2)

T3 = tuple(range(2, 10, 3))
print(T3)
```

图 15-4 就是上面的代码在 IDLE 中执行 Run Module 命令的结果，可以看到成功地把 range()函数用在了列表和元组的赋值中。

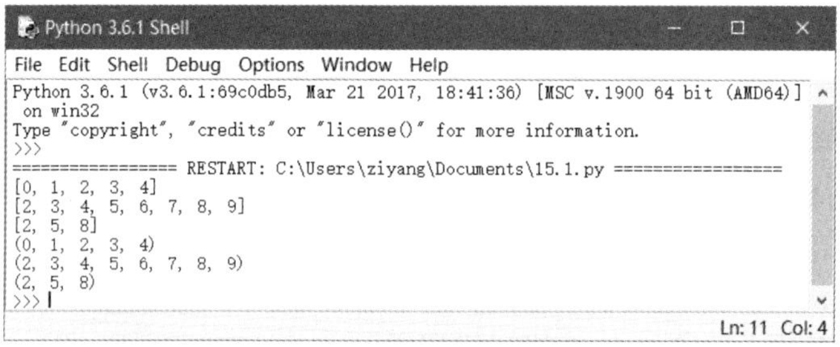

```
Python 3.6.1 Shell
File Edit Shell Debug Options Window Help
Python 3.6.1 (v3.6.1:69c0db5, Mar 21 2017, 18:41:36) [MSC v.1900 64 bit (AMD64)]
 on win32
Type "copyright", "credits" or "license()" for more information.
>>>
================= RESTART: C:\Users\ziyang\Documents\15.1.py =================
[0, 1, 2, 3, 4]
[2, 3, 4, 5, 6, 7, 8, 9]
[2, 5, 8]
(0, 1, 2, 3, 4)
(2, 3, 4, 5, 6, 7, 8, 9)
(2, 5, 8)
>>> |
Ln: 11 Col: 4
```

图 15-4　用 range()函数给列表和元组赋值的结果

15.2　zip()函数与 map()函数

接下来要出场的是 zip()和 map()函数。

zip()函数的使用相较于 range()函数的使用略晚，是在前两章给成绩排序小工具添加实用功能的过程中才开始有所接触的。在前两章中，我们是在需要并行遍历两个列表的情况下才使用的 zip()函数。

例如，在一个 for 循环中需要同时对两个列表进行遍历的时候，通常把这两个列表作为 zip()的参数，然后 zip()函数整体作为 for 循环结构的<object>部分。这种同时对两个列表进行遍历的做法就叫作并行遍历。

并行遍历时，zip()函数会把两个列表相同位置的成员组织在一个元组中，然后这个元组就是函数执行得到的结果。一般情况下，需要并行遍历的两个列表的成员在数量上是相等的，这样 zip()函数就会得到和成员数量相等的元组。

当然啦，zip()函数的使用也不一定非得在循环结构中，虽然它也方便了循环结构的使用。如果需要把两个列表的成员合并到一个列表中或者一个元组中再或者一个字典中，也少不了要使用到 zip()函数。

按照上面所描述的，图 15-5 展示的就是 zip()函数的常见用法。

事实上，zip()函数的适用范围还是比较广泛的，这表现在可以使用 zip()函数并行遍历的不仅仅有列表，字符串、元组和字典也能被 zip()函数并行遍历。

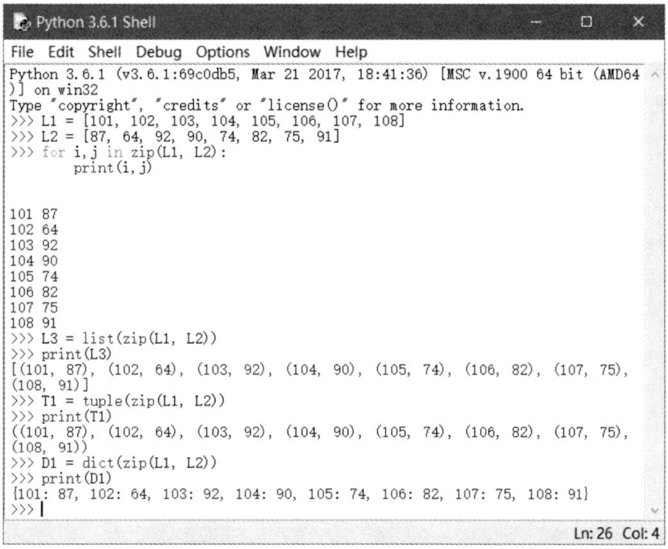

```
Python 3.6.1 Shell
File  Edit  Shell  Debug  Options  Window  Help
Python 3.6.1 (v3.6.1:69c0db5, Mar 21 2017, 18:41:36) [MSC v.1900 64 bit (AMD64
)] on win32
Type "copyright", "credits" or "license()" for more information.
>>> L1 = [101, 102, 103, 104, 105, 106, 107, 108]
>>> L2 = [87, 64, 92, 90, 74, 82, 75, 91]
>>> for i,j in zip(L1, L2):
	print(i,j)


101 87
102 64
103 92
104 90
105 74
106 82
107 75
108 91
>>> L3 = list(zip(L1, L2))
>>> print(L3)
[(101, 87), (102, 64), (103, 92), (104, 90), (105, 74), (106, 82), (107, 75),
(108, 91)]
>>> T1 = tuple(zip(L1, L2))
>>> print(T1)
((101, 87), (102, 64), (103, 92), (104, 90), (105, 74), (106, 82), (107, 75),
(108, 91))
>>> D1 = dict(zip(L1, L2))
>>> print(D1)
{101: 87, 102: 64, 103: 92, 104: 90, 105: 74, 106: 82, 107: 75, 108: 91}
>>> |
Ln: 26  Col: 4
```

图 5-5　zip()函数的常见用法

下面的代码段就是利用 zip()函数并行遍历字符串、元组和字典。

```
S1 = "ABCDEFG"
S2 = "abcdefg"
L1 = list(zip(S1, S2))
print(L1)

T1 = (101, 102, 103, 104, 105, 106, 107, 108)
T2 = (87, 64, 92, 90, 74, 82, 75, 91)
L2 = list(zip(T1, T2))
print(L2)

D1 = {1: 'a', 2: 'b', 3: 'c', 4: 'd', 5: 'e', 6: 'f', 7: 'g', 8: 'h'}
D2 = {9: 'i', 10: 'j', 11: 'k', 12: 'l', 13: 'm', 14: 'n', 15: 'o', 16: 'p'}
L3 = list(zip(D1, D2))
print(L3)
```

保存为.py 文件后执行 Run Module 命令，得到的 3 个打印结果如图 15-6 所示。

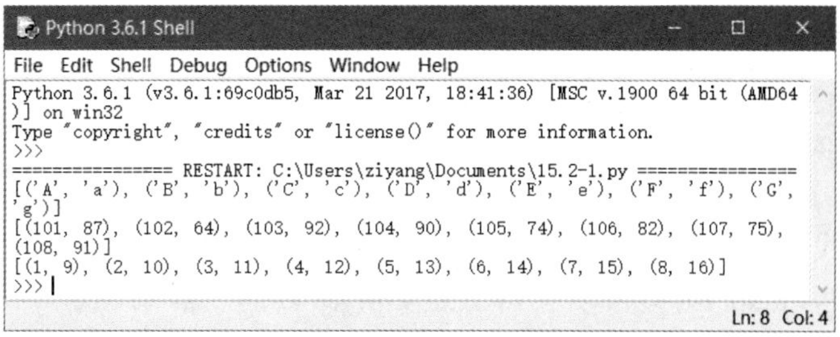

```
Python 3.6.1 Shell
File  Edit  Shell  Debug  Options  Window  Help
Python 3.6.1 (v3.6.1:69c0db5, Mar 21 2017, 18:41:36) [MSC v.1900 64 bit (AMD64
)] on win32
Type "copyright", "credits" or "license()" for more information.
>>>
================ RESTART: C:\Users\ziyang\Documents\15.2-1.py ================
[('A', 'a'), ('B', 'b'), ('C', 'c'), ('D', 'd'), ('E', 'e'), ('F', 'f'), ('G',
'g')]
[(101, 87), (102, 64), (103, 92), (104, 90), (105, 74), (106, 82), (107, 75),
(108, 91)]
[(1, 9), (2, 10), (3, 11), (4, 12), (5, 13), (6, 14), (7, 15), (8, 16)]
>>> |
Ln: 8  Col: 4
```

图 15-6　zip()函数并行遍历字符串、元组和字典的结果

在有些情况下，我们甚至可能需要并行遍历 3 个乃至更多的列表，这时候还能使用 zip()函数吗？当然没问题！zip()支持多个列表、字符串、元组和字典的遍历，即便数据形式不同，也可以放在一起遍历。

让 zip()函数遍历得更多，可以试试下面这段代码。

```
S1 = "ABCDEFGH"
S2 = "abcdefgh"
T1 = (101, 102, 103, 104, 105, 106, 107, 108)
T2 = (87, 64, 92, 90, 74, 82, 75, 91)
D1 = {1: 'a', 2: 'b', 3: 'c', 4: 'd', 5: 'e', 6: 'f', 7: 'g', 8: 'h'}
D2 = {9: 'i', 10: 'j', 11: 'k', 12: 'l', 13: 'm', 14: 'n', 15: 'o', 16: 'p'}
L1 = [101, 102, 103, 104, 105, 106, 107, 108]
L2 = [87, 64, 92, 90, 74, 82, 75, 91]
L3 = list(zip(L1, L2, S1, S2, T1, T2, D1, D2))
print(L3)
```

print()函数打印的内容可以参考图 15-7 所示的 Run Module 命令的执行结果。

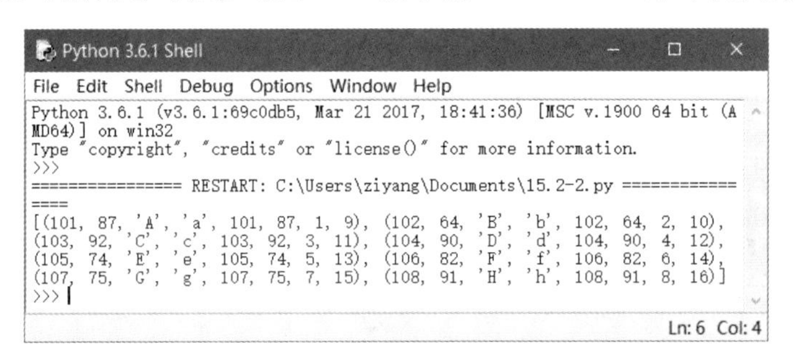

图 15-7　演示 zip()函数支持多个并行遍历目标的结果

“一般情况下，需要并行遍历的两个列表的成员在数量上是相等的”这句话其实意味着，需要并行遍历的两个列表的成员在数量上也可能是不相等的。遇到这样的情况，zip()函数通常不会拒绝执行，而是以成员数最少的那一个为基准。对于这种情况，下面的这段代码或许会给出令人满意的答案：

```
S1 = "ABCD"
S2 = "abcde"
T1 = (101, 102, 103, 104, 105, 106)
T2 = (87, 64, 92, 90, 74, 82, 75, 91)
L1 = [101, 102, 103, 104, 105, 106, 107, 108]
L2 = list(zip(L1, S1, S2, T1, T2))
print(L2)
```

对上面这段代码执行 Run Module 命令，得到的结果如图 15-8 所示。

在 Python 中，map()函数可以算得上是 zip()函数的“前辈”了。map()函数出现的比 zip()函数要早，但是似乎人们更喜欢用 zip()函数，这也许是因为 map()函数在我们一直使用的 Python 3.x 版本中已不再被支持，并且 Python 2.x 版本的用户正在逐渐变得小众吧。

```
Python 3.6.1 Shell
File Edit Shell Debug Options Window Help
Python 3.6.1 (v3.6.1:69c0db5, Mar 21 2017, 18:41:36) [MSC v.1900 64 bit (AMD64
)] on win32
Type "copyright", "credits" or "license()" for more information.
>>>
================ RESTART: C:\Users\ziyang\Documents\15.2-3.py ================
[(101, 'A', 'a', 101, 87), (102, 'B', 'b', 102, 64), (103, 'C', 'c', 103, 92),
(104, 'D', 'd', 104, 90)]
>>>
Ln: 6 Col: 4
```

图 15-8　演示在 zip()函数中的遍历目标长短不一的结果

可以这样理解，map()函数与 zip()函数有相同的作用，用法也非常类似。尽管如此，map()函数与 zip()函数之间总会有些许的不同。例如，下面这段使用了 map()函数的代码执行的是和上面那段代码相同的操作。

```
S1 = "ABCD"
S2 = "abcde"
T1 = (101, 102, 103, 104, 105, 106)
T2 = (87, 64, 92, 90, 74, 82, 75, 91)
L1 = [101, 102, 103, 104, 105, 106, 107, 108]
L2 = list(map(None, L1, S1, S2, T1, T2))
print(L2)
```

尽管是执行相同的操作，但是得到的结果却不尽相同，图 15-9 展示的就是这段代码执行 Run Module 命令的结果。

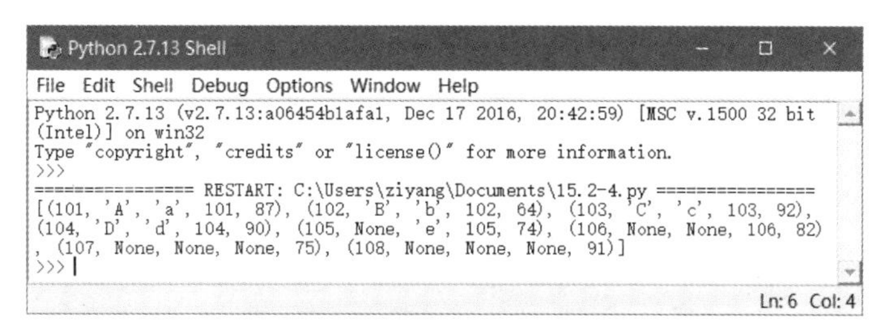

图 15-9　使用 map()函数替换 zip()函数的简单示范结果

图 15-9 是在 Python 2.7 自带的 IDLE 中执行的。如果说 zip()函数通常会以成员数最少的并行遍历目标为基准，那么 map()函数则恰恰相反，通常会以成员数最多的并行遍历目标为基准。

15.3　陌生的 enumerate()函数

最后登场的是 enumerate()函数。

在前面，我们没有见过 enumerate()函数，就像没有见过 map()函数一样。不过，没有见过 map()函数是因为它在我们所用的 Python 3.x 中已经不被支持了，而没有见过

enumerate()函数的原因则是由于找不到合适的机会。

不要因为 enumerate()函数最后一个出现就感觉好像很神秘的样子，虽然它是压轴出场的，可是实际上它的使用甚至比 range()函数和 zip()函数都简单。

enumerate()函数的作用也是遍历字符串、列表、元组及字典，这就很容易让人联想到也具有遍历功能的 zip()函数。区别当然还是有的，zip()函数实现的是多目标的并行遍历，而 enumerate()函数实现的是只遍历一个目标，在得到目标中的某个成员时还会同时得到这个成员的索引。

下面这段代码可以看作是对 enumerate()函数的简单使用。

```
S1 = "ABCDEFGH"
for i, j in enumerate(S1):
    print(j, "的索引为：", i, end=", ")
print(" ")

L1 = [101, 102, 103, 104, 105, 106, 107, 108]
for i, j in enumerate(L1):
    print(j, "的索引为：", i, end=", ")
print(" ")

T1 = (101, 102, 103, 104, 105, 106, 107, 108)
for i, j in enumerate(T1):
    print(j, "的索引为：", i, end=", ")
print(" ")

D1 = {1: 'a', 2: 'b', 3: 'c', 4: 'd', 5: 'e', 6: 'f', 7: 'g', 8: 'h'}
for i, j in enumerate(D1):
    print(j, "的索引为：", i, end=", ")
print(" ")
```

图 15-10 展示的就是简单使用 enumerate()函数的代码运行结果。

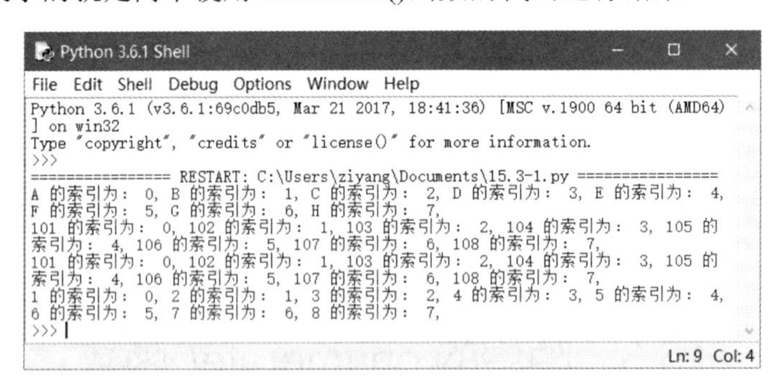

图 15-10　简单使用 enumerate()函数的结果展示

enumerate()函数同样会把执行遍历得到的结果放在元组中，这样的做法和 zip()函数是一样的。在这若干个元组中，索引总会被放在第一个位置，其次才是遍历得到的成员。下面这段代码可以很好地展示 enumerate()函数的这一特性。

```
S1 = "ABCDEFGH"
L1 = list(enumerate(S1))
print(L1)

L1 = [101, 102, 103, 104, 105, 106, 107, 108]
L2 = list(enumerate(L1))
print(L2)

T1 = (101, 102, 103, 104, 105, 106, 107, 108)
L1 = list(enumerate(T1))
print(L1)

D1 = {1: 'a', 2: 'b', 3: 'c', 4: 'd', 5: 'e', 6: 'f', 7: 'g', 8: 'h'}
L1 = list(enumerate(D1))
print(L1)
```

以上这段代码执行 Run Module 命令后会打印出 4 个列表，如图 15-11 所示。

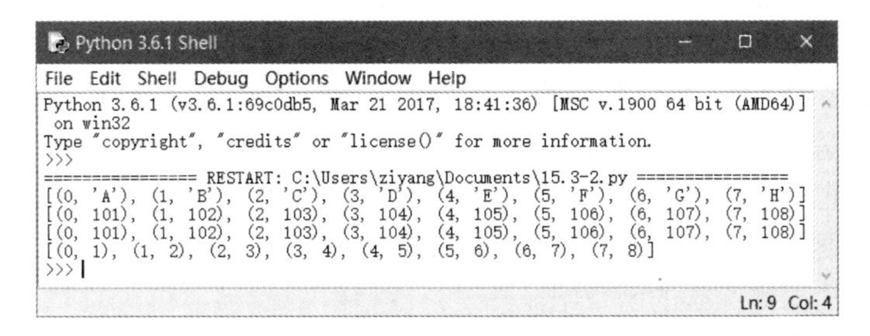

图 15-11　enumerate()函数把执行遍历得到的结果放在元组中

第 16 章　函数，原来你是这样的

一路走来，几乎每一章的代码中都会或多或少地用到 Python 自带的函数，给我们的感受是这些函数解决了一些非常棘手的问题，因此很实用。

哪个 Python 自带函数的使用频率最高呢？这恐怕应该是 print()函数了。几乎每节的代码中都会用到几次 print()函数来打印一些内容，因此，它对于我们来说算是非常熟悉了。因为 print()函数可以用于打印字符串或数字，所以对于调试代码很有帮助。

除了 print()函数之外，我们用过的还有 list()、dict()、tuple()、range()、zip()及 enumerate()等函数，这些都是最近几章中才接触到的，并且都帮了我们大忙。

当然了，这些自带的函数也不可能面面俱到，正是因为这样，Python 才允许我们自己编写函数实现想要的功能。尝试过了优秀的 Python 自带的函数，那我们不妨就亲自来试一试能不能编写出同样优秀的函数吧。

16.1　从定义一个函数着手：def 语句

定义一个函数，说简单也简单，说困难也困难。简单的原因是定义一个函数可以像创建一个 if 判断结构或 for 循环结构那样套用模板就可以了，困难的原因是当需要用函数实现比较复杂的功能时，函数的代码通常会很长，函数的逻辑通常会很复杂。

不如就先从简单的开始吧，通过套用固定的格式模板定义一个函数，用这个函数实现不太复杂的功能。下面就是定义函数时可以遵循的固定格式模板。

```
def <name>(arg1,arg2, ...argN):
    <statements>
```

上面这个模板的第一行是个 def 语句。def 语句是定义一个函数的关键，就好像创建判断结构离不开 if 语句，创建循环结构离不开 for 或 while 语句一样。

模板中的<name>部分跟在 def 之后，和 def 之间还有一个空格。<name>部分就是函数的名字，但是要注意，函数的名字不能乱取，最好只包括大写字母、小写字母、数字和下划线。如果希望一眼就看出函数的功能，那么函数名字最好是由一些英文单词组成。如果希望多个函数的名字即使放在一起看上去也非常工整，那么最好统一使用大写字母或者小写字母开头。

紧跟着<name>部分的是一个圆括号，括号里面是函数的参数，参数的数量可多可少，也可以没有。函数的参数就好比是只能在函数范围内使用的变量，定义函数时只是声明了存在这个变量，当调用函数时要指定函数的参数值，这时才是对这个变量的真正赋值。

参数写完之后要在圆括号后面紧跟一个冒号，这个冒号接下来的部分就是函数的主体，也就是模板中的<statements>部分。不要忘了，在 for 循环结构中，循环体相对于 for 语句是有缩进的，在这里也要记住，函数的主体相对于 def 语句也是有缩进的。在 Python 中，所有的缩进默认都是 4 个空格。

在知道了这些规范之后，就可以根据上面的这个格式模板，试着来定义一个很简短的函数了。例如，下面这段代码就是定义的一个名为 multi 的函数。

```
def multi(x, y):
    result = x * y
    print(result)
```

multi()函数有什么作用呢？它的作用就是计算两个数相乘的结果并打印出来。multi()函数的调用也是很简单的，在调用时，只需把两个相乘的数赋值给函数的参数就好了。图 16-1 展示的就是在 IDLE 中定义 multi()函数和调用 multi()函数的过程。

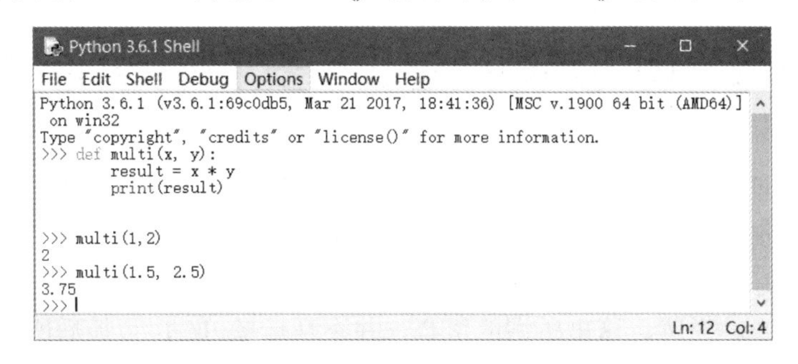

图 16-1　multi()函数的定义和调用

因为 Python 本身的原因，函数要在定义之后才能调用，这就像变量一样，变量也是需要在定义之后才能调用的。此外，在调用函数时要对函数参数的赋值格外注意，就拿 multi()函数来说吧，因为要在函数里对 x 和 y 参数执行乘法运算，所以在调用时一定要想好有哪些类型的值可以进行乘法运算。

例如，整数和整数可以进行乘法运算，浮点数和浮点数可以进行乘法运算，小数和小数可以进行乘法运算，这些都没有问题。在某些情况下，整数还可以和字符串或者列表进行乘法运算。怎么样，是不是对这个说法感到很吃惊呢？其实这就是对字符串或者列表执行复制而已。但是，如果让两个字符串或者两个列表执行乘法运算的话，这在 Python 中是不被允许的。

图 16-2 展示的还是调用 multi()函数的例子，只不过在给函数的参数中有一个是字符串或者列表。从图 16-2 中还可以看出，如果给 multi()函数的参数都是字符串或列表，则 IDLE 就会直接报告错误。

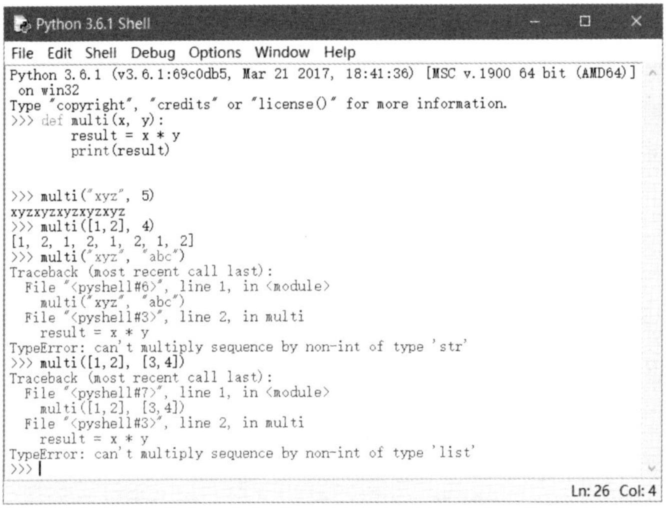

```
Python 3.6.1 Shell
File Edit Shell Debug Options Window Help
Python 3.6.1 (v3.6.1:69c0db5, Mar 21 2017, 18:41:36) [MSC v.1900 64 bit (AMD64)]
 on win32
Type "copyright", "credits" or "license()" for more information.
>>> def multi(x, y):
	result = x * y
	print(result)


>>> multi("xyz", 5)
xyzxyzxyzxyzxyz
>>> multi([1,2], 4)
[1, 2, 1, 2, 1, 2, 1, 2]
>>> multi("xyz", "abc")
Traceback (most recent call last):
  File "<pyshell#6>", line 1, in <module>
    multi("xyz", "abc")
  File "<pyshell#3>", line 2, in multi
    result = x * y
TypeError: can't multiply sequence by non-int of type 'str'
>>> multi([1,2], [3,4])
Traceback (most recent call last):
  File "<pyshell#7>", line 1, in <module>
    multi([1,2], [3,4])
  File "<pyshell#3>", line 2, in multi
    result = x * y
TypeError: can't multiply sequence by non-int of type 'list'
>>> |
Ln: 26 Col: 4
```

图 16-2　给 multi()函数试试不同的参数

16.2　调用函数要留心：多个种类的参数

在 16.1 节中我们定义了一个 multi()函数，虽然这个 multi()函数非常简单，只有短短的 3 行，但是麻雀虽小，五脏俱全，multi()函数在结构上也算是完整的了。

函数在定义好后，就可以直接进行调用，这是没问题的，但是在调用的时候还要对函数的参数特别留心。当然，这里所谓的留心，并不是指像 16.1 节最后所说的那样给参数适当的值，而是函数需要哪些参数才给哪些参数赋值。这和函数的参数本身可以分为多个种类有关。

函数的参数本身大概可以分为 4 个种类：必需参数、默认参数、不定长参数及关键字参数。

就拿 16.1 节的 multi()函数来说吧。调用 multi()函数时必须给它的 x 和 y 参数全部赋值，如果在调用 multi()函数时只给 x 参数或 y 参数赋值，那么 IDLE 也会报告错误。如图 16-3 所示就是只给 multi()函数的一个参数赋值的情况。

看图 16-3，思考原因何在呢？

这其实和 multi()函数的定义有关系。在定义时，multi()函数的 x 和 y 两个参数就已经成为必需参数，所以在调用 multi()函数时，必须要同时给 x 和 y 两个参数赋值。

那么默认参数是怎样的呢？把 multi()函数的定义稍微改一下，改成下面这段代码：

```
def multi(x, y=10):
    result = x * y
    print(result)
```

上面这段代码同样是 multi()函数的定义，与 16.1 节中 multi()函数的定义不同的是，这里在定义时就给了参数 y 一个默认值，参数 y 也因此成为默认参数。如果调用这个 multi()函数，可以只给参数 x 赋值，也可以同时给 x 和 y 两个参数赋值。

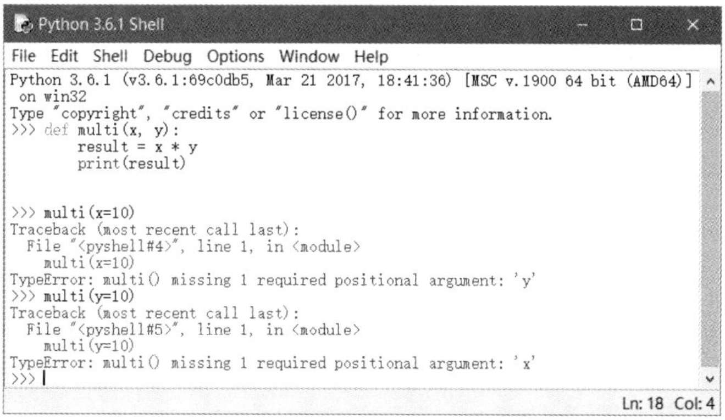

```
Python 3.6.1 Shell
File Edit Shell Debug Options Window Help
Python 3.6.1 (v3.6.1:69c0db5, Mar 21 2017, 18:41:36) [MSC v.1900 64 bit (AMD64)]
 on win32
Type "copyright", "credits" or "license()" for more information.
>>> def multi(x, y):
        result = x * y
        print(result)


>>> multi(x=10)
Traceback (most recent call last):
  File "<pyshell#4>", line 1, in <module>
    multi(x=10)
TypeError: multi() missing 1 required positional argument: 'y'
>>> multi(y=10)
Traceback (most recent call last):
  File "<pyshell#5>", line 1, in <module>
    multi(y=10)
TypeError: multi() missing 1 required positional argument: 'x'
>>> |
Ln: 18 Col: 4
```

图 16-3　只给 multi()函数的一个参数赋值会导致 IDLE 报告错误

图 16-4 展示的就是在 IDLE 中定义带有默认参数的 multi()函数并调用它的过程。

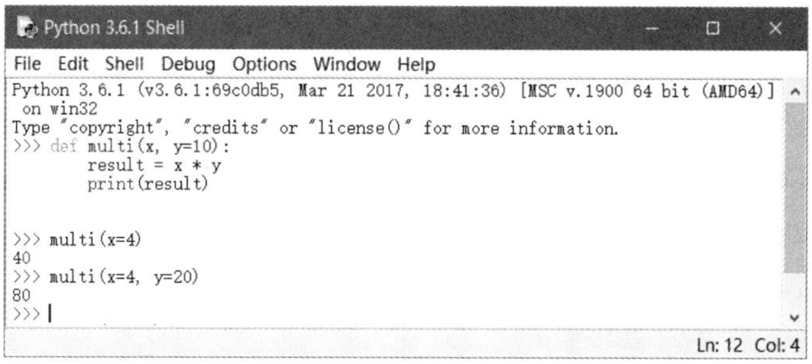

```
Python 3.6.1 Shell
File Edit Shell Debug Options Window Help
Python 3.6.1 (v3.6.1:69c0db5, Mar 21 2017, 18:41:36) [MSC v.1900 64 bit (AMD64)]
 on win32
Type "copyright", "credits" or "license()" for more information.
>>> def multi(x, y=10):
        result = x * y
        print(result)


>>> multi(x=4)
40
>>> multi(x=4, y=20)
80
>>> |
Ln: 12 Col: 4
```

图 16-4　定义和调用带有默认参数的 multi()函数

有一点需要引起注意，那就是定义函数时如果众多的参数中既有默认参数又有必需参数，那么默认参数一定要放在必需参数的后面。

不定长参数非常有特点，正如其名一样，在调用函数时，这个参数的值在数量上是没有限制的，正是因为这个特点，不定长参数有时也可以叫作“可变参数”。

拥有不定长参数的函数，在调用时会更加灵活。下面这段代码是一个 number()函数的定义，该函数看上去只有 num 一个参数，可是仔细观察的话会发现，num 参数之前还有一个乘法运算符号“*”。

```
def number(*num):
    num_list=[]
    for i in num:
        num_list.append(i)
    print(num_list)
```

number()函数中的这个 num 参数就是不定长参数。图 16-5 展示的就是在 IDLE 中定义和调用 number()函数的过程，从中大概就可以明白为什么这种类型的参数会被叫作“不定长参数”了。

```
Python 3.6.1 Shell
File Edit Shell Debug Options Window Help
Python 3.6.1 (v3.6.1:69c0db5, Mar 21 2017, 18:41:36) [MSC v.1900 64 bit (AMD64)]
 on win32
Type "copyright", "credits" or "license()" for more information.
>>> def number(*num):
        num_list=[]
        for i in num:
            num_list.append(i)
        print(num_list)


>>> number(101, 102, 103, 104, 105, 106)
[101, 102, 103, 104, 105, 106]
>>> number("abc", "def", "ghi", "jkl", "mno")
['abc', 'def', 'ghi', 'jkl', 'mno']
>>> number(101,"abc", [102,"def"])
[101, 'abc', [102, 'def']]
>>> 
                                                        Ln: 16 Col: 4
```

图 16-5　在 IDLE 中定义和调用 number()函数

对于每个函数来说，如果要使用不定长参数的话，基本上不定长参数只能有一个。虽然我们在之前还不知道什么是不定长参数，但是却经常会用到带有不定长参数的函数，想想看，是哪一个函数呢？没错，那就是 print()函数。

有一点需要引起注意，那就是定义函数时如果除了不定长参数外还包括必需参数或者默认参数等其他类型的参数，那么不定长参数一定是放在最后一个位置的。

最后是关键字参数。关键字参数和不定长参数长得很像，但是也有区别，那就是不定长参数的前面有一个乘法运算符号“*”，而关键字参数前面有两个乘法运算符号“*”。我们之前并没有了解过函数的关键字参数，也没有使用过带有这种参数的函数，事实上，关键字参数的使用和字典息息相关。

考虑下面这段代码中定义的 student()函数。

```
def student(school,major, **other):
    print('学校:',school, '专业:',major, '其他:',other)
student('北大', "建筑", name="张三")
```

student()函数的定义中有一个关键字参数 other，在调用 student()函数时，给这个 other 参数赋的值是 name="张三"。student()函数执行时，首先会把关键字参数的值都组织成字典的形式，例如 name="张三"组织成字典的形式就是{"name":"张三"}。

关键字参数和不定长参数的共同点就是可以有很多的值，因此也可以在定义好 student()函数之后这样调用它：

```
def student(school,major, **other):
    print('学校:',school, '专业:',major, '其他:',other)
student('北大', "建筑", name="张三", age=23, sex="男")
```

图 16-6 展示的是在 IDLE 中定义和调用 student()函数的过程。仔细观察图 16-6 的话，相信熟练使用关键字参数已经不算难了。

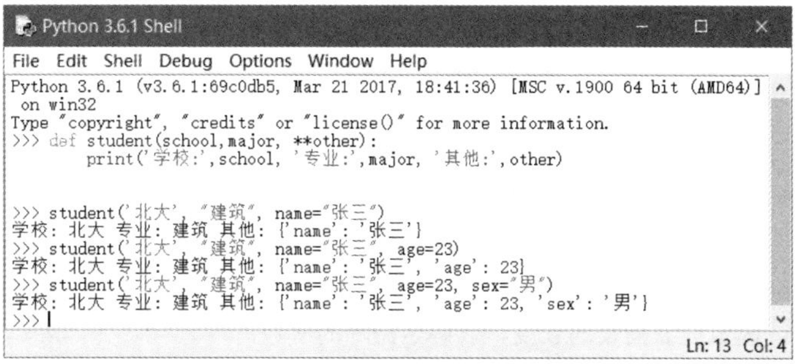

```
Python 3.6.1 Shell
File  Edit  Shell  Debug  Options  Window  Help
Python 3.6.1 (v3.6.1:69c0db5, Mar 21 2017, 18:41:36) [MSC v.1900 64 bit (AMD64)]
 on win32
Type "copyright", "credits" or "license()" for more information.
>>> def student(school,major, **other):
        print('学校:',school, '专业:',major, '其他:',other)


>>> student('北大', "建筑", name="张三")
学校: 北大 专业: 建筑 其他: {'name': '张三'}
>>> student('北大', "建筑", name="张三", age=23)
学校: 北大 专业: 建筑 其他: {'name': '张三', 'age': 23}
>>> student('北大', "建筑", name="张三", age=23, sex="男")
学校: 北大 专业: 建筑 其他: {'name': '张三', 'age': 23, 'sex': '男'}
>>> 
                                                      Ln: 13  Col: 4
```

图 16-6　定义和调用 student()函数

4 种类型的参数到这里就结束了。某些时候，我们可能有在定义函数时全部用到这 4 种类型参数的可能性，这种情况下要记住，这 4 种类型的参数顺序依次是必需参数；关键字参数；默认参数和不定长参数。

16.3　小试牛刀：把成绩排序写进函数里

如果读者能对前两节的内容了如指掌的话，那么基本上定义函数和调用函数对于我们来说已经不算是难事了。实践出真知，接下来我们不妨试着定义一个稍微长一点的函数，就当作是一个练习吧。

在第 8 章中，我们用 Python 中的循环结构做出了一个成绩排序小工具，又在之后的第 11 章和第 12 章给这个成绩排序小工具添加了一些实用的功能，也算是强化这个成绩排序小工具了。

接下来，我们可以试着定义一个函数，并把这个成绩排序小工具写进函数里。这个函数有两个参数，分别是可以从键盘输入的学号和成绩。这个函数的功能包括：把输入的学号和成绩制作成一份初始成绩单；把初始成绩单按照成绩的高低进行再排序得到一份新的成绩单；支持在新的成绩单中通过学号查询到成绩。

作为第一个定义和调用函数的小例子，把成绩排序写进函数里也算是一次非常不错的练习了。下面的这段代码就可以看作是本次练习的结果。

```
# 定义变量 number 和 grade 存储 input()函数所读取的
# 从键盘输入的学号和成绩，这两个变量将会在调用
# 函数时作为函数的参数取值
number = input("在这里输入学号，中间用空格隔开：")
grade = input("接下来输入分数，同样中间以空格隔开：")

# 定义 grade_sort()函数用于接收从键盘输入的学号和成绩
# 生成成绩单，再把成绩单排序，还支持按照学号
# 在成绩单中查询成绩
def grade_sort(number, grade):
```

```
# 对参数 number 和 grade 使用 split()函数进行切片
number = number.split(" ")
grade = grade.split(" ")

# 定义 list_number 和 list_grade 两个空列表，
# 用于存放学号和成绩的整型列表
list_number = []
list_grade = []

# 用 len()函数计算列表的长度，以确定循环的次数，
# 再用 append()函数向列表逐个地添加成员
i = 0
j = 0
while i <= len(number) - 1:
    list_number.append(int(number[i]))
    i += 1
while j <= len(grade) - 1:
    list_grade.append(int(grade[j]))
    j += 1

# 下面打印一下仅仅保存为字典格式的成绩单
print("------------------------------------------")
print("初步得到的成绩单：")
print(dict(zip(list_number, list_grade)))

# 下面打印已经按照成绩从高到低的顺序排好
# 并且保存为字典格式的成绩单
print("------------------------------------------")
print("经过成绩排序之后的成绩单：")
report = list(zip(list_number, list_grade))
n = len(report)
for j in range(0, n - 1):
    for i in range(0, n - 1 - j):
        if report[i][1] < report[i + 1][1]:
            report[i], report[i + 1] = report[i + 1], report[i]
# new_report 就是经过成绩排序之后的成绩单
new_report = dict(report)
print(new_report)
print("------------------------------------------")

# 用一个循环结构实现多次成绩查询的功能
i = 1
while i == 1:
    num = input("现在输入要查询成绩的学号：")
    print("%d 的成绩是：%d" % (int(num), new_report[int(num)]))
    j = input("是否继续查询(y/n)？：")
    if j == "y":
        i = 1
    else:
        i = 0
        print("程序结束")
```

```
# 调用 grade_sort()函数
grade_sort(number = number, grade = grade)
```

上面这段代码其实和 12.3 节的代码很像，只不过是把 12.3 节的代码中最开始的两行 input()语句独立了出来，再把剩下的部分统统写进 grade_sort()函数里。当然，为了能够完成成绩排序等功能，和 12.3 节的代码相比，还要在最后一行增加 grade_sort()函数的调用。

上面这段代码的 Run Module 命令执行情况如图 16-7 所示，可以看出这段代码和 12.3 节中的代码执行 Run Module 命令的情况完全一样。

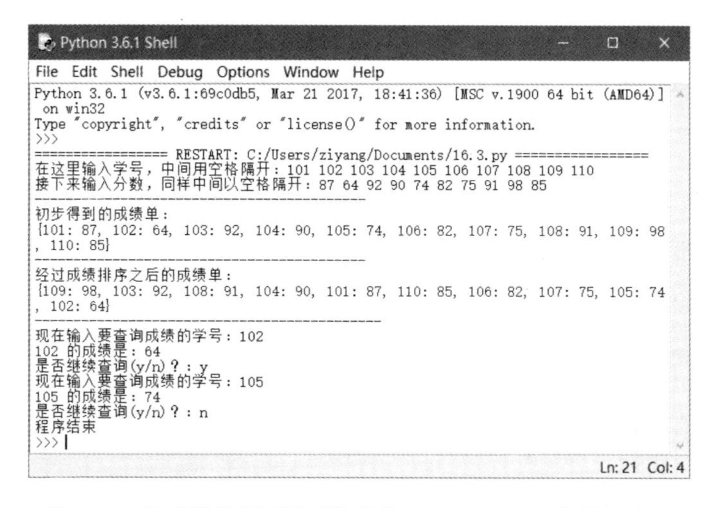

图 16-7　把成绩排序写进函数里的 Run Module 命令执行结果

16.4　课后小练习

【问题提出】

我们在前面除了做过一个成绩排序小工具外，在第 2 章中还做过一个小小的 Python 计算器。既然我们已经试着将成绩排序小工具写进了函数中，那么不妨也试着将小小的 Python 计算器也写进函数中吧。

【小小提示】

下面是那个小小 Python 计算器的代码。

```
# 使用 input()函数读取键盘输入
str1 = input("请输入第一个操作数：")
str2 = input("接下来是第二个操作数：")

# 使用 int()函数
```

```
x = int(str1)
y = int(str2)

# 输出计算结果
print(x,"+",y,"=",x+y)
print(x,"-",y,"=",x-y)
print(x,"*",y,"=",x*y)
print(x,"**",y,"=",x**y)
print(x,"/",y,"=",x/y)
print(x,"//",y,"=",x//y)
```

在这段代码中，变量 str1 和 str2 存储的是 input()函数读取的从键盘输入的第一个操作数和第二个操作数，可以参考 16.3 节的代码中的 number 和 grade，把 str1 和 str2 也用作函数的参数。

【参考结果】

这次的改写非常简单，下面的这段代码就可以看作是一种改写的结果。

```
# 使用 input()函数读取键盘输入
str1 = input("请输入第一个操作数：")
str2 = input("接下来是第二个操作数：")

def calculator(str1, str2):
    x = int(str1)
    y = int(str2)

    print(x, "+", y, "=", x + y)
    print(x, "-", y, "=", x - y)
    print(x, "*", y, "=", x * y)
    print(x, "**", y, "=", x ** y)
    print(x, "/", y, "=", x / y)
    print(x, "//", y, "=", x // y)

calculator(str1=str1, str2=str2)
```

如果有时间的话，把上面这段代码保存为.py 文件后再执行 Run Module 命令试试看吧。

第 17 章　灵活的函数——做个万年历

想让代码更加灵活的话，是免不了要使用函数的。

函数最大的一个特点就是可以把一些功能独立地写出来，等到代码其他的地方需要这些功能的时候再直接调用函数就好了。“一处编写、多处调用”，这句话算是对函数的这一特点最准确的描述了。

函数也支持在执行完函数体后返回一些数值（例如字符串、整数或浮点数等），这种情况下调用函数就像使用一个黑匣子一样。调用函数时将一些参数传入这个“黑匣子”，经过“黑匣子”内部一系列的操作后即可把操作得到的结果返回。

接下来的几章，我们将会看到一些使用函数完成的小例子，这些小例子都充分地体现了以上所描述的函数的特点。

这些小例子中的第一个就是本章要完成的万年历，使用这个万年历，我们可以在输入了年份和月份之后，由 IDLE 打印出这个月的第一天是星期几及月内的每一天都是星期几。好了，让我们这就开始吧。

17.1　闰年还是平年：函数的返回值

在做这个万年历之前，我们要先清楚究竟什么是万年历呢？

万年历其实就是通过编写程序的方式推算出一段比较长的时间范围（如 100 年甚至更长）内阳历的具体某一天是星期几，或者这一天对应到阴历的哪个日期。做万年历的目的是方便有需要的人进行查询，万年历中的“万”字只是一种象征，表示时间跨度大。

图 17-1 展示的就是在使用我们最终会做出的万年历成品。如图 17-1 所示，我们在 IDLE 中输入年份和月份，例如 2020,2，然后按 Enter 键，接着 IDLE 就会打印出 2020 年 2 月份的月历，从中可以看出每一天分别都是星期几。

我们都知道，年份可以分为平年和闰年两类。把非整百的年份数除以 4 或者整百年的年份除以 400，如果没有余数，那么这一年就是闰年，例如 2000 年就是闰年。除了闰年之外的其他年份都是平年，例如 1999 除以 4 有余数是 3，所以 1999 年就是平年。

根据除以 4 或 400 的结果有无余数，可以看作是判断某一年是平年还是闰年的依据，按照这个依据可以大概地知道平年年份的数量是多于闰年年份数量的。

```
Python 3.6.1 Shell
File  Edit  Shell  Debug  Options  Window  Help
Python 3.6.1 (v3.6.1:69c0db5, Mar 21 2017, 18:41:36) [MSC v.1900 64 bit (AMD64)]
 on win32
Type "copyright", "credits" or "license()" for more information.
>>>
================ RESTART: C:/Users/ziyang/Documents/17.4.py ================
输入年份、月份：2020,2
      周日     周一     周二     周三     周四     周五     周六
                                                          1
       2        3        4        5        6        7        8
       9       10       11       12       13       14       15
      16       17       18       19       20       21       22
      23       24       25       26       27       28       29
>>> |
                                                   Ln: 12  Col: 4
```

图 17-1　万年历试用

我们要做的万年历也需要具有判断某一年是平年还是闰年的功能，因为闰年的二月份有 29 天而平年的二月份只有 28 天。这个功能可以写到一个函数里，函数的参数只有一个，那就是年份，在这个函数中通过一个 if 判断结构就可以判断出这个年份是平年还是闰年。下面的这段代码中定义了一个 isLeapYear()函数，实现的就是这个功能。

```
# isLeapYear()函数的作用是判断某一年是否为闰年
# 若是，则返回 True，若不是，则返回 False
def isLeapYear(year):
    if (year % 100 != 0 and year % 4 == 0)\
          or year % 400 ==0:
        return True
    else:
        return False
```

在一个函数中，return 语句的作用是结束函数的执行，并且把一些值返回到函数调用的地方作为函数调用的结果。用 return 语句返回的值通常会称为“函数的返回值”。

在上面的代码中，isLeapYear()函数主要是用了一个 if 判断结构判断参数的值是不是除以 4 或者 400 后余数为 0，如果是，则函数的返回值就是 True，如果不是，则函数的返回值就是 False。

用 IDLE 把上面的这段代码保存到一个.py 文件中，然后再执行 Run Module 命令。图 17-2 所示为调用 isLeapYear()函数判断 2020 年是否为闰年，并用 print()函数打印出判断的结果。

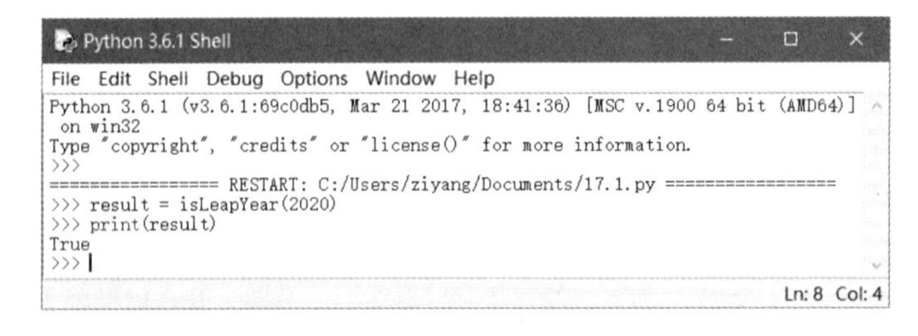

图 17-2　调用 isLeapYear()函数判断某年是否为闰

在 Python 中，变量的数据类型可以是整型、浮点型及字符串型等多种类型，当然也可以是我们刚刚在 isLeapYear()函数中用到的布尔型。布尔型的变量只有 True 和 False 两个值，含义分别为“是”和“否”。

True 和 False 还经常会用在 if 判断结构中。如果 if 判断结构的条件表达式成立的话，那么就等同于这个条件表达式是 True 的；如果 if 判断结构的条件表达式不成立的话，那么就等同于这个条件表达式是 False 的。

图 17-3 展示的是用 IDLE 执行两个相同的 if 判断，都是判断 5 大于 3，其中 a）图中的条件表达式没有使用 True，b）图中的条件表达式则使用了 True，最终的结果是一样的。

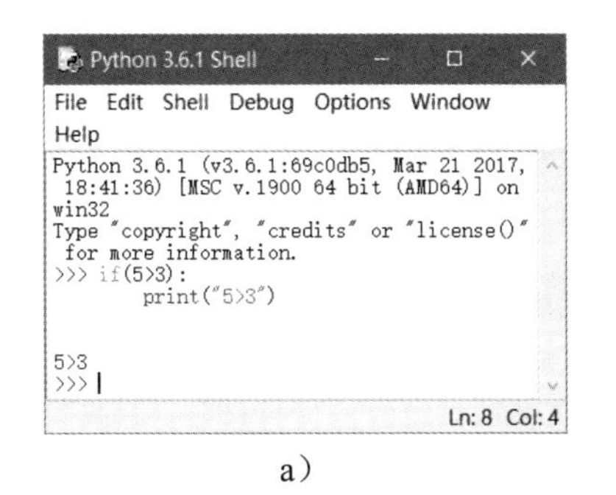

a）

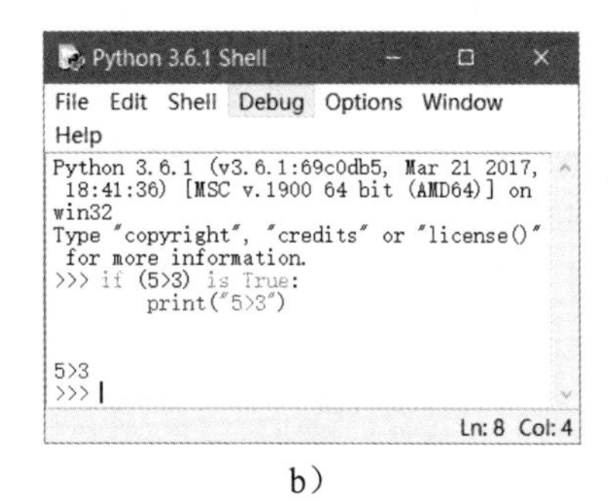

b）

图 17-3　在判断中使用 True

17.2　这个月有几天

“一三五七八十腊，三十一天永不差”，这句顺口溜的意思是：每一年的 1 月、3 月、5 月、7 月、8 月、10 月和 12 月都有 31 天。除了有 31 天的月份之外，剩下的就是有 30 天的月份（2 月除外）。由这句顺口溜就可以知道，有 30 天的月份分别是 4 月、6 月、9 月和 11 月。

万年历当然也需要具有判断某一个月是有 30 天还是有 31 天的功能，这个功能也可以写到一个函数里，函数的参数要有两个，分别是年份和月份。平年的 2 月份是 28 天，闰年的 2 月份是 29 天，平年和闰年的 2 月份的天数不同，这就是函数要有年份 year 和月份 month 两个参数的原因。

下面的这段代码中定义了一个 monthDays()函数，实现的就是判断某一个月是有 30 天还是 31 天的功能。

```
# monthDay()函数的作用是判断某个月的天数
# 因为平年和闰年的二月份的天数不同
# 所以函数要有年份 year 和月份 month 两个参数
def monthDays(year,month):
    # days 列表保存的是 1～12 月每个月的天数
```

```
    # 调用 isLeapYear()函数判断当前年份是否非闰年
    # 如果是，那么就把二月份的天数改为 29
    days = [31,28,31,30,31,30,31,31,30,31,30,31]
    if isLeapYear(year) is True:
        days[1] = 29

    #  返回天数值，记住列表的索引从 0 开始
    return days[month-1]
```

在上面的这段代码中，monthDays()函数同样使用了 return 语句返回一个值，这个值就是 days 列表中的成员。

用 IDLE 把上面这段代码连同 17.2 节的那段代码一起保存到.py 文件中，然后再执行 Run Module 命令。图 17-4 所示为调用 monthDays()函数判断 2020 年的 10 月份有多少天，以及 1999 年的 2 月份有多少天的过程。从打印情况来看，2020 年的 10 月份有 31 天，而 1999 年的 2 月份有 28 天。

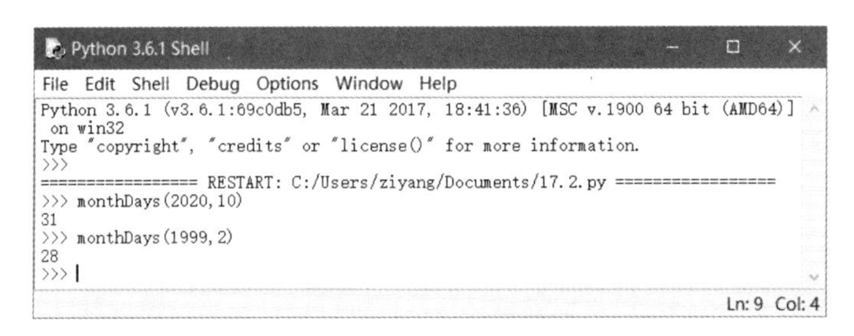

图 17-4　调用 monthDays()函数计算某个月有多少天

17.3　距离 1900 年的第一天已经过去了多久

元旦，即每一年的 1 月 1 日，也就是每一年的第一天。我们要想在万年历中准确地显示某一天是周几，那么就需要找一个基准。例如，1900 年的 1 月 1 日既是这一年的开始，又是一个周一，这一天就可以作为一个很好的基准。

在找好了基准之后，就可以计算距离 1900 年的 1 月 1 日已经过去多少天了。下面的这段代码中定义了一个 totalDays()函数，实现的就是计算某个月（不包括这个月）距离 1900 年的 1 月 1 日已经过去了多少天的功能。

```
# totalDays()函数的作用是判断某年的某个月（该月
# 不计算在内）与 1900 年 1 月 1 日之间间隔的总天数
def totalDays(year, month):
    days = 0

    # 在一个 for 循环中计算某年（该年不计算在内）
    # 与 1900 年 1 月 1 日之间间隔的总天数，闰年是
```

```
    # 一年共 366 天，平年是一年共 365 天
    for years in range(1900, year):
        if isLeapYear(years):
            days += 366
        else:
            days += 365

    # 在另一个 for 循环中计算到某个月（该月
    # 不计算在内）为止这一年过去多少天了
    for months in range(1, month):
        days += monthDays(year, months)

    # 把累加的天数作为函数的返回值返回
    return days
```

计算某个月与 1900 年的 1 月 1 日之间间隔的总天数有用吗？当然有用！在知道了间隔的总天数之后，我们就可以进一步确定这个月的第一天是周几了。

当我们对万年历执行 Run Module 命令的时候，要从键盘输入年份和月份，紧接着 IDLE 就会打印出这个月的月历，就像图 17-1 展示的那样。因为确定了这个月的第一天是周几，所以这个月以后的每一天是周几也就都确定下来了。

totalDays()函数在执行时需要调用前两节定义的函数，接下来用 IDLE 把上面的这段代码连同前两节的代码一起保存到.py 文件中，然后再执行 Run Module 命令。图 17-5 所示为调用 totalDays()函数计算从 1900 年的 1 月 1 日到 2020 年的 1 月（不包括 1 月）之间总共间隔的天数的结果。

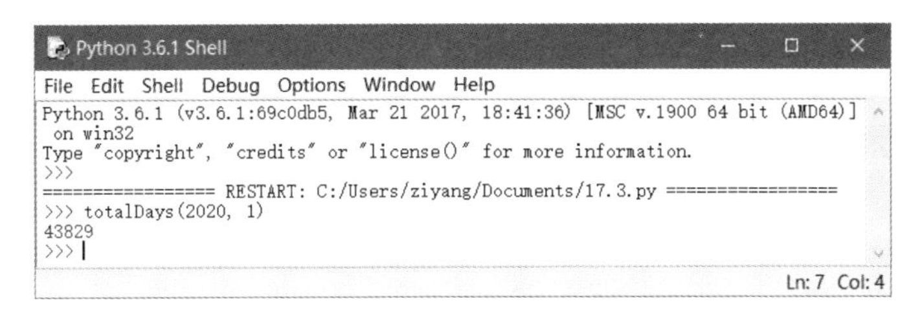

图 17-5　调用 totalDays()函数计算间隔的天数

从图 17-5 中可以看出，从 1900 年的 1 月 1 日到 2020 年的 1 月，总共已经过去了 43829 天。真的是时间飞逝，恍若白驹过隙。

17.4　终于完成万年历

在有了 isLeapYear()函数、monthDays()函数和 totalDays()函数之后，我们制作万年历的目标算是完成了 80%，接下来要做的就是通过调用 print()函数把万年历的打印格式规范一下。

现在，我们再通过定义一个函数来完善这个万年历剩下的 20%。在这个函数中，先通过 input()函数读取从键盘输入的年份和月份，然后就要计算出这个月份的第一天是周几，最后就是在一个 for 循环结构内用 print()函数把这个月的每一天都打印出来。这个函数就是在下面的代码中定义的 perpetualCalendar()函数。

```
# perpetualCalendar()函数是这个万年历的执行入口
def perpetualCalendar():
    year,month = eval(input("输入年份、月份："))

    # 先打印出日历上第一行的周日到周一
    print("\t 周日\t 周一\t 周二\t 周三\t 周四\t 周五\t 周六")

    # 计算输入的月份的第一天是周几并保存到
    # 变量 week_day 中
    # 因为 1900 年的 1 月 1 日是周一，所以别忘了后面的+1
    week_day = totalDays(year, month) % 7 + 1

    # 输入的月份有多少天，这个 for 循环就执行多少轮
    for i in range(1, monthDays(year,month) + 1):
        # 根据 week_day 可以知道这个月的第一天是周几
        # 打印时要控制好空格的数量做到和周几对齐
        if (i == 1):
            for j in range(week_day %7):
                print("\t", end="")

        # 从这个月的第一天开始打印
        # 逐个打印这个月往后的每一天
        print("\t%2d"%i, end="")

        # 如果打印的某一天对应到了周六，那么就要
        # 为打印下一天做好换行
        if (i + week_day) % 7 == 0:
            print()
            print()
```

在这段代码中，计算出某个月份的第一天是周几用的是 totalDays(year, month) % 7 + 1。调用 totalDays()函数会得到某个月与 1900 年 1 月 1 日之间间隔的天数，每周是 7 天，把这些天数除以 7 再取余数，就得到该月份第一天是周几了。因为 1900 年的 1 月 1 日是周一，而我们的万年历中每周都是以周日开头的，所以取余数的结果还需要加 1。

在计算得到了某个月的第一天是周几后，就可以在 for 循环结构内用 print()函数把这个月的每一天都打印出来。假设第一天是周六，那么在打印这一天之前就要先打印 6 个空格，这样才能和万年历的第一行对齐，也就是和“周六”这个表头对齐。同样的道理，如果第一天是周三，那么要先打印 3 个空格，如果第一天是周一，那么要先打印 1 个空格。

perpetualCalendar()函数是这个万年历执行的入口，调用 perpetualCalendar()函数不需要任何参数。

perpetualCalendar()函数在执行时需要调用前 3 节定义的函数，接下来用 IDLE 把上面

的这段代码连同前 3 节的代码一起保存到.py 文件中，然后再执行 Run Module 命令。图 17-6 所示为根据提示输入数字“2019”作为年份和数字“12”作为月份之后，在 IDLE 中打印出的本月的月历。

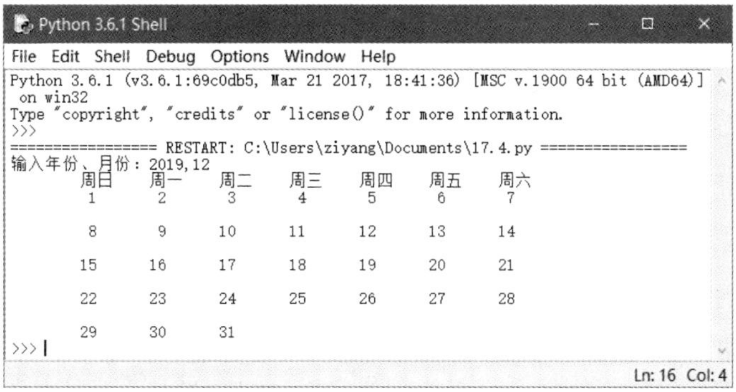

```
Python 3.6.1 Shell
File Edit Shell Debug Options Window Help
Python 3.6.1 (v3.6.1:69c0db5, Mar 21 2017, 18:41:36) [MSC v.1900 64 bit (AMD64)]
 on win32
Type "copyright", "credits" or "license()" for more information.
>>>
================ RESTART: C:\Users\ziyang\Documents\17.4.py ================
输入年份、月份：2019,12
        周日    周一    周二    周三    周四    周五    周六
         1       2       3       4       5       6       7

         8       9      10      11      12      13      14

        15      16      17      18      19      20      21

        22      23      24      25      26      27      28

        29      30      31
>>> |
                                                         Ln: 16 Col: 4
```

图 17-6　万年历执行 Run Module 命令的结果

接着再试试用键盘输入其他年份和月份，查看其他时间的月历吧。

第 18 章　灵活的函数——做个简易通讯录

在第 17 章，我们用刚刚接触不久的函数做了一个万年历，Run Moduel 这个万年历时我们只需要在键盘输入年份和月份，万年历就会打印出这个月的月历，非常有意思。

通过使用函数，代码的结构可以更清晰，因为共同完成某个功能的一段代码被放在了一起。如果某个函数需要在代码的不同位置被多次调用的话，那么就相当于函数体的那一段代码被重复使用了很多次，这样的结果就是在无形之中缩短了整体代码的长度。

如果觉得用函数做出一个万年历还不够过瘾的话，那么不如尝试再用函数做出更复杂的功能吧，例如做出一个能在 IDLE 中操作的简易版的通讯录，这将是我们在本章要完成的目标。当然，在完成制作通讯录这个目标的过程中，我们还将会获得一些新的知识，好了，让我们这就开始吧。

18.1　通讯录总览：初识 SQLite 数据库

即使是简易版的通讯录，采用不同的设计理念会使这个通讯录在使用时有不同的操作，那么我们要做的通讯录是什么样子的呢？

图 18-1 所示这就是我们所做的通讯录在执行 Run Module 命令时的 IDLE 界面。每次执行 Run Module 命令，这个通讯录都会首先展示出操作菜单，提示数字 1～6 分别对应通讯录的哪个功能，紧接着就是等待我们输入功能号。

如果功能号输入的是 1，那我们就可以向通讯录添加一个新的联系人。每个联系人包含 4 条信息：姓名、年龄、性别和电话号码，这 4 条信息是在 IDLE 中一条一条地根据提示输入的，输入完之后这个新联系人就被添加到了通讯录中。

如果功能号输入的是 2，那我们就可以查询通讯录中某个联系人的信息。如果在通讯录中查询到了这个联系人，那么他的信息就会被打印出来，打印出来的信息也包括姓名、年龄、性别和电话号码这 4 项。

如果功能号输入的是 3，那我们就可以修改通讯录中的某个联系人的信息。在修改信息时只需要输入这个联系人的姓名，然后根据提示一条一条地输入这个联系人的年龄、性别和电话号码这 3 条新信息，之后这个联系人在通讯录中保存的旧信息就可以被新信息替换掉了。

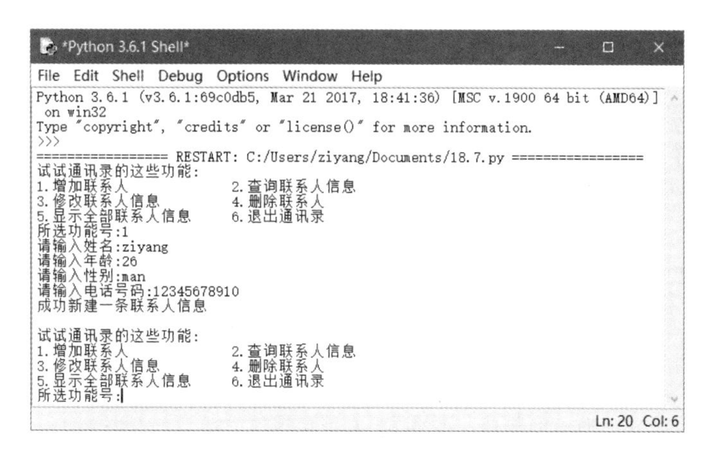

图 18-1　简易通讯录的 Run Moduel 界面

如果功能号输入的是 4，那我们就可以把通讯录中的一个联系人删除。和修改联系人信息时类似，在删除某个联系人时也是只需要输入这个联系人的姓名即可。

如果功能号输入的是 5，那就会在 IDLE 中把通讯录中所保存的全部联系人都展示出来。当然，展示联系人时也会把联系人的姓名、年龄、性别和电话号码这 4 条信息也展示出来。

如果功能号输入的是 6，那么这个简易版的通讯录就会直接退出。

在制作这个简易版的通讯录之前我们应该考虑到将会面临的前所未有的问题，那就是如何保存通讯录中的联系人，如果是用字典的话，那么当退出这个通讯录之后再运行的时候，所有的联系人信息就都不存在了。

要想让通讯录中的联系人在退出通讯录后仍然保存着，那么就要在通讯录第一次运行时建立一个文件来保存通讯录中的联系人，以后每次通讯录在运行时就可以从这个文件中获取保存的联系人信息。

用什么样的文件比较合适呢？通讯录中的每个联系人都有姓名、年龄、性别和电话号码 4 种信息，可以写在一个表格里，所以表格文件或者.txt 文件都是可以使用的。不过，考虑到以后可能会对联系人的信息进行修改或者删除某个联系人，所以选用的文件最好还要易于修改。

鉴于以上这些需求，数据库文件再适合不过了。数据库是一种把某些数据有规律、有组织地存储在一起的技术，并且提供了数据的访问和修改的功能。数据库用来保存数据的文件也就是数据库文件了。

SQLite 数据库是众多数据库中的一员，具有灵活、轻巧但功能强大的特点。SQLite 数据库的代码和 Python 代码完全不同，但是 Python 可以通过导入 sqlite3 模块达到在代码中直接使用 SQLite 数据库的目的。

下面通过给这个通讯录创建一个数据库文件，来看一看 SQLite 数据库如何使用。下面的这段代码创建了一个数据库文件 contact_list.db，并给数据库文件添加了一个数据表 MT。

```
# 导入 sqlite3 模块
import sqlite3

# 连接到和.py 文件在同一个目录下的名为 contact_list.db 的数据库文件
# 如果没有这个文件，那就创建这个文件
# contact_list.db 用于存储通讯录中的联系人的信息
conn = sqlite3.connect('contact_list.db')

# 只有一个 contact_list.db 数据库文件还不够
# 还要在数据库文件里使用 execute()函数创建一个数据表 MT
# 表头为 NAME、AGE、SEX 和 PHONE_NUMBER
# 分别对应的是联系人的姓名、年龄、性别和电话号码
# execute()函数的这段代码在通讯录第一次运行时要存在
# 当通讯录第二次运行时就要删掉，不然 IDLE 就会报告
# 数据表已存在的错误
conn.execute('''CREATE TABLE MT
(NAME   TEXT NOT NULL,AGE   TEXT NOT NULL,
SEX  CHAR(50),PHONE_NUMBER   TEXT NOT NULL);''')

print("通讯录数据表创建完成")
```

仔细看这段代码，创建数据表所使用的 execute()函数是 sqlite3 模块中的函数，而 execute()函数的参数 CREATE TABLE MT(NAME TEXT NOT NULL, AGE TEXT NOT NULL,SEX CHAR(50), PHONE_NUMBER TEXT NOT NULL)却是 SQLite 数据库中的代码。后面也还会用到一些 SQLite 数据库中的代码，注意甄别，不要和 Python 代码混淆了。

18.2　完成通讯录的菜单和新建联系人的功能

每次 Run Moduel 这个通讯录都会展示出操作菜单，而每次完成菜单中的操作后这个菜单又会再展示出来，由此可见操作菜单出现的次数非常多。那不如我们就先从制作这个操作菜单开始，之后一步一步地完成整个通讯录的设计吧。

下面的这段代码中定义了一个 menu()函数，调用 menu()函数就会展示出操作菜单。

```
# 定义 menu()函数用于在 IDLE 上展示操作菜单
#提示用户可以进行哪些操作
def menu():
    print('1.增加联系人',"\t","\t",'2.查询联系人信息')
    print('3.修改联系人信息',"\t",'4.删除联系人')
    print('5.显示全部联系人信息',"\t",'6.退出通讯录')
```

操作菜单中的第一个功能是向通讯录增加联系人，这个功能可以用下面这段代码中的 insert()函数来完成。

```
# 定义 insert()函数用于向通讯录中增加联系人
def insert():
    # 读取从屏幕输入的联系人的姓名、年龄、
    # 性别和电话号码这些信息
    NAME = input('请输入姓名:')
    AGE = input('请输入年龄:')
    SEX = input('请输入性别:')
    PHONE_NUMBER = input('请输入电话号码:')

    # 通讯录中的每个联系人都是保存在数据表 MT 里
    # 变量 sql1 保存的是一段 SQLite 数据库的代码
    # 作用是将从键盘输入读取的 NAME、AGE、SEX
    # 和 PHONE_NUMBER 分别插入到这个数据表的
    # NAME、AGE、SEX 和 PHONE_NUMBER 表头的下面
    sql1 = 'insert into MT(NAME,AGE,SEX,PHONE_NUMBER)' \
           ' values("%s","%s","%s","%s");'\
           %(NAME, AGE, SEX, PHONE_NUMBER)

    # execute()函数用于真正执行把一条联系人信息插入到
    # 数据表中的这个操作
    conn.execute(sql1)

    # commit()函数用于保存对数据表做出的修改
    conn.commit()
    print("成功新建一条联系人信息","\n")
```

在 insert()函数中，“insert into MT(NAME,AGE,SEX,PHONE_NUMBER) values("%s","%s","%s","%s");%(NAME, AGE, SEX, PHONE_NUMBER)”也是 SQLite 数据库中的代码，用于将从键盘输入的联系人的姓名、年龄、性别和电话号码对应地添加到数据表 MT 的 NAME、AGE、SEX 和 PHONE_NUMBER 表头的下面。

真正地执行这个添加操作的还是 sqlite3 模块中的 execute()函数，这些 SQLite 数据库中的代码只是 execute()函数的参数，这就是为什么在 Python 的代码中可以直接使用 SQLite 数据库的原因。

18.3　完成查询联系人信息的功能

先不要急着试试 menu()函数和 insert()函数的功能，我们目前要做的是完善操作菜单中列出的 6 项功能。

接下来要做的就是操作菜单中标号为 2 的功能，也就是查询联系人信息的功能。这个功能可以用下面这段代码中的 search()函数来完成。

```
# search()函数用于查询在通讯录中联系人的信息
def search():
    name = input('要查询的联系人姓名: ')
```

```
    # 找到数据表 MT 的 NAME 表头下面和输入的
    # 联系人姓名相同的姓名信息，并把与这个姓名信息
    # 一起保存的年龄、性别和电话号码信息一起选中
    sql2 = "SELECT name,age,sex,phone_number " \
          "from MT where name= '%s';" % (name)

    # 用 execute()函数真正执行选中一个联系人的信息
    # 并把选择的结果用特有的数据形式返回的这个操作
    cursor = conn.execute(sql2)

    # 打印出查询到的信息，如果通讯录中没有
    # 指定的联系人，那么就提示这个姓名不存在
    for row in cursor:
        print("以下是查询到的这个联系人的信息：")
        print("姓名：", row[0])
        print("年龄：", row[1])
        print("性别：", row[2])
        print("号码：", row[3],"\n")
        break
    else:
        print("sorry,这个联系人不存在","\n")
```

参考前面的代码可以看出，search()函数中的“SELECT name,age,sex,phone_number from MT where name= '%s'; % (name)”还是 SQLite 数据库中的代码，作用是在数据表 MT 的 NAME 表头下面找到和输入的联系人姓名相同的姓名并把和这个姓名同时保存的联系人年龄、性别和电话号码一起选中。

这句 SQLite 数据库代码要放在 execute()函数中才会真正执行，变量 cursor 就是选中的结果，也就是返回的联系人的信息。

经过查找，如果根据输入的姓名没有在数据表 MT 中找到该联系人，那么通讯录就会提示这个联系人不存在。

18.4　完成修改联系人信息的功能

操作菜单中标号为 3 的功能是修改联系人信息。如果要修改某个联系人的信息，那么就要先输入这个联系人的姓名，之后就可以像新建这个联系人时那样输入年龄、性别和电话号码，在数据表中联系人的新信息会立即替换掉旧信息。

修改联系人信息的功能可以用下面这段代码中的 modify()函数来完成。

```
# modify()函数用于修改通讯录中的联系人信息
def modify():
    name = input("请输入要修改的联系人的姓名:")

    # 在数据表 MT 的 NAME 表头下面找到和输入的
    # 联系人姓名相同的姓名信息，并把与这个姓名信息
```

```
# 一起保存的年龄、性别和电话号码信息一起选中
sql3 = "SELECT name,age,sex,phone_number " \
      "from MT where name = '%s';" % name

# 用 execute()函数真正执行选中一个联系人的信息
# 并把选择的结果用特有的数据形式返回的这个操作
cursor = conn.execute(sql3)

# 先把查询到的联系人信息打印出来，
# 如果没有这个联系人，则直接用 return 语句
# 退出这个函数
for row in cursor:
    print("以下是查询到的这个联系人的信息：")
    print("姓名：", row[0])
    print("年龄：", row[1])
    print("性别：", row[2])
    print("号码：", row[3])
    break
else:
    print("sorry,这个姓名不存在","\n")
    return

# 读取输入的联系人的新年龄、新性别和新号码
x = input("输入要修改的联系人的新年龄:")
y = input("输入要修改的联系人的新性别:")
z = input("输入要修改的联系人的新号码:")

# 找到数据表 MT 的 NAME 表头下面和输入的联系人姓名
# 相同的姓名信息，把与这个姓名保存在一起的年龄、性别和电话号码
# 用新输入的值替换掉
sql4 = "UPDATE MT set age = '%s',sex = '%s'," \
      "phone_number = '%s' where name = '%s';" \
      % (x, y, z, name)

# 用 execute()函数正式执行把数据表里的一条
# 联系人的信息进行修改的操作，用 commit()函数保存
# 对数据表做出的改变
conn.execute(sql4)
conn.commit()
print("修改成功")

# 把修改后的联系人信息重新打印出来
sql5 = "SELECT name,age,sex,phone_number " \
      "from MT where name = '%s';" % name
cursor = conn.execute(sql5)
print("以下是这位联系人的新信息：")
for row in cursor:
    print("姓名：", row[0])
    print("年龄：", row[1])
    print("性别：", row[2])
    print("号码：", row[3],"\n")
```

modify()函数在执行时会提示用户输入联系人的姓名，在 modify()函数的前半部分是查询通讯录中的这个联系人并打印出联系人的信息。如果这个联系人在通讯录中存在的话，那么 modify()函数接下来就会提示用户输入这个联系人的新年龄、新性别和新电话号码。

SQLite 数据库代码“UPDATE MT set age = '%s',sex = '%s',phone_number = '%s' where name = '%s';% (x,y,z,name)”的作用是用新数据更新数据表中与联系人姓名存储在一起的联系人年龄、性别和电话号码。

完成联系人信息的修改后，modify()函数还要把这个联系人的新信息展示出来，以方便用户确定新信息是否正确。

18.5　完成删除联系人的功能

操作菜单中标号为 4 的功能是删除联系人。如果要删除某个联系人，那么需要先输入这个联系人的姓名，之后按 Enter 键就会直接把这个联系人从数据表中删除。

删除联系人信息的功能可以用下面这段代码中的 delete()函数来完成。

```
# delete()函数用于删除通讯录中的某个联系人
def delete():
    name = input("请输入所要删除的联系人姓名:")

    # 在 MT 数据表里的 NAME 表头下面找到并选中
    # 要删除的联系人的姓名
    sql6="SELECT name from MT where " \
         "name = '%s';" %name

    # 使用 execute()函数真正执行选中的操作
    cursor = conn.execute(sql6)

    for row in cursor:
        if name == row[0]:
            # 在 MT 数据表里的 NAME 表头下面找到
            # 输入的联系人的姓名并删除
            sql7="DELETE from MT where " \
                "name = '%s';" % name

            # 使用 execute()函数执行删除操作
            conn.execute(sql7)

            # 使用 commit()函数保存对数据表的改动
            conn.commit()
            print("联系人删除成功","\n")
            break
    else:
        print("sorry,不存在该联系人","\n")
```

delete()函数首先要做的也是根据输入的联系人姓名在数据表里查找这个联系人，如果成功地找到了这个联系人，才会执行删除操作；如果没有找到这个联系人，那么就会提示不存在该联系人。

SQLite 数据库代码“DELETE from MT where name = '%s'; % name”的作用是找到数据表 MT 的 NAME 表头下面和输入的联系人姓名相同的姓名信息，并把这个姓名信息删除。

18.6　完成显示全部联系人信息的功能

操作菜单中标号为 5 的功能是显示全部联系人的信息，这个功能可以用下面这段代码中的 showall()函数来完成。

```
# showall()函数用于显示所有用户信息
def showall():
    # 在 MT 数据表中找到 NAME、AGE、SEX 和
    # PHONE_NUMBER 表头下面的所有数据并选中
    sql8 = "SELECT name,age,sex,phone_number FROM MT;"

    # 使用 execute()函数执行选中操作
    cursor = conn.execute(sql8)

    # 打印出全部联系人
    for row in cursor:
        print("姓名：", row[0])
        print("年龄：", row[1])
        print("性别：", row[2])
        print("号码：", row[3], "\n")
    print("已经把全部的联系人都显示出来")

    # 统计并展示通讯录中一共保存了多少位联系人
    sql9 = "SELECT count(*) FROM MT;"
    cursor = conn.execute(sql9)
    for row in cursor:
        print("一共有%d 个联系人" % row[0])
```

显示全部联系人信息的功能比较简单，主要是用到了“SELECT name,age,sex,phone_number FROM MT;”和“SELECT count(*) FROM MT;”这两行 SQLite 数据库代码。

18.7　把所有的功能拼装起来

经过上面的一番努力之后，这个简易的通讯录算是完成 90%了，接下来要做的就是最后一步了，把上面的这些函数在一个不会结束的循环结构内进行调用。

下面就是这个循环结构的代码。

```
# while 循环结构的条件表达式为 True 就表示
# 循环不断地执行这个 while 循环结构
while True:
    print('试试通讯录的这些功能:')
    menu()
    x = input('所选功能号:')
    if x == '1':
        insert()
        continue
    if x == '2':
        search()
        continue
    if x == '3':
        modify()
        continue
    if x == '4':
        delete()
        continue
    if x == '5':
        showall()
        continue
    if x == '6':
        print("谢谢使用！")
        exit()
        continue
    else:
        print("输入的功能号不存在，请重新输入！")
        continue
```

上面的这个循环结构内有很多的 if 判断结构，作用就是判断输入的功能号然后对应地执行 insert()函数、search()函数、modify()函数、delete()函数、showall()函数或者 exit()函数。

除了 exit()函数外，其他的 5 个函数都是我们在之前定义过的，所以不再解释。exit()函数在 Python 中的作用是结束一个程序的运行。当对这个简易版通讯录执行 Run Module 命令时，如果输入了功能号 6，那么这个通讯录就会直接结束运行。

为了做这个简易版的通讯录，我们前前后后大概编写了 200 行左右的代码，可以算得上是比较辛苦了，现在是时候让我们来看一下在做出这些努力之后可以得到什么样的成果了。把前面所有的代码按照顺序合并在一起，保存为.py 文件并执行 Run Module 命令，如果代码没有写错的话，那么就可以按照提示通过键盘进行一些输入了。

图 18-2 展示的就是在使用这个简易版通讯录中的几个功能。

即使是把 IDLE 关掉再打开一个新的 IDLE，只要 contact_list.db 这个数据库文件不丢失，那么每次对这个简易版通讯录执行 Run Module 命令时，都会查询到已经保存了的联系人。

在通讯录的最开始使用了“conn.execute('''CREATE TABLE MT(NAME TEXT NOT NULL,AGE TEXT NOT NULL,SEX CHAR(50),PHONE_NUMBER TEXT NOT NULL); ''')”

在数据库文件中创建一个数据表。如果是第一次对这个简易版通讯录执行 Run Module 命令，那么这段代码是一定要有的；如果不是第一次对这个简易版通讯录执行 Run Module 命令，那么就要把这段代码删除。

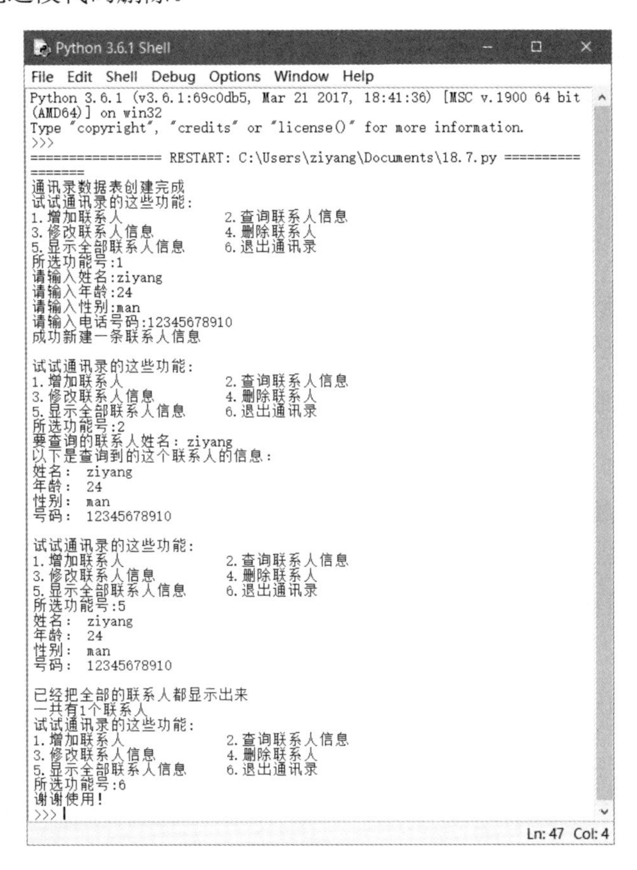

图 18-2　使用这个简易版的通讯录

第 19 章　灵活的函数——写斐波那契数列

在数学中，有这样一个有趣的数列，其前几位数字是这样的：1、1、2、3、5、8、13、21、34。通过这个数列的前几位数字，大家能猜出这个数列后续的几位数字都是什么吗？相信单凭感觉的话是很难猜出来的。

这个有趣的数列就是斐波那契数列，又称黄金分割数列。斐波那契数列不仅仅是数学中的一个数列，还是一个在自然界中随处可见的规律。例如，仔细观察野玫瑰、大波斯菊、金凤花、百合花、蝴蝶花等这些花，可以发现它们的花瓣数目是符合斐波那契数列的，即 3 瓣、5 瓣、8 瓣、13 瓣和 21 瓣等。

本章就来探索一下斐波那契数列的规律，以及如何用 Python 写出斐波那契数列。

19.1　探索斐波那契数列之谜

为什么会出现斐波那契数列呢？其实，著名的斐波那契数列起源于一个非常有趣的兔子繁殖问题。

兔子繁殖的内容是：假设一开始只有雌、雄两只小兔子，小兔子经过一个月可以长成具有繁殖能力的成年兔子，一对成年的兔子每月又能生一对小兔子，每对生下的小兔子都是一雌一雄，且每对新生的小兔子经过一个月又可以长成一对具备繁殖能力的成年兔子，那么问题来了，在没有死亡情况发生的前提下，一年后一共有多少对兔子呢？

图 19-1 展示的就是这个兔子繁殖问题，a 对兔子就是一开始的一对小兔子。第 1 个月 a 对兔子长成了成年兔子但是还没有生小兔子；第 2 个月 a 对兔子生下了 b 对小兔子，这时兔子一共有两对；第 3 个月 a 对兔子又生下了 c 对小兔子，这个月 b 对兔子也长成了成年兔子但是还没有生小兔子；第 4 个月 a 对兔子又生下了 d 对小兔子，b 对兔子也生下了 e 对小兔子，c 对小兔子刚刚成年，此时兔子一共有 5 对。第 5 个月会新生 f、g 和 h 3 对小兔子，在这个月兔子的数量是 8 对。

如果按照图 19-1 中的规律继续推测的话，第 6 个月新生的小兔子是 5 对，第 6 个月的兔子总共是 13 对；第 7 个月新生的小兔子是 8 对，第 7 个月的兔子总共是 21 对，第 8 个月新生的小兔子是 21 对；第 8 个月的兔子总共是 34 对。以此类推，第 12 个月兔子的总对数就是 233 对。

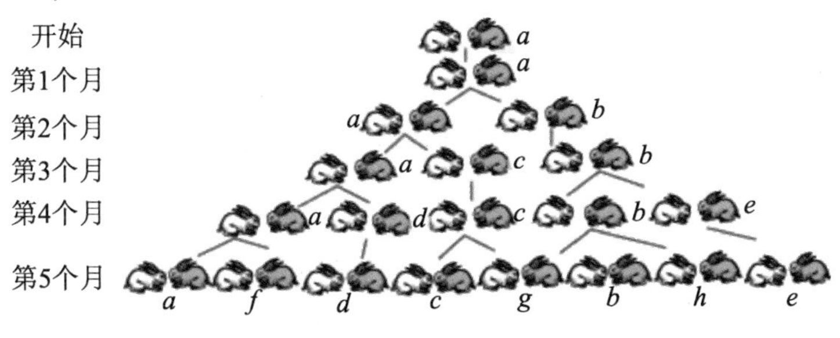

图 19-1　兔子繁殖问题

表 19-1 汇总的就是每个月成年的兔子有多少对、出生的兔子有多少对，以及这个月总共有多少对兔子。

表 19-1　统计每个月成年的兔子、出生的兔子和兔子总数

	0	1	2	3	4	5	6	7	8	9	10	11	12
出生兔子	1	0	1	1	2	3	5	8	13	21	34	55	89
成年兔子	0	1	1	2	3	5	8	13	21	34	55	89	144
兔子总对数	1	1	2	3	5	8	13	21	34	55	89	144	233

有没有发现，兔子繁殖问题中每个月的兔子总对数刚好就是斐波那契数列中每一项的值。开始只有一对兔子，斐波那契数列的第一个值就是 1。第 1 个月还只有一对兔子，斐波那契数列的第二个值同样是 1。第 2 个月兔子总共有两对，斐波那契数列的第 3 个值就变成了 2。之后的第 3 个月、第 4 个月和第 5 个月兔子的总数分别是 3 对、5 对和 8 对，刚好斐波那契数列的第 4 个、第 5 个和第 6 个值分别是 3、5 和 8。

事实上，如果找到了规律，那么无论是兔子繁殖了多少个月，总会得到兔子总数的结果。第 3 个月的兔子总数是第 1 个月和第 2 个月兔子总数之和，第 4 个月的兔子总数是第 2 个月和第 3 个月兔子总数之和，以此类推，某个月的兔子总数是前两个月兔子总数之和，这就是兔子繁殖问题的规律。

兔子繁殖问题的规律可以用下面的这个公式概括：

$$f(n)\begin{cases}1 & n=0\\1 & n=1\\f(n-1)+f(n-2) & n>1\end{cases}$$

如果想知道第 n 个月的兔子总共有多少对，那么直接按照上面的这个公式计算出 $f(n)$ 的结果就可以了。

类似地，斐波那契数列的规律也可以用一个公式概括：

$$F(n)\begin{cases}1 & n=1\\1 & n=2\\F(n-1)+F(n-2) & n>2\end{cases}$$

如果想知道斐波那契数列的第 *n* 位数是几，那么直接按照上面的这个公式计算出 $F(n)$ 的结果就可以了。

19.2　续写斐波那契数列：函数的递归调用

概括了斐波那契数列规律的公式很好理解，非常适合作为用笔在草稿纸上计算出斐波那契数列的前几项值的依据。尽管如此，当我们想要写出斐波那契数列的前 30 项乃至前 40 项的数值时，难道也要在草稿纸上一步一步地计算吗？这样未免有些慢了。

我们可以用 Python 定义一个函数，让这个函数帮我们计算斐波那契数列中指定的某一项的值，并把计算的结果返回。下面这段代码中定义了一个 fib_recur()函数，实现的就是这个功能。

```
# 定义 fib_recur()函数求解斐波那契数列指定项的值
def fib_recur(n):
    if n <= 1:
        return n
    # 递归调用 fib_recur()函数
    fib_result = fib_recur(n-1)+fib_recur(n-2)
    return fib_result

# 在循环结构中调用 fib_recur()函数打印
# 斐波那契数列前 30 项的值
for i in range(1, 31):
    print(fib_recur(i), end='\t')
```

这段代码的最后是在一个 for 循环内连续调用了 30 次 fib_recur()函数，每次调用都会把函数的返回值打印出来，这样做的结果就是打印出了斐波那契数列前 30 项的数值。

把这段代码保存为.py 文件，然后在 IDLE 中执行 Run Module 命令，结果如图 19-2 所示，打印出了斐波那契数列前 30 项的数值。

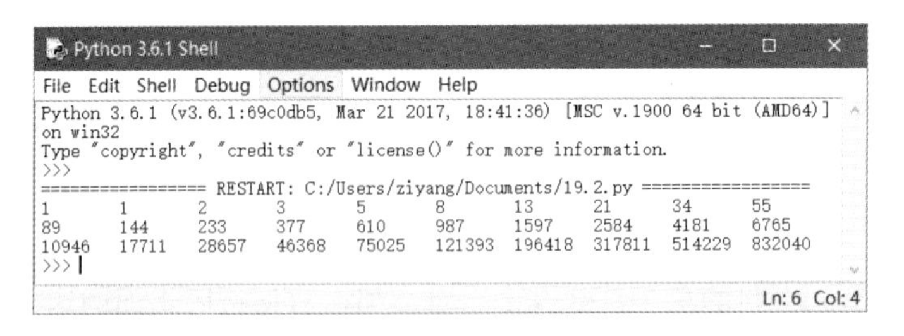

图 19-2　调用函数打印斐波那契数列前 30 项的数值

定义 fib_recur()函数的代码比较简短，但是却能计算出斐波那契数列中任意一项的值，并把计算的结果返回，这主要是因为在 fib_recur()函数的内部又两次调用了 fib_recur()函数本身。其实，这种在函数的定义内调用函数本身的做法可以叫作函数的“递归调用”，包含递归调用的函数本身也就成为一个递归函数，所以 fib_recur()函数就是一个递归函数。

下面的这个 fact()函数也是一个递归函数，并且是非常简单的递归函数。

```
def fact(n):
    if n==1:
        return 1
    return n * fact(n - 1)
```

如果是调用 fact(5)的话，函数执行后会返回多少呢？答案是 120。是不是感觉到很疑惑？不要紧，看看下面 fact(5)的实际执行过程大概就都明白了。

```
===> fact(5)
===> 5 * fact(4)
===> 5 * (4 * fact(3))
===> 5 * (4 * (3 * fact(2)))
===> 5 * (4 * (3 * (2 * fact(1))))
===> 5 * (4 * (3 * (2 * 1)))
===> 5 * (4 * (3 * 2))
===> 5 * (4 * 6)
===> 5 * 24
===> 120
```

递归函数就是这样，在函数的内部调用函数本身，这样函数的执行就又来到了一开始的地方。图 19-3 展示的是在 IDLE 中定义 fact()函数并打印出 fact(5)的结果，该结果就足以证明 fact(5)是按照上面的过程执行的。

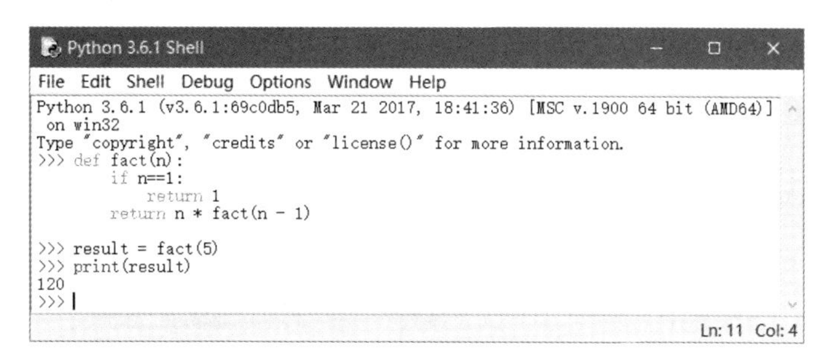

图 19-3　在 IDLE 中定义和调用 fact()函数

以 fact(5)的实际执行过程作为参考的话，相信搞明白 fib_recur(5)的实际执行过程已经不算难了。下面是 fib_recur(5)的实际执行过程。

```
===> fib_recur(5)
===> fib_recur(4)+fib_recur(3)
===> fib_recur(3)+fib_recur(2)+fib_recur(2)+fib_recur(1)
===> fib_recur(2)+fib_recur(1)+fib_recur(1)+fib_recur(0)
    +fib_recur(1)+fib_recur(0)+fib_recur(1)
===> fib_recur(1)+fib_recur(0)+fib_recur(1)+fib_recur(1)
    +fib_recur(0)+fib_recur(1)+fib_recur(0)+fib_recur(1)
```

纵观这一章，我们还是收获颇丰的，不仅知道了斐波那契数列，还从兔子繁殖问题中知道了斐波那契数列的规律。此外，最重要的当属了解了函数的一个神奇的用法——递归调用。

对函数进行递归调用有时是非常容易的，当然在函数的代码本身就很多的情况下再对函数进行递归调用就会比较困难。在设计递归函数时，尤其要注意的是控制好递归调用函数的次数，避免出现无限制地调用自身的情况。

19.3　课后小练习

【问题提出】

本章是我们和递归函数的初次相识，下面这段代码中定义的 recursion()函数也是一个递归函数。

```
def recursion(num):
    print('#' + str(num))
    if num > 0:
        # 在这里进行函数的递归调用，
        # 即调用函数本身
        recursion(num - 1)
    else:
        print("<" + '-' * 20 + ">")
    print(num)
```

试想一下，如果在 IDLE 中调用 recursion(3)，IDLE 会把什么打印出来呢？

【参考结果】

图 19-4 展示的便是把这段代码在 IDLE 中输入，再调用 recursion(3)之后得到的打印结果。

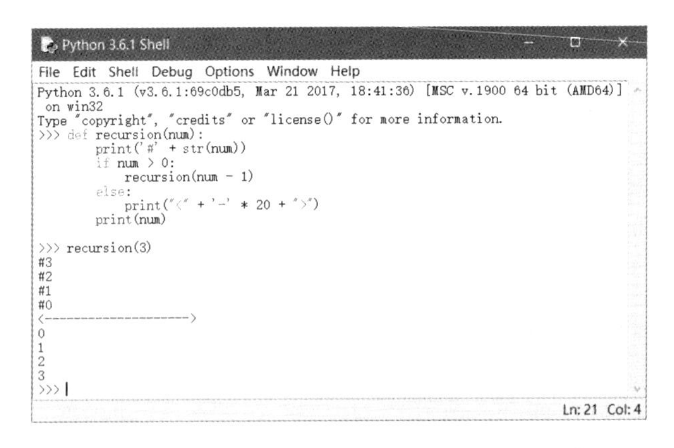

图 19-4　在 IDLE 中定义和调用 recursion()函数

看着图 19-4 中的打印结果，不妨试着进一步地来想一想 recursion(3)的实际执行过程是怎样的吧。

第 20 章　灵活的函数——解汉诺塔问题

汉诺塔问题是一个在算法设计领域比较有名的问题，非常考验大家对函数的熟练使用程度。如果想知道什么是汉诺塔问题的话，那么最好看一下汉诺塔问题的起源。

汉诺塔问题源于印度的一个古老传说。这个传说的大意是：大梵天创造世界的时候做了 3 根铁柱子，其中的一根柱子按照从下往上的顺序串着 64 片逐片减小的黄金圆盘。大梵天命令婆罗门把圆盘从最上面开始一片一片地全部串到另一根柱子上，并且规定另一根柱子上的圆盘也必须是从下往上依次减小的，并且在移动的过程中小圆盘之上不能有大圆盘。

这些刁钻的要求让汉诺塔问题一下子变得有趣了。圆盘必须一片一片地挪动，而且小圆盘之上不能有大圆盘，此外，挪动之后的圆盘顺序依旧是从上往下依次增大的。数千年来，苦心钻研汉诺塔问题的学者不计其数，最后他们发现，解决汉诺塔问题的圆盘挪动方案只有一个，并且挪动次数也是固定的。这就好比我们小时候玩过的九连环，一切按部就班即可。

本章就试着用 Python 解决这个有名的汉诺塔问题，看看圆盘是怎样挪动的，以及要挪动多少次。

20.1　从最简单的情况入手

在开始尝试挪动圆盘之前，读明白汉诺塔问题的要求并厘清挪动圆盘的思路非常重要。

为了模拟汉诺塔问题的情景，假设有 a、b、c 这 3 个柱子，其中 a 柱子按照从下往上的顺序串着 3 片逐片减小的圆盘，如图 20-1 所示。现在要做的就是把串在 a 柱子上的圆盘全部挪到 c 柱子上，并且挪动的过程完全遵守汉诺塔问题的要求。

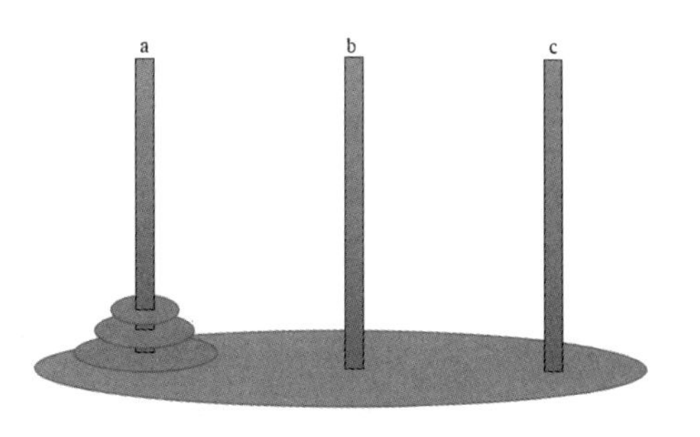

图 20-1　汉诺塔问题的最简化版

把 a 柱子上仅有的 3 个圆盘按照汉诺塔问题的

规则挪动到 c 柱子上，相当于把原先的汉诺塔问题最简单化了。因为 a 柱子上只有 3 个圆盘，所以挪动的过程相对简单，按照下面的顺序进行操作即可。

（1）把原先在 a 柱子最上面的小圆盘挪到 c 柱子上。

（2）把原先在 a 柱子上的中圆盘挪到 b 柱子上。

（3）把在 c 柱子上的小圆盘再挪到 b 柱子上，现在 b 柱子上有两个圆盘。

（4）把原先在 a 柱子最下面的大圆盘挪到 c 柱子上。

（5）把 b 柱子上的小圆盘再挪回 a 柱子上，现在 b 柱子上只有一个圆盘。

（6）把 b 柱子上仅有的一个圆盘挪到 c 柱子上。

（7）把 a 柱子上仅有的一个圆盘也挪到 c 柱子上。

图 20-2 展示的就是以上描述的挪动圆盘的 7 个步骤。

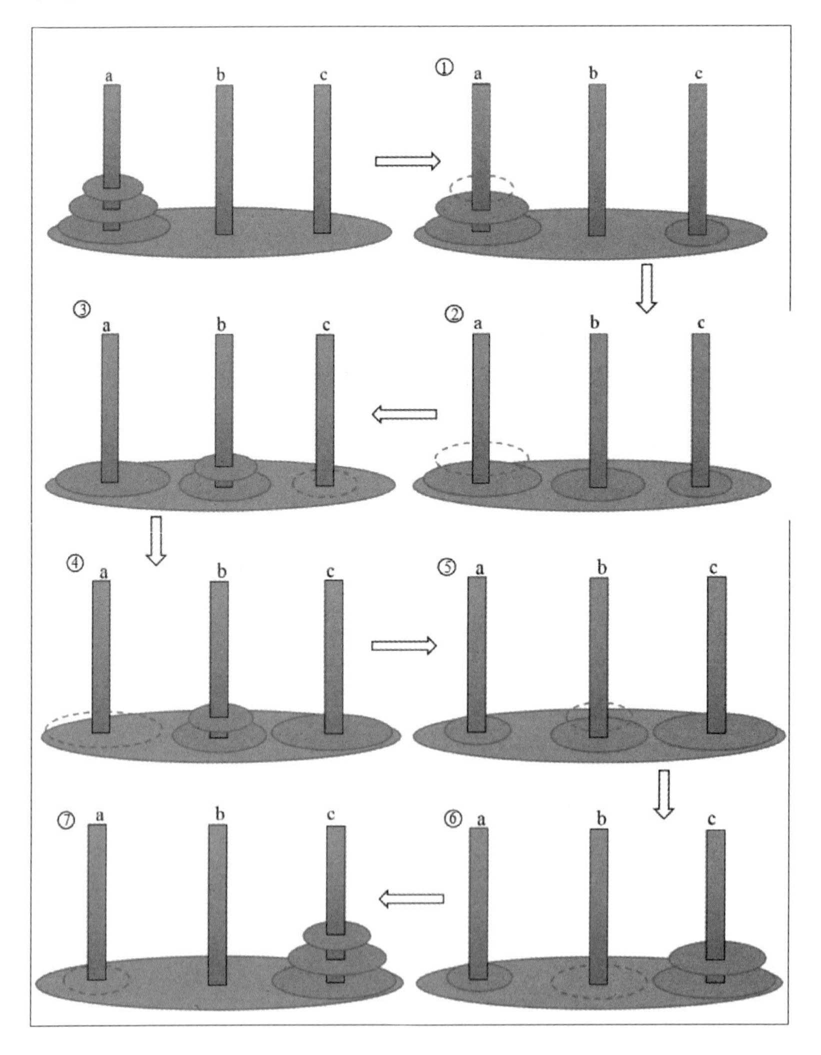

图 20-2　7 步内把 a 柱子上的圆盘按要求挪到 c 柱子上

图 20-2 把挪动圆盘的步骤展示得很清楚，并且可以看出挪动的过程符合汉诺塔问题的要求，没有出现大圆盘在小圆盘上方等类似的违规现象。

20.2　由简入繁，摸清圆盘的挪动规律

把 3 个圆盘从 a 柱子上挪动到 c 柱子上算是一种最简单的汉诺塔问题了，如果想要再提升一点难度，可以进一步试试把 4 个圆盘从 a 柱子上挪动到 c 柱子上。

和挪动 3 个圆盘只需要 7 步不同，挪动 4 个圆盘大概需要 15 步，这些步骤分别为：

（1）把原先在 a 柱子最上面的小圆盘挪到 b 柱子上。

（2）把原先在 a 柱子中间的第 2 个圆盘挪到 c 柱子上。

（3）把 b 柱子上的小圆盘挪动到 c 柱子上，此时 b 柱子上就没有圆盘了，c 柱子上有两个圆盘。

（4）把原先在 a 柱子中间的第 3 个圆盘挪到 b 柱子上，此时 a 柱子上只剩下了一个最大的圆盘。

（5）把 c 柱子上的一个圆盘挪到 a 柱子上。

（6）把 c 柱子上的一个圆盘挪到 b 柱子上，此时 c 柱子上已经没有圆盘了。

（7）把 a 柱子上的一个圆盘挪到 b 柱子上，此时 a 柱子上又只剩下了一个最大的圆盘，b 柱子上从小到大串有 3 个圆盘。

（8）把 a 柱子上最下面的一个大圆盘挪到 c 柱子上。

（9）把 b 柱子最上面的一个小圆盘也挪到 c 柱子上。

（10）把 b 柱子上的一个圆盘挪到 a 柱子上，此时 b 柱子上只剩下了 1 个圆盘。

（11）把 c 柱子上的圆盘挪到 a 柱子上，此时 c 柱子上只剩下了最大的一个圆盘，a 柱子上有 2 个圆盘。

（12）把 b 柱子上仅剩的一个圆盘挪到 c 柱子上。

（13）把 a 柱子上的一个圆盘挪到 b 柱子上。

（14）把 a 柱子上的最后一个圆盘挪到 c 柱子上，此时 c 柱子上已经有了 3 个圆盘。

（15）把 b 柱子上的一个圆盘挪到 c 柱子上，此时 c 柱子上已经串有从小到大的 4 个圆盘。

事实上，无论要把多少个圆盘从 a 柱子上挪动到 c 柱子上，挪动的过程都有规律可循。假设现在 a 柱子上串有 n 个圆盘，在挪动时，这个规律就是：

（1）先借用 b 柱子和 c 柱子把 a 柱子上的 $n-1$ 个圆盘挪到 b 柱子上。

（2）把 a 柱子上最下面也是最大的一个圆盘挪到 c 柱子上。

（3）再借用 a 柱子和 c 柱子，把 b 柱子上的 $n-2$ 个圆盘挪到 a 柱子上。

（4）把 b 柱子上仅剩的一个圆盘直接挪动到 c 柱子上。

（5）借用 b 柱子和 c 柱子，把 a 柱子上的 $n-3$ 个圆盘挪到 b 柱子上。

（6）把 a 柱子上最下面的一个圆盘挪到 c 柱子上，以此类推。如果是把 a 柱子上的最下面一个圆盘挪动到 c 柱子上，那么就要借助 c 柱子和 b 柱子，先把上面的几个圆盘挪到 b 柱子上；如果要把 b 柱子上的最下面一个圆盘挪动到 c 柱子上，那么就要借助 c 柱子和 a 柱子，先把上面的几个圆盘挪到 a 柱子上。

有一个快速记忆这个挪动过程的办法，那就是把这个挪动的过程大概地分为三部分，上半部分就是把 a 柱子上除了最后一个圆盘之外的其他圆盘都挪到 b 柱子上，中间部分就是把 a 柱子上仅剩的最后一个圆盘挪到 c 柱子上，下半部分就是重复和前两个部分类似的挪动过程，直到 a 柱子上的圆盘全部挪动到 c 柱子上。

图 20-3a 和图 20-3b 分别展示了把 4 个圆盘从 a 柱子挪动到 c 柱子上，以及把 3 个圆盘从 a 柱子挪动到 c 柱子上的步骤，并且都按上面所说的把这些步骤划分成了上半部分、中间部分和下半部分三部分。

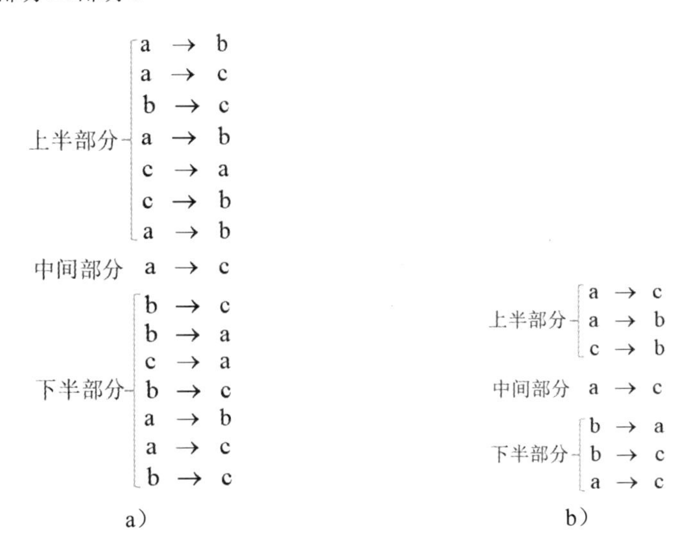

图 20-3　挪动 4 个圆盘的步骤和挪动 3 个圆盘的步骤对比

按照上述所说的规律，不妨来试试把 5 个圆盘从 a 柱子上挪动到 c 柱子上，或者把 6 个圆盘从 a 柱子上挪动到 c 柱子上的方法吧。

20.3　用 Python 玩转汉诺塔：又见递归函数

如果我们可以把在 20.2 节中总结出来的汉诺塔圆盘挪动规律搞明白，并且运用这个规律完成了把 5 个圆盘或者 6 个圆盘从 a 柱子上挪动到 c 柱子上，那么就用掌声表扬一下自己吧，毕竟我们已经有了足够的能力来解决需要挪动更多圆盘的汉诺塔问题。

把两个圆盘从 a 柱子上挪动到 c 柱子上需要挪动 3 次，把 3 个圆盘从 a 柱子上挪动到

c 柱子上需要挪动 7 次，把 4 个圆盘从 a 柱子上挪动到 c 柱子上需要挪动 15 次，以此类推，把 n 个圆盘从 a 柱子上挪动到 c 柱子上需要挪动 2^n-1 次。如果要想按照汉诺塔问题的原题那样把 64 个圆盘从 a 柱子上挪动到 c 柱子上，那么就需要挪动 $2^{64}-1$ 次，这是一个非常大的数字了。

假设现在我们要把 10 个圆盘从 a 柱子上挪动到 c 柱子上，按照公式 2^n-1，挪动的次数就是 1023 次，这也是一个不小的数字。如果动手在草稿纸上写出每个挪动步骤的话，也要写很久。

有没有办法让 Python 帮我们写出圆盘的挪动步骤呢？当然没问题，这本来就是我们在这一章要完成的目标。下面这段代码只定义了一个 move()函数，这是个递归函数，可以打印出圆盘的挪动步骤。

```
# 定义 move()函数作为打印挪动圆盘的方案，其中的
# 参数 n 是圆盘的块数，A、B 和 C 分别对应 a、b 和 c 柱子
def move(n, A, B, C):
    # 若只有一个圆盘，就直接从 a 柱子上挪动到 c 柱子上
    if(n == 1):
        print(A,"->",C)
        return

    # 若有多个圆盘，那就先把串在 a 柱子上的 n-1 个
    # 圆盘挪动到 b 柱子上，这是挪动步骤的第一部分
    move(n-1, A, C, B)

    # 然后再把串在 a 柱子最下面也就是最大的那个圆盘
    # 挪动到 c 柱子上，这是挪动步骤的第二部分
    move(1, A, B, C)

    # 最后是把串在 b 柱子上的 n-1 个圆盘挪动到 c 柱子上
    # 这自然就是挪动步骤的第三部分
    move(n-1, B, A, C)
```

仔细看这段代码，在 move()函数的定义中，参数 n 是需要挪动的圆盘的个数，参数 A、B 和 C 则分别代表的是 a、b 和 c 这 3 个柱子。

把这段代码保存为.py 文件，然后在 IDLE 中执行 Run Module 命令试试看吧。图 20-4 展示的是调用 move()函数解决把 5 个圆盘从 a 柱子上挪到 c 柱子上的问题时，在 IDLE 中打印出的挪动步骤。

如果按照图 20-4 中的步骤进行挪动的话，就会发现完全可以行得通。到这里，用 Python 玩转汉诺塔问题就可以算是告一段落了。

在现实生活中，也有很多和汉诺塔相关的玩具可以购买到，这些益智玩具价格比较便宜，而且可以真实地操作在 a、b、c 这 3 个柱子之间挪动圆盘，是体验解决汉诺塔问题的良好媒介。图 20-5 所示便是一种汉诺塔玩具。

```
Python 3.6.1 Shell
File  Edit  Shell  Debug  Options  Window  Help
Python 3.6.1 (v3.6.1:69c0db5, Mar 21 2017, 18:41:36) [MSC v.1900 64 bit (AMD64)]
 on win32
Type "copyright", "credits" or "license()" for more information.
>>>
================ RESTART: C:/Users/ziyang/Documents/20.3-1.py ================
>>> move(5, A="a", B="b", C="c")
a -> c
a -> b
c -> b
a -> c
b -> a
b -> c
a -> c
a -> b
c -> b
c -> a
b -> a
c -> b
a -> c
a -> b
c -> b
a -> c
b -> a
b -> c
a -> c
b -> a
c -> b
c -> a
b -> a
b -> c
a -> c
a -> b
c -> b
a -> c
b -> a
b -> c
a -> c
>>> |
                                                              Ln: 37  Col: 4
```

图 20-4　把 5 个圆盘从 a 柱子上挪动到 c 柱子上的挪动步骤

图 20-5　一种汉诺塔玩具

20.4　课后小练习

【问题提出】

这一章和上一章一样，也是收获颇丰的一章，我们不仅知道了著名的汉诺塔问题，还知道了挪动汉诺塔问题中的圆盘的规律，紧接着又定义了一个递归函数用于打印出挪动圆盘的步骤。

对于递归函数而言，不仅仅可以用来解汉诺塔问题或者续写斐波那契数列，其他的一些特殊问题也能让递归函数“发光、发亮”。

假设有一位老父亲，这位老父亲的车上有满满的一车橘子，他要把这些橘子分给自己的 6 个儿子，分完之后却发现这些橘子并不是平均分给每个儿子的，把每个儿子得到的橘子的数量相加，发现橘子一共有 2520 个。之后这位老父亲说：“老大将分给你的橘子的 1/8 给老二，老二拿到后再将自己的橘子分 1/7 给老三，老三拿到后再将自己的橘子分 1/6 给老四，老四拿到后再将自己的橘子分 1/5 给老五，老五拿到后再将自己的橘子分 1/4 给老六，老六拿到后再将自己的橘子分 1/3 给老大。”经过这样一轮的再分配之后，6 个儿子每个人手里都有 420 个橘子。

这个分橘子的过程其实是源自一位日本的数学游戏专家提出来的分橘子问题，原问题是问 6 个儿子在最开始从老父亲那里分别分得了多少橘子。

分橘子问题和汉诺塔问题一样都是可以通过递归函数解决的，下面就来设计一个递归函数，计算 6 个儿子在最开始分别从老父亲那里分得了多少个橘子吧。

【小小提示】

分橘子问题要先从小儿子着手。小儿子得到老五给的橘子，又把自己的橘子的 1/3 给了大儿子之后还剩下 420 个，所以给了老大 210 个橘子。老大给出了原有橘子的 1/8 还剩下 7/8，剩下的这些橘子再加上 210 也是 420，所以老大原有的橘子是 240 个。

按照这个推理过程递归下去，就可以计算出 6 个儿子在最开始分别从老父亲那里分得了多少个橘子。

【参考结果】

下面的这段代码可以作为分橘子问题的一个解决方案。这段代码主要是定义和调用了一个递归函数 Oranges()，Oranges()函数的参数 i 是分母，参数 j 表示第几个儿子。

```
# start_oranges 列表记录每个儿子初始的橘子数量
start_oranges = [420, 420, 420, 420, 420, 420]
# 记录每个儿子即将分出橘子时的橘子数，初始为 0
start_oranges_2=[0,0,0,0,0,0]

def Oranges(j,i):
    if (j == 0):
        # 计算出大儿子的初始橘子数
        x = (420-420 * (3/2) * (1/3)) * i/(i - 1)

        start_oranges[j] = x
        start_oranges_2[j] = x
    i=i-1
    j=j+1
```

```
    # 用一个 if 判断结构避免 j 无限增大
    if(j<=5):
        # 计算出对应儿子的初始橘子数
        y = start_oranges[j]*i/(i-1) - start_oranges_2[j-1]*1/(i+1)

        start_oranges_2[j]=start_oranges[j]*i/(i - 1)
        start_oranges[j] = y

        # 当未算到最后一个儿子时，递归调用继续计算
        Oranges(j,i)
    print("第%d 个儿子原有橘子：%d 个"%(j, start_oranges[j-1]))

Oranges(0, 8)
```

试试把这段代码保存为.py 文件，然后在 IDLE 中执行 Run Module 命令，结果如图 20-6 所示，IDLE 中打印出了每个儿子最开始分别从老父亲那里分得了多少个橘子。

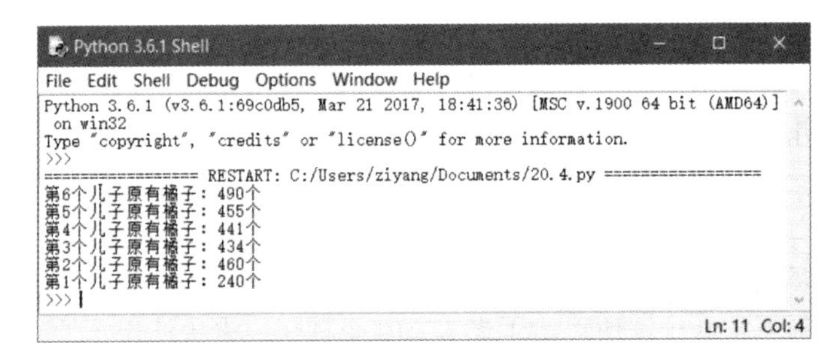

图 20-6　分橘子问题的结果

第 21 章　揭开类的神秘面纱

在使用 Python 时，除了函数之外，另一个能让我们在编写程序时更加灵活的，恐怕就非“类”莫属了。

函数的定义里面通常就包含一行行零散的 Python 语句，偶尔还会有一些循环或者判断结构，类的定义里面则包含一些函数作为类的成员。

在 Python 中，类稍微要比函数抽象一些。如果是函数，那么在定义好之后就可以直接进行调用；如果是类，那么在定义好之后还要先创建这个类的实例，然后才能用类的实例调用类里的成员。

类在定义之后可以不断地创建实例，并且每个实例又都可以调用在类里面定义的变量以及函数，这就是类能够像函数一样灵活的原因。百闻不如一见，一见不如试验，这一章就从定义一个简单的类开始，一步一步地认识 Python 中的类。

21.1　从一个汽车类开始：定义一个类

就拿在马路上行驶的汽车来说吧，如果按照车型的大小进行分类，大致可以分为小型汽车、中型汽车和大型汽车 3 类；如果按照车辆的用途进行分类，大致可以分为载客汽车和货运汽车 2 类；如果按照车辆的动力类型进行分类，大致可以分为汽油车、柴油车和纯电动车 3 类；如果按照车身的颜色进行分类，大致可以分为白色、黑色、蓝色、绿色和红色 5 类。

车型的大小、车辆的用途、车辆的动力类型和车身的颜色，这些都算是汽车的属性。如果要用 Python 记录在路口过往车辆的属性，那么使用字典或许是个还不错的主意。下面的这段代码中创建了 Car1_D 到 Car9_D 共 9 个字典，用于保存 9 辆车的属性记录结果。

```
Car1_D = {"size":"small", "use":"passenger traffic",
         "power":"gasoline", "color":"black"}
Car2_D = {"size":"small", "use":"passenger traffic",
        "power":"electric", "color":"green"}
Car3_D = {"size":"small", "use":"freight traffic",
         "power":"diesel", "color":"red"}
Car4_D = {"size":"middle", "use":"passenger traffic",
         "power":"gasoline", "color":"blue"}
Car5_D = {"size":"middle", "use":"freight traffic",
```

```
          "power":"diesel", "color":"white"}
Car6_D = {"size":"middle", "use":"passenger traffic",
          "power":"gasoline", "color":"blue"}
Car7_D = {"size":"big", "use":"freight traffic",
          "power":"diesel", "color":"red"}
Car8_D = {"size":"big", "use":"passenger traffic",
          "power":"diesel", "color":"white"}
Car9_D = {"size":"big", "use":"passenger traffic",
          "power":"gasoline", "color":"white"}
```

那么，记录汽车的属性和 Python 中的类也有联系吗？当然是有的。除了字典以外，定义一个类也能用于记录汽车的属性。

就像在 Python 中定义一个函数要用到 def 语句，定义一个类用到的则是 class 语句。下面这两行代码就是在定义类时可以参照的模板。

```
class <name>(class1,class2,...calssn):
    <statements>
```

在这个模板中的第一行就是 class 语句。

class 语句的<name>部分就是类的名称，名称和开头的单词 class 之间要有一个空格的距离。<name>部分后面紧跟着的(class1,class2,...calssn)部分是在标明定义的类要继承自哪些类。

一个类可以同时继承自多个类，这时就要把这些类名一起写在圆括号“()”里面。一个类当然也可以不继承自其他任何的类，这时直接省略圆括号“()”即可。

class 语句下面紧跟着的<statements>部分可以看作是类的主体部分，在编写这个主体部分时，要留意和 class 语句相比是有缩进的。

对照着模板，我们可以先从定义一个没有继承自任何类的最简单类入手，例如下面的这个记录汽车属性的 Car 类。

```
class Car:
    def __init__(self, size, use, power, color):
        self.size = size
        self.use = use
        self.power = power
        self.color = color
```

Car 类的主体部分只有一个__init__()函数，在__init__()函数里又创建了 self.size、self.use、self.power 和 self.color 这 4 个类属性，分别可以记录汽车车型的大小、车辆的用途、车辆的动力类型和车身的颜色。

类的属性也可以当作是个变量，只不过是独属于这个类的一种特殊变量。

观察名字前面有没有前缀，这是区分普通变量和类属性的一个好办法。在创建普通变量时，是不需要在变量名前面加上前缀的，但是在创建类的属性时，一定要在名字的前面加上前缀“self.”。

类属性也有和普通变量相同的地方，那就是都要经过赋值之后才能使用。

在上面定义的 Car 类中，主体部分虽然只有一个__init__()函数，可这个__init__()函数并不是一个普通的函数，而是会被 Python 当作是一个类的构造函数。

对于所有的类来说，__init__()函数都是构造函数。类的构造函数可有可无，如果有的话，那么每次创建一个类的实例时都会首先调用类的构造函数。

因为__init__()函数如此特殊，所以类的属性通常会在__init__()函数内创建，给类的属性赋值也一般在__init__()函数内进行。另外，Python 还规定了__init__()构造函数的第一个参数一定是 self。

21.2　让类代替字典：创建类的实例

现在 Car 类定义好了，如果我们想改用这个 Car 类代替字典来记录汽车属性的话，应该怎么做呢？这时就需要创建 Car 类的实例了。

每创建一个 Car 类的实例，就相当于创建了一辆汽车对象，就能记录一辆汽车的属性，如此一来，想要记录多少辆车的属性，就需要创建多少个 Car 类的实例。

Car 类有 self.size、self.use、self.power 和 self.color 共 4 个类属性，创建的类实例相当于把 4 个类属性从 Car 类里复制了过来，同时又给了每个类属性具体的值。

下面的这段代码创建了 Car1 到 Car9 共 9 个 Car 类的实例，每个实例的类属性值和 Car1_D 到 Car9_D 这 9 个字典中的值相同。

```
# 创建 Car 类的实例，从 Car1 到 Car9 共 9 个
Car1 = Car(size = "small", use = "passenger traffic",
         power = "gasoline", color = "black")
Car2 = Car(size = "small", use = "passenger traffic",
         power = "electric", color = "green")
Car3 = Car(size = "small", use = "freight traffic",
         power = "diesel", color = "red")
Car4 = Car(size = "middle", use = "passenger traffic",
         power = "gasoline", color = "blue")
Car5 = Car(size = "middle", use = "freight traffic",
         power = "diesel", color = "white")
Car6 = Car(size = "middle", use = "passenger traffic",
         power = "gasoline", color = "blue")
Car7 = Car(size = "big", use = "freight traffic",
         power = "diesel", color = "red")
Car8 = Car(size = "big", use = "passenger traffic",
         power = "diesel", color = "white")
Car9 = Car(size = "big", use = "passenger traffic",
         power = "gasoline", color = "white")
```

创建 Car1 到 Car9 这 9 个 Car 类实例的代码要放在定义 Car 类的代码的下面。

Python 规定，类的构造函数有哪些参数，创建类的实例时就要设置哪些参数的值。例如 Car 类的__init__()函数有 size、use、power 和 color 4 个参数，在创建 Car 类的实例时就要在圆括号“()”里分别给这 4 个参数赋值。

因为构造函数会在创建类的实例时首先被调用，又因为 Car 类的__init__()函数会把

size、use、power 和 color 这 4 个参数的值直接赋给 self.size、self.use、self.power 和 self.color 这 4 个类属性，所以用一个类的实例保存一辆机动车的属性也就顺理成章了。

很容易可以证明 self.size、self.use、self.power 和 self.color 这 4 个类属性的值就等于在创建 Car 类的实例时给参数 size、use、power 和 color 赋的值，只要在 print()函数内把各个实例的类属性值分别打印出来即可。

```
# 打印出 Car1 到 Car9 这 9 个 Car 类实例的属性值
print("Car1:",Car1.size,"\t",Car1.use,"\t",
      Car1.power,"\t",Car1.color)
print("Car2:",Car2.size,"\t",Car2.use,"\t",
      Car2.power,"\t",Car2.color)
print("Car3:",Car3.size,"\t",Car3.use,"\t",
      Car3.power,"\t",Car3.color)
print("Car4:",Car4.size,"\t",Car4.use,"\t",
      Car4.power,"\t",Car4.color)
print("Car5:",Car5.size,"\t",Car5.use,"\t",
      Car5.power,"\t",Car5.color)
print("Car6:",Car6.size,"\t",Car6.use,"\t",
      Car6.power,"\t",Car6.color)
print("Car7:",Car7.size,"\t",Car7.use,"\t",
      Car7.power,"\t",Car7.color)
print("Car8:",Car8.size,"\t",Car8.use,"\t",
      Car8.power,"\t",Car8.color)
print("Car9:",Car9.size,"\t",Car9.use,"\t",
      Car9.power,"\t",Car9.color)
```

在上面这段代码中，写在 print()函数里的 Car1.size 或者 Car1.use 的这种用法，其实就是在类实例 Car1 里面获取类属性 self.size 的值和类属性 self.use 的值。

当然了，借鉴 Car1.size 或者 Car1.use，也可以写出类似的语句来调用其他类实例中的类属性。调用类属性时，要记得把这个类属性在定义时的“self.”前缀省略掉。

把上面的代码连同前面的那段代码及定义 Car 类的那段代码一起保存到.py 文件中，然后在 IDLE 中执行 Run Module 命令，看看会打印什么。如果代码没有错误，那么正确的打印结果如图 21-1 所示。

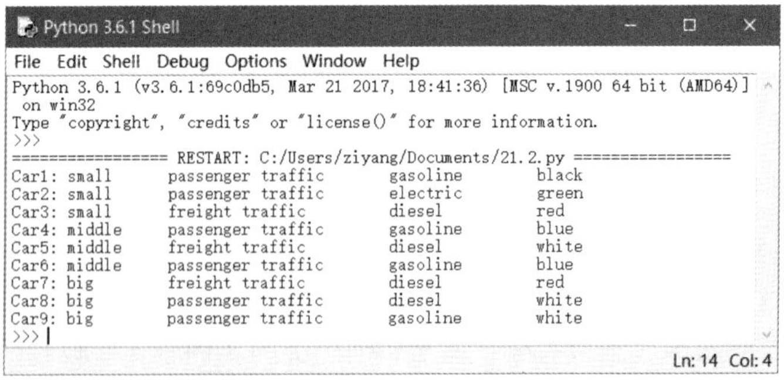

```
Python 3.6.1 Shell
File  Edit  Shell  Debug  Options  Window  Help
Python 3.6.1 (v3.6.1:69c0db5, Mar 21 2017, 18:41:36) [MSC v.1900 64 bit (AMD64)]
 on win32
Type "copyright", "credits" or "license()" for more information.
>>>
================ RESTART: C:/Users/ziyang/Documents/21.2.py ================
Car1: small      passenger traffic        gasoline        black
Car2: small      passenger traffic        electric        green
Car3: small      freight traffic          diesel          red
Car4: middle     passenger traffic        gasoline        blue
Car5: middle     freight traffic          diesel          white
Car6: middle     passenger traffic        gasoline        blue
Car7: big        freight traffic          diesel          red
Car8: big        passenger traffic        diesel          white
Car9: big        passenger traffic        gasoline        white
>>>
                                                          Ln: 14  Col: 4
```

图 21-1　打印 Car1 到 Car9 这 9 个 Car 类实例的属性值

从图 21-1 中我们可以看出，打印出的每个类实例的 self.size、self.use、self.power 和

self.color 属性的值，就是在创建这些类实例时给构造函数的参数 size、use、power 和 color 赋的值。

21.3　为什么说类是面向对象的

如果要用一种关系来描述类和类实例的话，那么类就可以比喻成是一个工厂，类实例就好像是这个工厂里生产出的产品。各个产品的质量可能不是完全相同的，同样的道理，各个实例的类属性值也可能是互不相同的。

如果在类里面又定义了一些其他的函数，那么用类的实例也能调用到这些函数。还是拿机动车 Car 类来说吧，我们下面就紧接着构造函数__init__()定义一个 print()函数，作用是打印出类属性 self.size、self.use、self.power 和 self.color 的值。

```
# 定义 Car 类
class Car:
    def __init__(self,size,use,power,color):
        self.size = size
        self.use = use
        self.power = power
        self.color = color

    def print(self):
        print(self.size,"\t", self.use,"\t",
             self.power,"\t", self.color)
```

在类里面定义的函数，无论是否需要参数，都要把 self 参数作为第一个参数，这是 Python 本身的规定，和构造函数__init__()里的第一个参数必须是 self 一样。

相比之下，定义在类里面的函数还是和之前所接触过的函数有所区别的，关键就是这个强制要求的 self 参数。

__init__()函数的参数要在创建类的实例时进行设置，除此之外，其他函数的参数就不用在创建类的实例时进行设置了。

在类里面定义的函数通常被称作是类的“方法”。例如，__init__()函数也可以叫作“构造方法”。如果说之前所接触过的函数是一种普通的函数，那么类的方法就可以算作是一种特殊的函数。

修改完汽车 Car 类的定义，我们还可以用 21.2 节的代码再次创建出 Car1 到 Car9 这 9 个 Car 类的实例。因为在 Car 类里定义了 print()方法，所以再需要打印实例 Car1 到 Car9 的类属性的话，就可以直接调用这个 Car 类的 print()方法。

```
print("Car1:")
Car1.print()
print("Car2:")
Car2.print()
print("Car3:")
Car3.print()
```

```
print("Car4:")
Car4.print()
print("Car5:")
Car5.print()
print("Car6:")
Car6.print()
print("Car7:")
Car7.print()
print("Car8:")
Car8.print()
print("Car9:")
Car9.print()
```

把上面这段代码连同前面那段定义 Car 类的代码及创建 Car1 到 Car9 实例的代码一起保存到.py 文件中，然后在 IDLE 中执行 Run Module 命令。如果代码没有错误，会看到如图 21-2 所展示的打印结果。

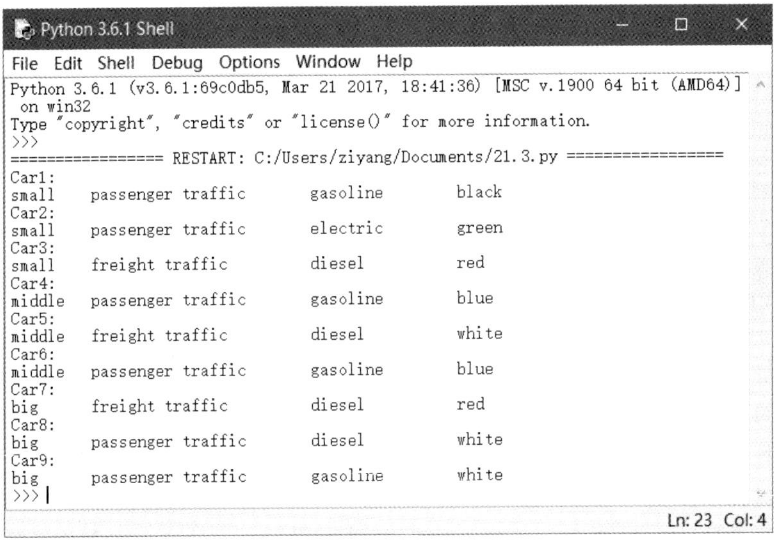

```
Python 3.6.1 Shell
File  Edit  Shell  Debug  Options  Window  Help
Python 3.6.1 (v3.6.1:69c0db5, Mar 21 2017, 18:41:36) [MSC v.1900 64 bit (AMD64)]
 on win32
Type "copyright", "credits" or "license()" for more information.
>>>
================ RESTART: C:/Users/ziyang/Documents/21.3.py ================
Car1:
small    passenger traffic    gasoline    black
Car2:
small    passenger traffic    electric    green
Car3:
small    freight traffic      diesel      red
Car4:
middle   passenger traffic    gasoline    blue
Car5:
middle   freight traffic      diesel      white
Car6:
middle   passenger traffic    gasoline    blue
Car7:
big      freight traffic      diesel      red
Car8:
big      passenger traffic    diesel      white
Car9:
big      passenger traffic    gasoline    white
>>> |
                                                        Ln: 23  Col: 4
```

图 21-2　用 print()方法打印 Car1 到 Car9 这 9 个 Car 类实例的属性值

工厂需要对生产的每一个产品进行打码、测试和包装，有时还会对其中某个质量稍差的产品进行维修，在执行这些处理时，通常就会把每个产品都当作是一个单独的对象看待。

同样的道理，Car1 到 Car9 这 9 个类实例也可以当作是 9 个单独的汽车对象来看待。虽然每个汽车对象的属性都是与众不同的，但是每个汽车对象都可以通过 Car 类的 print()函数打印出自己的属性。

不只是 Car 类，用 Python 中其他的类创建类实例时，这些类实例都可以当作是一个单独的对象看待，因此可以认为类实例具有面向对象的特点。这也正是为什么在一些专业的书籍和资料中，总会把类描述成是面向对象的原因。

21.4　课后小练习

【问题提出】

和一辆汽车具有车型大小、车辆用途、动力类型和车身颜色这 4 个属性类似，在通讯录中的每个联系人都可以有姓名、性别、年龄和电话号码这 4 个信息，显然联系人的信息也可以定义成一个类。

假设现在就要把联系人的信息定义成一个 Linkman 类，那么这个 Linkman 类该怎么定义呢？

【小小提示】

Linkman 类的定义很简单，只要把 Car 类里的 self.size、self.use、self.power 和 self.color 这 4 个类属性修改一下名字就可以了。

【参考结果】

下面的这段代码可以当作是定义 Linkman 类的参考。

```
# 定义 Linkman 类
class Linkman:
    def __init__(self,name,age,sex,phone_number):
        self.name = name
        self.age = age
        self.sex = sex
        self.phone_number = phone_number
```

第 22 章　面向对象的类——升级通讯录

在第 18 章中，我们用一些函数完成了一个简易通讯录的制作。还记得吗？那个简易的通讯录是用一个数据库文件来保存联系人的姓名、年龄、性别和电话号码这 4 项信息的，并且也具备查询联系人信息及修改联系人信息等功能，可以算得上是一次比较好的定义函数的练习了。

在第 21 章中，我们接触到了 Python 中的一个新概念——类，并且又练习定义了一个非常简单的汽车 Car 类，因此可以认为我们对类是面向对象的这一设计理念已经颇有些了解了。

当然，Python 中的类还有很多其他的用法，想要继续深究怎么用好 Python 中的类，还需要更多的练习才行。本章我们就趁热打铁，借用刚接触到的 Python 中的类把第 18 章中完成的那个通讯录“翻新升级”一下。

22.1　升级开始：定义一个 Contact 类

万丈高楼平地起，要想把简易通讯录用类实现出来，第一步要做的就是先定义好这个通讯录类。当然，在定义好这个通讯录类之前，导入会用到的 sqlite3 模块也是要做的。

下面这段代码中的 Contact 类就是我们要定义的通讯录类。

```
# 导入 sqlite3 模块
import sqlite3

# 定义 Contact 类
class Contact:
    # 定义 Contact 类的构造函数
    def __init__(self, conn):
        self.conn = conn
```

通讯录 Contact 类的构造函数非常简短，只有 self.conn 这一个类属性。别看只有 self.conn 这一个类属性，但它是必不可少并且非常重要的，在后面会用到 sqlite3.connect ('contact_list.db')这行语句连接到 contact_list.db 数据库文件，self.conn 类属性就是连接的结果。

22.2　添加展示操作菜单的类方法

回忆一下，我们在第 18 章中做那个简易通讯录的时候，都定义了哪些函数呢？

首先是用于展示操作菜单的 menu()函数，接着第 2 个函数是用于在通讯录中新建联系人的 insert()函数，第 3 个函数是用于查询联系人信息的 search()函数，第 4 个函数是用于修改联系人信息的 modify()函数，第 5 个函数是用于删除联系人的 delete()函数，第 6 个函数是用于展示所有联系人信息的 showall()函数。

为了让通讯录的过程更轻松，这些函数几乎都可以照搬到通讯录 Contact 类中来作为类的方法，不过有些地方还需要适当地做一些修改。就拿原本是用于展示操作菜单的 menu()函数来说吧，它经过修改之后可以定义成通讯录 Contact 类里的 menu()方法，下面就是这个 menu()方法的定义代码。

```
# 定义 menu()方法用于展示操作菜单
def menu(self):
    while True:
        print('试试通讯录的这些功能:')
        print('1.增加联系人')
        print('2.查询联系人信息')
        print('3.修改联系人信息')
        print('4.删除联系人')
        print('5.显示全部联系人信息')
        print('6.退出通讯录')
        x = input('所选功能号:')
        if x == '1':
            self.insert()
            continue
        elif x == '2':
            self.search()
            continue
        elif x == '3':
            self.modify()
            continue
        elif x == '4':
            self.delete()
            continue
        elif x == '5':
            self.showall()
            continue
        elif x == '6':
            print("谢谢使用！")
            exit()
            continue
        else:
            print("不支持该功能号，请再输入！")
            continue
```

这个 menu()方法要放在__init__()构造方法的下面，作为 Contact 类的一个成员。

如果和之前定义的那个 menu()函数比较的话，会发现这个 menu()方法直接把 while 循环结构写了进来。这样做的好处是在创建好了 Contact 类实例之后，只需要调用 menu()方法，就可以运行这个简易的通讯录了。

22.3　添加新建/查询联系人的类方法

用于新建联系人的 insert()函数和用于查询联系人信息的 search()函数没有必要进行太大的改动，这两个函数本来不需要什么参数，要是改为定义在 Contact 类中的话，不要忘记把 self 参数作为类方法的第一个参数。

下面的代码就是在通讯录 Contact 类里面的 insert()方法和 search()方法的定义。

```
# 定义 insert()方法用于向通讯录中增加联系人
def insert(self):
    # 读取从键盘输入的姓名、年龄、性别
    # 和电话号码信息
    name = input('请输入姓名:')
    age = input('请输入年龄:')
    sex = input('请输入性别:')
    phone_number = input('请输入电话号码:')

    # 每条联系人信息都包括姓名、年龄、性别和电话号码
    # 这 4 项要对应着插入到数据表 MT 的 NAME、
    # AGE、SEX 和 PHONE_NUMBER 表头的下面
    sql1 = 'insert into MT(NAME,AGE,SEX,' \
          'PHONE_NUMBER) values("%s","%s",' \
          '"%s","%s");' \
          % (name, age, sex, phone_number)
    self.conn.execute(sql1)
    self.conn.commit()
    print("成功新建一条联系人信息!", "\n")


# search()方法用于在通讯录中
# 查找某个联系人的信息
def search(self):
    # 读取要查找的联系人的姓名
    name = input('联系人姓名：')

    # 从数据表 MT 的 NAME 表头下面找到输入的姓名，
    # 并把与这个姓名一起保存的年龄、性别和
    # 电话号码信息一起选中
    sql2 = "SELECT NAME,AGE,SEX,PHONE_NUMBER "\
          "from MT where NAME= '%s';" %(name)
    cursor = self.conn.execute(sql2)
```

```
        for row in cursor:
            print("以下是查询到的这个联系人的信息：")
            print("姓名：", row[0])
            print("年龄：", row[1])
            print("性别：", row[2])
            print("号码：", row[3], "\n")
            break
        else:
            print("sorry,这个联系人不存在!", "\n")
```

22.4　添加修改/删除联系人的类方法

用于修改联系人信息的 modify()函数和用于删除联系人的 delete()函数也没有必要进行太大的改动，同样地，要改为定义在 Contact 类中的话，则需要把 self 参数作为类方法的第一个参数。

下面的代码就是在通讯录 Contact 类里面的 modify()方法和 delete()方法的定义。

```
    # modify()方法用于修改通讯录中
    # 某个联系人的信息
    def modify(self):
        # 读取要修改的联系人的姓名
        name = input("要修改的联系人的姓名:")

        # 从数据表 MT 的 NAME 表头下面找到输入的姓名，
        # 并把与这个姓名一起保存的年龄、性别
        # 和电话号码信息一起选中
        sql3 = "SELECT NAME,AGE,SEX,PHONE_NUMBER "\
               "from MT where NAME= '%s';"%(name)
        cursor = self.conn.execute(sql3)

        # 先把查到的联系人的信息打印出来
        for row in cursor:
            print("以下是查到的该联系人信息：")
            print("姓名：", row[0])
            print("年龄：", row[1])
            print("性别：", row[2])
            print("号码：", row[3])
            break
        else:
            print("sorry,这个姓名不存在!", "\n")
            return

        # 读取输入的联系人的新年龄、新性别和新号码
        n_age = input("输入这个联系人的新年龄:")
        n_sex = input("输入这个联系人的新性别:")
```

```
        n_num = input("输入这个联系人的新号码:")

        # 从数据表 MT 的 NAME 表头下面找到输入的姓名,
        # 并把与这个姓名一起保存的年龄、性别和电话
        # 号码信息用 n_age、n_sex 和 n_num 对应着替换
        sql4 = "UPDATE MT set AGE = '%s',SEX = '%s'," \
              "PHONE_NUMBER = '%s' where NAME = '%s';" \
              % (n_age, n_sex, n_num, name)
        self.conn.execute(sql4)
        self.conn.commit()
        print("修改成功!")

        # 把修改后的联系人信息重新打印出来
        sql5 = "SELECT NAME,AGE,SEX,PHONE_NUMBER "\
              "from MT where NAME= '%s';"%(name)
        cursor = self.conn.execute(sql5)
        print("以下是这位联系人的新信息: ")
        for row in cursor:
            print("姓名: ", row[0])
            print("年龄: ", row[1])
            print("性别: ", row[2])
            print("号码: ", row[3], "\n")


    # delete()方法用于删除通讯录中的某个联系人
    def delete(self):
        # 读取要修改的联系人的姓名
        name = input("要删除的联系人姓名:")

        # 在 MT 数据表的 NAME 表头下面找到并选中
        # 输入的联系人的姓名
        sql6 = "SELECT NAME from MT where " \
              "NAME = '%s';" % name
        cursor = self.conn.execute(sql6)

        for row in cursor:
            if name == row[0]:
                # 在 MT 数据表里的 NAME 表头下面
                # 找到输入的联系人的姓名并删除
                sql7 = "DELETE from MT where "\
                      "NAME = '%s';" % name
                self.conn.execute(sql7)
                self.conn.commit()
                print("联系人删除成功!", "\n")
                break
        else:
            print("sorry,不存在该联系人!", "\n")
```

22.5　添加显示所有联系人的类方法

用于显示所有联系人信息的 showall()方法是 Contact 类里面的最后一个方法，这个 showall()方法和原本的 showall()函数相比同样没有太大的改动。

下面这段代码就是在通讯录 Contact 类里面的 showall()方法的定义。

```
# showall()方法用于显示通讯录中
# 所有联系人的信息
def showall(self):
    # 在 MT 数据表里找到 NAME、AGE、SEX
    # 和 PHONE_NUMBER 表头下面的所有数据并选中
    cursor = self.conn.\
        execute("SELECT NAME,AGE,SEX,"
                "PHONE_NUMBER from MT")

    # 打印出全部的联系人
    for row in cursor:
        print("姓名：", row[0])
        print("年龄：", row[1])
        print("性别：", row[2])
        print("号码：", row[3], "\n")
    print("已经把全部的联系人都显示出来")

    # 统计并展示通讯录中一共保存了多少位联系人
    sql9 = "SELECT count(*) FROM MT;"
    cursor = self.conn.execute(sql9)
    for row in cursor:
        print("一共有%d 个联系人" % row[0],"\n")
```

22.6　添加程序的执行入口

经过前几节的“奋战”，通讯录 Contact 类的定义算是完工了，下面要做的就是创建通讯录 Contact 类的实例及运行 menu()方法，通过这样的办法就可以运行这个通讯录了。当然了，要是 contact_list.db 数据库文件不存在的话，还需要先创建这个数据库文件及数据库文件里的名字是 MT 的数据表。

运行通讯录可以用下面的这段代码：

```
if __name__ == '__main__':
    # 连接到 contact_list.db 数据库文件
    conn = sqlite3.connect('contact_list.db')

    # 使用 execute()函数的这段代码在通讯录第一次运行时要存在
```

```
# 当通讯录第二次运行时就要删掉
# 否则 IDLE 就会报告数据表 MT 已存在的错误
conn.execute('''CREATE TABLE MT
(NAME  TEXT NOT NULL,
AGE  TEXT NOT NULL,
SEX  CHAR(50),
PHONE_NUMBER  TEXT NOT NULL);''')

print("通讯录数据表创建完成")

# 创建 Contact 类的实例
# 并运行 Contact 类里的 main_menu()方法
C1 = Contact(conn=conn)
C1.menu()
```

把这段代码写在 Contact 类定义的下面，然后把全部的代码保存为一个.py 文件，并在 IDLE 中执行 Run Module 命令运行这个.py 文件。程序执行的过程如图 22-1 所示。

图 22-1　运行升级之后的简易通讯录

上面的这段代码其实就是一个 if 判断结构，在判断结构里的主体部分才是运行这个简易通讯录要用到的，包括连接到 contact_list.db 数据库文件、在数据库文件中创建数据表、创建 Contact 类的实例及运行 Contact 类里的 menu()方法。

要是不使用 if 判断结构，而只是把其中的主体部分写在 Contact 类之后，那么这个简易通讯录还是可以正常执行 Run Module 命令的，读者可以亲自试一试哦。既然如此，使用这个 if 判断结构还有什么用呢？

其实，if __name__ == '__main__'这个判断语句是比较特殊的，和.py 文件的用法有关，就好比__init()__方法在每个类里都是特殊的方法一样。

对于.py 文件来说，可以有两种用法。第一种用法是直接在 IDLE 中执行 Run Module 命令，我们之前遇到的都是这种用法。第二种用法是在.py 文件中定义一些函数或类，其他的.py 文件在执行 Run Module 命令时如果需要用到这些函数或类，就可以在一开始通过 import 语句导入这个.py 文件。

if __name__ == '__main__'可以控制.py 文件的用法。如果这个.py 文件是直接执行 Run Module 命令的，那么判断结构的主体部分会被执行。如果是在运行其他.py 文件的时候导入了这个.py 文件，那么判断结构的主体部分是不会执行的。

因为这个 if __name__ == '__main__'判断语句的功能如此特殊，所以通常将其形象地比喻为程序的执行入口，根据是否直接选择命令运行这个.py 文件，来判断该不该执行接下来的代码片段。

22.7　课后小练习

【问题提出】

我们做的简易通讯录是把联系人信息保存到一个 contact_list.db 数据库文件中的，如果需要把不同的联系人分别保存到多个这样的数据库文件中，那么能不能做出多个简易通讯录来分别负责管理每一个数据库文件呢？

【小小提示】

import 语句的作用是导入其他的模块，有些时候一个模块就是一个.py 文件，因此 import 语句也可以把其他的.py 文件导入进来。

在解决问题时，可以先把本章的代码保存在一个.py 文件中，并给这个.py 文件取一个容易记住的名字（如 contact.py），然后额外新建另一个.py 文件，并在一开始就用 import 语句把 contact.py 文件导入进来。

注意，新建的.py 文件要和 contact.py 文件放在同一个文件夹内，这样 import 语句才会起作用，新建的.py 文件内才可以直接调用 contact.py 文件中的 Contact 类创建通讯录实例。

【参考结果】

假如新建的是 contact1.py 文件，要在这里另做一个简易的通讯录，这个简易通讯录连接的是 contact_list1.db 数据库文件，那么在文件中保存下面这段 Python 代码就可以了。

```
# 导入 sqlite3 模块
# 导入 contact.py 文件
import sqlite3
import contact

# 连接到 contact_list.db 数据库文件
conn = sqlite3.connect('contact_list1.db')

# 使用 execute()函数的这段代码在通讯录第一次运行时要存在
# 当通讯录第二次运行时就要删掉
# 否则 IDLE 就会报告“数据表 MT 已存在”的错误
conn.execute('''CREATE TABLE MT
(NAME  TEXT NOT NULL,
AGE  TEXT NOT NULL,
SEX  CHAR(50),
PHONE_NUMBER  TEXT NOT NULL);''')

print("通讯录数据表创建完成")

# 调用 contact.py 文件中的 Contact 类创建实例，
# 并运行 Contact 类里的 main_menu()方法
C1 = contact.Contact(conn=conn)
C1.menu()
```

在 IDLE 中选择 Run Module 命令运行这个 contact1.py 文件，会发现这个另做的简易通讯录在运行时的过程和图 22-1 展示的大致相同。

第 23 章　面向对象的类——发纸牌比大小游戏

在完成了升级通讯录之后，是不是感觉定义一个类或者创建一个类实例都很容易呢？学会用 Python 中的类并不困难，可要是想用好 Python 中的类，还需要有更多的磨炼才行。

这一章，我们将会完成一个扑克牌游戏。这个扑克牌游戏的规则是：先将一副扑克牌随机打乱，然后给两名玩家各发一张牌，由两名玩家比较手中牌的大小，牌大的记为赢了本轮游戏，接着再给两名玩家各发一张牌并继续比较牌的大小，以此类推，直到所有的扑克牌发完，统计哪名玩家赢的轮数多，多的玩家就是本局游戏的最终赢家。

扑克牌游戏的制作过程中将会定义 4 个类，它们都有各自的作用，共同合作才能实现整个游戏的功能，让我们这就一步一步地开始编写代码吧。

23.1　从一张牌开始：定义 Card 类

在实际生活中，结束了一天的辛苦劳动之后，打上几局扑克牌游戏是最常见的休闲娱乐活动了。丢出一张扑克牌时，我们通常会随口说“红桃 8”或者“梅花 K”等。

从类似“红桃 8”或者“梅花 K”的这种称呼中很容易知道，一张扑克牌的牌面有两个值：花色和数字。正因为如此，在做本章的扑克牌游戏时，可以先定义一个 Card 类，类里有两个类属性，分别用于保存一张扑克牌的花色和数字。

下面这段代码就是 Card 类的定义。

```
# 定义一个单张牌 Card 类
class Card:
    # 一副扑克牌有 4 种花色，分别是 spades（黑桃）、
    # hearts（红心）、diamonds（红方块）和 clubs
    # （黑梅花），这里用 suits 列表保存这些花色
    suits=['spades','hearts','diamonds','clubs']

    # 一副扑克牌的每种花色各有 13 张牌面，
    # 牌面数字从 2 到 10 和从 Jack 到 Ace，
    # 列表 values 保存的就是这些牌面数字
    values = ['2', '3', '4', '5', '6', '7', '8', '9',
```

```
            '10', 'Jack','Queen', 'King', 'Ace']

    # 定义构造方法
    def __init__(self, v, s):
        # 一副扑克牌中的每一张牌都是 Card 类的实例,
        # 类属性 self.value 和 self.suit 分别保存的是
        # 每一张牌的牌面数字和花色
        self.value = v
        self.suit = s

    # 用小于号"<"比较两张牌的牌面哪个更小,
    # 比较的过程就按照__lt__()方法进行
    def __lt__(self, c2):
        if self.value < c2.value:
            return True
        if self.value == c2.value:
            if self.suit < c2.suit:
                return True
            else:
                return False
        return False

    # 用大于号">"比较两张牌的牌面哪个更大,
    # 比较的过程就按照__gt__()方法进行
    def __gt__(self, c2):
        if self.value > c2.value:
            return True
        if self.value == c2.value:
            if self.suit > c2.suit:
                return True
            else:
                return False
        return False

    # 用 print()函数打印每张牌的牌面值时,
    # 按照__repr__()方法中规定的格式打印,
    # 类似于 diamonds-Ace 或者 spades-8
    def __repr__(self):
        return self.suits[self.suit] + "-" + \
             self.values[self.value]
```

在后面进行游戏时，每创建一个 Card 类的实例，就相当于创建了一张扑克牌对象。

在 Card 类的定义中，除了常见的__init__()构造方法外，还有__lt__()方法、__gt__()方法和__repr__()方法，这些方法的名字看上去和构造方法的名字很像，因此和构造方法一样非常特殊。

当我们需要比较两个整数的大小时，通常会用到的运算操作符就是小于号(<)或者大于号(>)。如果在 Card 类里没有定义__lt__()方法和__gt__()方法，那么在比较两张牌的大小时，直接使用小于号或者大于号是行不通的，因为每一张牌都是 Card 类的实例。

在 Card 类里定义了__lt__()方法和__gt__()方法之后，就可以直接使用小于运算符"＜"

或大于运算符“＞”比较两张牌的大小，这是因为__lt__()方法重写了小于运算符“＜”的功能，__gt__()方法重写了大于运算符“＞”的功能。

一般我们需要打印字符串或者数字的时候直接使用 print()函数即可，可如果想直接用 print()函数打印类实例的话，那么也是行不通的。Card 类里定义了__repr__()方法，这相当于重写了 print()函数的功能。当我们用 print()函数打印 Card 类的实例时，__repr__()方法就会执行，得到的返回值就是 print()函数的参数。

23.2　负责洗牌和发牌：定义 Deck 类

既然每一个 Card 类的实例就是一张扑克牌对象，那么就需要额外再定义一个类，例如 Deck 类，让每个 Deck 类的实例都是一副扑克牌对象。准确地说，Deck 类应该包括洗牌和发牌的功能。

洗牌可以确保一副牌是完全混乱的，这样发出去的牌对各个玩家都公平。因为一副牌有 52 张，所以每创建一副牌就相当于是创建了 52 个互不相同的 Card 类实例。为了完成洗牌，可以先定义一个列表，然后每创建一个 Card 类的实例时就把这个实例追加保存到列表中，直到列表里有了 52 个 Card 类的实例，紧接着通过随机打乱这些实例的办法达到洗牌的目的。random 模块有一个 shuffle()函数，作用就是随机打乱列表里成员的保存顺序。

发牌的功能也不难实现。我们知道列表支持使用 pop()函数，pop()函数的功能就是把列表里最后一个成员返回并把这个成员从列表里删除。我们可以在 Deck 类里再定义一个发牌方法，例如 distribute_card()方法，每调用一次这个方法，就相当于把一个 Card 类的实例从列表中返回并删除。

下面这段代码就是 Deck 类的定义。

```
# 定义一个洗牌和发牌 Deck 类
class Deck:
    def __init__(self):
        # 逐一创建 Card 类的实例作为每一张牌，
        # 把 52 个 Card 类的实例按顺序保存在类属性 self.cards 中
        # 就是一副牌，self.cards 属性就是一个列表
        self.cards = []
        for i in range(0, 13):
            for j in range(4):
                self.cards.append(Card(i, j))

        # shuffle()函数会随机打乱列表成员的顺序，
        # 产生的效果相当于在给 self.cards 洗牌
        shuffle(self.cards)

    # deal_card()方法实现的是向玩家发牌的功能，
    # 如果 self.cards 中还有牌，
    # 那么就用 pop()函数把最后面的一张牌发给玩家
```

```
        # 这张牌同时也会从 self.cards 中被删除
        def distribute_card(self):
            if len(self.cards) == 0:
                return
            else:
                return self.cards.pop()
```

之前我们都是先定义好一个类然后再直接创建类的实例进行使用，Python 不仅支持这样做，还支持在定义一个类的过程中直接创建并使用其他类的实例。例如观察上面这段代码可以发现，在 Deck 类的定义中就多次创建了 Card 类的实例。

23.3　有两名玩家：定义 Player 类

按照规则，这个扑克牌游戏应该有两名玩家，所以还需要定义一个玩家类，例如 Player 类，用于保存玩家的信息。

下面这段代码就是 Player 类的定义。

```
# 定义一个玩家 Player 类
class Player:
    # 每个玩家都有 3 个相关信息：玩家姓名、
    # 在本局被分到的牌、在本局中是否胜出
    def __init__(self, name):
        self.name = name
        self.card = None
        self.wins = 0
```

Player 类相比于 Card 类和 Deck 类来说还算是简单的。Player 类里一共有 self.name、self.card 和 self.wins 3 个属性，分别保存的是一个玩家的姓名、在当前这轮游戏持有的一张牌是什么，以及共计赢了多少轮游戏。

23.4　开始游戏：定义 Game 类

Card 类、Deck 类和 Player 类都有了，但是还不能开始游戏，想要开始游戏的话还需要额外再定义一个类，例如 Game 类。

Game 类的构造方法负责读取从键盘输入的两名玩家的姓名、创建一副经过洗牌的扑克，以及根据玩家姓名创建两名游戏玩家。创建一副扑克牌也就是创建一个 Deck 类实例，创建两名游戏玩家也就是创建两个 Player 类的实例。

除了构造方法之外，Game 类还要有一个负责开始游戏的方法，例如 begin_game() 方法。

因为一副牌共有 52 张，每轮游戏给两名玩家各发一张牌，所以游戏一共要进行 26 轮。begin_game()方法主要是一个能执行 26 次循环的循环结构，每次执行循环时都先调用 Deck

类的 distribute_card()方法给玩家 1 和玩家 2 发一张牌，然后比较玩家 1 拿到的牌大还是玩家 2 拿到的牌大。

begin_game()方法在结束了循环结构之后还要统计出玩家 1 和玩家 2 谁赢的轮数多，并把本局游戏的最终赢方打印出来。

下面这段代码就是 Game 类的定义。

```
# 定义一个游戏 Game 类
class Game:
    def __init__(self):
        # 变量 name1 和 name2 是输入的玩家的姓名
        name1 = input('输入玩家 1 的姓名： ')
        name2 = input('输入玩家 2 的姓名： ')

        # 创建两个玩家
        self.player1 = Player(name1)
        self.player2 = Player(name2)

        # 初始化一副扑克牌，一个 Deck 类的实例
        # 就是一副经过洗牌的扑克
        self.deck = Deck()

    # begin_game()方法开始游戏
    def begin_game(self):
        # 准备一副洗好的牌
        cards = self.deck.cards

        print('游戏开始')
        while len(cards) >= 2:
            input('按[Enter]发牌:')
            # player1_c 和 player2_c 分别是给玩家 1 和玩家 2 发的一张牌
            # 发牌功能通过调用 Deck 类的 distribute_card()方法实现
            player1_c = self.deck.distribute_card()
            player2_c = self.deck.distribute_card()

            # player1_n 和 player2_n 分别是玩家 1 和玩家 2 的名字
            player1_n = self.player1.name
            player2_n = self.player2.name

            # 打印出两名玩家在本轮各分到了哪张牌
            print("%s get %s" % (player1_n, player1_c))
            print("%s get %s" % (player2_n, player2_c))

            # 判断在这一轮是玩家 1 赢还是玩家 2 赢
            # 并打印出来
            if player1_c > player2_c:
                self.player1.wins += 1
                print("this round winer:%s" %(player1_n))
                print()
            else:
                self.player2.wins += 1
```

```
                print("this round winer:%s" %(player2_n))
                print()

        # 调用 winner()方法获取本局游戏的最终赢方
        win = self.winner(self.player1, self.player2)
        print('game is over. {} wins'.format(win))

    # winner()方法用于获取每一局游戏的最终赢方
    def winner(self, player1, player2):
        # 如果玩家 1 赢的轮数比玩家 2 赢的轮数多
        # 那么就把玩家 1 的名字返回
        if player1.wins > player2.wins:
            return player1.name

        # 如果玩家 2 赢的轮数比玩家 1 赢的轮数多
        # 那么就把玩家 2 的名字返回
        if player2.wins > player1.wins:
            return player2.name

        # 否则游戏的结果就是平局
        return 'It was a tie!'
```

扑克牌一共有 4 种花色，如果两张牌的花色相同，那么只比较牌面数字的大小就可以知道哪张牌更大；如果两张牌的数字相同而花色却不同，那么就要比较牌面花色的大小了。

这个游戏对花色大小的规定是，spades(黑桃)＜hearts(红心)＜diamonds(红方块)＜clubs(黑梅花)，这个规定体现在了 Card 类的__lt__()方法和__gt__()方法中。

Game 类里除了 begin_game()方法之外还有一个 winner()方法，winner()方法负责的就是在整局游戏结束之后比较两名玩家谁赢的轮数多，并将这名玩家的名字作为最终赢家返回。

23.5　试玩扑克牌游戏

定义完 Card 类、Deck 类、Player 类和 Game 类之后，我们的扑克牌游戏总算是制作完了，接下来我们就试着玩一下这个扑克牌游戏。

用 IDLE 新建一个.py 文件，在这个.py 文件的最开始把 random 模块的 shuffle()函数导入进来，代码如下：

```
from random import shuffle
```

接着按照顺序把 Card 类、Deck 类、Player 类和 Game 类也复制到这个.py 文件中。

最后是创建 Game 类的实例和调用 Game 类的 begin_game()方法，代码如下：

```
if __name__ == '__main__':
    game = Game()
    game.begin_game()
```

保存这个.py 文件并执行 Run Module 命令。如果代码中没有什么错误的话，那么在输入了玩家 1 和玩家 2 的姓名之后游戏就正式开始了，每按一次 Enter 键就进行一轮游戏，在第 26 轮游戏结束之后整局游戏也就随之结束，IDLE 会在每局游戏结束之后打印出最终胜出的玩家的名字。

图 23-1 展示的是一局游戏刚刚开始，图 23-2 展示的是一局游戏已经结束。

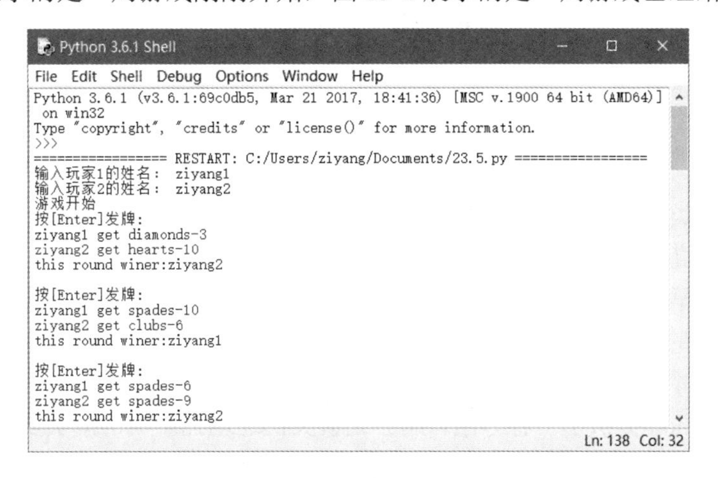

图 23-1　一局发纸牌比大小游戏开始

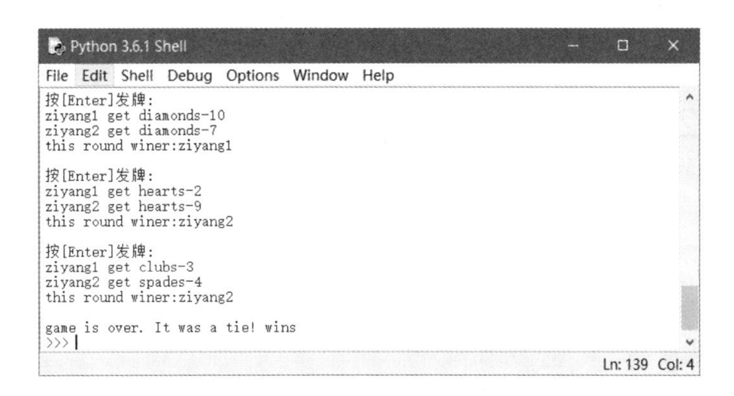

图 23-2　一局发纸牌比大小游戏结束

第 24 章　面向对象的类——继承了什么

在编写涉及类的 Python 程序时不免会遇到这样的情况，某个类看上去好像可以满足需求，然而等到真正用的时候却发现这个类里还缺少点什么。

有些类是早早就定义的，而有些类则是因为需要才临时定义的。就是因为早些时候定义的类没有办法完全满足我们的需要，所以按照我们现有的认知，遇到这样的问题能做的就是新建一个类并把旧类的成员复制过来，再添加一些新的成员。

事实上，Python 提供了一种办法，能够让新类快速地把旧类的成员复制过来，或者把旧类的成员修改以后再复制过来，这种办法就是让新类继承旧类。

这一章，我们就以之前那个汽车类的例子为基础展开分析，看一下新类是怎么继承旧类的。

24.1　国产车或合资车：父类、子类

回顾在第 21 章中定义的汽车 Car 类，每个 Car 类的实例都能记录一辆汽车的车型大小、车辆用途、动力类型和车身颜色这 4 个属性。下面这段代码就是 Car 类的定义。

```
class Car:
    def __init__(self,size,use,power,color):
        self.size = size
        self.use = use
        self.power = power
        self.color = color

    def print(self):
        print(self.size,"\t", self.use,"\t",
              self.power,"\t", self.color)
```

假如现在增加一些需求，不仅把汽车按照国产车或者合资车的标准进行区分，而且还要额外把汽车的品牌记录下来。

以我们现在的能力，只能是新建一个合资车类（如 Joint_venture_Car 类），再新建一个国产车类（如 Domestic_Car 类），然后把 Car 类的主体部分分别复制到这两个类里面，

最后在这两个类里面各新增一个 self.brand 属性用于保存汽车的品牌。

下面这段代码就是按照以上办法定义的 Joint_venture_Car 类和 Domestic_Car 类。

```
# 合资车 Joint_venture_Car 类
class Joint_venture_Car:
    def __init__(self,size,use,power,color,brand):
        self.size = size
        self.use = use
        self.power = power
        self.color = color
        self.brand = brand
    def print(self):
        print(self.size, "\t", self.use, "\t",
              self.power, "\t", self.color, "\t",
              self.brand)

# 国产车 Domestic_Car 类
class Domestic_Car:
    def __init__(self,size,use,power,color,brand):
        self.size = size
        self.use = use
        self.power = power
        self.color = color
        self.brand = brand
    def print(self):
        print(self.size, "\t", self.use, "\t",
              self.power, "\t", self.color, "\t",
              self.brand)
```

这样做是没问题的，只不过代码就有点长了。

要想让代码更短，那么可以让 Joint_venture_Car 类和 Domestic_Car 类继承 Car 类，这样 self.size、self.use、self.power 和 self.color 这 4 个类属性及 print()方法就都从 Car 类那里复制过来了。

下面这段代码就是让 Joint_venture_Car 类和 Domestic_Car 类继承了 Car 类。

```
# 合资车 Joint_venture_Car 类
class Joint_venture_Car(Car):
    def __init__(self,size,use,power,color,brand):
        super().__init__(size,use,power,color)
        self.brand = brand

# 国产车 Domestic_Car 类
class Domestic_Car(Car):
    def __init__(self,size,use,power,color,brand):
        super().__init__(size,use,power,color)
        self.brand = brand
```

就像是在生活中儿子要继承父亲的财产一样，Joint_venture_Car 类和 Domestic_Car 类都继承了 Car 类，按照继承关系，Car 类就是父类，而 Joint_venture_Car 类和 Domestic_Car 类就是子类。

再看一遍这个在定义类时可以参照的模板：

```
class <name>(class1,class2,...calssn):
    <statements>
```

在上面这个模板中，<name>后面紧跟着的(class1, class2, ..., calssn)部分就是父类名称部分，由一对圆括号“()”括起来。Python 允许一个类都有一个父类或者多个父类，也可以没有父类，如果没有父类的话，直接把圆括号“()”省略就可以了。

24.2　从父类继承：继承了哪些

Joint_venture_Car 类和 Domestic_Car 类从 Car 类继承的是 self.size、self.use、self.power 和 self.color 这 4 个类属性及 print()方法，可以理解成就是把 Car 类的这些成员全部复制了过来。

在 Joint_venture_Car 类和 Domestic_Car 类的定义中，构造方法的第一行都是 super().__init__(size,use,power,color)，这行语句的作用就是调用父类的构造方法，目的是给继承自 Car 类的 4 个属性赋初始值。

下面我们就来试着亲自编写代码创建一辆合资车对象和一辆国产车对象，看一看 Joint_venture_Car 类和 Domestic_Car 类究竟是怎么从 Car 类继承的。代码如下：

```
# 汽车 Car 类
class Car:
    def __init__(self,size,use,power,color):
        self.size = size
        self.use = use
        self.power = power
        self.color = color
    def print(self):
        print(self.size,"\t", self.use,"\t",
              self.power,"\t", self.color)

# 合资车 Joint_venture_Car 类，继承自 Car 类
class Joint_venture_Car(Car):
    def __init__(self,size,use,power,color,brand):
        super().__init__(size,use,power,color)
        self.brand = brand

# 国产车 Domestic_Car 类，继承自 Car 类
class Domestic_Car(Car):
    def __init__(self,size,use,power,color,brand):
        super().__init__(size,use,power,color)
        self.brand = brand

# 创建 Joint_venture_Car 类和 Domestic_Car 类的实例
C1 = Joint_venture_Car(size = "small",
                      use = "passenger traffic",
                      power = "electric",
                      color = "green", brand="Benz")
C2 = Domestic_Car(size = "small",
```

```
                    use = "passenger traffic",
                    power = "gasoline", color = "black",
                    brand="JiLi")

# 调用 Car 类的 print()方法
C1.print()
C2.print()
```

把上面这段代码保存到一个.py 文件中，然后在 IDLE 中执行 Run Module 命令。如果代码没什么错误的话，那么 Run Module 命令的执行的结果如图 24-1 所示。

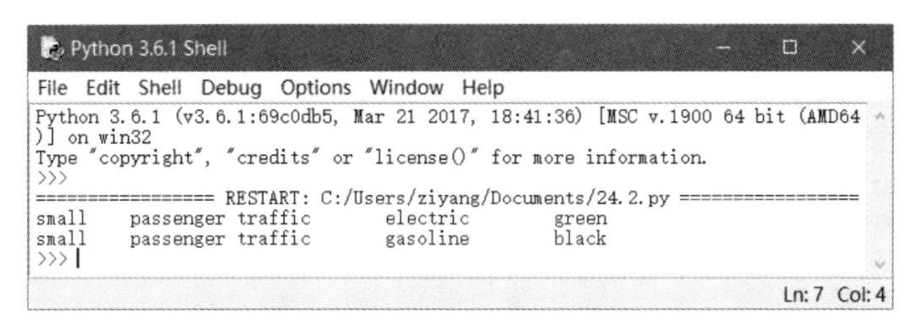

图 24-1　让 Joint_venture_Car 类和 Domestic_Car 类继承 Car 类

24.3　修改继承类的方法：重载

Joint_venture_Car 类和 Domestic_Car 类都包含有 self.brand 属性，这是一辆汽车的品牌属性，因为 Car 类的 print()方法不能打印出 self.brand 属性，所以我们才会在图 24-1 中看不到汽车品牌属性的打印结果。

要想在调用 print()方法时也可以打印出汽车的品牌，在 Joint_venture_Car 类和 Domestic_Car 类的定义里就需要把 Car 类的 print()方法重写一遍，让其能够打印 self.brand 属性。

下面这段代码主要就是把 Joint_venture_Car 类和 Domestic_Car 类进行了改造，在这两个类里面把 Car 类的 print()方法重写了一遍，达到了我们想要把 self.brand 属性也打印出来的目的。

```
# 汽车 Car 类
class Car:
    def __init__(self,size,use,power,color):
        self.size = size
        self.use = use
        self.power = power
        self.color = color
    def print(self):
        print(self.size,"\t", self.use,"\t",
              self.power,"\t", self.color)

# 合资车 Joint_venture_Car 类，继承自 Car 类
```

```
class Joint_venture_Car(Car):
    def __init__(self,size,use,power,color,brand):
        super().__init__(size,use,power,color)
        self.brand = brand
    # 重载 Car 类的 print()方法
    def print(self):
        print(self.size, "\t", self.use, "\t",
              self.power, "\t", self.color, "\t",
              self.brand)

# 国产车 Domestic_Car 类，继承自 Car 类
class Domestic_Car(Car):
    def __init__(self,size,use,power,color,brand):
        super().__init__(size,use,power,color)
        self.brand = brand
    # 重载 Car 类的 print()方法
    def print(self):
        print(self.size, "\t", self.use, "\t",
              self.power, "\t", self.color, "\t",
              self.brand)

# 创建 Joint_venture_Car 类和 Domestic_Car 类的实例
C1 = Joint_venture_Car(size = "small",
                       use = "passenger traffic",
                       power = "electric",
                       color = "green", brand="Benz")
C2 = Domestic_Car(size = "small",
                  use = "passenger traffic",
                  power = "gasoline", color = "black",
                  brand="JiLi")

# 调用 Joint_venture_Car 类和 Domestic_Car 类
# 各自的 print()方法
C1.print()
C2.print()
```

把这段代码保存到一个新的.py 文件中，然后在 IDLE 中执行 Run Module 命令。如果代码没什么错误的话，那么 Run Module 命令的执行结果如图 24-2 所示。

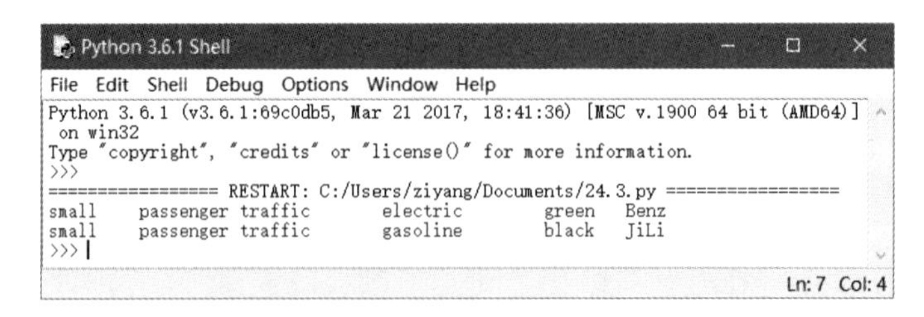

图 24-2　重写 print()方法后的 Joint_venture_Car 类和 Domestic_Car 类

因为 Joint_venture_Car 类和 Domestic_Car 类里都重写了 print()方法，所以 C1.print()和 C2.print()的含义也就不再是调用 Car 类的 print()方法了，而是分别调用在 Joint_venture_

Car 类和 Domestic_Car 类里重写以后的 print()方法。

从图 24-2 中可以看出，汽车的品牌确实已经打印出来了。

对于 Python 而言，有一个专用的名称可以描述这种在子类中重写父类方法的行为——重载。通俗一点的话，我们会说 Joint_venture_Car 类和 Domestic_Car 类重写了 Car 类的 print()方法。要是更专业一点的话，我们可以说 Joint_venture_Car 类和 Domestic_Car 类重载了 Car 类的 print()方法。

第 25 章　面向对象的类——做个员工数据库

回想一下，我们是从何时开始接触类的呢？没错，就是在我们需要把汽车的 4 个属性记录下来时。虽然使用字典也能行得通，但是却不能完全满足需求，为此我们特意定义了一个汽车 Car 类，在 Car 类中用 4 个类属性一对一地保存汽车的属性。

在第 24 章中，我们为了把汽车的品牌当作一个新的属性也记录下来，又想办法在汽车 Car 类的基础上继承了两个子类：合资车 Joint_venture_Car 类和国产车 Domestic_Car 类。根据汽车品牌的不同，合资品牌的车就是合资车对象，国产品牌的车就是国产车对象。

无论定义了什么样的类，我们的使用习惯就是在定义好之后就创建类的实例，然后通过实例调用类的属性或者方法。其实 Python 也提供了保存类实例的办法，那就是把类实例保存到一个单独的文件中（当然不是.py 文件）。

假如我们需要创建很多 Car 类的实例，把这些实例单独保存起来不仅可以做到随取随用，还能让代码的长度大大地缩短，让代码更清晰。本章我们就使用 Python 提供的保存类实例的办法，并借此做一个能够保存员工信息的小型数据库。

25.1　定义相关的类

假设现在有一个小型的医院，院领导为了掌握所有工作人员的基本信息，想要做一个小型的数据库，能够保存所有工作人员的基本信息。现在我们就来为这位院领导分忧，利用学过的 Python 知识帮他做出来这个员工数据库。

首先，我们可以定义一个工作人员 Person 类，Person 类有 self.name、self.age 和 self.sex 这 3 个类属性，分别用于记录医院工作人员的基本信息，如姓名、性别和年龄。代码如下：

```
# 定义工作人员 Person 类
class Person():
    # 定义构造方法，给 self.name 属性、self.age 属性和 self.sex 属性赋初始值
    # 分别用于记录医院工作人员的姓名、年龄和性别
    def __init__(self, name, age, sex):
        self.name = name
        self.age = age
```

```
        self.sex = sex
    def print(self):
        print("姓名：",self.name, "\t",
              "年龄：", self.age, "\t",
              "性别：", self.sex)
```

既然是医院，那么工作人员中必不可少的就是医生了。

然后，我们定义一个医生 Doctor 类，Doctor 类继承自 Person 类，因此有 self.name、self.age 和 self.sex 这 3 个类属性。此外，还新增了 self.position、self.section 和 self.seniority 3 个类属性，分别用于记录医院医生的职称、所在科室和工龄。代码如下：

```
# 定义医生 Doctor 类
class Doctor(Person):
    # 定义构造方法，给新增的 self.position 属性
    # self.section 属性和 self.seniority 属性赋初始值
    # 分别用于记录医院医生的职称、所在科室和工龄
    def __init__(self, name, age, sex,
                 section, seniority):
        super().__init__(name, age, sex)
        self.position = "医生"
        self.section = section
        self.seniority = seniority
    # 重载 Person 类的 print()方法
    def print(self):
        print("姓名:", self.name, "\t",
              "年龄:", self.age, "\t",
              "性别:", self.sex, "\t",
              "职称:", self.position, "\t",
              "科室：", self.section,"\t",
              "工龄:", self.seniority)
```

在医院里，虽然医生是主要的工作人员，但是占据大多数的工作人员却不是医生而应该是护士。

紧接着，我们再定义一个护士 Nurse 类，Nurse 类也是继承自 Person 类，也有 self.name、self.age 和 self.sex 这 3 个类属性。此外，还和 Doctor 类一样新增了 self.position、self.section 和 self.seniority 3 个类属性，分别用于记录医院护士的职称、所在科室和工龄。代码如下：

```
# 定义护士 Nurse 类
class Nurse(Person):
    # 定义构造方法，给新增的 self.position 属性、
    # self.section 属性和 self.seniority 属性赋初始值，
    # 分别用于记录医院护士的职称、所在科室和工龄
    def __init__(self, name, age, sex,
                 section, seniority):
        super().__init__(name, age, sex)
        self.position = "护士"
        self.section = section
        self.seniority = seniority
    # 重载 Person 类的 print()方法
```

```
    def print(self):
        print("姓名:", self.name, "\t",
              "年龄:", self.age, "\t",
              "性别:", self.sex, "\t",
              "职称:", self.position, "\t",
              "科室: ", self.section,"\t",
              "工龄:", self.seniority)
```

在医院里，工作人员只有医生和护士还是不够的，应该还有一些工作人员负责医院后勤，例如从事保洁或者药品搬运等工作。

最后，我们就定义一个后勤 Logistics 类，Logistics 类也是继承自 Person 类，也有 self.name、self.age 和 self.sex 这 3 个类属性。此外，还新增了 self.position 和 self.seniority 这两个类属性，分别用于记录医院后勤员工的职称和工龄。代码如下：

```
# 定义后勤员工 Logistics 类
class Logistics(Person):
    # 定义构造方法，
    # 给新增的 self.position 属性和 self.seniority 属性赋初始值，
    # 分别用于记录医院后勤工作人员的职称和工龄
    def __init__(self, name, age, sex, position,
                 seniority):
        super().__init__(name, age, sex)
        self.position = position
        self.seniority = seniority
    # 重载 Person 类的 print()方法
    def print(self):
        print("姓名:", self.name, "\t",
              "年龄:", self.age, "\t",
              "性别:", self.sex, "\t",
              "职称:", self.position, "\t",
              "工龄:", self.seniority)
```

现在 Person 类、Doctor 类、Nurse 类和 Logistics 类都已经定义好，下一步该做的就是创建这些类的实例了。

先不要着急，我们先把这 4 个类的定义保存到一个单独的.py 文件中，再给这个.py 文件取一个名字，如 classes.py。以后我们会在其他的.py 文件中创建这些类的实例，到那时只要用 from...import...语句从 classes.py 文件中导入这些类即可，就像导入会用到的其他模块一样。

25.2　创建类的实例

现在我们再新建一个.py 文件，在这个.py 文件中创建几个 Doctor 类、Nurse 类和 Logistics 类的实例，分别作为医生对象、护士对象和后勤员工对象，并且在这个.py 文件的一开始就用 from...import...语句从 classes.py 文件中把 Doctor 类、Nurse 类和 Logistics 类导入进来。这个新的.py 文件的代码如下：

```
# 从 classes.py 文件导入 Doctor 类、Nurse 类和 Logistics 类
from classes import Doctor, Nurse, Logistics

# 创建 doc1 到 doc4 共计 4 名医生
doc1 = Doctor(name = "李明", age = 45, sex = "man",
              section = "外科", seniority = 12)
doc2 = Doctor(name = "张三", age = 44, sex = "man",
              section = "内科", seniority = 13)
doc3 = Doctor(name = "李四", age = 50, sex = "man",
              section = "眼科", seniority = 30)
doc4 = Doctor(name = "王五", age = 60, sex = "man",
              section = "骨科", seniority = 35)

# 创建 nur1 到 nur4 共计 4 名护士
nur1 = Nurse(name = "李丽", age = 25, sex = "woman",
             section = "外科", seniority = 2)
nur2 = Nurse(name = "王艳", age = 28, sex = "woman",
             section = "内科", seniority = 5)
nur3 = Nurse(name = "张茜", age = 26, sex = "woman",
             section = "眼科", seniority = 3)
nur4 = Nurse(name = "赵萌", age = 27, sex = "woman",
             section = "骨科", seniority = 4)

# 创建 log1 和 log2 两名后勤工作人员
log1 = Logistics(name = "王阳", age = 27, sex = "man",
                 position = "搬运", seniority = 2)
log2 = Logistics(name = "李兰", age = 48, sex = "woman",
                 position = "保洁", seniority = 20)

# 试试打印医生、护士和后勤员工的信息
doc1.print()
doc2.print()
doc3.print()
doc4.print()
nur1.print()
nur2.print()
nur3.print()
nur4.print()
log1.print()
log2.print()
```

在保存这个新的.py 文件时也给其取一个名字，例如 worker.py，然后一定要把这个worker.py 文件和 classes.py 文件保存在一起(即同一个文件夹内)，这样 from...import...语句才会起作用。

图 25-1 展示的是在 IDLE 中对 worker.py 文件执行 Run Module 命令的结果，可以看出，医院员工的个人信息已经整整齐齐地被打印出来。

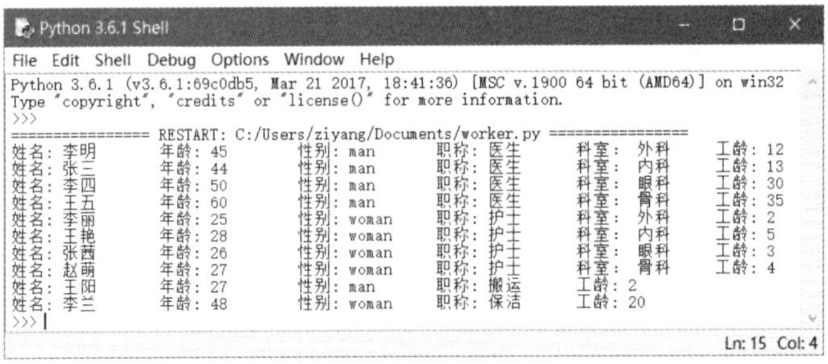

```
Python 3.6.1 Shell
File Edit Shell Debug Options Window Help
Python 3.6.1 (v3.6.1:69c0db5, Mar 21 2017, 18:41:36) [MSC v.1900 64 bit (AMD64)] on win32
Type "copyright", "credits" or "license()" for more information.
>>>
================ RESTART: C:/Users/ziyang/Documents/worker.py ================
姓名: 李明    年龄: 45    性别: man      职称: 医生    科室:  外科    工龄: 12
姓名: 张三    年龄: 44    性别: man      职称: 医生    科室:  内科    工龄: 13
姓名: 李四    年龄: 50    性别: man      职称: 医生    科室:  眼科    工龄: 30
姓名: 王五    年龄: 60    性别: man      职称: 医生    科室:  骨科    工龄: 35
姓名: 李丽    年龄: 25    性别: woman    职称: 护士    科室:  外科    工龄: 2
姓名: 王艳    年龄: 28    性别: woman    职称: 护士    科室:  内科    工龄: 5
姓名: 张茜    年龄: 26    性别: woman    职称: 护士    科室:  眼科    工龄: 3
姓名: 赵萌    年龄: 27    性别: woman    职称: 护士    科室:  骨科    工龄: 4
姓名: 王阳    年龄: 27    性别: man      职称: 搬运    工龄: 2
姓名: 李兰    年龄: 48    性别: woman    职称: 保洁    工龄: 20
>>>
Ln: 15 Col: 4
```

图 25-1　打印医院员工的个人信息

25.3　保存类的实例：初识 shelve 模块

现在我们已经有了 doc1 到 doc4 共 4 个 Doctor 类的实例，还有了 nur1 到 nur4 共 4 个 Nurse 类的实例，也有了 log1 和 log2 这两个 Logistics 类的实例，相当于有了 4 个医生对象、4 个护士对象和 2 个后勤员工对象。

按照我们最开始的目的，接下来就要考虑怎么保存这些类的实例了。

Python 自带有 shelve 模块，专门用于保存类的实例。虽然 shelve 模块里包含的函数并不多，但是用起来时感觉 shelve 好像一个小型的数据库一样，尽管这个小型的数据库不如前面保存联系人信息时用到的 SQLite 数据库强大。

下面这段代码就是利用 shelve 模块来保存前面创建的 10 个类实例。

```
# 导入 shelve 模块
import shelve

# 打开一个名为 workerdb 的 shelve 数据库文件
# 如果没有这个文件就新建这个文件
db = shelve.open("workerdb")

# 把 doc1 到 doc4、nur1 到 nur4、log1 和 log2
# 保存到数据库文件 workerdb 中
for obj in (doc1, doc2, doc3, doc4, nur1,
         nur2, nur3, nur4, log1, log2,):
    db[obj.name] = obj

# 关闭数据库文件 workerdb
db.close()
```

shelve 模块会把类的实例保存到专用的数据库文件中。

在这段代码中，我们先是调用 shelve 模块的 open()函数打开一个名为 workerdb 的数据库文件，如果这个文件不存在的话，open()函数就会新建这个 workerdb 数据库文件。

在这段代码中，我们接着在一个 for 循环结构中把 10 个类实例逐一地保存到 workerdb

数据库文件中。shelve 模块要求在使用完数据库文件之后，一定要关闭数据库文件。上面这段代码的最后就是调用 shelve 模块的 close()函数来关闭 workerdb 数据库文件。

打开在 25.2 节中写好的 worker.py 文件，把上面这段代码追加到 worker.py 文件的后面并保存，再次在 IDLE 中执行 Run Module 命令。如果不出什么意外的话，执行 Run Module 命令以后就会发现，在保存了 worker.py 文件和 classes.py 文件的文件夹内又多了 workerdb.dat、workerdb.bak 和 workerdb.dir 这 3 个文件。

workerdb.dat、workerdb.bak 和 workerdb.dir 这 3 个文件共同构成了 workerdb 数据库文件，所以哪一个都不能少，否则再次打开 workerdb 数据库文件的时候就会出错。

最后，让我们编写一段代码，试试从 workerdb 数据库文件中读取保存的那 10 个类实例。代码如下：

```
# 导入 shelve 模块
import shelve

# 打开一个名为 workerdb 的 shelve 数据库文件
db = shelve.open("workerdb")

# 遍历数据库文件 workerdb 中保存的类实例
# 并调用每个类实例的 print()方法
for obj in db:
    db[obj].print()

# 关闭数据库文件 workerdb
db.close()
```

再次新建一个.py 文件，把这段代码复制进去并保存，这个.py 文件要和刚刚保存的数据库文件放在同一个文件夹内。在 IDLE 中对这个.py 文件执行 Run Module 命令，如果不出什么意外的话，就会得到如图 25-2 所示的结果。

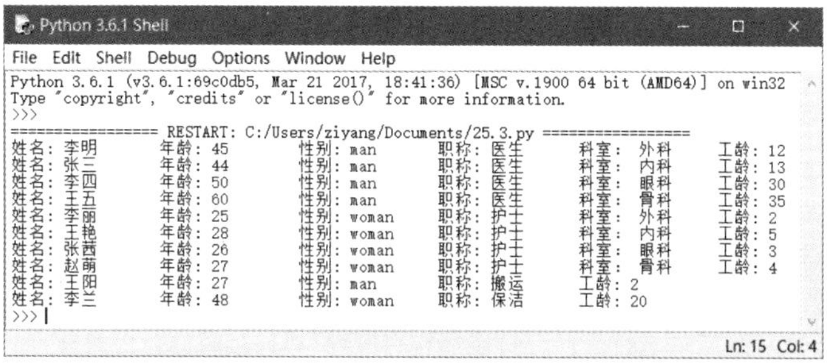

```
Python 3.6.1 Shell
File  Edit  Shell  Debug  Options  Window  Help
Python 3.6.1 (v3.6.1:69c0db5, Mar 21 2017, 18:41:36) [MSC v.1900 64 bit (AMD64)] on win32
Type "copyright", "credits" or "license()" for more information.
>>>
================= RESTART: C:/Users/ziyang/Documents/25.3.py =================
姓名: 李明      年龄: 45      性别: man      职称: 医生      科室:  外科      工龄: 12
姓名: 张三      年龄: 44      性别: man      职称: 医生      科室:  内科      工龄: 13
姓名: 李四      年龄: 50      性别: man      职称: 医生      科室:  眼科      工龄: 30
姓名: 王五      年龄: 60      性别: man      职称: 医生      科室:  骨科      工龄: 35
姓名: 李丽      年龄: 25      性别: woman    职称: 护士      科室:  外科      工龄: 2
姓名: 王艳      年龄: 28      性别: woman    职称: 护士      科室:  内科      工龄: 5
姓名: 张茜      年龄: 26      性别: woman    职称: 护士      科室:  眼科      工龄: 3
姓名: 赵萌      年龄: 27      性别: woman    职称: 护士      科室:  骨科      工龄: 4
姓名: 王阳      年龄: 27      性别: man      职称: 搬运      工龄: 2
姓名: 李兰      年龄: 48      性别: woman    职称: 保洁      工龄: 20
>>>
Ln: 15  Col: 4
```

图 25-2　读取 workerdb 数据库文件中保存的类实例

如果是保存类实例的话，用.py 文件保存也没什么问题，为什么更推荐大费周折地用 shelve 模块把类实例保存在数据库文件里呢？事实上，因为很多软件都能轻易地打开和修改.py 文件，所以保存在.py 文件里就不安全，然而几乎很少有软件能打开 shelve 模块的数据库文件，所以类实例在其中相对来说比较安全。

第2篇 Python 编程进阶案例

本篇涵盖的内容有：捕捉不到的按钮；Q 版单位换算小工具；用按钮操作的小小计算器；绘制一幅卡通画；绘制动漫人物——哆啦 A 梦；自制轻量级画图板；绘制太极图案；绘制可爱的小猪佩奇；制作一个桌面动态时钟；制作一个数显时钟；做个简易的图片浏览器；精彩纷呈的图表 1；精彩纷呈的图表 2；益智五子棋游戏。

第 26 章　捕捉不到的按钮

用 Python 只能做出运行在 IDLE 中的程序吗？当然不是！那些在右上角带有最大化、最小化和关闭按钮的窗口程序也能用 Python 来完成。

Python 最大的特点就是支持大量的模块，在安装好 Python 后，数百个模块就已经被自动安装上了，例如我们之前接触到的 math 模块。

Python 支持的大量的模块和我们要做的带有窗口界面的程序有关系吗？那是肯定的，例如 Python 支持一个名叫 tkinter 的模块，在我们要做带有窗口界面的程序时，这个 tkinter 模块可是一个非常得力的帮手。

从本章开始，我们将尝试用 Python 和包括 tkinter 模块在内的一些模块做一些比较美观的带有窗口界面的程序，这将是 Python 使用的另一番新天地，让我们这就开始吧。

26.1　空白的窗口：初识 tkinter 模块

我们都见过按钮，也都知道按钮是放在窗口上的，正因为如此，如果想展示一个按钮，那么首先就要有一个窗口。

创建一个窗口，可以通过实例化 tkinter 模块中的 Tk 类的方式来实现。可以这样简单地理解，每创建一个 Tk 类的实例，都相当于实例化了一个窗口对象。

用 Tk 类创建的窗口，可以使用类内的 minisize()方法设定窗口的初始大小，同时也是允许的最小大小。同样是 Tk 类的函数，title()方法用于设置窗口左上角的标题，mainlop()方法用于展示这个窗口。

根据以上这些描述，创建一个窗口就易如反掌了，用下面这段代码就可以实现。

```
# 导入 tkinter 模块
import tkinter

# 用 tkinter 模块的 Tk 类创建一个窗口，命名为 window
window = tkinter.Tk()

# 用 Tk 类的 minsize()方法设置 window 窗口最小为 500x300
# 并用 Tk 类的 title()方法设置窗口的标题
window.minsize(500, 300)
window.title("捉不到的按钮")
```

```
# 用 Tk 类的 mainloop()方法显示这个窗口
window.mainloop()
```

使用上面这段代码创建的窗口，在右上角有最小化、最大化和关闭按钮。单击最小化按钮，窗口会隐藏到系统任务栏中；单击最大化按钮，窗口会占满屏幕；单击关闭按钮，窗口会关闭，同时程序也会直接结束运行。

在窗口的左上角是窗口的标题，这个标题是通过 title()方法设置的。这个窗口可以通过鼠标拖动边框的方式来放大或者缩小，但是却不能缩小得比预设值（500×300）还要小，因为这个预设值是通过 minsize()方法设定的。

上面那段代码中还没有给窗口添加什么内容，所以窗口里面什么也没有，就是一片白。图 26-1 展示的就是在 IDLE 中对上面那段代码执行 Run Module 命令而产生的空白的窗口。

图 26-1　通过实例化 tkinter 模块的 Tk 类创建的空白窗口

对于 Python 来说，tkinter 可以算得上是标准的 GUI（Graphical User Interface，图形用户界面）库了。就 Python 支持的情况来看，虽然比 tkinter 更优秀的 GUI 库（如 wxPython、PyGTK、PyQt 及 PySide 等）也非常多，但是这些库都或多或少的存在不足，在某些方面可能会不如 tkinter 便捷。

所谓的 GUI 库，其实可以看作是一个大集合，这个集合里的类和函数及其他成员都与创建带有窗口界面的程序密切相关。

在 tkinter 模块这个强大的 GUI 库里，很多的控件（如按钮、下拉列表、输入框及标签等）都被实现成了一个单独的类。我们可以自定义这些控件的外观，这需要通过执行相应的函数来完成。tkinter 模块既是 Python 原生的 GUI 库，还是 Python 自带的 GUI 库。

由于种种的优点，tkinter 模块就此成为在用 Python 创建窗口界面程序时的首选搭档。如果 Python 的安装是按照附录 A 进行的，那么 tkinter 模块就会被一起安装到计算机上，省去了需要单独安装 tkinter 模块的麻烦。

值得一提的是，就连我们在前面常用的 IDLE，其界面也是调用 tkinter 模块来完成的。由此可见，对于简单的界面，tkinter 完全可以应付自如。

26.2　放一个按钮：Button 控件

在有了一个空白的窗口之后，接下来就是发挥天马行空的想象力在里面添加点什么啦。

如果可以在这个空白窗口里绘制几条刻度线，再绘制可以旋转的指针并添加与刻度对应的数字，那么这个空白窗口或许就可以当作桌面时钟来使用了，如图 26-2 所示。

如果可以在这个空白窗口里添加几个写有数字的按钮、几个写有运算符号的按钮及显示数字的面板，那么这个空白窗口或许就可以作为计算器来使用了，如图 26-3 所示。

Python桌面时钟

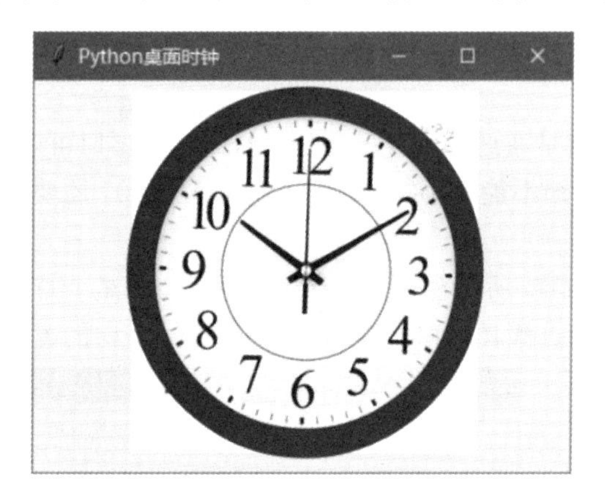

图 26-2　一个 Python 桌面时钟样品

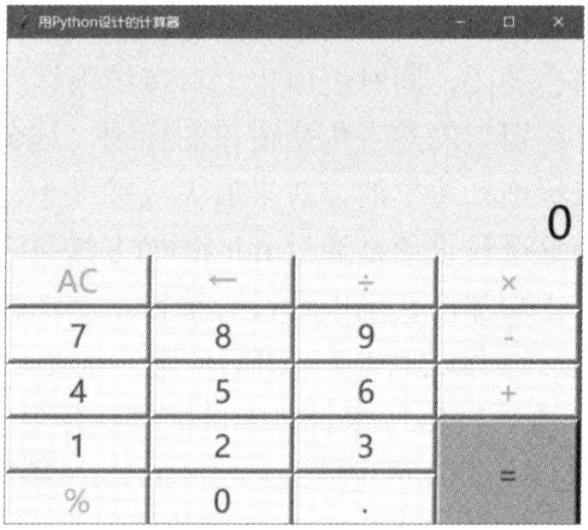

用Python设计的计算器
0
AC
←
÷
×
7
8
9
-
4
5
6
+
1
2
3
=
%
0
.

图 26-3　一个 Python 计算器样品

如果可以在这个空白窗口里绘制一些网格，在网格之上添加文字输入框控件，那么这个空白窗口就变成了一个 mini 版的 Excel 表格软件，如图 26-4 所示。

如果可以让这个空白窗口里显示一张照片，再给窗口添加一个选择照片的按钮，那么这个空白窗口就能当作照片浏览器来使用，如图 26-5 所示。

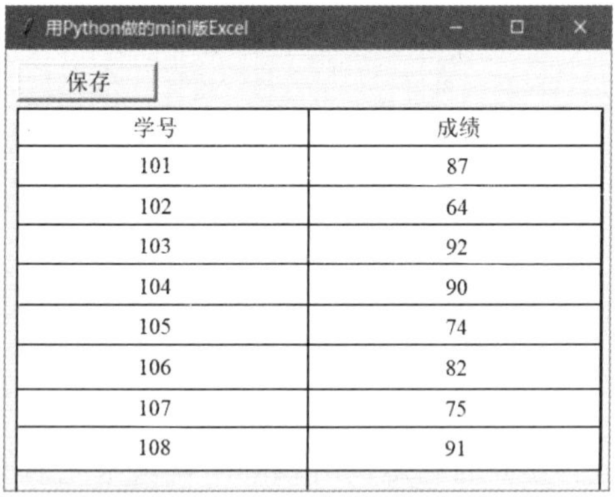

用Python做的mini版Excel
保存
学号
成绩
101
87
102
64
103
92
104
90
105
74
106
82
107
75
108
91

图 26-4　mini 版的 Excel 表格软件样品

用Python做照片浏览器
浏览

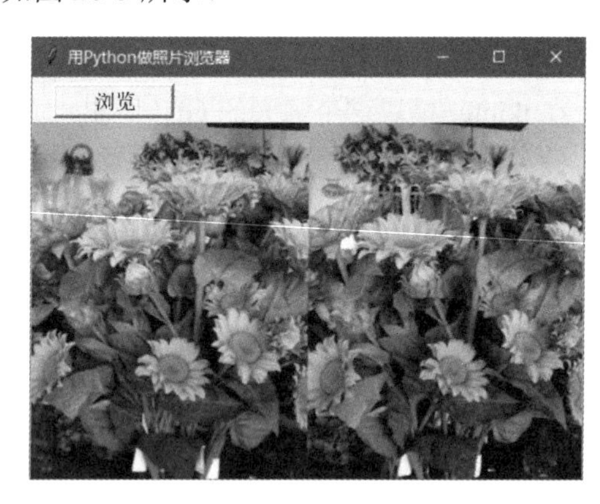

图 26-5　一个 Python 照片浏览器样品

总之，窗口就是我们发挥想象力和创造力的地方！不过，既然我们是才开始接触 tkinter 模块及窗口界面程序的创建，那么想要熟练地使用 tkinter 模块还为时尚早。

本章的目标是要做一个捉不到的按钮，恰好给空白窗口添加一个按钮是最简单的，那不如就先从这里开始吧。

按钮是窗口界面程序中常见的一种控件，tkinter 模块将它以 Button 类的形式提供给用户。在窗口中放置一个按钮，首先就是实例化一个按钮对象，这可以通过创建 Button 类的实例的方式来完成，然后就是使用 place()方法指定这个按钮在窗口中放置的具体位置。

例如，下面这段代码是在空白的窗口中放置一个按钮。

```
# 导入 tkinter 模块
import tkinter

# 用 tkinter 模块的 Tk 类创建一个窗口，命名为 window
window = tkinter.Tk()

# 用 Tk 类的 minsize()函数设置 window 窗口最小为 500x300
# 并用 Tk 类的 title()方法设置窗口的标题
window.minsize(500, 300)
window.title("捉不到的按钮")

# 用 tkinter 的 Button 类创建一个按钮，该按钮所属窗口为 window
# 按钮上的文字内容是"这是一个按钮",
# 按钮内容的字体为 20 号大小的微软雅黑，按钮边框宽度为 5,
# 前景色(也就是按钮内容颜色)为黑
# 紧接着用 place()方法放置这个按钮
btn0 = tkinter.Button(window, text="这是一个按钮",
                font=("微软雅黑", 15),
                fg=("black"), bd=5)
btn0.place(x=50, y=60, width=200, height=55)

# 用 Tk 类的 mainloop()方法显示这个窗口
window.mainloop()
```

先对上面这段代码执行 Run Module 命令，结果如图 26-6 所示。

在使用 Button 类创建按钮时，可以给构造函数的参数有很多，比较简单且常用的包括该按钮所属的窗口（一定是第一个参数）、按钮上展示的文字内容（参数 text）、按钮上文字内容的字体大小和颜色（参数 font）、按钮的前景色（参数 fg，即按钮文字的颜色）及按钮的边框宽度（参数 bd）。

在使用 place()方法放置创建好的按钮时，可以给函数的参数也有很多，比较简单且常用的包括该按钮在窗口中的 x 坐标（也就是参数 x 的值）、y 坐标（也就是参数 y 的值）、按钮的宽度（也就是参数 width 的值）和按钮的高度（也就是参数 height 的值）。

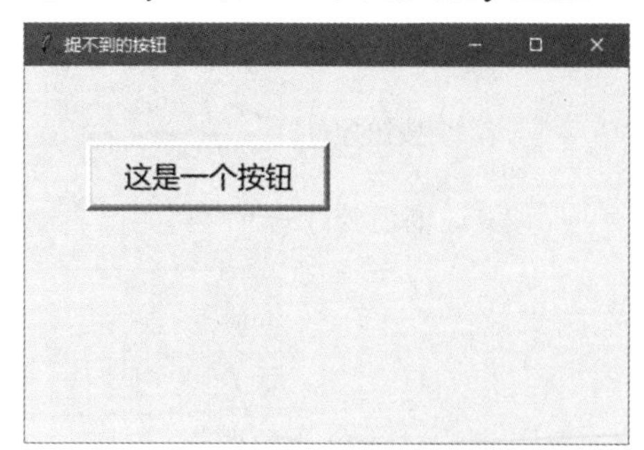

图 26-6　给空白窗口添加按钮的结果

图 26-7 简单地示意了按钮在窗口中的 x 坐标值和 y 坐标值是如何确定的，以及怎么用按钮的宽度值和高度值确定按钮的大小。

最后有两点需要注意：

首先，按钮的 x 坐标和 y 坐标的默认值都是 0，也就是说如果在摆放按钮时没有指定 x 坐标和 y 坐标，那么按钮的左上角就会放在坐标原点处。

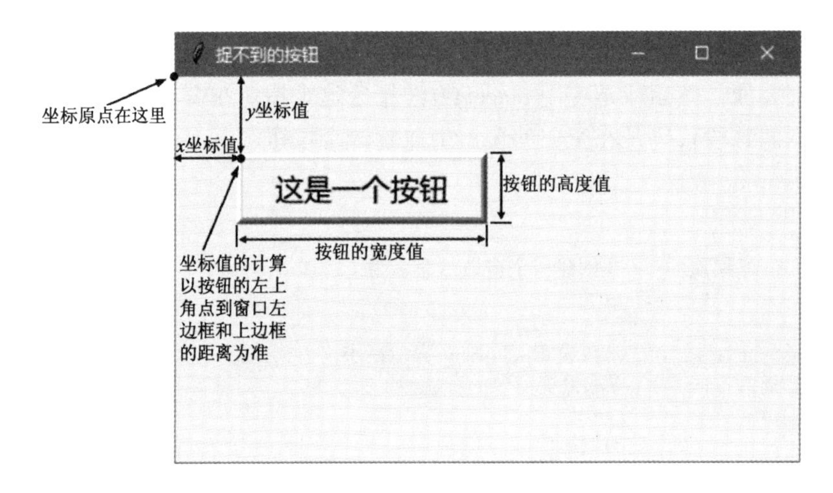

图 26-7　按钮的 x、y 坐标值和宽度、高度值示意

其次，在没有指定按钮宽度和高度的情况下，按钮会根据文字内容的大小自动调整宽度和高度。

26.3　鼠标指，按钮跑：按钮响应鼠标事件

在 26.2 节中提到了很多控件，其实可以这样理解：控件就是放在窗口界面程序中能够接受用户操作或者向用户展示内容（如照片或视频等）的重要工具。

按钮属于控件的一种，除了按钮以外，列表框和标签也算是一种控件，就连表格及文字输入框也是控件的一种。可以这么说，就算想要展示图片，也需要先创建一个控件，然后把图片放在图片控件上作为控件的内容。

图 26-8 展示的是在空白窗口内放置的一些非常常见的控件，这些还只是 tkinter 模块里所有控件的“冰山一角”。

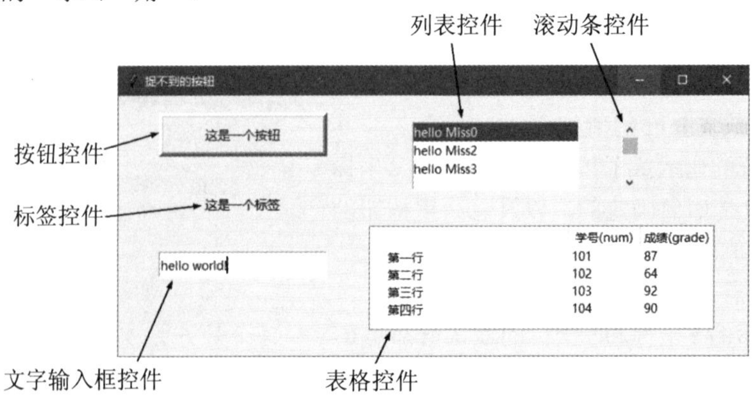

图 26-8　tkinter 模块中的控件举例

从图 26-8 中可以看出，窗口中的这些控件有按钮控件（Button 类）、标签控件（Label 类）、文字输入框控件（Entry 类）、列表控件（Listbox 类）、滚动条控件（Scrollbar 类）和表格控件（Treeview 类）。

如果把在鼠标和键盘上进行的操作当成是发生的一些事件，那么控件之所以能够接受用户的操作，原因就在于控件能够监测到鼠标和键盘上发生的事件。事件的种类有很多，例如单击鼠标的左键就是一种事件。

就拿我们在本节的目标来说吧，要想做到鼠标指针指到按钮上时按钮就迅速逃开的效果，关键还是要让程序能够监测到鼠标发生移动这一事件，其次就是获取鼠标指针在窗口中的当前坐标位置。这样就可以通过一个 if 判断结构，判断鼠标指针的坐标是否在按钮的区域内，如果在，则通过 place()方法把按钮放到别的位置上。

下面这段代码就能实现我们在本节的目标。

```
# 导入 tkinter 模块
import tkinter

# 用 tkinter 模块的 Tk 类创建一个窗口并命名为 window
window = tkinter.Tk()

# 用 Tk 类的 minsize()函数设置 window 窗口最小为 500x300
# 并用 Tk 类的 title()方法设置窗口的标题
window.minsize(500, 300)
window.title("捉不到的按钮")

# 用 tkinter 的 Button 类创建一个按钮,
# 紧接着用 place()方法放置这个按钮
btn0 = tkinter.Button(window, text="这是一个按钮",
                      font=("微软雅黑", 15),
                      fg=("black"), bd=5)
btn0.place(x=40, y=50, width=200, height=55)

# 定义一个回调函数，用于在鼠标指针的位置改变时
# 快速地获取当前鼠标指针的位置
def call_back(event):
    # event 的 x 和 y 属性的值就是鼠标指针当前的坐标值
    print("现在鼠标指针的位置是", event.x, event.y)

    # 判断鼠标指针是否在按钮内部
    if event.x>0 and event.x<200 and \
                event.y>0 and event.y<55:
        # winfo_geometry()方法可以获取按钮的位置
        # 并以"宽度 x 高度+x+y"的字符串形式返回
        if btn0.winfo_geometry()=="200x55+40+50":
            btn0.place(x=300,y=200,width=200,height=55)
        if btn0.winfo_geometry() == "200x55+300+200":
            btn0.place(x=40,y=50,width=200,height=55)
```

```
# 用 bind()方法给创建的 windows 窗口绑定鼠标指针
# 移动事件，事件发生后的回调函数是 call_back()函数
window.bind("<Motion>", call_back)

# 用 Tk 类的 mainloop()方法显示这个窗口
window.mainloop()
```

注意看代码中的 window.bind("<Motion>", call_back)这一行，对 window 窗口使用 bind()方法的作用就是让程序在运行时监测窗口内是否有事件发生。

在 bind()方法内要通过参数指定监测哪种类型的事件及这种事件发生后要做什么。如果事件的类型是鼠标发生移动，那么类型参数用<Motion>就可以了。通常事件发生后要做什么是写在一个函数里的，例如上面就把要做的事写在了 call_back()函数里，并把函数名作为 bind()方法的参数。

在 tkinter 模块里，和<Motion>类似的有很多，例如<Button-1>、<Button-2>、<Button-3>、<B1-Motion>、<B2-Motion>及<B3-Motion>等数不胜数，它们分别代表的事件是单击鼠标左键、单击鼠标滚轮、单击鼠标右键、按住鼠标左键拖动鼠标、鼠标滚轮转动及按住鼠标右键拖动鼠标。

让我们先执行 Run Module 命令看一下效果。程序的一开始还是图 26-6 中所展示的那样，但当把鼠标指针放在按钮上时，按钮会立刻跑到窗口的右下角，当再次把鼠标指针放到右下角的按钮上时，按钮又会回到原来的位置，这样周而复始地变化。图 26-9 展示的是在 IDLE 中打印的一些鼠标指针位置的坐标值。

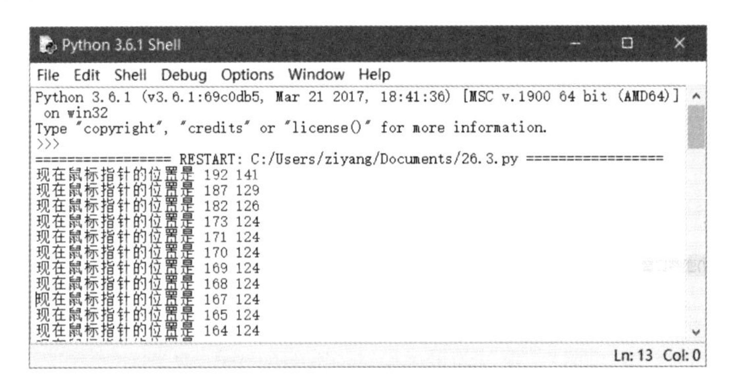

图 26-9　一些鼠标指针位置的打印结果

还是上面的那段代码，只有在 call_back()函数中才使用了 print()函数，所以图 26-9 中打印的内容都来自于这里。call_back()函数的 event 参数可以看作是鼠标指针的当前位置，而 event.x 和 event.y 这两个属性值则是鼠标指针相对于当前窗口的坐标值。

因为只要鼠标在窗口内移动就会执行 call_back()函数，所以 event.x 和 event.y 这两个属性值也会频繁地发生改变。

26.4　课后小练习

【问题提出】

是不是感觉有些好玩呢？把鼠标指针放到按钮上按钮就跑开了。不仅鼠标的移动可以当作是一种事件，鼠标的单击或者按住拖动也可以当作是一种事件。既然鼠标有那么多事件，那么读者不妨就来设想一下，怎样实现鼠标指针在按钮上时单击左键，按钮才跑开的效果呢？

【小小提示】

在 26.3 节中提到过，<Button-1>代表的事件是单击鼠标左键。要让按钮能够响应鼠标左键单击的事件，可以对 btn0 这个按钮实例使用 bind()函数，然后改用<Button-1>作为事件类型参数。

【参考结果】

按照如上提示修改 26.3 节的程序，图 26-10 可以看作是修改后的 Run Module 命令的执行结果。把鼠标指针放在按钮上后单击左键，按钮就跑到右下角，再放到按钮上单击左键，按钮就跑回原位置，这样周而复始地变化，同时在 IDLE 中还打印出了鼠标左键单击的位置坐标信息。

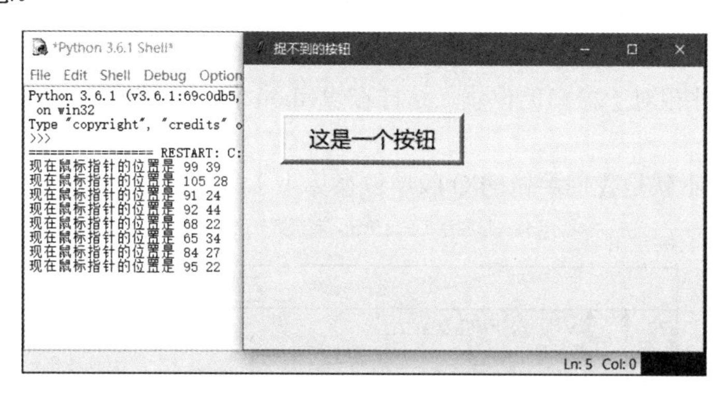

图 26-10　鼠标单击按钮后按钮跑开

第 27 章　Q 版单位换算小工具

在第 26 章中，我们见到了 tkinter 模块中的许多控件，尤其是见到并且亲自尝试使用了按钮控件。认知的过程应该是循序渐进的，在尝试使用了按钮控件之后，我们应该尝试使用更多的其他控件。毕竟在一个程序中不可能只靠摆放一些按钮来完成工作，即便可以，只有按钮也未免会显得有些单调。

尝试使用更多的其他控件就从这一章开始。本章中，我们的目标是做一个 Q 版的单位换算小工具，实现从英尺到米的单位换算。在制作的过程中，涉及的控件包括按钮控件、文字输入框控件和标签控件。

27.1　从整体界面设计入手

要做一个带有界面的小工具，首先要构思好这个小工具的外观，包括窗口的大小、将会用到哪些控件、控件的大小及控件的摆放位置等。构思好这个小工具的外观之后，距离这个小工具的大功告成就算是迈出一大步了。

比较好的习惯是在构思的时候顺便在稿纸上绘制出界面设计草图。草图上应该标注出控件的大小和控件相对于窗口的位置，这样在 Python 代码中确定 place()方法的参数时就有了重要的依据。

如图 27-1 所示就是我们要做的 Q 版单位换算小工具的一幅界面设计草图。

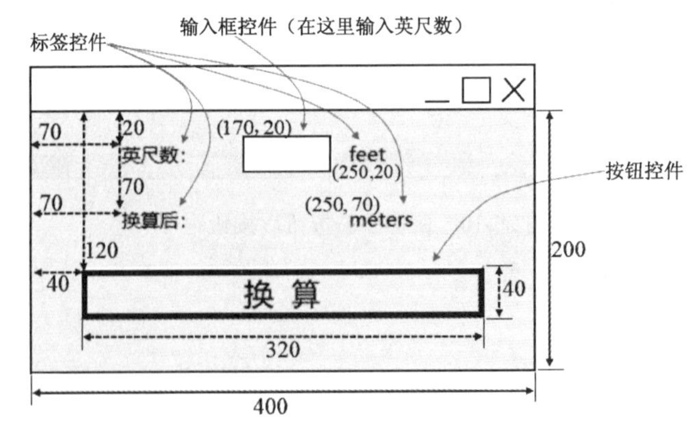

图 27-1　Q 版单位换算小工具的界面设计草图

在这里提前透露一下，按照图 27-1 所示在窗口内摆放好控件，以及做完全部的工作之后，程序的 Run Module 命令执行结果如图 27-2 所示。

这也算是提前预知了大结局吧！接下来，就该利用我们在第 26 章中所学的知识开始摆放控件啦。

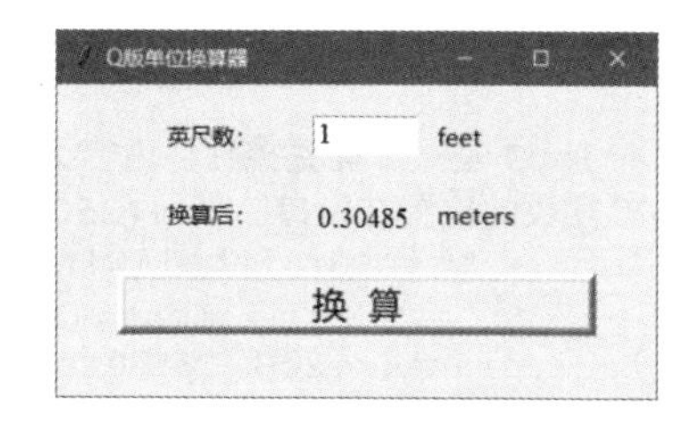

图 27-2　Q 版单位换算小工具的运行截图

27.2　把全部控件都安排到位

既然有了窗口设计的目标，那么就开始实施吧。如果按照图 27-1 展示的那样开始摆放控件，那么代码就像下面这样：

```
# 导入 tkinter 模块
import tkinter

# 创建一个窗口并命名为 window
window = tkinter.Tk()

# 设置 window 窗口的最小和最大尺寸
# 设置窗口的标题
window.minsize(400, 200)
window.maxsize(400, 200)
window.title("Q 版单位换算器")

# lab0 是一个标签控件，内容为“英尺数：”，
# 摆放的位置在窗口的坐标(70,20)处
lab0 = tkinter.Label(window, text="英尺数：",
                     font=("微软雅黑", 10),)
lab0.place(x=70, y=20)

# ent0 是一个输入框控件，用于输入英尺数，
# 摆放的位置在窗口的坐标(170, 20)处，有固定宽高
ent0 = tkinter.Entry(window)
ent0.place(x=170, y=20, width=70, height=25)

# lab0 是一个标签控件，内容为“feet”
# 摆放的位置在窗口的坐标(250,20)处
lab1 = tkinter.Label(window, text="feet",
                     font=("微软雅黑", 10))
lab1.place(x=250, y=20)

# lab2 是一个标签控件，内容为“换算后：”，
# 摆放的位置在窗口的坐标(70,70)处
lab2 = tkinter.Label(window, text="换算后：",
                     font=("微软雅黑", 10))
```

```
lab2.place(x=70, y=70)

# lab3 是一个标签控件，内容为“meters”，
# 摆放的位置在窗口的坐标(250,70)处
lab3 = tkinter.Label(window, text="meters",
                 font=("微软雅黑", 10))
lab3.place(x=250, y=70)

# lab4 是一个标签控件，放在窗口内坐标(170,70)处，
# 在程序开始运行时并没有文字内容，当单击按钮控件执行换算后，
# 换算的结果就是这个标签控件的文字内容
lab4 = tkinter.Label(window, text=" ",
                 font=("微软雅黑", 10))
lab4.place(x=170, y=70)

# btn0 是一个按钮控件，内容为“换　算”
# 摆放的位置在窗口的坐标(40,120)处，有固定宽高
btn0 = tkinter.Button(window, text="换　算",
                  font=("微软雅黑", 15),
                  fg=("black"), bd=5)
btn0.place(x=40, y=120, width=320, height=40)

# 显示这个窗口
window.mainloop()
```

以上代码中没有定义任何函数，也没有给按钮绑定事件，如果此时对这段代码执行 Run Module 命令，那么得到的结果将是一个“呆板”的界面。

如图 27-3 所示就是上面这段代码执行 Run Module 命令的结果。怎么样？是不是看起来跟图 27-2 所示的运行截图很像呢？

尽管这个“呆板”的界面上没有任何功能，但是单击按钮却能发现按钮会有按下视觉反馈，在输入框控件中也能输入很长的数字及字母。

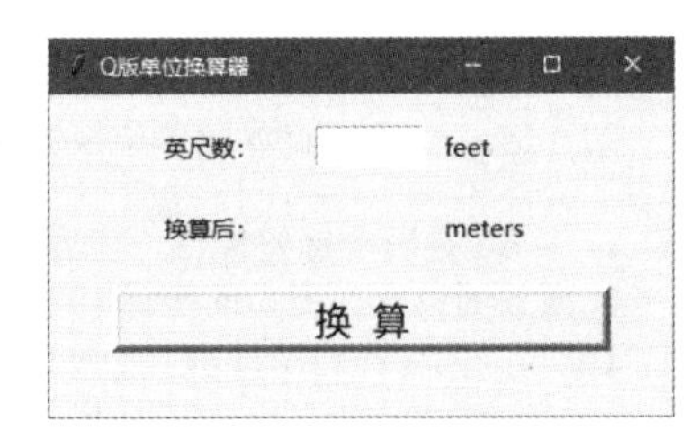

图 27-3　仅摆放控件的代码运行结果

27.3　把换算功能写成函数

既然要做一个能用的小工具，那么就不能让已经摆放好控件的界面徒有其表，是时候实现单位换算的功能了。

假设我们在文字输入框中输入的数字是英尺数，小工具要把这个英尺数换算成米数，那么固定的换算规则就是：1ft=0.3048m。

现在主要面临的问题是怎样把英尺数换算成米数，定义一个 call_back()函数或许是一个比较不错的办法。当按钮监测到发生了单击左键的事件时，就会转而执行 call_back()函

数。在 call_back()函数里完成的就是获取文字输入框中的数值，在经过将数值乘以 0.3048 后再设置为标签控件 lab4 的内容。

以上说的这些其实可以通过下面的这段代码来实现。

```
# 导入 tkinter 模块和 decimal 模块
import tkinter
from decimal import  Decimal

# 创建一个窗口并命名为 window
window = tkinter.Tk()

# 设置 window 窗口的最小和最大尺寸
# 设置窗口的标题
window.minsize(400, 200)
window.maxsize(400, 200)
window.title("Q 版单位换算器")

# 获取控件上的文字内容或者给控件输入新的文字内容，
# 都要用 tkinter 的字符串类 StringVar 作为中转。
# StringVar 类支持 get()方法和 set()方法，
# 可以获取字符串的内容和设置字符串的内容
feet = tkinter.StringVar()
meters = tkinter.StringVar()

def call_back(*args):
    # 判断输入框中是否有内容，
    # 如果没内容，那么就要将 meters 的内容清空
    if len(feet.get()) == 0:
        meters.set(" ")
    else:
        value = Decimal(feet.get())
        meters.set(Decimal('0.3048') * value)

# lab0 是一个标签控件，内容为“英尺数：”，
# 摆放的位置在窗口的坐标(70,20)处
lab0 = tkinter.Label(window, text="英尺数：",
                    font=("微软雅黑", 10),)
lab0.place(x=70, y=20)

# ent0 是一个输入框控件，用于输入英尺数，
# 摆放的位置在窗口的坐标(170, 20)处，有固定宽高
ent0 = tkinter.Entry(window, textvariable=feet)
ent0.place(x=170, y=20, width=70, height=25)

# lab0 是一个标签控件，内容为“feet”，
# 摆放的位置在窗口的坐标(250,20)处
lab1 = tkinter.Label(window, text="feet",
                    font=("微软雅黑", 10))
lab1.place(x=250, y=20)

# lab2 是一个标签控件，内容为“换算后：”，
```

```
# 摆放的位置在窗口的坐标(70,70)处
lab2 = tkinter.Label(window, text="换算后：",
                     font=("微软雅黑", 10))
lab2.place(x=70, y=70)

# lab3 是一个标签控件，内容为“meters”，
# 摆放的位置在窗口的坐标(250,70)处
lab3 = tkinter.Label(window, text="meters",
                     font=("微软雅黑", 10))
lab3.place(x=250, y=70)

# lab4 是一个标签控件，放在窗口内坐标(170,70)处，
# 在程序开始运行时并没有文字内容，当单击按钮控件
# 执行换算后，换算的结果就是这个标签控件的文字内容
lab4 = tkinter.Label(window, textvariable=meters,
                     font=("微软雅黑", 10))
lab4.place(x=170, y=70)

# btn0 是一个按钮控件，文字内容为“换　算”，
# 摆放的位置在窗口的坐标(40,120)处，有固定宽高
btn0 = tkinter.Button(window, text="换　算",
                      font=("微软雅黑", 15),
                      fg=("black"), bd=5)
btn0.place(x=40, y=120, width=320, height=40)

# 给 btn0 绑定事件和事件响应函数
btn0.bind("<Button-1>", call_back)

window.mainloop()
```

对比上面这段代码和 27.2 节的那段代码，可以发现明显增加的就是 call_back()函数。除此之外，不容易发现的细微变化也有两处，那就是在创建 ent0 和 lab4 的时候都设置了 textvariable 参数，参数值是 StringVar 类的实例。

正是因为设置了 textvariable 参数，文字输入框中的内容才可以被当作是变量来使用，以及修改标签的内容才可以变得简单。tkinter 的 StringVar 类在这个过程中就好像是中间的媒介一样。

想象一下，假如在 StringVar 类中有这样一个属性，使用 get()方法和 set()方法可以获取和设置这个属性的值，那么 textvariable 参数需要的应该正是这个属性。如果我们自己编写函数获取文字输入框中的内容或者修改标签的内容，凭现阶段对控件的了解，将会非常困难。

是时候让我们体验一下自己的劳动成果了。把上面那段代码保存为.py 文件然后在 IDLE 中执行 Run Module 命令，尝试在输入框中输入不同的数字，看看得到的换算结果是否正确。如图 27-4 所示，尝试两次输入不同的英尺数，换算后都得到了正确的米数结果。

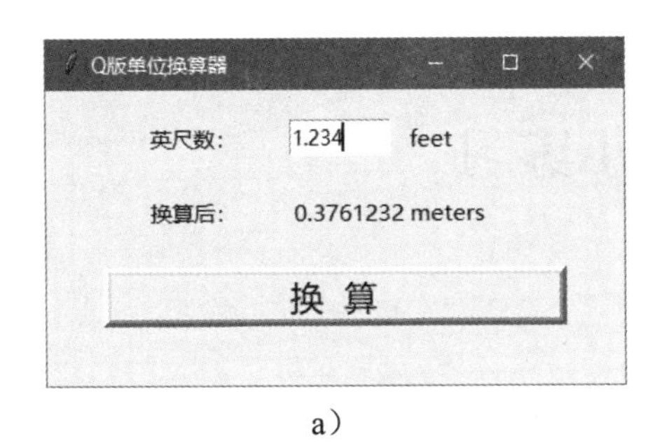

a）

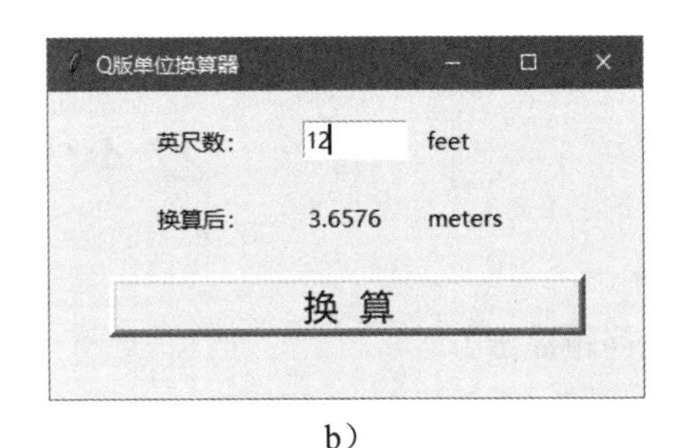

b）

图 27-4　试用 Q 版单位换算小工具

千万不要高兴得太早，即使执行 Run Module 命令之后得到了图 27-4 所示的结果，在上面这段代码中还有几处值得反思的地方要非常留意，那就是从 decimal 模块中导入了 Decimal 类，以及在 call_back()函数中执行乘法运算的时候使用的 Decimal 类。

回忆一下本书中最初的几章，当我们在巧用数字解迷题的时候就接触到了 Decimal 类，在 Python 中这是一个小数类。为什么在 call_back()函数中 0.3048 这个数字不能直接使用而是要先转换成小数后再使用呢？

这是因为在 Python 中，直接用浮点数进行运算可能会产生一些误差，但是用小数则不会。思考图 27-5 展示的用小数和浮点数进行运算对比的例子。

```
Python 3.6.1 Shell
File Edit Shell Debug Options Window Help
Python 3.6.1 (v3.6.1:69c0db5, Mar 21 2017, 18:41:36) [MSC v.1900 64 bit (AMD64)]
 on win32
Type "copyright", "credits" or "license()" for more information.
>>> 0.1+0.1
0.2
>>> 0.1+0.1+0.1
0.30000000000000004
>>> 0.1+0.1+0.1-0.3
5.551115123125783e-17
>>> from decimal import Decimal
>>> Decimal("0.1")+Decimal("0.1")+Decimal("0.1")-Decimal("0.3")
Decimal('0.0')
>>> |
Ln: 12 Col: 4
```

图 27-5　对比用小数和浮点数进行运算

从图 27-5 中可以看出，在计算 0.1+0.1 的时候，直接用浮点数没什么问题，在计算 0.1+0.1+0.1 的时候，直接用浮点数计算的结果发生了可以忽略的偏差，而在计算 0.1+0.1+0.1-0.3 的时候，直接用浮点数计算的结果和正确的结果就有较大的偏差了。反观用小数计算 0.1+0.1+0.1-0.3，却得到了正确的结果。

这种情况的发生和 Python 本身的特性有关。记住，在计算非常简单而且参与计算的数字又少时，直接用浮点数是可以的，即使有一些小误差；如果计算稍微复杂而且参与计算的数字又比较多并且不能容忍出现误差时，那么明智的选择就是使用小数进行运算。

27.4　课后小练习

【问题提出】

我们都知道，英尺和米都是长度单位，长度单位中常用的还厘米（cm）、分米（dm）、毫米（mm）及千米（km）等，这些单位之间都有固定的换算关系。长度单位是丈量长度的，如果需要丈量面积，那就要用和面积相关的单位，例如平方毫米（mm^2）、平方厘米（cm^2）、平方分米（dm^2）、平方米（km^2）及公顷（ha）等。

既然我们在前面完成了一个 Q 版的单位换算小工具，那么在这里不妨扩展一下这个小工具的功能，就像在第 9 章和第 10 章扩展成绩排序小工具的功能一样。例如，我们可以做一个用于面积单位换算的小工具，在输入平方米数后，这个小工具能够展示平方毫米数、平方厘米数、平方分米数、公顷数及平方千米数。

【小小提示】

下面是平方毫米、平方厘米、平方分米、平方米、公顷(ha)及平方千米之间的换算关系：

$$\begin{aligned}1\text{km}^2 &= 100\text{ha} = 1\,000\,000\text{m}^2 = 100\,000\,000\text{dm}^2 \\ &= 10\,000\,000\,000\text{cm}^2 = 1\,000\,000\,000\,000\text{mm}^2\end{aligned}$$

【参考结果】

在 27.3 节代码的基础上增加一些标签控件和文字输入框控件，就可以完成本节的目标。图 27-6 展示的运行结果可以用于参考。

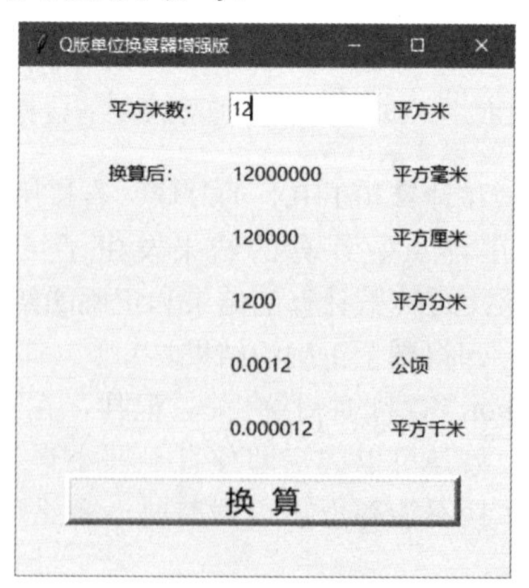

图 27-6　扩展 Q 版单位换算小工具的结果

第 28 章　用按钮操作的小小计算器

还记得吗，在第 2 章中我们用 Python 设计了一个小小的计算器，实现了整数的加、减、乘、除等功能。一路走来，在看过了这么多有趣的 Python 实例之后，是不是感觉那个小小的计算器简直太低端了呢？

的确是这样，但那只是在刚开始的时候，因为我们对 Python 的认识还尚浅，使用起来也非常不熟悉，这很正常。前两章的内容涉及用 Python 搭配 tkinter 模块做窗口界面，既然是这样，那不如趁热打铁，练习着设计一个用按钮操作的小小计算器吧。

同样是计算器，在窗口中用按钮操作的话会更受欢迎。在完成本章的目标后，如果你还有更深的探索欲望的话，说不定还会做出更棒的带有界面的作品呢！好了，让我们即刻开始本章的征程吧！

28.1　先进行外观设计

一提到计算器，大多数人通常首先想到的是那种带有实体按键的计算器，随着科技的进步及计算机和手机等设备的普及，这种计算器似乎在离我们而去。

如果我们要用 Python 做一个用按钮操作的计算器的话，那么最好先来构思一下这个计算器的外观界面是什么样子的，因为计算器确实有很多的按键。图 28-1 展示的就可以看作是这个计算器的成品在运行时候的外观。

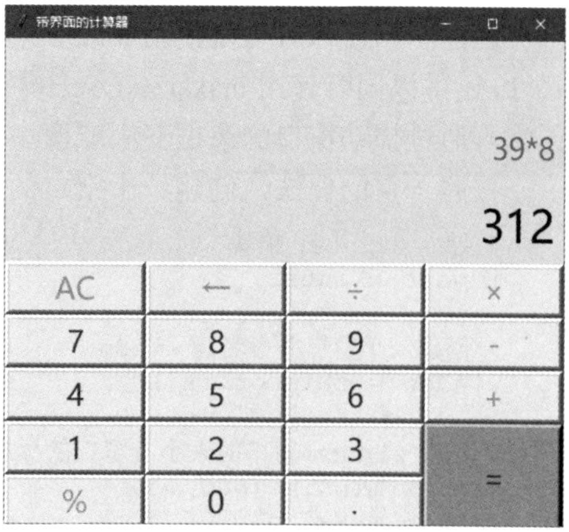

图 28-1　计算器在运行时的界面

从图 28-1 中可以看到，在计算器运行界面的下半部分是一些数字按键和运算符号按键，这两种按键的颜色稍有不同，这样更有助于区分。

在计算器的运算符号按键中，AC 表示擦除所选择的数字并将计算器的显示重新归零，“%”表示取余数运算（如 35%3=1）。

在计算器界面的上半部分是两个显示面板的区域。在这个区域中稍微靠上的显示面板用于显示输入的计算表达式，带有较淡的背景色。在这个区域中稍微靠下的显示面板用于显示输入的操作数及计算的结果，背景色为白色。

接下来要做的就是按照图 28-1 所展示的计算器运行界面，大概地构思出整体的控件布局并绘制出设计草图，图 28-2 展示的就是一幅简化版的控件布局设计草图。

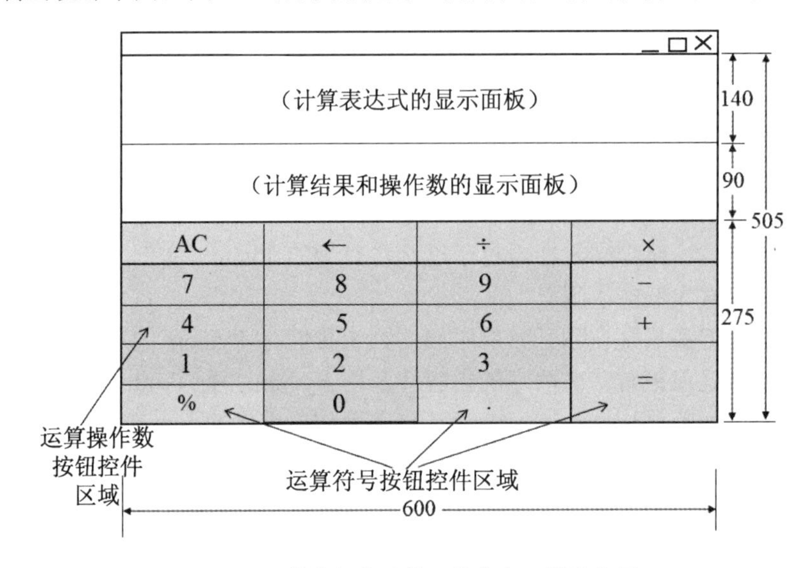

图 28-2　简化版的计算器控件布局设计草图

28.2　创建窗口及放置显示面板

创建一个空白的窗口当然不算是很难啦，我们在前两章的任务都是从创建一个空白窗口开始的，因此可以算是轻车熟路了。

创建空白窗口时可以使用 minsize()方法设定窗口的初始大小，也就是最小允许的窗口尺寸，还可以同时使用 maxsize()方法设定最大允许的窗口尺寸，这样窗口的大小就固定了，无法再通过拖动窗口的边框变大或变小窗口了。

按照一贯的做法，创建一个空白的窗口可以采用下面的这段代码：

```
# 导入 tkinter 模块
import tkinter

# 创建一个窗口并命名为 window
window = tkinter.Tk()

# 设置 window 窗口的大小及窗口的标题
window.minsize(600, 505)
window.maxsize(600, 505)
window.title("带界面的计算器")
```

```
# 显示这个窗口
window.mainloop()
```

经过了之前的多次实践，相信在窗口中摆放一些简单的控件对于我们来说已经不在话下了。即使是这样，当遇到控件非常多并且相互之间紧挨着的情况时，使用 place()方法摆放控件仍要尤其当心。

当然，在控件布局时还不能忘记的就是窗口的坐标规则，也就是所谓的隐含的坐标系。还记得这个隐含的坐标系吗？图 28-3 展示的就是窗口中隐含的坐标系，在这个坐标系中，窗口的左上角是坐标原点，横向是 x 轴，纵向是 y 轴，向右是 x 轴的正方向，向下是 y 轴的正方向。

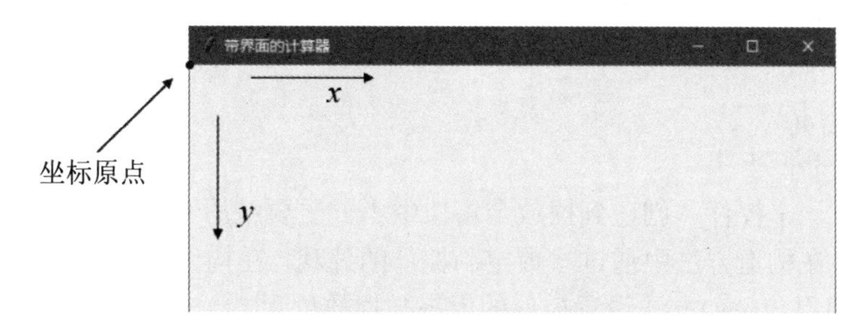

图 28-3　tkinter 模块规定的窗口坐标系

控件的左上角点可以认为是控件的锚点，控件在窗口中的坐标就是这个锚点在窗口中的坐标。一般控件的摆放都是按照从上到下或者从左到右的顺序。

既然计算器的最上面是两个显示面板，那我们就从制作这两个显示面板开始吧。这两个显示面板都可以用标签（Label）控件来实现，因为标签控件可以很方便地设置及获取文字内容，也可以控制控件大小，此外还能设置背景颜色。

下面这段代码就是在窗口中摆放了两个标签控件，作为这个计算器的两个显示面板（计算表达式显示面板与计算结果和操作数显示面板）。

```
# 导入 tkinter 模块
import tkinter

# 创建一个窗口并命名为 window
window = tkinter.Tk()

# 设置 window 窗口的大小及窗口的标题
window.minsize(600, 505)
window.maxsize(600, 505)
window.title("带界面的计算器")

# 创建 StringVar 类实例用于控制显示面板的内容
# show_top 用于计算表达式的显示面板
# show_bottom 用于结算结果和操作数的显示面板
show_top = tkinter.StringVar()
show_top.set("")
```

```
show_bottom = tkinter.StringVar()
show_bottom.set(0)

# 用标签控件创建计算表达式的显示面板，命名为 label1
label1 = tkinter.Label(window, font=("微软雅黑", 20),
                bg="#C0FAF9", fg="#828282",anchor="se",
                textvariable=show_top, bd="9")
# 用 Label 控件创建操作数和计算结果的显示面板，命名为 label2
label2 = tkinter.Label(window, font=("微软雅黑", 30),
                bg="#EEE9E9", fg="black",anchor="se",
                textvariable=show_bottom, bd="9")

# 使用 place()方法放置 label1 和 label2
label1.place(width=600, height=140)
label2.place(y=140, width=600, height=90)

# 显示这个窗口
window.mainloop()
```

总结一下，一个控件从创建到摆放至窗口中不外乎要经历 4 个步骤，即调用类的构造方法创建控件，在构造方法中通过参数定制控件的外观，在构造方法中通过参数向控件添加文字内容，调用 place()方法设置控件的大小与摆放位置。

相比于 place()方法来说，控件的构造方法中可以设置的参数还是挺多的。就拿上面的标签控件来说吧，Label()方法中的 font 参数与 textvariable 参数是我们在之前就用到过的，应该算是“老相识”了。

当然了，上面的 Label()方法中还用到了一些新的参数，例如 bg（单词 background 的缩写）参数设置的就是控件的背景色，fg（单词 foreground 的缩写）参数设置的就是控件的前景色（也就是显示的文字内容的颜色），bd 参数设置的是控件的边框宽度，如果有文字内容，那么是不会出现在边框区域里的。

bg 参数和 fg 参数的值可以是类似 black、blue 及 white 这样的英文单词字符串形式，也可以是十六进制颜色编码（如#COFAF9）的字符串形式。显然第二种形式能够表示的颜色更多。就拿我们上面所选择的取值来说，EEE9E9 是一种略带一点粉色的白色，C0FAF9 是一种淡淡的蓝色，#828282 是一种稍微深一点的灰色。

在上面的 Label()方法中还用到了 anchor 参数，这是和文字内容在控件中的位置有关的参数。如果仅仅把 show_top 和 show_bottom 赋值给 textvariable 参数，那么默认的 show_top 和 show_bottom 都只会处于 label1 控件和 label2 控件的中心位置。

anchor 参数一共有 8 个取值可选，分别是 n、ne、e、se、s、sw、w 和 nw。其中，n 指的就是顶对齐，s 指的就是底对齐，e 指的就是右对齐，w 指的就是左对齐，其他的组合如 ne 就是右上角对齐，se 就是右下角对齐，sw 就是左下角对齐，nw 就是左上角对齐。当然了，这些“对齐”指的都是内容相对于控件的对齐。

图 28-4 展示的就是在放入了两个显示面板之后窗口的样子。

图 28-4　在窗口中加入了两个显示面板

关于 place()方法的 x 参数和 y 参数，之前曾经提到过，如果没有指定 x 参数值和 y 参数值时，那么 x 参数和 y 参数默认的值就是 0，也就是说控件在窗口的左上角。例如，上面在对 label2 使用 place()方法时仅仅指定了 y 参数值，那么 x 参数就为默认的 0，所以 label2 会紧贴着窗口左边框放置。

28.3　放置计算器的按键

按照顺序，在完成了给计算器添加显示面板的任务之后，下一步要做的就应该是给计算器添加按键了。

能够充当计算器按键这一角色的非按钮控件莫属了。这是因为在按钮控件上可以添加一些文字内容说明按钮的作用，甚至在按钮上放置一些图片也可以。另外，按钮控件可大可小，还可以在创建时通过一些参数设置控件的外观。

下面这段代码就是创建和摆放按钮控件作为计算器的按键部分。

```
# 设计计算器的数字按键
btn0 = tkinter.Button(window, text="0", font=("微软雅黑", 20),
                fg=("black"), bd=5)
btn1 = tkinter.Button(window, text="1", font=("微软雅黑", 20),
                fg=("black"), bd=5)
btn2 = tkinter.Button(window, text="2", font=("微软雅黑", 20),
                fg=("black"), bd=5)
btn3 = tkinter.Button(window, text="3", font=("微软雅黑", 20),
                fg=("black"), bd=5)
btn4 = tkinter.Button(window, text="4", font=("微软雅黑", 20),
                fg=("black"), bd=5)
```

```
btn5 = tkinter.Button(window, text="5", font=("微软雅黑", 20),
                      fg=("black"), bd=5)
btn6 = tkinter.Button(window, text="6", font=("微软雅黑", 20),
                      fg=("black"), bd=5)
btn7 = tkinter.Button(window, text="7", font=("微软雅黑", 20),
                      fg=("black"), bd=5)
btn8 = tkinter.Button(window, text="8", font=("微软雅黑", 20),
                      fg=("black"), bd=5)
btn9 = tkinter.Button(window, text="9", font=("微软雅黑", 20),
                      fg=("black"), bd=5)
btn_point = tkinter.Button(window, text=".", font=("微软雅黑", 20),
                           fg="#4F4F4F", bd=5)

# 放置计算器的数字按键
btn0.place(x=150, y=450, width=150, height=55)
btn1.place(x=0, y=395, width=150, height=55)
btn2.place(x=150, y=395, width=150, height=55)
btn3.place(x=300, y=395, width=150, height=55)
btn4.place(x=0, y=340, width=150, height=55)
btn5.place(x=150, y=340, width=150, height=55)
btn6.place(x=300, y=340, width=150, height=55)
btn7.place(x=0, y=285, width=150, height=55)
btn8.place(x=150, y=285, width=150, height=55)
btn9.place(x=300, y=285, width=150, height=55)
btn_point.place(x=300, y=450, width=150, height=55)

# 设计运算符号按键
btn_ac = tkinter.Button(window, text="AC", font=("微软雅黑", 20),
                        fg="orange", bd=5)
btn_back = tkinter.Button(window, text="←", font=("微软雅黑", 20),
                          fg="orange",bd=5)
btn_division = tkinter.Button(window, text="÷", font=("微软雅黑", 20),
                              fg="orange", bd=5)
btn_multiplication = tkinter.Button(window, text="×",
                                    font=("微软雅黑", 20),
                                    fg="orange", bd=5)
btn_subtraction = tkinter.Button(window, text="-",
                                 font=("微软雅黑", 20),
                                 fg="orange", bd=5)
btn_addition = tkinter.Button(window, text="+",
                              font=("微软雅黑", 20),
                              fg="orange", bd=5)
btn_equal = tkinter.Button(window, text="=", font=("微软雅黑", 20),
                           bg="orange", fg="#4F4F4F", bd=5)
btn_percent = tkinter.Button(window, text="%",
                              font=("微软雅黑", 20),
                              fg="orange", bd=5)

# 放置运算符号按键
btn_ac.place(x=0, y=230, width=150, height=55)
btn_back.place(x=150, y=230, width=150, height=55)
btn_division.place(x=300, y=230, width=150, height=55)
```

```
btn_multiplication.place(x=450, y=230, width=150, height=55)
btn_subtraction.place(x=450, y=285, width=150, height=55)
btn_addition.place(x=450, y=340, width=150, height=55)
btn_equal.place(x=450, y=395, width=150, height=110)
btn_percent.place(x=0, y=450, width=150, height=55)
```

由于代码太长并且篇幅有限，所以上面这段代码仅仅是计算器的按键部分实现。如果想要执行 Run Module 命令看一下效果，那么要把这段代码插入 28.2 节代码的 window.mainloop()这一行之前。

设计完计算器的全部按键后，到这里我们的控件摆放工作基本就算是完成了。图 28-5 就是目前为止得到的执行 Run Module 命令的效果。

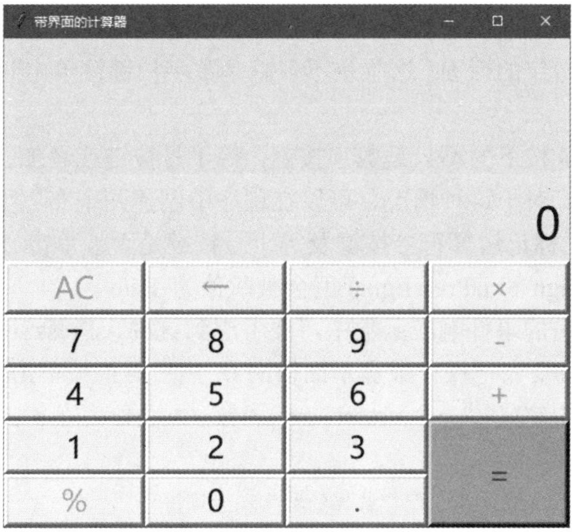

图 28-5　给计算器添加按键后的界面效果

在这里添加的按键确实有点多，数一下，是不是足足有 20 个？所以代码长了一些。

如果想再修改一下按键的外观，那么一定要想好要修改哪个按钮控件的参数。记住，按钮 btn0～btn9 分别对应计算器中的 0～9 数字按键，btn_point 是小数点按键，btn_ac 是清屏按键、btn_back 是回退按键、btn_division 是除号按键、btn_multiplication 是乘号按键、btn_subtraction 是减号按键、btn_addition 是加号按键、btn_equal 是等于号按键、btn_percent 是百分号按键。

因为我们还没有编写事件响应函数，所以这个计算器虽然外表是我们想要的，但是却都没有什么功能。

试着单击一下这个计算器的按钮，可以发现按钮会有一种视觉上的反馈。例如我们单击一下等于号的按钮就会发现，原先橘黄色的背景成了白色，同时按钮会有一种好像下沉的动作。再例如我们单击一下加号按钮就会发现，原先橘黄色的加号变成了黑色，同时按钮也会有一种类似下沉的动作。

28.4　思考一下：有哪些事件需要响应

经过了前几节的不懈奋斗后，到目前为止我们终于有了一个“空壳”计算器，是时候一步一步地添加事件响应的代码来完善这个计算器了。思考一下，我们会在计算器上执行什么操作呢？

我们可能会单击计算器的数字按键，数字按键可能只单击一个，也可能会单击多个。在计算器刚开始运行时，稍微靠下的操作数显示面板显示的数字是 0，如果这时单击一个数字按键，那么这个数字应该会替换掉 0，如果紧接着再单击一个数字按键，那么这个数字应该拼接在前一个数字的后面。这些差不多就是数字按键被单击时的事件响应函数要做的事了。

当然了，我们可能按下的不只是数字按键，等于号按键或者加、减、乘、除等运算符号按键都有可能按下。对于这种情况，可以在程序中创建两个布尔型变量，如 isPressSign 和 isPressEqual，用于标记运算符号按键及等于号按键是否被单击。在这两种按键的事件响应函数中，isPressSign 和 isPressEqual 就会被赋值为 True。

在数字按键被单击的事件响应函数中，要考虑到这种 isPressSign 或 isPressEqual 为 True 的情况，这时候就要先把操作数显示面板清 0，然后再把被单击的数字显示到面板上。

下面的这段代码中定义了一个 pressNum()函数，可以作为在单击数字按键时的事件响应函数。

```
# lists 是一个列表变量，用于保存选择的数字和运算符号
lists = []

# isPressSign 和 isPressEqual 都是布尔型变量，
# 作用分别是标记是否有运算符号按键和等号按键被按下
# 默认都是 False，即没有运算符号按键和等号按键被按下
isPressSign = False
isPressEqual = False

def pressNum(num):
    global lists
    global isPressSign
    global isPressEqual

    # 如果这个数字按键是紧接着运算符号按键按下之后才按的
    # 那么应该先把操作数显示面板的内容清 0
    if isPressSign == True:
        show_bottom.set(0)
        isPressSign = False

# 同理，如果在这个数字按键按下之前有等号按键被按下
# 那么也应该先把操作数显示面板的内容清 0
    if isPressEqual == True:
```

```
        show_bottom.set(0)
        isPressEqual = False

    # original_num 是从当前的操作数显示面板获取到的数字(字符串形式),
    # 如果判断这个数字是 0, 则把按下的这个数字显示到面板上(替换掉 0),
    # 如果判断这个数字不是 0,
    # 则把按下的这个数字拼接到面板上已有数字的后面
    original_num = show_bottom.get()
    if original_num == "0":
        show_bottom.set(num)
    else:
        existing_num = original_num + num
        show_bottom.set(existing_num)
```

isPressSign 和 isPressEqual 在后面会用到，所以这里就事先定义了。同样定义的还有 lists，这是一个列表变量，可以存储在计算器上按下的数字按键和运算符号按键。因为稍微靠上的显示面板需要把计算表达式显示出来，所以用一个列表存储按下的数字按键和运算符号按键还是有必要的。

我们还可能会单击计算器的运算符号按键。清屏按键（AC）、回退按键（←）、除号按键、乘号按键、减号按键、加号按键及百分号按键，这些都算是运算符号按键。

在运算符号按键中，需要留意的还是清屏按键和回退按键。当按下清屏按键后，操作数显示面板要清 0，另外 lists 列表也要清空。当按下回退按键后，操作数显示面板上的数字的最后一位要删除掉，这可以通过对字符串进行分片操作来完成。

下面这段代码是 pressSign()函数的定义，可以作为在单击运算符号按键时的事件响应函数。

```
def pressSign(sign):
    global lists
    global isPressSign

    # 获取操作数显示面板上的数字，并且保存到 lists 列表中
    num = show_bottom.get()
    lists.append(num)

    # 将按下的运算符号也保存到 lists 列表中，
    # 并且不要忘记把 isPressSign 设为 True
    lists.append(sign)
    isPressSign = True

    # 如果按下的是清屏（AC）按键，就要清空 lists 列表的内容，
    # 并且将操作数显示面板清 0
    if sign == "AC":
        lists.clear()
        show_bottom.set(0)

    # 如果按下的是回退（←）按键，则用字符串分片的办法选取
    # 当前面板上数字的第一位至倒数第二位显示到面板上
    if sign == "b":
        a = num[0:-1]
```

```
        lists.clear()
        show_bottom.set(a)
        # 继续按回退按键，如果清空了最后一个数，
        # 则显示面板要清 0
        if 0 == len(a):
            show_bottom.set(0)
```

我们也可能会在输入完要计算的式子之后单击等号按键，这样才能得到计算的结果。这也就是说，到现在为止我们还缺一个在单击等号按键时的事件响应函数。

单击等号按键后，第一件要做的事就是把 isPressEqual 设为 True，这样当要进行下一个式子的计算时就不会还在操作数显示面板保留着上一个式子的结果。

事件响应函数比较麻烦的当属把 lists 列表中的字符串和字符拼接在一起，以及用拼接成的字符串进行运算。前者，Python 专门提供了 join()函数，可以将字符（串）、元组及列表按照指定的分隔符号（也可以没有分隔符号）拼接生成一个新的字符串。后者，Python 也提供了 eval()函数，可以将写成字符串形式的计算表达式当作是有效的，并且返回计算结果。

下面这段代码是 pressEqual()函数的定义，可以作为单击等号按键时的事件响应函数。

```
def pressEqual():
    global lists
    global isPressEqual

    # 单击等号按键后第一件要做的事就是把 isPressEqual 设为 True，
    # 还要把等号之前的数字存到 lists 列表中
    isPressEqual = True
    num = show_bottom.get()
    lists.append(num)

    # lists 列表中存储的是数字和运算符号，
    # 它们都是单个字符或者字符串的形式，
    # join()函数可以把这些字符（串）拼接成一个计算表达式，
    # eval()函数可以计算这个表达式的结果
    formula = ''.join(lists)
    result = eval(formula)

    # 计算过程应该放到上面的显示面板
    # 计算的结果应该放到下面的显示面板
    show_bottom.set(result)
    show_top.set(formula)
    lists.clear()
```

别忘了，在等号按键被单击后，两个显示面板的内容也要实时更新。靠上的表达式显示面板本来是没有内容的，在单击了等号键后要显示计算表达式。靠下的操作数显示面板显示的也不再是操作数而是计算的结果。

28.5　全新的事件响应办法：lambda 回调

事件处理一共有 3 个函数：pressNum()函数、pressSign()函数和 pressEqual()函数。pressNum()函数和 pressSign()函数都需要传入参数，其中 pressNum()函数需要的参数是数字或小数点，pressSign()函数需要的参数是表达式操作符。

如果还像之前那样用 bind()函数给按钮控件绑定事件和事件响应函数，这样的做法没问题，可以行得通。不过，在按钮比较多的情况下，这种办法无疑会增加代码的行数，从而让原本不好理解的代码更加眼花缭乱。

在这里我们应该尝试一种新的绑定事件响应函数的方式，这种方式应该比使用 bind()更加简便，并且更能节省空间。这种方式就是给按钮控件添加 lambda 回调。

该怎样给按钮控件添加 lambda 回调呢？其实这就涉及一个新的参数的使用——command 参数。现在就把 28.3 节的代码全部“翻新”一遍，在创建按钮时增加 command 参数的使用，大概就得到了下面的这些代码。

```
# 设计计算器的数字按键
btn0 = tkinter.Button(window, text="0", font=("微软雅黑", 20),
                      fg=("black"), bd=5,
                      command=lambda:pressNum("0"))
btn1 = tkinter.Button(window, text="1", font=("微软雅黑", 20),
                      fg=("black"), bd=5,
                      command=lambda:pressNum("1"))
btn2 = tkinter.Button(window, text="2", font=("微软雅黑", 20),
                      fg=("black"), bd=5,
                      command=lambda:pressNum("2"))
btn3 = tkinter.Button(window, text="3", font=("微软雅黑", 20),
                      fg=("black"), bd=5,
                      command=lambda:pressNum("3"))
btn4 = tkinter.Button(window, text="4", font=("微软雅黑", 20),
                      fg=("black"), bd=5,
                      command=lambda:pressNum("4"))
btn5 = tkinter.Button(window, text="5", font=("微软雅黑", 20),
                      fg=("black"), bd=5,
                      command=lambda:pressNum("5"))
btn6 = tkinter.Button(window, text="6", font=("微软雅黑", 20),
                      fg=("black"), bd=5,
                      command=lambda:pressNum("6"))
btn7 = tkinter.Button(window, text="7", font=("微软雅黑", 20),
                      fg=("black"), bd=5,
                      command=lambda:pressNum("7"))
btn8 = tkinter.Button(window, text="8", font=("微软雅黑", 20),
                      fg=("black"), bd=5,
                      command=lambda:pressNum("8"))
btn9 = tkinter.Button(window, text="9", font=("微软雅黑", 20),
                      fg=("black"), bd=5,
```

```
                    command=lambda:pressNum("9"))
btn_point=tkinter.Button(window,text=".",font=("微软雅黑", 20),
                     fg="#4F4F4F", bd=5,
                     command=lambda:pressNum("."))

# 放置计算器的数字按键
btn0.place(x=150, y=450, width=150, height=55)
btn1.place(x=0, y=395, width=150, height=55)
btn2.place(x=150, y=395, width=150, height=55)
btn3.place(x=300, y=395, width=150, height=55)
btn4.place(x=0, y=340, width=150, height=55)
btn5.place(x=150, y=340, width=150, height=55)
btn6.place(x=300, y=340, width=150, height=55)
btn7.place(x=0, y=285, width=150, height=55)
btn8.place(x=150, y=285, width=150, height=55)
btn9.place(x=300, y=285, width=150, height=55)
btn_point.place(x=300, y=450, width=150, height=55)

# 设计运算符号按键
btn_ac = tkinter.Button(window, text="AC", font=("微软雅黑", 20),
                    fg="orange", bd=5,
                    command=lambda:pressSign("AC"))
btn_back = tkinter.Button(window, text="←", font=("微软雅黑", 20),
                      fg="orange",bd=5,
                      command=lambda:pressSign("b"))
btn_division = tkinter.Button(window, text="÷", font=("微软雅黑", 20),
                          fg="orange", bd=5,
                          command=lambda:pressSign("/"))
btn_multiplication = tkinter.Button(window, text="×",
                                font=("微软雅黑", 20),
                                fg="orange", bd=5,
                                command=lambda:pressSign("*"))
btn_subtraction = tkinter.Button(window, text="-",
                             font=("微软雅黑", 20),
                             fg="orange", bd=5,
                             command=lambda:pressSign("-"))
btn_addition = tkinter.Button(window, text="+",
                          font=("微软雅黑", 20),
                          fg="orange", bd=5,
                          command=lambda:pressSign("+"))
btn_equal = tkinter.Button(window, text="=",
                       font=("微软雅黑", 20),
                       bg="orange", fg="#4F4F4F",
                       bd=5, command=lambda:pressEqual())
btn_percent = tkinter.Button(window, text="%",
                         font=("微软雅黑", 20),
                         fg="orange", bd=5,
                         command=lambda:pressSign("%"))

# 放置运算符号按键
btn_ac.place(x=0, y=230, width=150, height=55)
btn_back.place(x=150, y=230, width=150, height=55)
btn_division.place(x=300, y=230, width=150, height=55)
```

```
btn_multiplication.place(x=450, y=230, width=150, height=55)
btn_subtraction.place(x=450, y=285, width=150, height=55)
btn_addition.place(x=450, y=340, width=150, height=55)
btn_equal.place(x=450, y=395, width=150, height=110)
btn_percent.place(x=0, y=450, width=150, height=55)
```

对于按钮控件来说，command 参数的作用是就是指定当鼠标左键按下时要执行的事件响应函数。command 参数的值是事件响应函数的函数名，在这个函数不需要参数的情况下，直接把函数名赋值给 command 参数就可以了，如果这个函数需要传入参数，那么最好是给 command 参数赋值 lambda 回调。

类似“lambda:pressNum("0")”这样的就是 lambda 回调。称之为“lambda 回调”，是因为它实质上是一行可以调用某个函数的 lambda 表达式。在 lambda 语句的后面加一个冒号，再紧跟着一个事件响应函数，并且支持给事件响应函数传递参数，这样就构成了一个 lambda 回调。

28.6　把所有的工作结合起来

事实上，到 28.5 节为止，我们已经完成了这个带界面的计算器的所有功能，至少是能够进行简单的运算且不会出错的所有功能。在这一节，我们要做的就是把之前的代码段都组合在一起，然后对这个我们花费了大量精力才完成的一个作品执行 Run Module 命令。

图 28-6 展示的是计算器刚开始运行时的界面，这个界面看起来和图 28-5 所示的界面没什么两样。

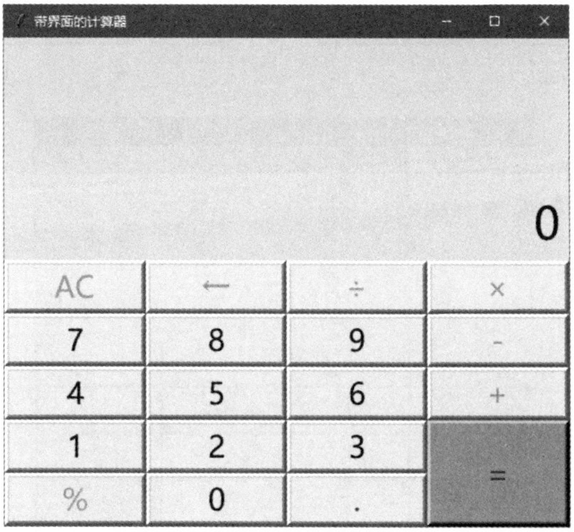

图 28-6　计算器的运行初始界面

让我们分别执行一些计算，看看计算的结果是否正确。图 28-7 的 a 至 e 展示的就是用这个计算器计算 36.5÷5、36.5×5、36.5−5、36.5+5 及 36.5÷5 取余数的结果。

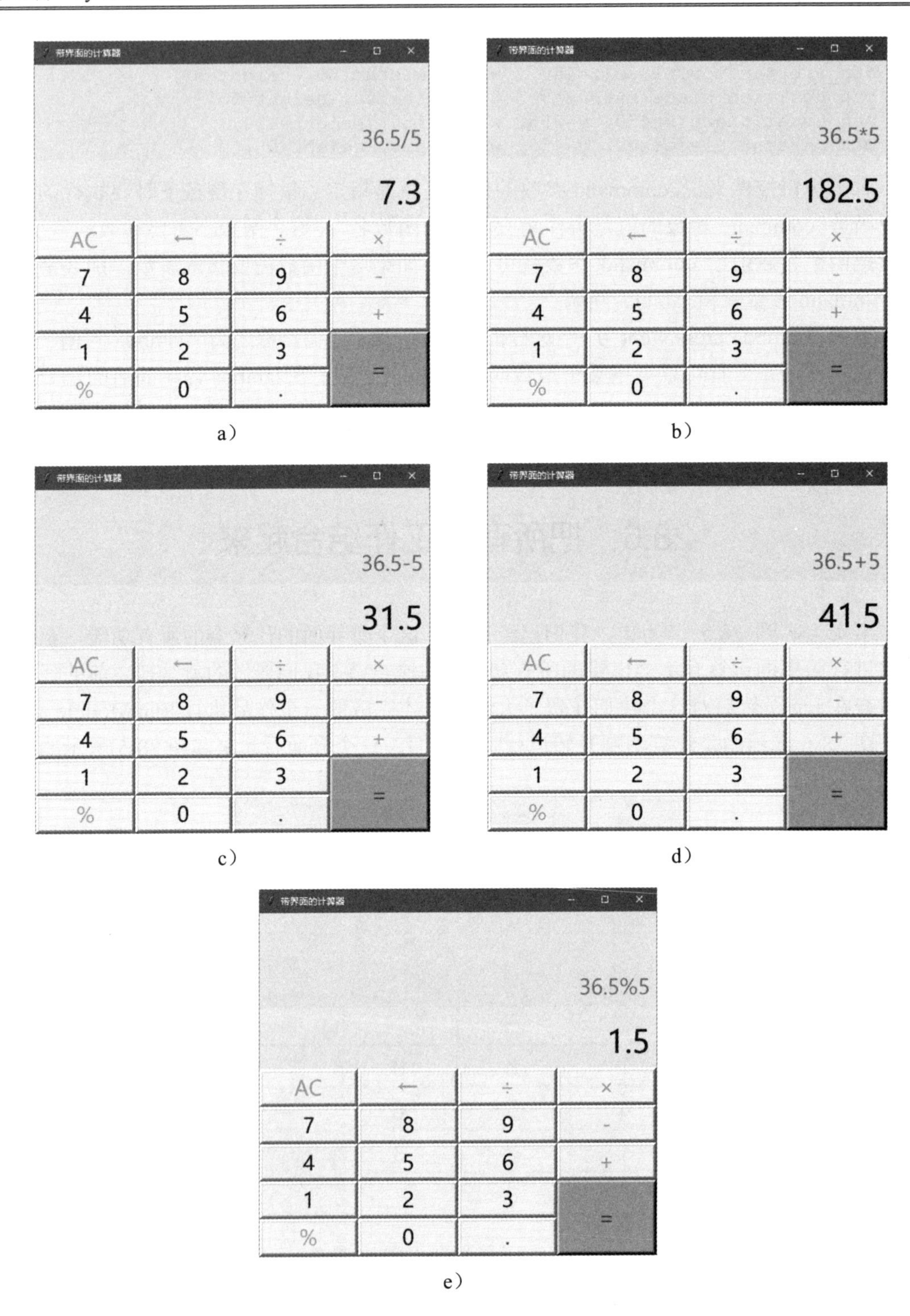

图 28-7　试着用计算器执行一些运算

28.7　题外话：谈谈 lambda 表达式

lambda 回调非常方便，这是我们在前面的学习中有目共睹的，尽管如此，有一个事实必须承认，那就是 lambda 语句并不是专为 lambda 回调这种用法准备的，确切地说是为了速写简单的函数而准备的。

作为一段题外话，先放下计算器的任务，看一下究竟什么是速写简单的函数。参考下面这两段代码及打印的结果：

```
def f1(x):
    return x ** 2
def f2(x):
    return x ** 3
def f3(x):
    return x ** 4
F = [f1, f2, f3]
for f in F:
    print(f(2))

F2 = [lambda x:x ** 2, lambda x:x ** 3, lambda x: x ** 4,]
for f in F2:
    print(f(2))
```

把这段代码保存为.py 文件再在 IDLE 中执行 Run Module 命令，就可以得出两个 print() 函数的打印结果，如图 28-8 所示。

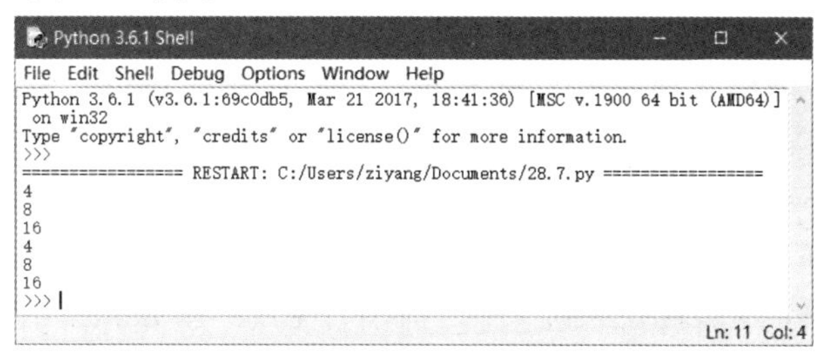

图 28-8　体验用 lambda 语句完成的函数速写

结合图 28-8 和上面的这段代码可以看出，函数 f1(x)和表达式 lambda x:x ** 2 的功能相同，都是对参数计算二次幂；函数 f2(x)和表达式 lambda x:x ** 3 的功能相同，都是对参数计算三次幂；函数 f3(x)和表达式 lambda x:x ** 4 的功能相同，都是对参数计算四次幂。

就拿表达式 lambda x:x ** 2 来说吧，一般可以将其称之为“lambda 表达式”，其实现的就是速写简单的函数。在表达式 lambda x:x ** 2 中，lambda 语句后面的 x 相当于函数定义中的参数，这个 x 后面是一个冒号和计算表达式 x ** 2，这个计算表达式 x ** 2 就相当于函数定义中的返回值。

lambda 表达式比较适合简单函数的速写，例如计算一些表达式的值，而不适合复杂函数的速写，因为 lambda 表达式的特点就是简短。

第 29 章　绘制一幅卡通画

使用 Python 能够创建带有窗口界面的程序，这是我们在前几章就已经试过的，当然前提是借助了 tkinter 模块。

tkinter 模块的强大不仅在于支持把按钮、标签、输入框及表格等控件放在创建好的窗口中，更在于还支持在创建好的窗口中添加自定义的形状，例如五角星、圆形、正方形和三角形等，也就是在窗口中绘制颜色各异的图案。

是不是感觉很不可思议呢？在这一章，我们会通过在窗口中绘制一幅卡通画来佐证上面的说法，当然，涉及的模块主要还是 tkinter 模块。话不多说，让我们这就开始吧。

29.1　创建空白画布：Canvas 组件

在 tkinter 模块中是有很多的类和函数的，如果按照职能把这些类和函数细分的话，tkinter 模块又能具体地分出很多的组件。

例如按钮控件，它被实现在 Button 类里，可以算作是 tkinter 模块的一个组件；再如输入框控件，它被实现在 Entry 类里，也可以算作是 tkinter 模块的一个组件。诸如此类，标签控件实现在 Label 类里，自然也是 tkinter 模块的一个组件。

这些组件我们在前几章都见过了，所以没什么稀奇，当然也和本章的目标没什么关系。如果要在窗口里作画，那么就要用到一个之前没有见过的新 tkinter 组件——画布组件。画布组件实现在 Canvas 类里，所以它是 tkinter 的 Canvas 组件。

画布组件应该这样使用：先创建一个空白窗口，再通过实例化 Canvas 类的方式创建一个画布并把这个画布放置在窗口中，最后通过 Canvas 类中的一些绘制基本形状的方法实现在画布中绘制各式各样的图形。

图 29-1 展示的就是我们在本章结束后可以绘制出的卡通画。

从图 29-1 中可以看出，卡通画的内容大概就是夜晚的景色。

看到图 29-1，是不是感觉非常神奇呢？不要惊讶，要相信，经过本章的学习，我们是可以完成图 29-1 展示的这个目标的。当然，万丈高楼平地起，我们第一步需要做的是先来认识一下 Canvas 组件。

图 29-1　卡通画成品预览

下面这段代码实现了在窗口中添加一块画布。

```
import tkinter

# 新建一个空白窗口，同时设置窗口的大小为固定值
window = tkinter.Tk()
window.title("卡通画绘制")
window.minsize(width=800, height=600)
window.maxsize(width=800, height=600)

# 创建一个画布，设置背景色为灰色
canvas = tkinter.Canvas(window, background='gray')

# 放置这个画布，画布大小和窗口大小一样
canvas.place(width=800, height=600)

tkinter.mainloop()
```

在这段代码中，创建的 Canvas 类实例名叫 canvas，也就是我们在以后要用到的画布。通过 background（等同于 bg）参数，指定了这个画布的背景色是灰色。window 窗口的大小是固定的 800×600，如果让画布填满窗口，那么画布的大小也就应该是 800×600。

图 29-2 展示的就是上面这段代码执行 Run Module 命令的结果。

通过 bg 参数可以指定背景颜色，通过 background 参数也可以指定背景颜色，bg 就是英文单词 background 的缩写，所以 bg 参数的作用和 background 参数的作用是一样的。

灰色的英文单词是 gray、黑色的英文单词是 black、白色的英文单词是 white，粉色的英文单词是 pink，除了这些，描述颜色的英文单词还有很多。不妨试着用这些单词改变一下代码中 background 参数的取值，看看画布的背景颜色会怎么样变化吧。

图 29-2　在窗口中添加一块灰色背景的画布

29.2　夜晚的格调：用深色填充画布

在创建画布的时候如果不指定 background 参数的值，那么默认画布的背景就是白色的，就好像一张还没有开始绘画的白纸一样。

既然是夜晚的景色，那么我们就应该先给画布添加一些夜晚的格调，例如可以把画布的背景色调成深蓝色或者蓝黑色，通过下面这段代码就可以完成：

```
import tkinter

# 新建一个空白窗口，同时设置窗口的大小为固定值
window = tkinter.Tk()
window.title("卡通画绘制")
window.minsize(width=800, height=600)
window.maxsize(width=800, height=600)

# 创建一个画布，设置背景色为蓝黑色
canvas = tkinter.Canvas(window, background = '#000033')

# 放置这个画布，画布大小和窗口大小一样
canvas.place(width=800, height=600)

tkinter.mainloop()
```

此时对这段代码执行 Run Module 命令会发现，画布的背景色被调成了蓝黑色。

我们在前面就已经知道了，对于 tkinter 模块来说，background 参数既可以是英文单词字符串，又可以是类似“#000033”这样的十六进制颜色代码字符串。

如果使用英文单词的话，那么能够表示的颜色可以多达 140 个左右，足够应对一般的使用场景了，而如果换作是十六进制颜色代码的话，那么能够表示的颜色将多达数千个甚至上万个，因此我们常常会在一些比较专业的使用场景中见到这种十六进制颜色代码的身影。

为了以后能够在一般的使用场景中随意地变换颜色，下面我们就来看一下可以赋值给 background 参数的将近 140 个英文单词都有哪些吧。这些英文单词都被汇总在表 29-1 中，一起汇总的还有与单词对应的十六进制颜色代码及颜色说明。

表 29-1　可以赋值给background参数的英文单词

单　词	颜色代码	颜　色	单　词	颜色代码	颜　色
Pink	#FFC0CB	粉红	Crimson	#DC143C	深红
LavenderBlush	#FFF0F5	淡紫红	PaleVioletRed	#DB7093	弱紫罗兰红
HotPink	#FF69B4	热情粉红	DeepPink	#FF1493	深粉红
MediumVioletRed	#C71585	中紫罗兰红	Orchid	#DA70D6	兰花紫
Thistle	#D8BFD8	蓟色	Plum	#DDA0DD	李子紫
Violet	#EE82EE	紫罗兰	Magenta	#FF00FF	玫瑰红
Fuchsia	#FF00FF	紫红	DarkMagenta	#8B008B	深洋红
Purple	#800080	纯紫色	MediumOrchid	#BA55D3	中兰花紫
DarkViolet	#9400D3	暗紫罗兰	DarkOrchid	#9932CC	暗兰花紫
Indigo	#4B0082	靛青	BlueViolet	#8A2BE2	蓝紫罗兰
MediumPurple	#9370DB	中紫色	MediumSlateBlue	#7B68EE	中暗蓝色
SlateBlue	#6A5ACD	石蓝色	DarkSlateBlue	#483D8B	暗灰蓝色
Lavender	#E6E6FA	薰衣草淡紫	GhostWhite	#F8F8FF	幽灵白
Blue	#0000FF	纯蓝	MediumBlue	#0000CD	中蓝色
MidnightBlue	#191970	午夜蓝	DarkBlue	#00008B	暗蓝色
Navy	#000080	海军蓝	RoyalBlue	#4169E1	宝蓝
CornflowerBlue	#6495ED	矢车菊蓝	LightSteelBlue	#B0C4DE	亮钢蓝
LightSlateGray	#778899	亮石板灰	SlateGray	#708090	石板灰
DodgerBlue	#1E90FF	道奇蓝	AliceBlue	#F0F8FF	爱丽丝蓝
SteelBlue	#4682B4	钢蓝/铁青	LightSkyBlue	#87CEFA	亮天蓝色
SkyBlue	#87CEEB	天蓝色	DeepSkyBlue	#00BFFF	深天蓝
LightBlue	#ADD8E6	亮蓝	PowderBlue	#B0E0E6	火药青
CadetBlue	#5F9EA0	军服蓝	Azure	#F0FFFF	蔚蓝色
LightCyan	#E0FFFF	淡青色	PaleTurquoise	#AFEEEE	弱绿宝石
Cyan	#00FFFF	青色	Aqua	#00FFFF	浅绿色
DarkTurquoise	#00CED1	暗绿宝石	DarkSlateGray	#2F4F4F	暗石板灰

（续）

单　　词	颜色代码	颜　　色	单　　词	颜色代码	颜　　色
DarkCyan	#008B8B	暗青色	Teal	#008080	水鸭色
MediumTurquoise	#48D1CC	中绿宝石	LightSeaGreen	#20B2AA	浅海洋绿
Turquoise	#40E0D0	绿宝石	Aquamarine	#7FFFD4	宝石碧绿
MediumAquamarine	#66CDAA	中宝石碧绿	MediumSpringGreen	#00FA9A	中春绿色
MintCream	#F5FFFA	薄荷奶油	SpringGreen	#00FF7F	春绿色
MediumSeaGreen	#3CB371	中海洋绿	SeaGreen	#2E8B57	海洋绿
Honeydew	#F0FFF0	蜜瓜色	LightGreen	#90EE90	淡绿色
PaleGreen	#98FB98	弱绿色	DarkSeaGreen	#8FBC8F	暗海洋绿
LimeGreen	#32CD32	闪光深绿	Lime	#00FF00	闪光绿
ForestGreen	#228B22	森林绿	Green	#008000	纯绿
DarkGreen	#006400	暗绿色	Chartreuse	#7FFF00	查特酒绿
LawnGreen	#7CFC00	草坪绿	GreenYellow	#ADFF2F	绿黄色
DarkOliveGreen	#556B2F	暗橄榄绿	YellowGreen	#9ACD32	黄绿色
OliveDrab	#6B8E23	橄榄褐色	Beige	#F5F5DC	米色/灰棕
LightGoldenrodYellow	#FAFAD2	亮菊黄	LightYellow	#FFFFE0	浅黄色
Ivory	#FFFFF0	象牙色	Yellow	#FFFF00	纯黄
Olive	#808000	橄榄色	DarkKhaki	#BDB76B	暗黄褐色
LemonChiffon	#FFFACD	柠檬绸	PaleGoldenrod	#EEE8AA	灰菊黄
Khaki	#F0E68C	黄褐色	Gold	#FFD700	金色
Cornsilk	#FFF8DC	玉米丝色	Goldenrod	#DAA520	金菊黄
DarkGoldenrod	#B8860B	暗金菊黄	FloralWhite	#FFFAF0	花白色
OldLace	#FDF5E6	老花色	Wheat	#F5DEB3	小麦淡黄
Moccasin	#FFE4B5	鹿皮色	Orange	#FFA500	橙色
PapayaWhip	#FFEFD5	番木色	BlanchedAlmond	#FFEBCD	白杏色
NavajoWhite	#FFDEAD	纳瓦白	AntiqueWhite	#FAEBD7	古董白
Tan	#D2B48C	茶色	BurlyWood	#DEB887	硬木色
Bisque	#FFE4C4	陶坯黄	DarkOrange	#FF8C00	深橙色
Linen	#FAF0E6	亚麻布色	Peru	#CD853F	秘鲁色
PeachPuff	#FFDAB9	桃肉色	SandyBrown	#F4A460	沙棕色
Chocolate	#D2691E	巧克力色	SaddleBrown	#8B4513	马鞍棕色
Seashell	#FFF5EE	海贝壳色	Sienna	#A0522D	黄土赭色
LightSalmon	#FFA07A	浅鲑鱼肉色	Coral	#FF7F50	珊瑚色
OrangeRed	#FF4500	橙红色	DarkSalmon	#E9967A	深鲜肉色

（续）

单　词	颜色代码	颜　色	单　词	颜色代码	颜　色
Tomato	#FF6347	番茄红	MistyRose	#FFE4E1	浅玫瑰色
Salmon	#FA8072	鲜肉色	Snow	#FFFAFA	雪白色
LightCoral	#F08080	淡珊瑚色	RosyBrown	#BC8F8F	玫瑰棕色
IndianRed	#CD5C5C	印第安红	Red	#FF0000	纯红
Brown	#A52A2A	棕色	FireBrick	#B22222	耐火砖色
DarkRed	#8B0000	深红色	Maroon	#800000	栗色
White	#FFFFFF	纯白	WhiteSmoke	#F5F5F5	白烟色
Gainsboro	#DCDCDC	淡灰色	LightGrey	#D3D3D3	浅灰色
Silver	#C0C0C0	银灰色	DarkGray	#A9A9A9	深灰色
Gray	#808080	灰色	DimGray	#696969	暗淡灰
Black	#000000	纯黑			

29.3　小插曲：试做一个颜色对照板

表 29-1 只是颜色说明，如果对表中的这些颜色不熟悉，那么把这些颜色都一起展示出来是个不错的主意。

可以制作一个颜色对照板，在这个颜色对照板上把这些颜色都展示出来，这样就可以快速地在这些颜色中进行比对并选出心仪的颜色。

颜色对照板的制作并不算困难，用下面这段代码就可以实现。

```
import tkinter
colors = "LightPink 浅粉红,Pink 粉红,LavenderBlush 淡紫红," \
    "MediumVioletRed 中紫罗兰红,PaleVioletRed 弱紫罗兰红," \
    "HotPink 热情粉,DeepPink 深粉红,Crimson 深红/猩红," \
    "Orchid 暗紫色/兰花紫,Thistle 蓟色,Plum 洋李色/李子紫," \
    "Violet 紫罗兰,Magenta 洋红/玫瑰红,Fuchsia 紫红/灯笼海棠," \
    "DarkMagenta 深洋红,Purple 紫色,MediumOrchid 中兰花紫," \
    "DarkViolet 暗紫罗兰,DarkOrchid 暗兰花紫,Indigo 靛青," \
    "BlueViolet 蓝紫罗兰,MediumPurple 中紫,MediumSlateBlue 中暗蓝," \
    "SlateBlue 石蓝色/板岩蓝,DarkSlateBlue 暗灰蓝色/暗板岩蓝," \
    "Lavender 淡紫色/熏衣草淡紫,GhostWhite 幽灵白,Blue 纯蓝," \
    "MediumBlue 中蓝色,MidnightBlue 午夜蓝,DarkBlue 暗蓝色," \
    "Navy 海军蓝,RoyalBlue 皇家蓝/宝蓝,CornflowerBlue 矢车菊蓝," \
    "LightSteelBlue 亮钢蓝,LightSlateGray 亮蓝灰/亮石板灰," \
    "SlateGray 灰石色/石板灰,DodgerBlue 闪兰色/道奇蓝," \
    "AliceBlue 爱丽丝蓝,SteelBlue 钢蓝,LightSkyBlue 亮天蓝色," \
    "SkyBlue 天蓝色,DeepSkyBlue 深天蓝,LightBlue 亮蓝," \
    "PowderBlue 粉蓝色/火药青,CadetBlue 军蓝色/军服蓝," \
```

```
        "Azure 蔚蓝色,LightCyan 淡青色,PaleTurquoise 弱绿宝石," \
        "Cyan 青色,Aqua 浅绿色/水色,DarkTurquoise 暗绿宝石," \
        "DarkSlateGray 暗瓦灰色/暗石板灰,LightSeaGreen 浅海洋绿," \
        "Teal 水鸭色,MediumTurquoise 中绿宝石,Turquoise 绿宝石," \
        "DarkCyan 暗青色,Aquamarine 宝石碧绿,SeaGreen 海洋绿," \
        "MediumAquamarine 中宝石碧绿,SpringGreen 春绿色," \
        "MediumSpringGreen 中春绿色,MintCream 薄荷奶油," \
        "MediumSeaGreen 中海洋绿,Honeydew 蜜色/蜜瓜色," \
        "LightGreen 淡绿色,PaleGreen 弱绿色,DarkSeaGreen 暗海洋绿," \
        "LimeGreen 闪光深绿,Lime 闪光绿,ForestGreen 森林绿," \
        "Green 纯绿,DarkGreen 暗绿色,Chartreuse 黄绿色/查特酒绿," \
        "LawnGreen 草坪绿,GreenYellow 绿黄色,YellowGreen 黄绿," \
        "DarkOliveGreen 暗橄榄绿,OliveDrab 橄榄褐色,Beige 米灰棕," \
        "LightGoldenrodYellow 亮菊黄,Ivory 象牙色,LightYellow 浅黄," \
        "Yellow 纯黄,Olive 橄榄,DarkKhaki 暗黄褐色/深咔叽布," \
        "LemonChiffon 柠檬绸,PaleGoldenrod 灰菊黄/苍麒麟色," \
        "Khaki 黄褐色/卡叽布,Gold 金色,Cornsilk 玉米丝色," \
        "Goldenrod 金菊黄,DarkGoldenrod 暗金菊黄,FloralWhite 花白," \
        "OldLace 老花色/旧蕾丝,Wheat 浅黄色/小麦色,Orange 橙色," \
        "Moccasin 鹿皮色,PapayaWhip 番木色/番木瓜,Tan 茶色," \
        "BlanchedAlmond 白杏色,NavajoWhite 纳瓦白/土著白," \
        "AntiqueWhite 古董白,BurlyWood 硬木色,Bisque 陶坯黄," \
        "DarkOrange 深橙色,Linen 亚麻布色,Peru 秘鲁色," \
        "PeachPuff 桃肉色,SandyBrown 沙棕色,Chocolate 巧克力色," \
        "SaddleBrown 重褐色/马鞍棕色,Seashell 海贝壳色,Coral 珊瑚," \
        "Sienna 黄土赭色,LightSalmon 浅鲑鱼肉色,OrangeRed 橙红色," \
        "DarkSalmon 深鲜肉/鲑鱼色,Tomato 番茄红,MistyRose 浅玫瑰," \
        "Salmon 鲜肉/鲑鱼色,Snow 雪白色,LightCoral 淡珊瑚色," \
        "RosyBrown 玫瑰棕色,IndianRed 印度红,Red 纯红,Brown 棕色," \
        "FireBrick 火砖色/耐火砖,DarkRed 深红色,Maroon 栗色," \
        "White 纯白,WhiteSmoke 白烟,Gainsboro 淡灰,LightGrey 浅灰," \
        "Silver 银灰色,DarkGray 深灰色,Gray 灰色,DimGray 暗淡灰," \
        "Black 纯黑"
    root = tkinter.Tk()
    i = 0
    colcut = 5
    for color in colors.split(','):
        each = color.split(' ')
        tkinter.Label(text=color, background = each[0]).\
                grid(row=int(i/colcut), column=i%colcut,
                     sticky=tkinter.W+tkinter.E+tkinter.N+tkinter.S)
        i += 1
    root.mainloop()
```

以上这段代码其实就是把所有的颜色单词和颜色说明都保存在一个长长的字符串里，每一个颜色单词和颜色说明的组合都用逗号分隔开，这个组合中的单词和说明用空格隔开。从这一长长的字符串中得到每个组合，以及从每个组合中得到单词和说明都非常容易，还记得之前用过的 split()函数吗？用它即可。

不出意外的话，这段代码的 Run Module 命令执行结果如图 29-3 所示。

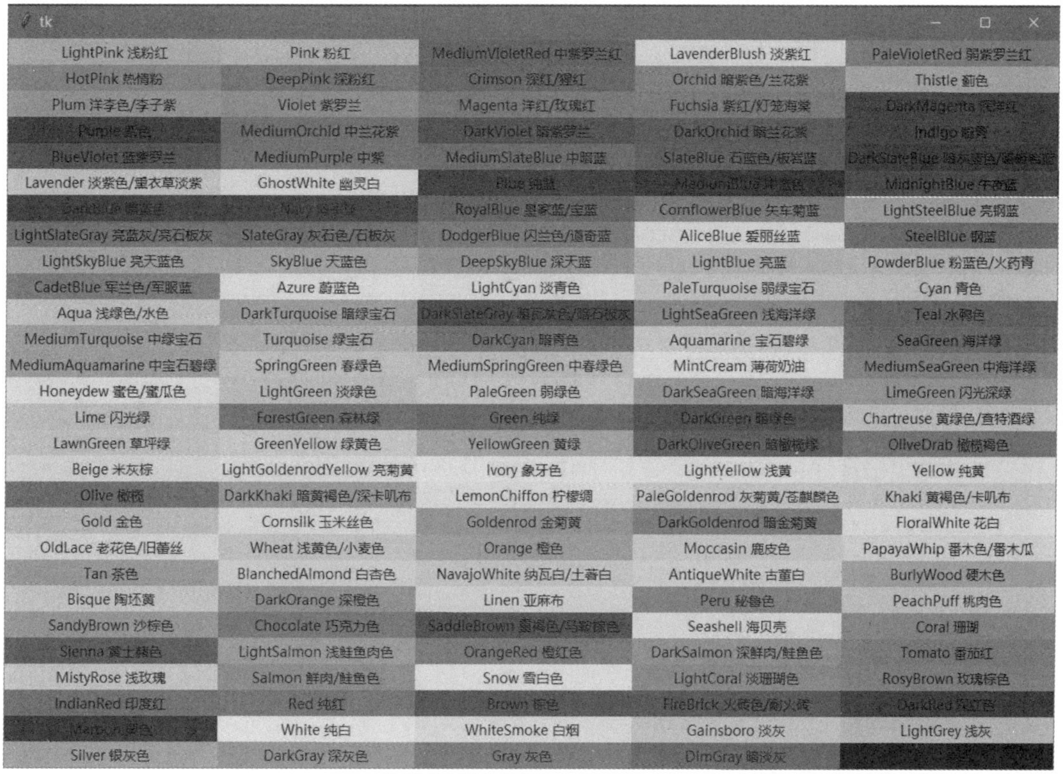

图 29-3　颜色对照板的 Run Module 命令执行结果

29.4　夜空，繁星：绘制五角星

要说美丽的夜空不能缺少什么，那么非满天的繁星莫属了。在一幅卡通画中，满天的繁星通常会绘制成很多金闪闪的五角星，所以在这里我们也可以用这种在画布的上方绘满大大小小的金色五角星的方式，达到想要的满天繁星的效果。

如果不熟悉五角星的绘制也没关系，可以先从练习绘制一个金色的五角星开始。绘制五角星用到的是 Canvas 类的 create_polygon()方法，这个方法的作用实际是绘制一个多边形。下面这段代码就实现了在窗口中绘制一个金色五角星的目标。

```
import tkinter
import math

window = tkinter.Tk()
window.title("卡通画绘制")
window.minsize(width=800, height=600)
```

```
window.maxsize(width=800, height=600)
canvas = tkinter.Canvas(window, background='#000033')
canvas.place(width=800, height=600)

# center_x 和 center_y 存储的是五角星中心点的坐标值
center_x=200
center_y=200

# 变量 r 存储的是五角星中心点到各角的距离，即半径
r=120

# 列表变量 points 存储的是五角星的 5 个点依次的位置
points=[
    # 左上角点的 x 和 y 坐标
    center_x-int(r*math.sin(2*math.pi/5)),
    center_y-int(r*math.cos(2*math.pi/5)),
    # 右上角点的 x 和 y 坐标
    center_x+int(r*math.sin(2*math.pi/5)),
    center_y-int(r*math.cos(2*math.pi/5)),
    # 左下角点的 x 和 y 坐标
    center_x-int(r*math.sin(math.pi/5)),
    center_y+int(r*math.cos(math.pi/5)),
    # 顶点的 x 和 y 坐标
    center_x,
    center_y-r,
    # 右下角点的 x 和 y 坐标
    center_x + int(r * math.sin(math.pi / 5)),
    center_y + int(r * math.cos(math.pi / 5)),]

# Canvas 类的 create_polygon()方法可以创建一个多边形，
# 如果把 points 里保存的角点坐标作为这个多边形的角点坐标
# 那么这个多边形就是五角星的形状了
canvas.create_polygon(points,outline='Gold',fill='Gold')
tkinter.mainloop()
```

画出来的是一个怎样的金黄色五角星，执行 Run Module 命令看一下效果就知道了。图 29-4 展示的就是上面这段代码的运行结果。

那么 create_polygon()方法是怎样把五角星绘制出来的呢？想要明白这个问题，首先要做的就是弄清楚 create_polygon()方法的作用。

create_polygon()方法的作用就是绘制多边形，例如三边形、不规则的四边形和五边形等。create_polygon()方法的第一个参数一定是要绘制的多边形的角点坐标。这个角点坐标在编写顺序上有一些讲究，那就是从第一个角点连接到第二个角点，再从第二个角点连接到第三个角点，以此类推，最后一个角点还会连接回第一个角点。经过这样的连接之后，封闭的区域就是最终的多边形绘制结果。

上面的代码中，points 列表里的角点坐标顺序是左上角点、右上角点、左下角点、顶点和右下角点，如果按照这个顺序手动绘制的话，刚好能绘制出一个五角星，如图 29-5 所示。

图 29-4　绘制一个金黄色五角星

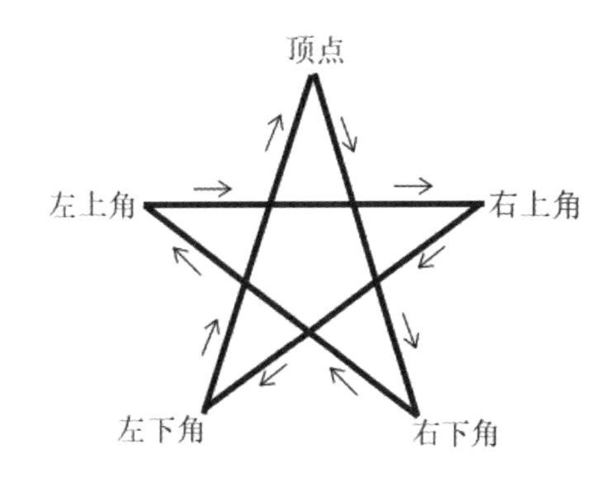

图 29-5　按照特定的角点顺序手动绘制五角星

比起按照正确的顺序保存角点坐标来说，更重要的还是知道各个角点的位置在哪里，这就需要用到一点数学上的知识了。根据五角星的中心点计算出五角星的各个角点的位置，就像根据正五边形的中心点计算出正五边形的各个角点的位置一样。

查阅资料可以知道，正五边形的内角和是 540º，单个内角的度数就是 108º，知道了这些之后，再结合三角函数，就可以算出中心点到左上角点的横向距离为：

$$r \times \sin(\frac{2\pi}{5})$$

也可以算出中心点到左上角点的纵向距离为：

$$r \times \cos(\frac{2\pi}{5})$$

通过参考图 29-6，相信这个计算过程就比较清楚、明白了。

在知道了左上角点的位置坐标的计算办法之后，其他角点的位置坐标的计算已是非常容易，直接类比过来就可以了。math 模块中提供了 sin()函数和 cos()函数，可以用来计算数学中的 sin 三角函数值和 cos 三角函数值。

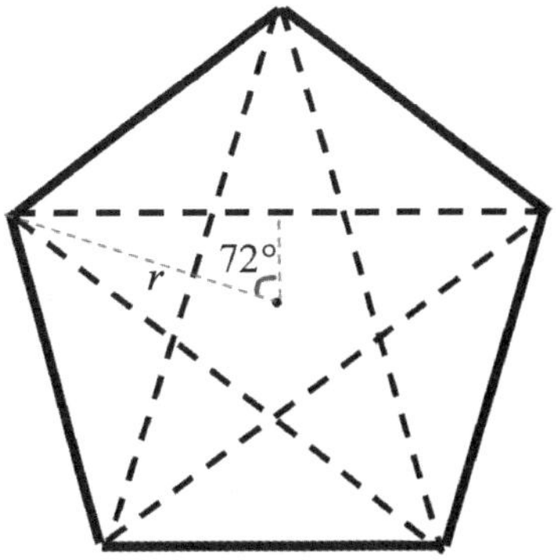

由于我们要在画布上绘制很多的金黄色五角星，所以最好不要在绘制每一个五角星的时候都要用上面那段长长的代码。如果能用一个函数把绘制五角星的代码包括起来，这样当我们需要绘制时直接调用这个函数就可以了，这样岂不美哉。

图 29-6　计算正五边形中心点到左上角点的横、纵向距离

想一想，如果定义在一个函数里，那么这个函数需要哪些参数呢？center_x 和 center_y 也是必需的，这样才能确定五角星在画布中的位置，r 也是必需的，因为它决定了五角星的大小。

下面这段代码就是由上面那段代码改造而来，把金黄色五角星的绘制包装在了一个函

数里，然后多次调用这个函数，在画布上绘制了一些混乱分布的五角星。

```
import tkinter
import math

window = tkinter.Tk()
window.title("卡通画绘制")
window.minsize(width=800, height=600)
window.maxsize(width=800, height=600)
canvas = tkinter.Canvas(window, background='#000033')
canvas.place(width=800, height=600)

# 定义 draw_pentagram()函数作为绘制五角星的函数
def draw_pentagram(center_x, center_y, r):
    points = [
        center_x - int(r * math.sin(2 * math.pi / 5)),
        center_y - int(r * math.cos(2 * math.pi / 5)),
        center_x + int(r * math.sin(2 * math.pi / 5)),
        center_y - int(r * math.cos(2 * math.pi / 5)),
        center_x - int(r * math.sin(math.pi / 5)),
        center_y + int(r * math.cos(math.pi / 5)),
        center_x, center_y - r,
        center_x + int(r * math.sin(math.pi / 5)),
        center_y + int(r * math.cos(math.pi / 5)), ]
    canvas.create_polygon(points, outline='Gold', fill='Gold')

# 调用 draw_pentagram()函数绘制多个不规则分布的五角星
draw_pentagram(center_x=200, center_y=40, r=15)
draw_pentagram(center_x=270, center_y=20, r=12)
draw_pentagram(center_x=250, center_y=80, r=15)
draw_pentagram(center_x=320, center_y=30, r=18)
draw_pentagram(center_x=350, center_y=88, r=18)
draw_pentagram(center_x=420, center_y=45, r=12)
draw_pentagram(center_x=440, center_y=85, r=13)
draw_pentagram(center_x=500, center_y=38, r=14)
draw_pentagram(center_x=550, center_y=40, r=15)
draw_pentagram(center_x=580, center_y=60, r=12)
draw_pentagram(center_x=480, center_y=90, r=15)
draw_pentagram(center_x=620, center_y=25, r=16)
draw_pentagram(center_x=650, center_y=76, r=13)
draw_pentagram(center_x=720, center_y=46, r=12)
draw_pentagram(center_x=740, center_y=65, r=13)
draw_pentagram(center_x=780, center_y=38, r=14)

tkinter.mainloop()
```

图 29-7 展示的就是上面这段代码执行 Run Module 命令的运行结果。

图 29-7　绘制众多的五角星作为夜空中的繁星

29.5　夜空，弯月：绘制圆

夜空中，有了满天的繁星似乎还不够，如果能有一轮弯弯的明月的话，那才称得上是完美。

在画布中绘制弯月的办法有很多，最直接也是最简单的办法还是把两个圆形交叉在一起。画布的背景色是一种墨蓝色，我们可以先想办法在画布中绘制一个和五角星一样的金黄色的圆形，然后再在画布上的相同位置绘制一个相同大小的蓝黑色圆形，最后把这个蓝黑色的圆形向左移动一些距离，这样，绘制弯月的目标就完成了。

Canvas 类中的 create_oval()方法提供了绘制圆形的功能，下面这段代码可以作为create_oval()方法的使用练习，目的是在窗口中绘制几个不同的圆形和椭圆。

```
import tkinter

window = tkinter.Tk()
window.title("卡通画绘制")
window.minsize(width=800, height=600)
window.maxsize(width=800, height=600)
canvas = tkinter.Canvas(window, background='#000033')
canvas.place(width=800, height=600)

# 最左上角的金黄色填充和边框的圆形
canvas.create_oval(40, 40, 160, 160, outline="Gold",
                   fill = "gold")

# 中间的粉红色填充和黑色边框的圆形
canvas.create_oval(200, 180, 340, 340, outline="black",
                   fill = "pink")
```

```
# 最下方的绿色填充和灰色边框的圆形
canvas.create_oval(400, 400, 520, 580, outline="gray",
                fill = "green")

# 最右边的红色填充和黄色边框的圆形
canvas.create_oval(500, 200, 700, 300, outline="yellow",
                fill = "red")
tkinter.mainloop()
```

图 29-8 展示的就是这段代码的运行结果。

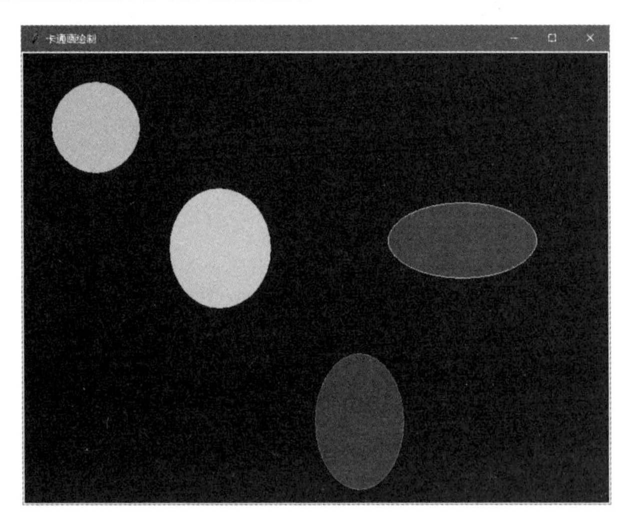

图 29-8　练习绘制圆形

create_oval()方法是依据一个矩形边框来绘制圆形的。

众所周知，在画出了一个长方形或者正方形后，如果用圆滑的曲线依次把四边的中点连接起来，那么就可以在矩形的内部形成一个椭圆形或正圆形，如图 29-9 所示。

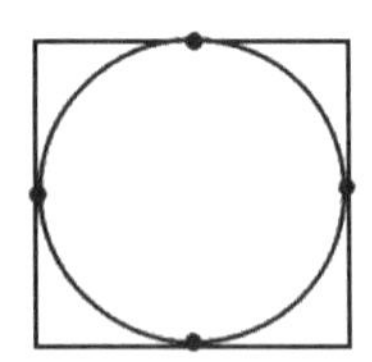
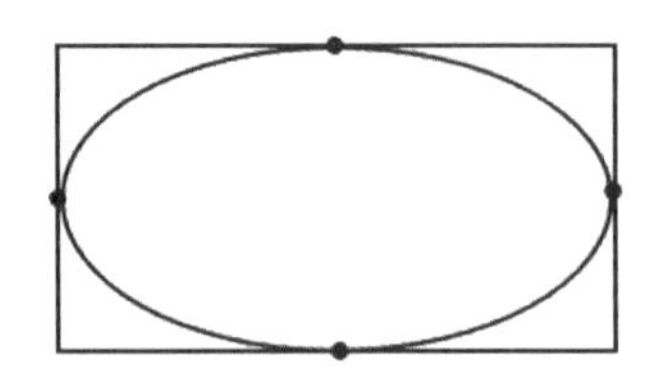

图 29-9　内嵌在矩形中的椭圆形或圆形

create_oval()方法的前两个参数就是这个矩形边框的左上角点的 x 和 y 坐标值，紧接着的两个参数就是这个矩形边框的右下角点的 x 和 y 坐标值。因为坐标值非常重要，所以对于 create_oval()方法来说，前 4 个坐标值参数都是必须要有的。

outline 参数和 fill 参数在 create_oval()方法中的作用就是指定圆形的边框颜色和内部填充颜色。outline 参数和 fill 参数不仅仅可以用在 create_oval()方法中，在 29.4 节中用到的 create_polygon()方法也可以使用 outline 参数和 fill 参数。

既然可以在画布中绘制出圆形，那么按照两圆交叉的办法绘制出弯月，想必也不是什么难题了。下面这几行代码实现绘制两个相连的圆形，形成的图案非常像弯弯的月牙。

```
# 绘制交叉的圆作为弯月
canvas.create_oval(40, 40, 140, 140, outline="Gold",
                   fill = "gold")
canvas.create_oval(10, 40, 110, 140, outline="#000033",
                   fill = "#000033")
```

把这段代码添加到 29.4 节的最后一行代码之前，然后再执行 Run Module 命令，就可以得到图 29-10 所示的结果。

图 29-10　在画布上绘制月牙和繁星的结果

29.6　夜景，群山与草木：绘制矩形

现在这幅夜景卡通画已经非常有格调了，蓝黑色的背景、金闪闪的群星和弯月，这些都能衬托出这是在夜晚。如果这幅卡通画只有这些，那么就未免显得有些单调，不如接下来就在画布的下方再添加一些景物吧。

可以添加的景物非常多，所以想象的空间也很大。如果实在想不出该添加什么景物的话，那不如就来试试最简单的，如添加几座山、一片草地和一棵树吧。这样一来，群山可以作为远景，草地和树木则可以作为近景，远景和近景搭配，颇显协调。

群山、草地和树木的绘制更多用到的是 create_polygon()方法，当然也会用到一个新的方法——create_rectangle()。下面这段代码就实现了群山、草地和树木的绘制。

```
# 绘制墨绿色填充的矩形作为草地
canvas.create_rectangle(0, 550, 800, 600,
                        outline="#006600",fill="#006600")
```

```
# 绘制 3 个多边形作为左一山峰、右一山峰和中间的山峰，
# 山峰的填充色为深深的黑绿色，因为相邻的山峰之间要有明显的边界
# 所以设定边框的颜色为黑色
canvas.create_polygon(0,550,150,300,300,550,
                          outline="black",fill="#003333")
canvas.create_polygon(500,550,650,300,800,550,
                          outline="black",fill="#003333")
canvas.create_polygon(200,550,400,200,600,550,
                          outline="black",fill="#003333")

# 绘制矩形和多边形组合成为一棵树，树干采用深棕色填充
canvas.create_rectangle(720,500,740,550,
                          outline="#663300",fill="#663300")
canvas.create_polygon(680,500,730,460,780,500,
                         outline="#006600",fill="#006600")
canvas.create_polygon(690,460,730,430,770,460,
                         outline="#006600",fill="#006600")
canvas.create_polygon(700,430,730,405,760,430,
                         outline="#006600",fill="#006600")
```

把这段代码插入 29.4 节的 tkinter.mainloop()代码之前，然后再执行 Run Module 命令，差不多就是卡通画的最终成果了，如图 29-11 所示。

图 29-11　卡通画成品

首先是草地的绘制，这是最简单的，绘制时只使用了 create_rectangle()方法。create_rectangle()方法的作用就是绘制一个矩形(例如长方形或正方形)，在绘制时必须要指定的参数是矩形的左上角点坐标的 x 和 y 值，以及右下角点坐标的 x 和 y 值。

接着是群山的绘制，这可以通过用 create_polygon()方法绘制几个交叉的三角形来代表。

最后是树木的绘制，树干可以通过用 create_rectangle()方法绘制出矩形来代表，树枝和树叶则可以通过用 create_polygon()方法绘制出三角形来代表。在绘制树木时，尤其要注意的就是各个角点的坐标，必要的情况下可以先在纸上把坐标计算出来。

第 30 章　绘制动漫人物——哆啦 A 梦

动漫，想必大家小时候都看过，无论是国产动漫还是国外的动漫，都曾经陪伴了我们整个童年。在所有的动漫中，不乏有一些知名度很高的作品，只要一提到这些动漫的名字，我们都会不由自主地联想到其中的主人公和难忘的故事情节。

例如，一提到《名侦探柯南》这部动漫，我们就会立刻想到其中那个细致入微心思缜密的主人公柯南；一提到《喜羊羊与灰太狼》，我们就会立刻想到其中那个聪明、果断、勇敢无畏的主角喜羊羊；一提到《哆啦 A 梦》，我们就会立刻想到其中那个深藏百宝、随机应变的机器人哆啦 A 梦和胆小怕事却乐于助人的大雄。

怎么样，是不是开始回忆起童年了呢？现在我们已经差不多学会了 tkinter 模块的 Canvas 绘图，不如趁这个机会，就用 Canvas 绘图绘制一个大家耳熟能详的动漫人物——哆啦 A 梦吧。

30.1　哆啦 A 梦的整体形象

估计大多数人对动漫人物哆啦 A 梦的形象都十分熟悉，当看到哆啦 A 梦的照片之后会第一时间反应过来这是哆啦 A 梦，但是到了亲自动手绘制哆啦 A 梦的时候，往往就会感觉到无从下手了。

为了这次的绘制能够顺利进行，我们最好还是先到网络上搜集一些哆啦 A 梦的图片，记下哆啦 A 梦的形象细节，构思好图形元素的整体布局，然后再开始绘制。图 30-1 展示的就是这次绘制哆啦 A 梦的最终效果。

图 30-1　绘制好的哆啦 A 梦

从图 30-1 中可以看出，这次的绘图比较复杂，图形中不仅包括圆形和椭圆形，还包括直线和弧线等元素。图形元素的种类增加并不是什么难以解决的问题，也就是多使用几个绘图方法而已，例如绘制直线可以使用 create_line()方法，绘制圆弧可以使用 create_arc()方法，绘制圆形则可以使用 create_oval()方法。

绘制哆啦 A 梦比较困难的地方在于精确地控制每个图形元素的坐标。从图 30-1 中可以看出，绘制的哆啦 A 梦是左右对称的，如果没有控制好图形元素的坐标，那么结果很可能是绘制出左右不对称的哆啦 A 梦，或者绘制出的完全不是哆啦 A 梦。

30.2　一切从头开始

绘图和摆放控件一样，一般都是按照从上往下或者从左往右的顺序，所以，绘制哆啦 A 梦可以先从绘制出头部开始。

下面这段代码实现的就是创建一个窗口及 Canvas 画布，然后在画布上绘制出哆啦 A 梦的头部。

```
import tkinter

# 创建窗口和 Canvas 画布
window = tkinter.Tk()
window.minsize(width=800, height=600)
window.maxsize(width=800, height=600)
window.title("绘制哆啦 A 梦")
canvas = tkinter.Canvas(window)
canvas.place(width=800, height=600)

# 绘制一个圆作为头，头的整体是蔚蓝色，有黑色的边框
canvas.create_oval(250, 100, 550, 400,
                outline="black", fill="#0099FF")

# 绘制一个圆作为脸，脸是白色的，注意脸圆和头圆的位置关系
# 脸圆比头圆小，和头圆在内部相切
canvas.create_oval(275, 150, 525, 400, fill="white")

# 眼睛是三个椭圆叠放在一起的，最下面也是最大的椭圆是白色填充
# 中间的一个椭圆不大不小，是黑色填充
# 最上面的椭圆最小，也是白色填充
canvas.create_oval(350, 115, 400, 177, fill="white")
canvas.create_oval(400, 115, 450, 177, fill="white")
canvas.create_oval(380, 136, 395, 158, fill="black")
canvas.create_oval(405, 136, 420, 158, fill="black")
canvas.create_oval(386, 142, 390, 152, fill="white")
canvas.create_oval(410, 142, 414, 152, fill="white")

# 绘制一个圆作为鼻子，鼻子是红色的，所以是红色填充
canvas.create_oval(390, 170, 410, 190, fill="red")

# 绘制一条直线作为鼻子下的竖线，这条竖线长 110，黑色
canvas.create_line(400, 190, 400, 300, fill="black")

# 绘制 6 条直线作为胡须，胡须的线宽稍宽，为 1.5
canvas.create_line(300, 240, 380, 240, fill='black',
                width=1.5)
```

```
canvas.create_line(420, 240, 500, 240, fill='black',
                   width=1.5)
canvas.create_line(310, 280, 380, 260, fill='black',
                   width=1.5)
canvas.create_line(420, 260, 490, 280, fill='black',
                   width=1.5)
canvas.create_line(310, 200, 380, 220, fill='black',
                   width=1.5)
canvas.create_line(420, 220, 490, 200, fill='black',
                   width=1.5)

# 最后绘制一条圆弧线作为嘴巴，嘴巴和鼻子下的竖线相连
canvas.create_arc(275, 50, 525, 300, width=1,
                  style="arc", start=240, extent=60)

window.mainloop()
```

从这段代码中可以看出，绘制头部的顺序是这样的：

（1）绘制出一个蔚蓝色填充的大圆形打底，这个圆在画布中的位置左右居中。

（2）绘制出一个白色填充的圆形作为哆啦 A 梦的脸，这个圆形比蓝色的大圆稍小，叠放在蓝色的大圆上面，并且在底部内切于蓝色的大圆。

（3）绘制出哆啦 A 梦的一对眼睛，每只眼睛都是由 3 个椭圆叠放在一起组成的。由于眼睛的绘制比较复杂，在绘制眼睛时一定要注意控制好坐标。

（4）绘制出一个红色填充的小圆作为鼻子。

（5）鼻子的下面还有一条竖线，竖线的两侧各有 3 根胡须，这都可以通过直线绘制方法 create_line()绘制出来。

（6）绘制嘴巴，这是头部的最后一个部分，可以通过曲线绘制方法 create_arc()绘制出来。

对上面那段代码执行 Run Module 命令，就可以得到仅仅绘制好头部的哆啦 A 梦，如图 30-2 所示。

图 30-2　绘制哆啦 A 梦的头部的结果

create_line()方法的作用是创建直线。创建直线需要的是直线的起点 x 和 y 坐标值，以及终点 x 和 y 坐标值，所以这些参数对于 create_line()方法来说都是必需的。上面的代码中还在 create_line()方法中指定了 width 参数，这个参数可以控制线的宽度，默认的线宽数值是 1，线宽数值越大，绘制出的直线越粗。

上面的代码中首次使用了 create_arc()方法，这个方法的作用是绘制一条弧线。在绘制弧线时，create_arc()方法的使用颇为讲究。

和 create_oval()方法类似的是，给 create_arc()方法的 4 个坐标值也是用来构成一个正方形边框的，这个边框里同样会产生一个圆形。区别在于，create_oval()方法会把这个圆形直接绘制出来，而 create_arc()方法会根据起始角和弧度角在圆形上截取一段圆弧再把这段圆弧绘制出来。

如图 30-3 所示，圆形的中心也是直角坐标系的原点，圆形上的 A 点是圆弧的起点，而圆形上的 B 点是圆弧的终点，按照图中所展示的，起始角就成了确定圆弧朝向的一个重要参数，弧度角就成了确定圆弧形状的一个重要参数。

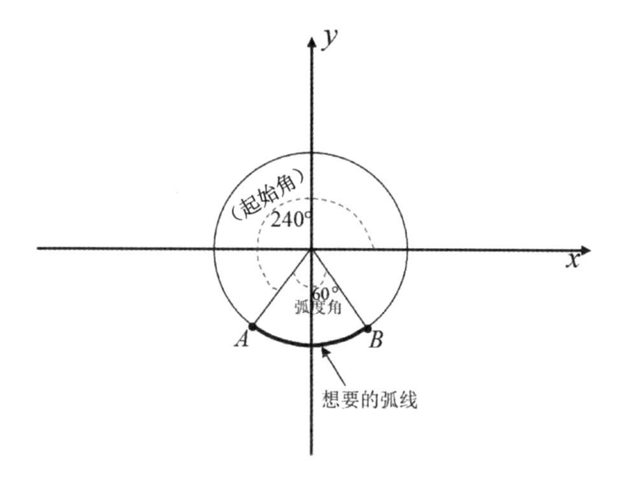

图 30-3　绘制圆弧的一个思路

参考图 30-3，在 create_arc()方法中，参数 start 就是起始角的度数值，参数 extent 就是弧度角的度数值。

30.3　头的下面是身体

按照从上而下的顺序，现在轮到绘制哆啦 A 梦的身体了。

相对来说，身体的绘制还是比较简单的，可以通过绘制一个蔚蓝色填充的矩形来完成。身体上当然还包括一个白白的肚皮，这可以通过绘制一个白色填充的圆形来完成。别忘了，哆啦 A 梦最有特色的地方还是他那肚皮上的百宝袋，这个百宝袋则可以通过绘制一个封闭的圆弧来完成。

下面的代码实现的就是哆啦 A 梦身体的绘制。

```
# 绘制一个矩形作为身体
canvas.create_rectangle(290, 350, 510, 550,
                        fill="#0099FF")

# 绘制一个圆形作为白色肚皮
canvas.create_oval(315, 350, 485, 510,
                   outline='white', fill="white")

# 绘制一个封闭的圆弧作为肚皮上的百宝袋
canvas.create_arc(340, 360, 460, 480, style="arc",
                  start=180, width=1, extent=180,
                  fill="white")
canvas.create_line(340, 420, 460, 420, fill='black',
                   width=1)
```

把这段代码插入 30.2 节的最后一行代码之前，然后再执行 Run Module 命令，这样就可以得到哆啦 A 梦头和身体的绘制结果，如图 30-4 所示。

图 30-4　哆啦 A 梦头和身体的绘制结果

30.4　身体之后是四肢

绘制完了哆啦 A 梦的身体，最后要绘制的就应该是哆啦 A 梦的四肢了。

绘制四肢尤其是胳膊时要格外注意，如果选择使用 create_polygon()方法绘制出多边形作为胳膊，那么这个多边形各个角点的坐标值一定要严格把控。

下面的代码实现的就是哆啦 A 梦四肢的绘制。

```
# 绘制两个填充为湛蓝色的多边形作为哆啦 A 梦的左右胳膊
canvas.create_polygon(290,350,230,445,250,460,290,430,
                      outline="black", fill="#0099FF")
canvas.create_polygon(510,350,570,445,550,460,510,430,
                      outline="black", fill="#0099FF")

# 绘制两个填充为白色的圆形作为哆啦 A 梦的左右手
canvas.create_oval(220, 430, 260, 470,
                   outline="black", fill="white")
canvas.create_oval(540, 430, 580, 470,
                   outline="black", fill="white")

# 在哆啦 A 梦的腹部画一个白色填充的圆
# 可以在腹部以下形成哆啦 A 梦的左右小短腿
canvas.create_oval(380, 535, 420, 575,
                   outline='', fill="white")

# 绘制两个填充为白色的椭圆形，作为哆啦 A 梦的左右脚
canvas.create_oval(280, 537, 390, 573, fill="white")
canvas.create_oval(410, 537, 520, 573, fill="white")
```

把这段代码插入 30.3 节的最后一行代码之前，然后再执行 Run Module 命令，就可以得到哆啦 A 梦头、身体和四肢的绘制结果，如图 30-5 所示。

图 30-5　哆啦 A 梦头、身体和四肢的绘制结果

30.5　别忘了还有铃铛

对于可爱的哆啦 A 梦来说，百宝袋可以说是他非常具有标志性的装饰了，除了百宝袋之外，系在哆啦 A 梦脖子上的红绳及铃铛也是非常具有标志性的装饰。

我们绘制哆啦 A 梦的最后一步就是绘制这条红绳及铃铛。参考下面这段代码：

```
# 绘制红色的粗粗的圆头直线作为系铃铛的绳
canvas.create_line(290, 355, 510, 355, width=15,
                   capstyle='round', fill="red")

# 在铃铛绳下面绘制铃铛
canvas.create_oval(386, 353, 414, 381, fill="yellow")
canvas.create_line(388, 362, 413, 362, fill="black")
canvas.create_line(387, 366, 414, 366, fill="black")
canvas.create_oval(397, 369, 403, 375, fill="red")
canvas.create_line(400, 375, 400, 381, fill="black")
```

把这段代码插入 30.3 节的最后一行代码之前，然后再执行 Run Module 命令，就可以得到哆啦 A 梦整体的绘制结果，如图 30-6 所示。

图 30-6　绘制哆啦 A 梦的成品

从图 30-6 中可以看到，哆啦 A 梦脖子上的绳子两端是圆形的，这是因为在使用 create_line()方法绘制直线时指定了 capstyle 参数为'round'。capstyle 参数的作用是设置直线两端的形状，默认的形状是平头的，设置成 round 就是圆头的。

经过这一章，我们又掌握了 Canvas 组件中其他图形绘制的方法，仔细回想一下，我们到目前为止都使用过哪些 Canvas 组件中的图形绘制方法呢？有绘制多边形的 create_polygon()方法，有绘制圆形和椭圆形的 create_oval()方法，有绘制矩形的 create_rectangle()方法，有绘制直线的 create_line()方法，当然也有绘制弧线的 create_arc()方法。这些差不多就是 Canvas 组件里最常用的图形绘制方法了，使用这些方法基本就可以组合成任意想要的图形。

当然 Canvas 组件还有一些其他的图形绘制方法，例如在画布中添加文字的 create_text()方法，在画布中添加照片的 create_image()方法和在画布中添加位图图像的 create_bitmap()方法。这些我们还没有用过的方法，只能在以后有机会自己去慢慢领略了。

第 31 章　自制轻量级画图板

Windows 系统自带有画图软件，作为系统的附件提供给用户，相信这个画图软件大家都使用过。Windows 系统自带的这个画图软件使用起来非常简单，不仅界面整洁，还提供了画笔、刷子、填充颜料桶及橡皮擦等多种画图工具，当然也可以在绘图时选择心仪的颜色，最新版的画图工具还支持对 3D 图形进行编辑。

图 31-1 展示的就是 Windows 系统自带的画图软件的运行界面。

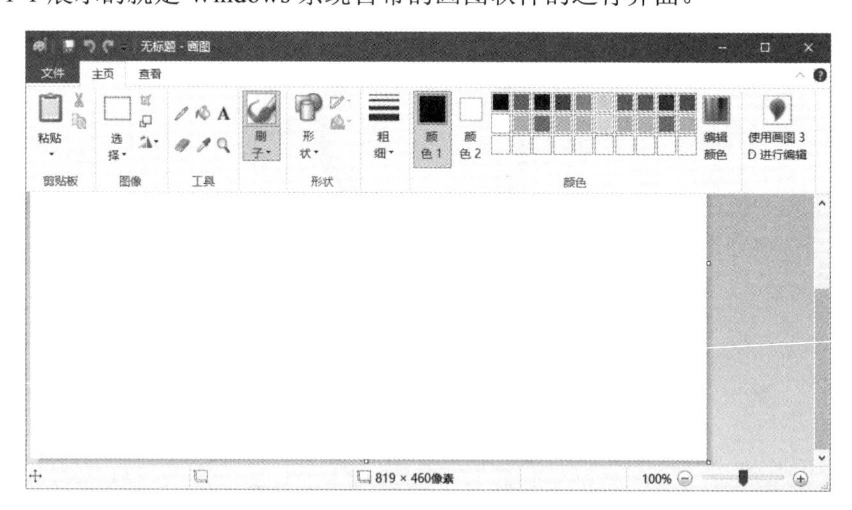

图 31-1　打开 Windows 系统自带的画图软件

其实，在 tkinter 模块的帮助下，使用 Python 也能开发出用于画图的软件。本章，我们的目标就是制作一个轻量级的画图板，这个画图板虽然不能与 Windows 系统自带的画图软件相媲美，但是作为比较高级的 tkinter 模块使用案例，也能算是非常优秀的项目了。

31.1　预览画图板成品

如果要用 Python 从零开始开发出像 windows 系统自带的画图软件那样功能齐全的画

板，这显然有些不现实，因为功能齐全就意味着需要编写的代码也很多，代码多了之后，理解起来自然也会困难。

我们完全可以制作一个轻量级的画图板，可以把鼠标当作画笔在这个画图板中进行绘画。除了能够使用画笔在窗口中绘制图画之外，这个轻量级的画图板应该还有一些辅助的功能，例如设置画笔的粗细及画笔的颜色，并且能够快速地清除在画图板中绘制的内容。

图 31-2 展示的就是这个轻量级画图板的初始运行界面，也就是我们在本章结束之后可以做出来的成品。

图 31-2　刚打开的轻量级画图板

这个轻量级画图板的使用也非常简单，既然是把鼠标当作画笔，那么按住鼠标左键在画板窗口中拖动时，拖动的路径就会被绘制成线条，就好像真的在用画笔在画图板上进行绘画一样。

注意看图 31-2，在画图板窗口的左上方有一个菜单栏，菜单栏中有一个名为“设置画笔”的菜单选项。单击这个菜单选项后会弹出一个子菜单，在子菜单里还有两个菜单选项，分别是“画笔颜色”和“画笔粗细”。

在子菜单的两个选项中，“画笔颜色”选项可以对画笔的颜色进行设置，而“画笔粗细”选项可以对绘制出的线条的粗细进行设置。图 31-3 展示的是使用这个轻量级画图板简单地绘制一幅图画。

图 31-3　用轻量级画图板进行简单的绘制

31.2　从定义一个类着手

前面的几章，我们的代码都是按部就班地编写。例如，需要画图的话，我们的做法是先创建一个空白的窗口，然后直接把 Canvas 画布放在这个窗口中并铺满，接着就是调用 Canvas 类中的一些绘图方法在画布中绘制各种形状。

在这一章，我们可以试着一改往常的做法，用 Python 中面向对象的类来实现轻量级画图板的制作。通过定义一个类的办法，这个轻量级画图板的制作能够明显地变得更容易。定义的类要继承自 Canvas 类，把鼠标的事件响应函数都写在类里，把左上角菜单选项的创建也都写在类里。

这样所有的工作都在类里面实现，在 window.mainloop()之前，要做的就只剩下创建这个类的实例了。

假设这个类的名字叫作 Python_Draw，它的构造方法只有一个参数，那就是当前创建好的窗口，在构造方法中要做的就是定义一些相关的属性，并且完成鼠标事件的相应处理函数的绑定。下面这段代码就是 Python_Draw 的定义及构造方法的内容。

```
# Python_Draw 类继承自 Canvas 类，
# 所以可以直接在类里使用 Canvas 类中的方法
class Python_Draw(tkinter.Canvas):
    def __init__(self, master = None):
        super().__init__()
        # 创建 Python_Draw 类的实例时
        # 给构造方法的参数是 window 窗口，
```

```
        # 所以可将 master 属性当作是当前的窗口
        self.master = master

        # Canvas 画布的背景色默认为白色，若无特殊要求
        # 背景色就不用再设置了；
        # psize 属性保存的是画笔的粗细值，初始值为 3
        # fill 属性保存的是画笔的颜色，初始为黑色
        self.psize = 3
        self.fill = 'black'

        # prex 属性和 prey 属性用于存储光标在移动时
        # 前一个位置的坐标值，初始值都为-10
        # 随着鼠标指针的移动，数值发生变化
        self.prex = self.prey = -10

        # start_draw 属性是绘画是否开始的标志
        # 绘画开始前，start_draw 属性值为 False
        # 绘画开始后和绘画过程中属性值都是 True
        # 绘画结束后属性值重新设为 False
        self.start_draw = False

        # 给 Python_Draw 类绑定按住鼠标左键并拖动
        # 鼠标、鼠标左键单击、鼠标左键释放
        # 和鼠标右键单击的事件，其中鼠标左键单击表示绘画
        # 开始，按住鼠标左键移动就是正在绘画
        # 鼠标左键释放表示绘画结束
        # 而鼠标右键单击表示清空画布上的所有内容
        self.bind('<B1-Motion>', self.move)
        self.bind('<Button-1>', self.start)
        self.bind('<ButtonRelease-1>', self.end)
        self.bind('<Button-3>', self.clean)

        # 能够实现组件摆放功能的除了 place()方法之外
        # 还有 pack()方法，这里把画布放进窗口中用的就是 pack()方法
        self.pack(fill=tkinter.BOTH,expand=tkinter.YES)

        # creatMenu()方法也是 Python_Draw 类的成员
        # 用于创建窗口中的菜单栏
        self.creatMenu()
```

在代码中，prex 和 prey 属性的值的设置比较随意，-10 也可以改成-5 或-8 等其他值。因为软件刚开始运行时不知道绘画会从哪个位置开始，所以先用 prex 和 prey 属性作为鼠标指针在一开始时的位置。

当按下鼠标左键后，prex 和 prey 的值仍不会改变，而一旦按下鼠标左键并拖着鼠标进行移动，哪怕是非常细微的一个像素的拖动，prex 和 prey 的值都会被更改为在拖动前鼠标指针坐标的 x 和 y 值。这也正是为什么按下鼠标左键并拖着鼠标能够进行绘图的原因。

start_draw 属性的作用其实不大，就是标志绘画是否在进行。当按下鼠标左键后，就是画图过程已经开始了，事件响应函数会把原本为 False 的 start_draw 属性值更改为 True。

当按下鼠标左键并拖着鼠标进行移动后，就是画图过程正在进行，start_draw 属性值在这个过程中不会发生改变。当释放鼠标左键之后，就是画图过程停止了，事件响应函数就会把 start_draw 属性的值重新置为 False。

place()方法可以把 Canvas 画布放置在窗口中，pack()方法也可以把 Canvas 画布放置在窗口中。pack()方法的 fill 参数的作用是指定 Canvas 画布沿着横向和纵向填充它所在的窗口，expand 参数的作用是指定 Canvas 画布填充满窗口的全部空间。

31.3　创建画图板的菜单

Python_Draw 类的构造方法的最后调用了 creatMenu()方法，该方法也是 Python_Draw 类的一个成员，作用是在轻量级画图板的窗口上方添加菜单栏。

下面这段代码就是 creatMenu()方法的定义。

```
def creatMenu(self):
    # 用 tkinter 的 Menu 组件创建菜单栏
    # 查看构造方法可知 master 属性就是当前的窗口
    self.menu = tkinter.Menu(self.master)

    # 菜单栏只有一个“设置画笔”菜单选项
    # 单击这个选项之后要出现包含有“画笔颜色”
    # 和“画笔粗细”这两个选项的子菜单
    # 所以还要设计这个子菜单，menustyle 就是这个子菜单
    self.menustyle = tkinter.Menu(self.menu,
                                  tearoff=False)

    # Menu 类的 add_cascade()方法的作用是给菜单栏添加一个选项
    # 这个选项就是“设置画笔”
    # 也可以顺便给这个选项添加子菜单
    # 所以这里就通过 menu 参数把 menustyle 子菜单添加进来了
    self.menu.add_cascade(label='设置画笔',
                          menu=self.menustyle)

    # Menu 类的 add_command()方法的作用是给菜单添加选项和事件处理函数
    # 因为 menustyle 子菜单到目前为止还没有任何选项
    # 所以这里用 add_command()方法给 menustyle 子菜单添加了两个选项
    # 并设置了每个选项对应的事件处理函数
    self.menustyle.add_command(label='画笔颜色',
                               command=self.pencolor)
    self.menustyle.add_command(label='画笔粗细',
                               command=self.pensize)

    # 通过 Tk 类的 config()方法把菜单栏添加到窗口中
    # 不设置坐标的话，菜单栏默认就在窗口的左上角
    self.master.config(menu=self.menu)
```

tkinter 模块的 Menu 类封装的就是菜单选项。就像给窗口添加按钮要做的就是创建 Button 类的实例一样，给窗口中添加菜单选项要做的就是创建 Menu 类的实例。代码中的 menu 属性就是这个 Menu 类的实例。

窗口左上角的菜单选项是“设置画笔”，单击这个菜单选项之后紧接着会弹出一个子菜单。代码中的 menustyle 属性就是弹出的子菜单，同样也是 Menu 类的实例，指定 menustyle 作为 menu 的子菜单可以通过 add_cascade()方法来完成。

子菜单有“画笔颜色”和“画笔粗细”两个选项，这两个选项在被单击后都会打开一个独立的窗口用于进行一些设置。为了这两个选项都能响应鼠标的单击操作，还要给这两个选项分别绑定一个事件响应函数。

“画笔颜色”选项的事件响应函数是 pencolor()，调用 pencolor()会打开一个颜色选择窗口，如图 31-4 所示。在颜色选择窗口中我们可以选择一个心仪的颜色作为画笔的颜色。

“画笔粗细”选项的事件响应函数是 pensize()，调用 pensize()会打开一个画笔粗细设置窗口，如图 31-5 所示。画笔的粗细默认是 3，在这个设置窗口中我们可以输入一个从 1～100 的整数，用来改变画笔的粗细。

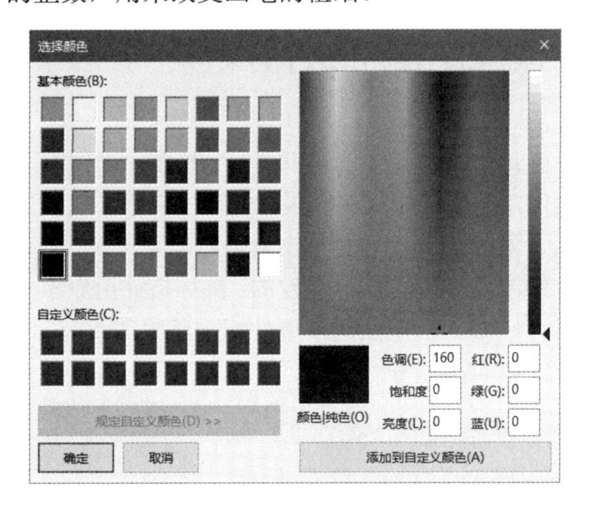

图 31-4　颜色选择窗口

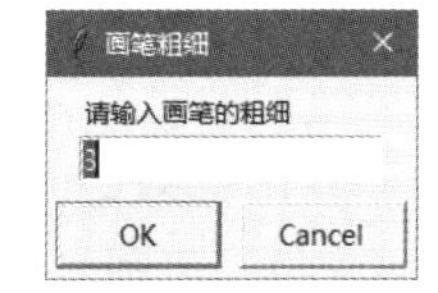

图 31-5　画笔粗细设置窗口

下面这段代码就是 Python_Draw 类的 pencolor()方法和 pensize()方法的定义。

```
# pencolor()方法是子菜单“画笔颜色”选项的
# 事件处理函数
def pencolor(self):
    # askcolor()方法的作用是打开颜色选择窗口
    # 并返回在这个窗口中选中的颜色，
    # 这个选中的颜色可以直接赋值给 self.fill 属性
    t, c = askcolor(parent=self, title = '选择颜色', color='black')
    self.fill = c

# pensize()方法是子菜单“画笔粗细”选项的
```

```
    # 事件处理函数
    def pensize(self):
        # askinteger()方法的作用是打开整数值设置窗口
        # 并返回在窗口中输入的整数值
        # 可以通过 title 参数设置这个窗口的标题
        # 以及通过 prompt 参数设置窗口内的提示
        psize = askinteger(title = '画笔粗细',
                           prompt = '请输入画笔的粗细',
                           initialvalue=3, minvalue=1,
                           maxvalue=100)
        self.psize = psize
```

颜色选择窗口本质上是一个调色板窗口，而画笔粗细设置窗口本质上是一个整数设置窗口，这两个窗口都是 tkinter 模块自带的。调色板窗口可以通过调用 tkinter 模块的 askcolor()方法打开，而整数设置窗口则可以通过调用 tkinter 模块的 askinteger()方法打开。

因为调色板窗口和整数设置窗口刚好符合我们的需要，所以 pencolor()方法和 pensize()方法就是直接调用了 askcolor()方法和 askinteger()方法。

31.4　让画图板能用鼠标进行操作

到目前为止，这个轻量级画图板的辅助功能就完成得差不多了。想要在画图板上进行绘制，还要让画图板能够用鼠标进行操作，也就是能够响应鼠标的一些事件，包括鼠标左键按下、鼠标左键按下后拖着鼠标移动、鼠标左键松开及单击鼠标右键。

假设我们对鼠标左键按下后要执行的事件处理是这样设定的：鼠标指针由原本的箭头形状变成画笔形状，绘画开始。那么就可以编写出下面这个事件响应函数：

```
    # start()方法是鼠标左键按下时的事件响应函数
    def start(self, event):
        # 把 start_draw 属性值设为 True 表示绘画开始
        self.start_draw = True

        # event.x 和 event.y 的值是鼠标指针在当前窗口中的位置
        # 所以 event.x>0 且 event.y>0 成立
        # 就代表光标在画图板的窗口中
        # 把光标指针的形状从箭头改为画笔
        if event.x>0 and event.y>0:
            self.master['cursor'] = 'target'
```

假设我们对按下鼠标左键并拖动鼠标时要执行的事件处理是这样的设定：鼠标指针经过的地方会画出线条，画笔的颜色和粗细会影响所画出线条的颜色和粗细。那么就可以编写出下面这个事件响应函数：

```
    # move()方法是按下鼠标左键拖动鼠标时的事件响应函数
    def move(self, event):
        if self.prex>0 and self.prey>0 and \
```

```
                    self.start_draw == True:
            # 用 create_line()方法画线
            # 线宽和线色分别取自 self.psize 属性值和 self.fill 属性值
            self.create_line(self.prex, self.prey,
                             event.x, event.y,
                             fill = self.fill,
                             width = self.psize)
        # 每次绘制完直线后，都将当前鼠标指针在窗口中的
        # 坐标 x 和 y 值设置给 prex 属性和 prey 属性
        # 这样当鼠标指针再发生移动后，prex 属性和 prey 属性的值就是
        # 鼠标指针上一个位置在窗口中的坐标 x 和 y 值
        self.prex, self.prey = event.x, event.y
```

假设我们对停止拖动鼠标并松开鼠标左键后要执行的事件处理是这样设定的：本次绘画结束，鼠标指针的形状由画笔形状恢复成箭头形状，画板上会留下一条连续的线条，按下鼠标左键并拖动鼠标则下一次绘画开始。那么就可以编写出下面这个事件响应函数：

```
    # end()方法是松开鼠标左键的事件响应函数
    def end(self, event):
        self.start_draw = False

        # 把鼠标指针形状还原为箭头形
        self.master['cursor'] = 'arrow'

        # 还要把 prex 属性和 prey 属性的值设为-10
        # 如果不这样做，下一次绘画的线条
        # 会自动连接到上一次绘画的线条
        self.prex = self.prey = -10
```

假设我们对单击鼠标右键后要执行的事件处理是这样设定的：画板上的所有绘制出的线条全被清除。那么就可以编写出下面这个事件响应函数：

```
    # clean()方法是单击鼠标右键的事件响应函数
    def clean(self, event):
        # Canvas 类的 delete()方法可以实现清空
        # 画布上的所有内容
        self.delete('all')

        # 把 prex 属性和 prey 属性的值设为-10
        self.prex = self.prey = -10
```

31.5　大功告成，试用画图板

Python_Draw 类的内容就是这么多，一个构造方法、一个创建菜单选项的 creatMenu()方法、两个菜单子选项的事件响应——pencolor()方法和 pensize()方法、4 个鼠标事件的响应——start()方法、move()方法、end()方法和 clean()方法。

Python_Draw 类可以直接创建实例进行使用，因为 Python_Draw 类继承自 Canvas 类，

并且在类的构造方法中也使用了 pack()方法把画布放到窗口中，可以说，完成了 Python_Draw 类，这个轻量级画图板项目就完成 99%了。

只不过要想使用这个轻量级画图板，仅有 Python_Draw 类是不可以的，还要在代码的最开始导入项目要用到的资源，例如 tkinter 模块及模块中的 askcolor()方法和 askinteger()方法；还要在 Python_Draw 类的定义之前创建窗口；还要在 Python_Draw 类的定义之后创建类的实例；还要在创建了 Python_Draw 类实例之后追加最后一行 Python 代码：window.mainloop()。

下面这段代码就是这个轻量级画图板项目的完整代码。

```
import tkinter
from tkinter.colorchooser import askcolor
from tkinter.simpledialog import askinteger

# 创建一个窗口，用 geometry()方法设置窗口的初始大小
# 并用 resizable()方法设置窗口的宽度和高度都不可变
window = tkinter.Tk()
window.geometry('800x600')
window.resizable(width=False, height=False)
window.title('轻量级画图板')

class Python_Draw(tkinter.Canvas):
    def __init__(self, master = None):
        super().__init__()
        self.master = master
        self.psize = 3
        self.fill = 'black'
        self.prex = self.prey = -10
        self.start_draw = False

        self.bind('<B1-Motion>', self.move)
        self.bind('<Button-1>', self.start)
        self.bind('<ButtonRelease-1>', self.end)
        self.bind('<Button-3>', self.clean)
        self.pack(fill=tkinter.BOTH, expand=tkinter.YES)
        self.creatMenu()

    def creatMenu(self):
        self.menu = tkinter.Menu(self.master)
        self.menustyle = tkinter.Menu(self.menu,
                                      tearoff=False)
        self.menu.add_cascade(label='设置画笔',
                              menu=self.menustyle)
        self.menustyle.add_command(label='画笔颜色',
                                   command=self.pencolor)
        self.menustyle.add_command(label='画笔粗细',
                                   command=self.pensize)
        self.master.config(menu=self.menu)
```

```
    def pencolor(self):
        t, c = askcolor(parent=self, title = '选择颜色', color='black')
        self.fill = c

    def pensize(self):
        psize = askinteger(title = '画笔粗细',
                           prompt = '请输入画笔的粗细',
                           initialvalue=3, minvalue=1,
                           maxvalue=100)
        self.psize = psize

    def start(self, event):
        self.start_draw = True
        if event.x>0 and event.y>0:
            self.master['cursor'] = 'target'

    def move(self, event):
        if self.prex>0 and self.prey>0 and \
                    self.start_draw == True:
            self.create_line(self.prex, self.prey,
                             event.x, event.y,
                             fill = self.fill,
                             width = self.psize)
        self.prex, self.prey = event.x, event.y

    def end(self, event):
        self.start_draw = False
        self.master['cursor'] = 'arrow'
        self.prex = self.prey = -10

    def clean(self, event):
        self.delete('all')
        self.prex = self.prey = -10

# 创建Python_Draw类实例
p = Python_Draw(master=window)
window.mainloop()
```

对于tkinter模块的Tk类来说，要想设置窗口的大小不可变，我们之前一贯的做法是通过联合使用minsize()方法和maxsize()方法设置窗口的最小和最大尺寸。采用一贯的做法是没有问题的，此外还可以先使用 geometry()方法设置窗口的初始大小，紧接着使用resizable()方法设置窗口的高度和宽度都不可变，通过这种办法也可以达到窗口大小不可变的目的。

保存上面这段代码到一个.py文件中，然后在IDLE中对这个.py文件执行Run Module命令，如果没有什么输入错误的话，这个轻量级画图板就直接打开了。接下来，试着在画图板中绘制一些粗细不一、颜色不同的线条吧。

图 31-6 展示的就是在画图板上绘制的一些线条，其中最细的线条的线宽为 1，最粗的线条线宽为 100，并且这些线条颜色都不一样。

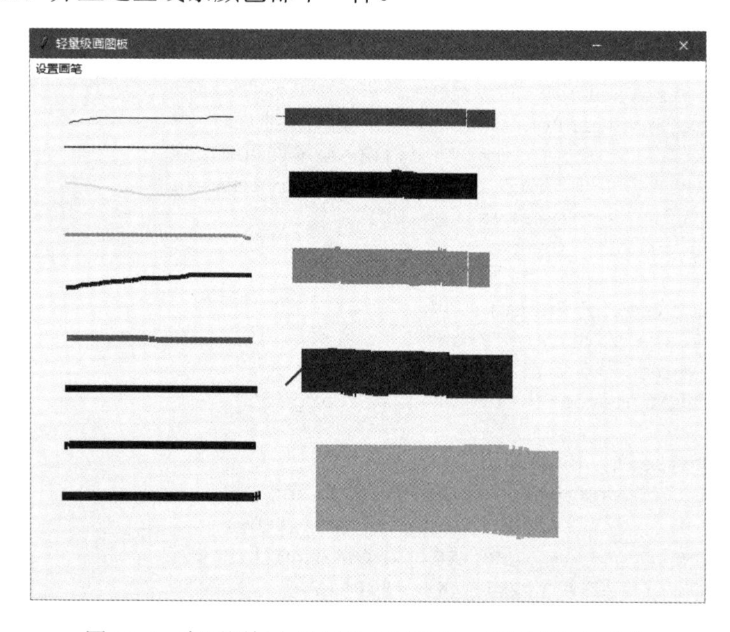

图 31-6　在画图板上绘制出不同粗细、不同颜色的线条

第 32 章　绘制太极图案

一提到我国的历史文化，那可真是源远流长了。在数千年的历史发展过程中，曾经诞生了一批批影响深远的历史人物，他们的言论和观点至今都让人钦佩。就拿“太极生两仪，两仪生四象，四象生八卦，八卦演万物”这句出自《易传·系辞传》里的话来说吧，既概括了道教的世界观，又体现出了古人伟大的智慧。

相信大家对于那个黑白相间的圆形太极图案一定都不陌生。太极图案虽然颜色只有黑白两色，略显单调，但是因为其构图简单、鲜明、有特色，所以绘制起来非常容易，也能让人很快就会记住。

本章我们的目标就是绘制一个太极图案。在绘制的过程中，我们要借助的模块从 tkinter 改为了 turtle，倒不是因为借助 tkinter 模块没办法绘制出太极图，而是 turtle 模块会把绘图的过程展示出来，就像是我们自己在用画笔绘图一样。

32.1　与 turtle 模块的初次相识

turtle 模块的取名非常耐人寻味。英文单词 turtle 翻译过来是龟、海龟或者甲鱼的意思。为什么要用单词 turtle 给这个模块取名呢？其实这和 turtle 模块的绘图方式有很大的关系。

我们可能都在电视上看到过，如果一只海龟正在退潮后的沙滩上爬行，那么它所爬过的路径就会留下一条非常明显的爬痕。

借助 turtle 模块在画布上进行绘制时，可以把画笔理解成一只能够听懂指令的小海龟，我们通过一些函数控制小海龟在画布上爬行，如果给小海龟爬过的路径涂上颜色，那么这些带颜色的路径就是用画笔绘制出的线条。

图 32-1 展示的就是 turtle 模块中的画笔正在画布上绘制着太极图案。

图 32-1　借助 turtle 模块绘制太极图案的过程

从图 32-1 中可以看出，绘制太极图案时最前端有一个黑色的小箭头，这个黑色小箭头就相当于 turtle 模块中的画笔，也就是那个能听懂指令的小海龟。

我们用一些函数控制画笔的移动，这个黑色小箭头的指向就是画笔的移动方向。让画笔走过的路径构成太极图案的轮廓，把轮廓线涂成黑色，轮廓中的封闭区域填充上黑色或者白色，太极图案就绘制出来了。

32.2　厘清绘制太极图案的思路

图 32-2 展示的是绘制太极图案左半部分的步骤。

图 32-2　绘制太极图案左半部分的步骤

大概可以分为以下 5 步：

（1）在太极图案的中心从右侧向上绘制一个半圆弧，如图 32-2a 所示。

（2）在第 1 个半圆弧的终点从左侧向下绘制第 2 个半圆弧，如图 32-2b 所示。如果第 1 个半圆弧的半径是 r，那么第 2 个半圆弧的半径就是 $2r$。

（3）在第 2 个半圆弧的终点从左侧向上绘制第 3 个半圆弧，如图 32-2c 所示。第 3 个半圆弧的半径和第 1 个半圆弧的半径相同，因此这个半圆弧的终点会和第 1 个半圆弧的起点重合。

（4）进行黑色填充。3 个半圆弧会构成封闭的图形，把封闭图形填充成纯黑色，如图 32-2d 所示。

（5）找到第 1 个半圆弧的圆心，在这个圆心位置绘制一个小的圆形，圆形的线框和填充均是白色，如图 32-2e 所示。

绘制完了太极图案的左半部分，就该绘制太极图案的右半部分啦。在绘制出来太极图案的左半部分之后，再继续绘制太极图案的右半部分就简单多了。图 32-3 展示的是绘制太极图案右半部分的步骤，大概可以分为 3 步：

（1）找到第 3 个半圆弧的圆心，在这个圆心位置绘制一个小的圆形，圆形的线框是黑色，如图 32-3a 所示。

（2）填充刚刚绘制的那个小小圆形的内部为黑色，如图 32-3b 所示。

（3）找到图 32-2 中第 2 个半径为 $2r$ 的半圆弧的终点，在这里从右侧向上再绘制一个线框为黑色的半圆弧，这个半圆弧的半径同样为 $2r$，如图 32-3c 所示。

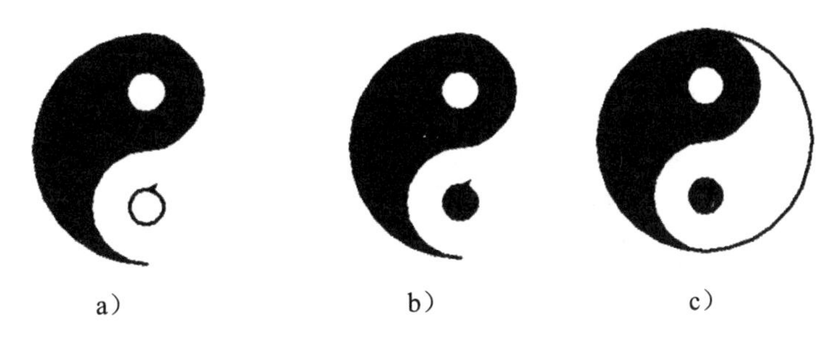

a）　　　　b）　　　　c）

图 32-3　绘制太极图案右半部分的步骤

32.3　绘制太极图案的左半边

还记得我们在借助 tkinter 模块时是怎么创建空白窗口的吗？这个空白窗口有一个隐藏的坐标系，坐标系的坐标原点就是窗口的左上角，从坐标原点向右是坐标系的 x 轴，从坐标原点向下是坐标系的 y 轴。

借助 turtle 模块绘制图形时也会首先创建一个空白的窗口，这个空白窗口的隐藏坐标系略有不同，坐标原点并不在窗口的左上角，而在窗口的中心位置，横轴是坐标系的 x 轴，纵轴是坐标系的 y 轴。

从 tkinter 模块换成 turtle 模块时，要适应隐藏坐标系的坐标原点在窗口中的位置的改变。

接下来我们就用下面这段代码绘制出太极图案的左半部分。

```
# 导入 turtle 模块
import turtle

# 创建一个画笔，其实就是创建一个 Turtle 类的实例
pen = turtle.Turtle()
# 变量 radius 保存的是半圆弧的半径
radius = 100
# 用 Turtle 类的 width()方法设置画笔的线宽为 3
pen.width(3)

# 用 Turtle 类的 color()方法设置画笔绘制出来的线条为黑色
# 绘制出来的图形也用黑色填充
pen.color("black", "black")
pen.begin_fill()
# 绘制半径为 radius/2、角度是 180° 的第 1 个半圆弧
pen.circle(radius/2, 180)
# 绘制半径为 radius、角度是 180° 的第 2 个半圆弧
pen.circle(radius, 180)
```

```
    # 为绘制第 3 个半圆弧，让画笔的小箭头向左旋转 180°
    pen.left(180)
    # 绘制半径为 radius/2、角度是 180° 的第 3 个半圆弧
    pen.circle(-radius/2, 180)
    pen.end_fill()

    # 在绘制白色填充的小圆形之前要把画笔向上移动。
    # 先用 left()方法把画笔的小箭头向左旋转 90°，
    # 然后用 penup()方法抬起画笔，
    # 接着用 forward()方法把画笔沿着箭头所指的方向
    # 移动 0.35 个 radius 的距离，
    # 再接着用 right()方法把画笔的小箭头向右旋转 90°，
    # 最后是用 pendown()方法落下画笔
    pen.left(90)
    pen.penup()
    pen.forward(radius * 0.35)
    pen.right(90)
    pen.pendown()

    # 用 color()方法设置画笔绘制出来的线条是白色
    # 绘制出来的图形内部也用白色填充
    pen.color("white", "white")
    pen.begin_fill()
    # 用 circle()方法绘制出半径为 15 的圆
    pen.circle(radius * 0.15)
    pen.end_fill()
```

我们通常在纸上画图之前先要准备一支合适的画笔，借助 turtle 模块绘制这个太极图案之前也需要先准备一支合适的画笔。turtle 模块把和绘图有关的功能都写进了 Turtle 类的方法中，因此创建一个 Turtle 类的实例就相当于拥有了一支画笔。

保存上面的代码到一个.py 文件中，然后在 IDLE 中对这个.py 文件执行 Run Module 命令，如果不出什么意外的话，就会得到如图 32-4 所示的太极图案左半部分的结果。

在上面的代码中用到了一些 Turtle 类的方法，这些方法有的与画笔的属性相关，有的与图形的绘制相关，有的则与控制画笔的位置相关。

Turtle 类的 width()方法和 color()方法与画笔的属性相关。

width()方法可以设置画笔绘制出的线条的粗细，参数的取值范围是 1～10。color()方法可以设置画笔绘制出的线条是什么颜色，以及绘制出的图形内部用什么颜色填充。color()方法的第一个参数就是线条的颜色，第二个参数是内部填充的颜色。

图 32-4　绘制太极图案左半部分的结果

Turtle 类的 circle()方法、begin_fill()方法及 end_fill()方法都和使用画笔进行图形的绘制相关。

circle()方法用于绘制一个圆或者圆弧。circle()方法的第一个参数是半径，第二个参数是圆弧的角度。如果让角度参数是 180°，就可以用 circle()方法绘制出一个半圆弧。在设置 circle()方法的半径参数时也有讲究，如果半径的数值是负值，那么绘制时画笔就会按照顺时针的方向移动，如果半径的数值是正的，那么绘制时画笔会按照逆时针的方向移动。

begin_fill()方法和 end_fill()方法总是成对出现，用于选择给哪些图形的内部填充颜色。例如在上面的代码中，begin_fill()方法和 end_fill()方法之间是用 3 个 circle()方法绘制了 3 个圆弧，因此填充颜色的区域就是这 3 个圆弧的内部。

Turtle 类的 penup()方法、pendown()方法、left()方法、right()方法和 forward()方法都与画笔的位置控制相关。

想要把画笔移动到其他的位置进行绘画，就要先把画笔抬起来，等移动到了指定的位置后再把画笔落下，这样做就可以确保画笔在移动的过程中不会在画布上留下痕迹。penup()方法和 pendown()方法分别用于抬起画笔和落下画笔。

移动画笔之前要确定好向哪个方向移动。left()方法和 right()方法可以分别用于把画笔向左和向右旋转指定的角度，同时画笔小箭头的朝向也会旋转。forward()方法会把画笔朝着小箭头所指的方向直线移动一定的距离。

32.4　绘制太极图案的右半边

在借助 tkinter 模块时，必须通过代码手动地创建出窗口，如果是在窗口中绘制图形，还要通过代码在窗口中手动地添加画布。用 turtle 模块的话，创建窗口及在窗口中添加画布的步骤就不需要了。

turtle 模块会自动地创建出一个空白窗口，如果没有指定这个窗口的大小及这个窗口在屏幕中的位置，那么这个窗口就会采用默认的大小，在屏幕中的位置也是居中的。turtle 模块会把空白窗口内的空间全部当作画布，所以我们想要绘制图形的话只需创建画笔及调用绘图方法就可以了。

下面我们接着绘制太极图案的右半部分，可以用下面这段代码来完成。

```
# 在绘制黑色填充的小圆形之前要把画笔向下移动，
# 先用 left()方法把画笔的小箭头向左旋转 90°，
# 然后用 penup()方法抬起画笔，
# 接着用 forward()方法把画笔沿着箭头所指的方向
# 移动 0.7 个 radius 的距离，
# 再接着用 pendown()方法落下画笔，
# 最后是用 left()方法把画笔的小箭头向左旋转 90°
pen.left(90)
pen.penup()
```

```
pen.backward(radius*0.7)
pen.pendown()
pen.left(90)

# 绘制太极图右半部分底下的黑色填充小圆形
pen.color("black","black")
pen.begin_fill()
pen.circle(radius*0.15)
pen.end_fill()

# 把画笔移动到太极图案最下边,
# 为的是绘制太极图右半部分的大半圆弧
pen.right(90)
pen.penup()
pen.backward(radius*0.65)
pen.right(90)
pen.pendown()

# 绘制太极图右半部分的大半圆弧
pen.circle(radius, 180)

# 隐藏画笔的箭头
pen.hideturtle()

# 让绘制太极图案的窗口界面停留,
# 直到在窗口内单击鼠标才会关闭窗口并结束程序的运行
window = turtle.Screen()
window.exitonclick()
```

把这段代码插入 32.3 节的代码后面，并保存为一个.py 文件，然后在 IDLE 中对这个.py 文件执行 Run Module 命令，如果不出什么意外的话，就会得到如图 32-5 所示的太极图案的最终绘制结果。

上面这段代码中多次重复地使用了前面接触过的 Turtle 类方法，例如 circle()方法、begin_fill()方法及 end_fill()方法等。经过重复多次的使用，读者应该对这些 Turtle 类的方法非常熟悉了。

Turtle 类的 hideturtle()方法用于隐藏画笔的小箭头，通常在图形绘制完之后才会把这个小箭头隐藏起来。

如果上面的代码中没有最后那两行代码，我们几乎就看不见绘制太极图案的最终成品，因为绘制完了之后窗口马上就自动关闭了。turtle 模块中的 Screen 类有一个 exitonclick()方法，调用这个方法可以让窗口一直显示，直到我们在窗口内单击鼠标，窗口才会关闭，程序才会终止。

图 32-5　绘制太极图案的最终结果

第 33 章　绘制可爱的小猪佩奇

2019 年 8 月份播出的动画片《小猪佩奇》曾经一度让佩奇这个形象深入人心，无论是正在上学的少年儿童还是已经工作了的大龄青年，都对可爱的小猪佩奇喜爱有加。

《小猪佩奇》又叫作《粉红猪小妹》，英文原名是 *Peppa Pig*，是由英国的一个团队导演和制作的一部学前电视动画片。《小猪佩奇》中的故事情节主要围绕着主角小猪佩奇与家人的愉快经历而展开，具有幽默且风趣的特点，并且借此宣扬了正能量的家庭观念与友情，同时鼓励小朋友们积极地体验生活。

我们可能在很多地方都见到过小猪佩奇，例如在网页中搜索小猪佩奇的图片时，朋友们用小猪佩奇的图片当作头像时，甚至当小猪佩奇出现在公益广告中时。前面已经尝试过了绘制哆啦 A 梦，那么能否尝试着亲自绘制出小猪佩奇呢？

本章我们就试着通过编写 Python 程序的方式绘制出可爱的小猪佩奇，所借助的模块也由 tkinter 换成了 turtle。

33.1　观察小猪佩奇，思考绘制过程

在绘制小猪佩奇之前，最好是来回忆一下小猪佩奇的整体形象，这样我们就可以规划整个绘制的过程了。图 33-1 展示的就是小猪佩奇的一张图片。

图 33-1　小猪佩奇的形象图片

在绘制小猪佩奇时，可以把绘制的过程整体分为先绘制头部，再绘制身体，接着绘制四肢，最后绘制尾巴这四大步骤。

图 33-2 展示的是绘制小猪佩奇头部的具体步骤。

按照图 33-2 展示的，绘制小猪佩奇的头部大概可以分为 6 步：

（1）绘制出小猪佩奇的鼻子及鼻子上的鼻孔，如图 33-2a 所示。

（2）绘制出小猪佩奇的脸，如图 33-2b 所示。

（3）绘制出小猪佩奇头上的一对耳朵，如图 33-2c 所示。

（4）绘制出小猪佩奇的一对眼睛，如图 33-2d 所示。

（5）绘制出小猪佩奇脸上的粉红色脸腮，如图 33-2e 所示。

（6）绘制出小猪佩奇的嘴巴，如图 33-2f 所示。

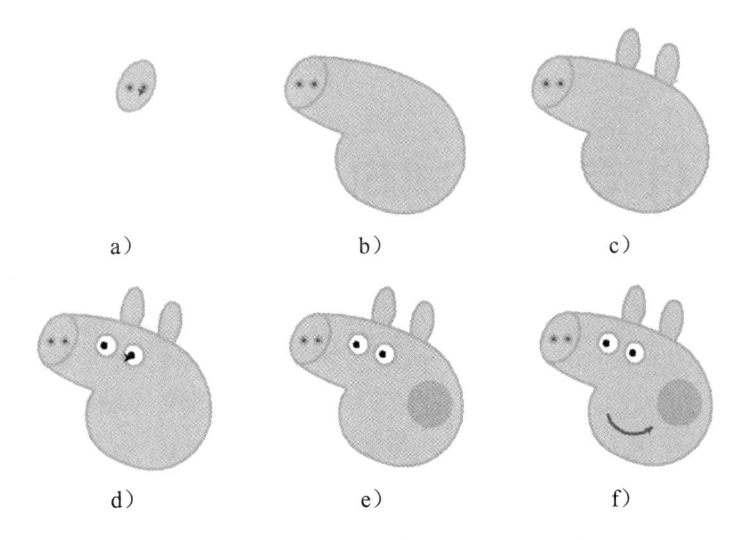

图 33-2　绘制小猪佩奇头部的几个步骤

绘制完小猪佩奇的头部，就该绘制小猪佩奇的身体了。图 33-3 展示的是小猪佩奇的身体该怎么绘制。

小猪佩奇的身体在绘制时比较简单，只有一个步骤，如图 33-3 所示。

图 33-3　绘制小猪佩奇的身体

按照四大步骤，绘制完小猪佩奇的身体之后是绘制小猪佩奇的四肢。图 33-4 展示的是绘制小猪佩奇的四肢具体可以分为哪几个小步骤。

按照图 33-4 展示的步骤，绘制小猪佩奇的四肢大概可以分为两步：

（1）绘制出小猪佩奇的两只胳膊及两只手，如图 33-4a 所示。

（2）绘制出小猪佩奇的两条腿和两只脚，如图 33-4b 所示。

图 33-4　绘制小猪佩奇四肢的几个步骤

在绘制完了小猪佩奇的四肢后，看上去我们的绘制结果已经和图 33-1 展示的小猪佩奇的形象非常相似了。可是按照之前所说的四大步骤，还没有绘制出小猪佩奇的尾巴。

绘制小猪佩奇的尾巴也是可以一步就完成的，如图 33-5 所示。

接下来，我们就按照上述所说的四大步骤，以及每个大步骤中细分的几个小步骤，开始编写 Python 代码来绘制出小猪佩奇吧。

图 33-5 绘制小猪佩奇的尾巴

33.2 绘制小猪佩奇的头部

在绘制小猪佩奇的四个大步骤中，第一个大步骤就是头部的绘制了。头部的绘制又可以细分为绘制鼻子、绘制脸、绘制耳朵、绘制眼睛、绘制脸腮及绘制嘴巴这 6 个小步骤，因此看起来还是比较麻烦的。

不积跬步，无以至千里。即使是绘制再麻烦的图形，也要通过编写一行又一行的代码来实现。例如要绘制小猪佩奇的鼻子，可以用下面这段代码来完成。

```
# 导入 turtle 模块
import turtle

# 创建画笔
pen = turtle.Turtle()

# 用 Screen 类的 setup()方法设置窗口大小为 860x640
# 用 Turtle 类的 pensize()方法设置画笔的粗细为 4
# 用 colormode()函数设置画笔的颜色模式为整数 RGB
# 用 Turtle 类的 speed()方法设置画笔的移动速度为较慢
window = turtle.Screen()
window.setup(width=860, height=640)
pen.pensize(4)
turtle.colormode(255)
pen.speed(1)

# 绘制小猪佩奇的鼻子
pen.color((255, 155, 192), "pink")
pen.penup()
pen.goto(-100, 100)
pen.pendown()
pen.seth(-30)
pen.begin_fill()
a = 0.4
```

```
for i in range(120):
    if 0 <= i < 30 or 60 <= i < 90:
        a = a + 0.08
        pen.left(3)                             # 向左转 3°
        pen.forward(a)                          # 向前走 a 的步长
    else:
        a = a - 0.08
        pen.left(3)
        pen.forward(a)
pen.end_fill()

# 绘制左边的鼻孔
pen.penup()
pen.seth(90)
pen.forward(25)
pen.seth(0)
pen.forward(10)
pen.pendown()
pen.pencolor(255, 155, 192)
pen.seth(10)
pen.begin_fill()
pen.circle(5)
pen.color(160, 82, 45)
pen.end_fill()

# 绘制右边的鼻孔
pen.penup()
pen.seth(0)
pen.forward(20)
pen.pendown()
pen.pencolor(255, 155, 192)
pen.seth(10)
pen.begin_fill()
pen.circle(5)
pen.color(160, 82, 45)
pen.end_fill()
```

如果不想让绘图窗口是默认的大小，那么使用 turtle 模块中 Screen 类的 setup()方法可以在绘图开始之前设置绘图窗口的大小。setup()方法的 startx 参数和 starty 参数可以用于控制窗口在屏幕中的位置，如果不设置，则窗口位于屏幕的正中心。

penup()方法和 pendown()方法通常是成对使用的。抬起画笔之后再移动画笔，这样画笔的移动路径上就不会留下绘画的痕迹。把画笔落下之后再移动画笔，这样画笔的移动路径上才会留下绘画的痕迹。

按照图 33-2b 所示的步骤，接下来是绘制小猪佩奇的脸，代码如下：

```
# 绘制小猪佩奇的脸
pen.color((255, 155, 192), "pink")
pen.penup()
```

```
pen.seth(90)
pen.forward(41)
pen.seth(0)
pen.forward(0)
pen.pendown()
pen.begin_fill()
pen.seth(180)
pen.circle(300, -30)
pen.circle(100, -60)
pen.circle(80, -100)
pen.circle(150, -20)
pen.circle(60, -95)
pen.seth(161)
pen.circle(-300, 15)
pen.penup()
pen.goto(-100, 100)
pen.pendown()
pen.seth(-30)
a = 0.4
for i in range(60):
    if 0 <= i < 30 or 60 <= i < 90:
        a = a + 0.08
        pen.left(3)                     # 向左转 3°
        pen.forward(a)                  # 向前走 a 步
    else:
        a = a - 0.08
        pen.left(3)
        pen.forward(a)
pen.end_fill()
```

在上面的代码中用到了一些 Turtle 类中的新方法，例如 speed()方法、goto()方法和 seth()方法。

speed()方法可以用于设置画笔移动速度的快慢，参数的取值范围是 1～10。

goto()方法的参数是一对 x 和 y 坐标值，作用是把画笔直线移动到窗口坐标值为 x 和 y 的位置处。

seth()方法与 left()方法或 right()方法的作用差不多，都是旋转画笔小箭头的朝向，角度为正则逆时针旋转，角度为负则顺时针旋转。

left()方法和 right()方法都是把画笔以当前的朝向为基准进行旋转，而 seth()方法则是以画笔最开始的朝向为基准进行旋转。

按照图 33-2c 所示的步骤，接下来是绘制小猪佩奇的一对耳朵，代码如下：

```
# 绘制小猪佩奇左边的耳朵
pen.color((255, 155, 192), "pink")
pen.penup()
pen.seth(90)
pen.forward(-7)
pen.seth(0)
pen.forward(70)
pen.pendown()
```

```
pen.begin_fill()
pen.seth(100)
pen.circle(-50, 50)
pen.circle(-10, 120)
pen.circle(-50, 54)
pen.end_fill()

# 绘制小猪佩奇右边的耳朵
pen.penup()
pen.seth(90)
pen.forward(-12)
pen.seth(0)
pen.forward(30)
pen.pendown()
pen.begin_fill()
pen.seth(100)
pen.circle(-50, 50)
pen.circle(-10, 120)
pen.circle(-50, 56)
pen.end_fill()
```

按照图 33-2d 所示的步骤，接下来是绘制小猪佩奇的一对眼睛，代码如下：

```
# 绘制小猪佩奇左边眼睛的眼眶
pen.color((255, 155, 192), "white")
pen.penup()
pen.seth(90)
pen.forward(-20)
pen.seth(0)
pen.forward(-95)
pen.pendown()
pen.begin_fill()
pen.circle(15)
pen.end_fill()

# 绘制小猪佩奇左边眼睛的眼珠
pen.color("black")
pen.penup()
pen.seth(90)
pen.forward(12)
pen.seth(0)
pen.forward(-3)
pen.pendown()
pen.begin_fill()
pen.circle(3)
pen.end_fill()

# 绘制小猪佩奇右边眼睛的眼眶
pen.color((255, 155, 192), "white")
pen.penup()
pen.seth(90)
pen.forward(-25)
pen.seth(0)
```

```
pen.forward(40)
pen.pendown()
pen.begin_fill()
pen.circle(15)
pen.end_fill()

# 绘制小猪佩奇右边眼睛的眼珠
pen.color("black")
pen.penup()
pen.seth(90)
pen.forward(12)
pen.seth(0)
pen.forward(-3)
pen.pendown()
pen.begin_fill()
pen.circle(3)
pen.end_fill()
```

按照图 33-2e 所示的步骤，接下来是绘制小猪佩奇脸上的粉红色脸腮，代码如下：

```
# 绘制小猪佩奇脸上的粉红色脸腮
pen.color((255, 155, 192))
pen.penup()
pen.seth(90)
pen.forward(-95)
pen.seth(0)
pen.forward(65)
pen.pendown()
pen.begin_fill()
pen.circle(30)
pen.end_fill()
```

按照图 33-2f 所示的步骤，接下来是绘制小猪佩奇的嘴巴，代码如下：

```
# 绘制小猪佩奇的嘴巴
pen.color(239, 69, 19)
pen.penup()
pen.seth(90)
pen.forward(15)
pen.seth(0)
pen.forward(-100)
pen.pendown()
pen.seth(-80)
pen.circle(30, 40)
pen.circle(40, 80)
```

上面的这段代码虽然很长，但不外乎是在重复地使用 circle()方法、forward()方法、penup()方法及 pendown()方法等这些 Turtle 类里的方法，所以在理解起来难度不是很大。

把上面这段代码保存到一个.py 文件中，然后在 IDLE 中 Run Module，如果代码没错的话，那么 Run Module 的结果如图 33-6 所示。

图 33-6　绘制小猪佩奇头部的结果

33.3　绘制小猪佩奇的身体

绘制完小猪佩奇的头部，按照规划接下来是绘制小猪佩奇的身体。绘制小猪佩奇的身体就简单多了，用下面这段代码即可完成。

```
# 绘制小猪佩奇的身体
pen.color("red", (255, 99, 71))
pen.penup()
pen.seth(90)
pen.forward(-20)
pen.seth(0)
pen.forward(-78)
pen.pendown()
pen.begin_fill()
pen.seth(-130)
pen.circle(100, 10)
pen.circle(300, 30)
pen.seth(0)
pen.forward(230)
pen.seth(90)
pen.circle(300, 30)
pen.circle(100, 3)
pen.color((255, 155, 192), (255, 100, 100))
pen.seth(-135)
pen.circle(-80, 63)
```

```
pen.circle(-150, 24)
pen.end_fill()
```

打开在 33.2 节保存的.py 文件，然后把这段代码追加到最后面，保存这个新的.py 文件后再在 IDLE 中执行 Run Module 命令，如果代码没错的话，那么 Run Moduel 的结果如图 33-7 所示。

图 33-7　绘制小猪佩奇身体的结果

33.4　绘制小猪佩奇的四肢

绘制完小猪佩奇的身体，按照规划接下来是绘制小猪佩奇的四肢。

绘制小猪佩奇的四肢可以分为两个小步骤，分别是绘制左右胳膊和手，以及绘制双腿和脚，如图 33-4 所示。

绘制小猪佩奇的四肢用下面这段代码即可完成。

```
# 绘制小猪佩奇的左胳膊和左手
pen.color((255, 125, 192))
pen.penup()
pen.seth(90)
pen.forward(-40)
pen.seth(0)
pen.forward(-27)
pen.pendown()
pen.seth(-160)
pen.circle(300, 15)
```

```
pen.penup()
pen.seth(90)
pen.forward(15)
pen.seth(0)
pen.forward(0)
pen.pendown()
pen.seth(-10)
pen.circle(-20, 90)

# 绘制小猪佩奇的右胳膊和右手
pen.penup()
pen.seth(90)
pen.forward(30)
pen.seth(0)
pen.forward(237)
pen.pendown()
pen.seth(-20)
pen.circle(-300, 15)
pen.penup()
pen.seth(90)
pen.forward(20)
pen.seth(0)
pen.forward(0)
pen.pendown()
pen.seth(-170)
pen.circle(20, 90)

# 绘制小猪佩奇的左腿和左脚
pen.pensize(10)
pen.color((112, 128, 128))
pen.penup()
pen.seth(90)
pen.forward(-75)
pen.seth(0)
pen.forward(-180)
pen.pendown()
pen.seth(-90)
pen.forward(40)
pen.seth(-180)
pen.color("black")
pen.pensize(15)
pen.forward(20)

# 绘制小猪佩奇的右腿和右脚
pen.pensize(10)
pen.color((240, 128, 128))
pen.penup()
pen.seth(90)
pen.forward(40)
pen.seth(0)
pen.forward(90)
pen.pendown()
pen.seth(-90)
pen.forward(40)
pen.seth(-180)
```

```
pen.color("black")
pen.pensize(15)
pen.forward(20)
```

上面的这段代码同样也很长，但是用到的不外乎 circle()方法、forward()方法、penup()方法及 pendown()方法等这些 Turtle 类里的方法，因此绘制的过程并不难理解。

把这段代码追加到 33.3 节修改过的.py 文件的后面并保存，然后再对这个新的.py 文件执行 Run Module 命令，如果代码没错的话，那么 Run Module 的结果如图 33-8 所示。

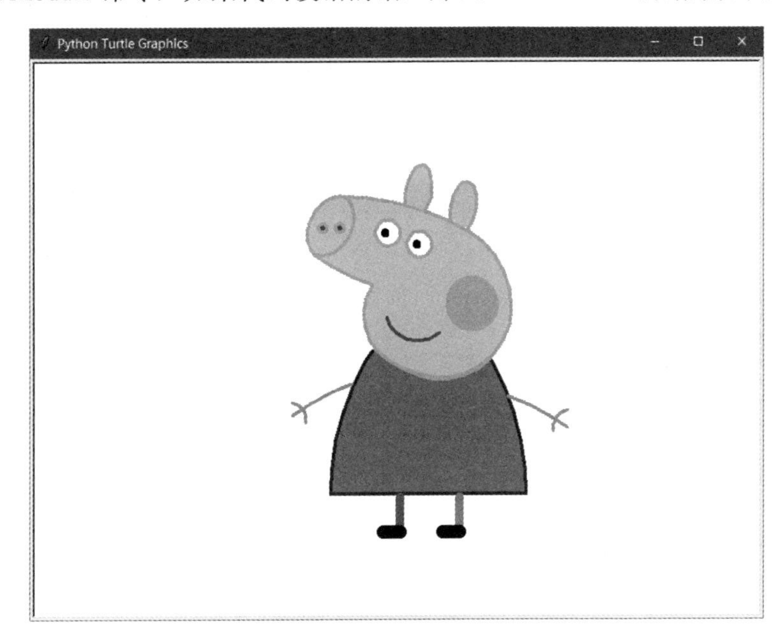

图 33-8　绘制小猪佩奇四肢的结果

33.5　绘制小猪佩奇的尾巴

绘制完小猪佩奇的四肢，按照规划剩下的就是绘制小猪佩奇的尾巴了。

绘制小猪佩奇的尾巴就像绘制小猪佩奇的身体一样简单，用下面这段非常简短的代码就可以完成。

```
# 绘制小猪佩奇的尾巴
pen.pensize(4)
pen.color((255, 155, 192))
pen.penup()
pen.seth(90)
pen.forward(70)
pen.seth(0)
pen.forward(95)
pen.pendown()
```

```
pen.seth(0)
pen.circle(70, 20)
pen.circle(10, 330)
pen.circle(70, 30)

# 用 done()函数停止绘图，但绘图窗口不会关闭
turtle.done()
```

到此为止，我们已经完成了绘制小猪佩奇的全部 4 个大步骤。仔细数一数代码的总行数，会发现代码已经长达 300 多行。

把这段代码追加到 33.5 节修改过的.py 文件的后面并保存，然后再对这个保存之后的新.py 文件执行 Run Module 命令，如果代码没什么错误的话，那么 Run Module 的结果如图 33-9 所示。

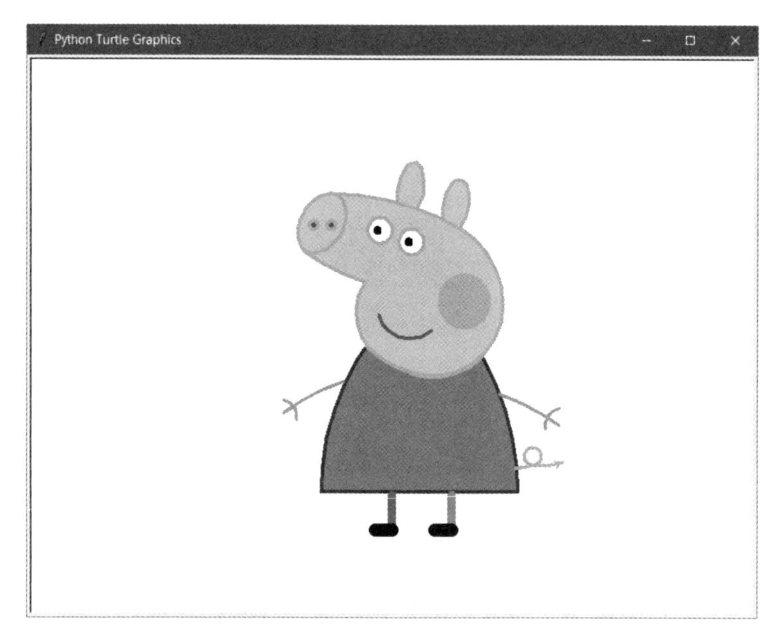

图 33-9　绘制小猪佩奇的最终结果

图 33-9 展示的就是小猪佩奇的最终绘制结果了。把图 33-9 和本章一开始的图 33-1 进行比较，会发现我们用 Python 绘制的小猪佩奇和动画片中的小猪佩奇还是非常相似的。

第 34 章　制作一个桌面动态时钟

在日常生活中，查看时间是我们经常要做的一件事。

在几十年前，大部分人查看时间的方式还是看一眼墙上的挂表或者手腕上的手表。近些年，随着科技的发展特别是计算机、手机等设备的普及，想要查看时间的话只需要打开经常使用的计算机或者手机即可，非常方便。

计算机或者手机上能够显示时间的方式大概有数显时钟和桌面动态时钟两种。数显时钟指的是直接显示时间数字的一种时钟，而桌面动态时钟则模拟了真实的钟表，带有旋转的时针、分针和秒针。

图 34-1a 和图 34-1b 分别展示的就是数显时钟和桌面动态时钟。

a)　　　　b)

图 34-1　数显时钟和桌面动态时钟

本章我们的目标就是在 turtle 模块的协助下，用 Python 制作出一个桌面动态时钟。

34.1　做个什么样的桌面动态时钟

想要做出来的桌面动态时钟能够正常使用，那么就离不开最基本的表盘刻度、时针、分针和秒针这些部件。当然，如果做出来的桌面动态时钟带有显示日期和星期的功能，那就更好了。

图 34-2 展示的就是我们在本章的最后做出来的桌面动态时钟成品。

图 34-2 动态时钟成品

34.2 从绘制时钟的表盘刻度开始

桌面动态时钟的制作也要分为多个步骤进行，最容易的一步当属是绘制时钟的表盘刻度了，我们就从这一步开始。

下面的这段代码中主要是定义一个 draw_scale()函数，这个函数的作用就是绘制时钟的表盘刻度。

```
import turtle

# 定义 draw_scale()函数绘制时钟的表盘刻度，
# 参数 radius 是表盘的半径
def draw_scale(radius):
    # 调用 reset()方法清空窗口，
    # 并把画笔重置为起始状态
    turtle.reset()

    # 设置画笔的粗细和颜色
    turtle.pensize(7)
    turtle.pencolor("brown")

    # 表盘上一共有 60 个刻度，刻度值是 5 的倍数，
    # 那么在这个刻度值处画直线
    # 如果刻度值不是 5 的倍数，那么在这个刻度值处画圆点
```

```
    for i in range(60):
        turtle.penup()
        turtle.forward(radius)
        if i % 5 == 0:
            turtle.pendown()
            turtle.forward(25)
            turtle.penup()
            turtle.forward(-radius-25)
        else:
            turtle.pendown()
            turtle.dot(7)
            turtle.penup()
            turtle.forward(-radius)
        turtle.right(6)

# turtle 模块的 tracer()方法用于控制
# 是否在窗口中展示画笔的移动过程，默认是展示
turtle.tracer(False)

# 调用 draw_scale()函数绘制半径为 200 的表盘
draw_scale(200)

# mainloop()方法和 done()方法的作用一样，
# 都是结束绘画并保持绘图窗口一直显示
turtle.mainloop()
```

把上面的这段代码保存到一个.py 文件中，然后在 IDLE 中执行 Run Module 命令，如果代码没有什么错误的话，Run Module 命令的执行结果如图 34-3 所示。

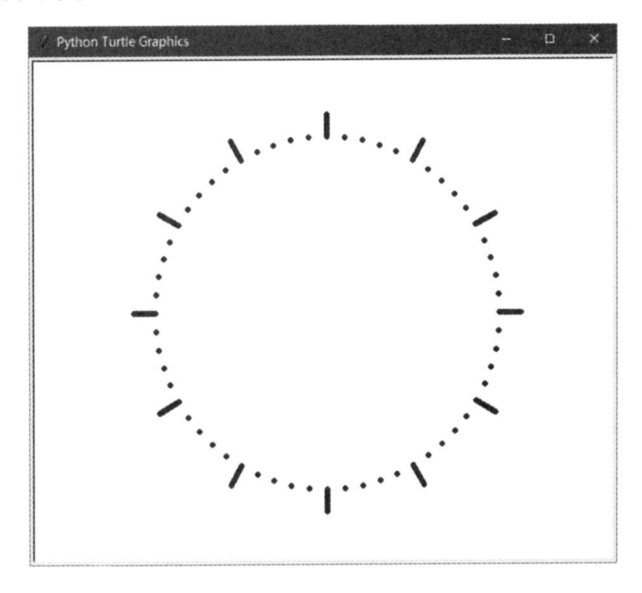

图 34-3　动态时钟表盘的绘制结果

默认情况下，画笔的初始状态是位于窗口的中心位置并把小箭头指向右边。经过一些

绘图操作之后，窗口中有了一些图形，画笔小箭头也可能指向的是其他方向。turtle 模块的 reset()方法可以清除窗口中绘制的图形，并把画笔恢复为初始时的状态。

事实上，reset()在 turtle 模块中是 Screen 类的一个方法，pensize()及 pencolor()等都是 Turtle 类的方法。上面的代码中没有创建 Screen 类的实例，也没有创建 Turtle 类的实例，直接就通过 turtle 模块调用了相应的方法，这样的做法也是可以的。

默认情况下，无论画笔是在绘画还是在抬起移动，画笔行进的路径都会展示出来。tracer()方法可以控制是否展示出画笔的行进路径，用 tracer(False)之后画笔的行进路径就会屏蔽，要在用了 tracer(True)之后画笔的行进路径才会再次展示出来。

34.3　初始化钟表的指针

绘制完时钟的表盘刻度后，下一步要进行的就是绘制时钟的指针。

由于动态时钟的指针是不断旋转的，所以我们最好是先初始化时针、分针与秒针这 3 个指针，包括指针的形状、颜色及长度。等到确定好了当前时间及各个指针应该与垂直方向是多少度的夹角之后，再把这 3 个指针绘制出来。

初始化指针的功能可以定义在一个函数中，例如下面这段代码中的 init()函数。

```
# 定义 pointer_shape()函数
# 用于设置钟表的每个指针的形状
def set_pointer(name, length):
    # 清空窗口，并把画笔重置过为起始状态
    turtle.reset()

    # 确定指针的绘制起点
    turtle.penup()
    turtle.forward(-length * 0.1)
    turtle.pendown()

    # 联合使用 begin_poly()方法和 end_poly()方法
    # 记录一个多边形，作为指针的形状
    turtle.begin_poly()
    turtle.forward(length * 1.1)
    turtle.end_poly()

    # 把一个多边形作为指针的形状返回
    handForm = turtle.get_poly()
    turtle.register_shape(name, handForm)


# 初始化钟表时针、分针和秒针
def init():
    # 创建几个在其他函数里也可以使用的变量
    global hrpointer, minpointer, secpointer
    global weektext
```

```
# 把向上设置为画笔的初始方向
turtle.mode("logo")

# 设置时针、分针和秒针 3 种表针的形状
# 三者中的秒针最长，分针次之，时针最短
set_pointer("hour_pointer", 80)
set_pointer("minute_pointer", 110)
set_pointer("second_pointer", 140)

# 创建绘制时针的画笔，画笔颜色为黑色
# 让画笔绘制出的形状就是时针的形状
hrpointer = turtle.Turtle()
hrpointer.pencolor("black")
hrpointer.shape("hour_pointer")

# 创建绘制分针的画笔，画笔颜色为红色
# 让画笔绘制出的形状就是分针的形状
minpointer = turtle.Turtle()
minpointer.pencolor("red")
minpointer.shape("minute_pointer")

# 创建绘制秒针的画笔，画笔颜色为蓝色
# 让画笔绘制出的形状就是秒针的形状
secpointer = turtle.Turtle()
secpointer.pencolor("blue")
secpointer.shape("second_pointer")

# 创建展示文字的画笔
weektext = turtle.Turtle()
weektext.hideturtle()
weektext.penup()
```

在上面的代码中，除了 init()函数之外，还定义了一个 set_pointer()函数。set_pointer()函数用于设置每一个指针形状，函数的 name 参数是指针的名称，函数的 length 参数是指针的长度。set_pointer()函数会返回一个多边形，这个多边形就是指针的形状。

init()函数内共计 3 次调用了 set_pointer()函数，分别设置了名为 hour_pointer 的长是 80 的时针形状、名为 minute_pointer 的长是 110 的分针形状，以及名为 second_pointer 的长是 140 的秒针形状。

要让 init()函数和 set_pointer()函数紧跟在 draw_scale()函数的后面定义，这两个函数的作用暂时还没办法展示，只是创建了绘制时针、分针和秒针的 3 个画笔，等到 34.4 节让指针开始旋转的时候，才是真正要用到这 3 个画笔的时候。

34.4　让指针开始旋转

经过不懈的努力，终于要让指针旋转起来了。

指针肯定是每时每刻都准确地指向相应刻度的，这样的话首先就要获取准确的时间。datetime 模块是个和时间相关的模块，模块中有一个 today()函数，调用这个函数就可以得到当前系统的日期和时间，并以“2020-02-01 21:01:08.583975”的形式把日期和时间结果返回。

在获取了准确的时间之后，就可以根据这个时间计算出各个指针应该旋转多少度了。因为在 init()函数中调用了 turtle.mode("logo")，所以画笔的小箭头默认就是朝上的，也就是说旋转的度数就是指针与垂直方向的夹角。

下面定义一个 tick()函数，这个函数是一个递归函数，可以按照上述的思路实现指针的旋转，代码如下：

```
# 定义 tick()函数实现钟表指针的旋转
def tick():
    # 获取当前的系统时间信息
    # 如 2020-02-01 21:01:08.583975
    t = datetime.datetime.today()

    # 计算在当前的时间，秒针、分针和时针
    # 分别应该是旋转了多少度，并根据这个度数
    # 设置秒针、分针和时针各自在表盘上的朝向
    second = t.second+t.microsecond*0.0000001
    minute = t.minute + second/60.0
    hour = t.hour+minute/60.0
    secpointer.seth(6 * second)
    minpointer.seth(6 * minute)
    hrpointer.seth(30 * hour)

    # 定时，每过 100ms 调用一次 tick()函数
    turtle.ontimer(tick, 100)
```

定义完 tick()函数之后，我们的桌面动态时钟算是基本上完成了。接下来可以做的就是整理之前的代码，把目前的桌面时钟成品运行一下试试看。下面就是整理好的代码：

```
import turtle
import datetime

# 定义 draw_scale()函数绘制时钟的表盘刻度
# 参数 radius 是表盘的半径
def draw_scale(radius):
    # 调用 reset()方法清空窗口
    # 并把画笔重置为起始状态
    turtle.reset()

    # 设置画笔的粗细和颜色
    turtle.pensize(7)
    turtle.pencolor("brown")

    # 表盘上一共有 60 个刻度，刻度值是 5 的倍数
    # 那么在这个刻度值处画直线
    # 如果刻度值不是 5 的倍数，那么在这个刻度值处画圆点
```

```
    for i in range(60):
        turtle.penup()
        turtle.forward(radius)
        if i % 5 == 0:
            turtle.pendown()
            turtle.forward(25)
            turtle.penup()
            turtle.forward(-radius-25)
        else:
            turtle.pendown()
            turtle.dot(7)
            turtle.penup()
            turtle.forward(-radius)
        turtle.right(6)


# 定义pointer_shape()函数
# 用于设置钟表的每个指针的形状
def set_pointer(name, length):
    # 清空窗口，并把画笔重置为起始状态
    turtle.reset()

    # 确定指针的绘制起点
    turtle.penup()
    turtle.forward(-length * 0.1)
    turtle.pendown()

    # 联合使用begin_poly()方法和end_poly()方法
    # 记录一个多边形，作为指针的形状
    turtle.begin_poly()
    turtle.forward(length * 1.1)
    turtle.end_poly()

    # 把一个多边形作为指针的形状返回
    handForm = turtle.get_poly()
    turtle.register_shape(name, handForm)


# 初始化钟表时针、分针和秒针
def init():
    # 创建几个在其他函数里也可以使用的变量
    global hrpointer, minpointer, secpointer
    global weektext

    # 把向上设置为画笔的初始方向
    turtle.mode("logo")

    # 设置时针、分针和秒针3种表针的形状
    # 三者中的秒针最长，分针次之，时针最短
    set_pointer("hour_pointer", 80)
    set_pointer("minute_pointer", 110)
    set_pointer("second_pointer", 140)
```

```
    # 创建绘制时针的画笔，画笔颜色为黑色
    # 让画笔绘制出的形状就是时针的形状
    hrpointer = turtle.Turtle()
    hrpointer.pencolor("black")
    hrpointer.shape("hour_pointer")

    # 创建绘制分针的画笔，画笔颜色为红色
    # 让画笔绘制出的形状就是分针的形状
    minpointer = turtle.Turtle()
    minpointer.pencolor("red")
    minpointer.shape("minute_pointer")

    # 创建绘制秒针的画笔，画笔颜色为蓝色
    # 让画笔绘制出的形状就是秒针的形状
    secpointer = turtle.Turtle()
    secpointer.pencolor("blue")
    secpointer.shape("second_pointer")

    # 创建展示文字的画笔
    weektext = turtle.Turtle()
    weektext.hideturtle()
    weektext.penup()


# 定义 tick()函数实现钟表指针的旋转
def tick():
    # 获取当前的系统时间信息
    # 如 2020-02-01 21:01:08.583975
    t = datetime.datetime.today()

    # 计算在当前的时间，秒针、分针和时针
    # 分别应该是旋转了多少度，并根据这个度数
    # 设置秒针、分针和时针各自在表盘上的朝向
    second = t.second+t.microsecond*0.0000001
    minute = t.minute + second/60.0
    hour = t.hour+minute/60.0
    secpointer.seth(6 * second)
    minpointer.seth(6 * minute)
    hrpointer.seth(30 * hour)

    # 定时调用，每过 100ms 调用一次 tick()函数
    turtle.ontimer(tick, 100)


# turtle 模块的 tracer()方法用于控制
# 是否在窗口中展示画笔的移动过程，默认是展示
turtle.tracer(False)

# 先初始化钟表的时针、分针和秒针
# 再绘制半径为 200 的表盘
init()
draw_scale(200)
```

```
# 开启画笔移动路径的展示，并调用 tick()函数
turtle.tracer(True)
tick()

# mainloop()方法和 done()方法的作用一样
# 都是结束绘画并保持绘图窗口一直显示
turtle.mainloop()
```

把上面这段代码保存到一个新的.py 文件中，然后在 IDLE 中执行 Run Module 命令，如果代码没有什么错误的话，Run Module 命令的执行结果如图 34-4 所示。

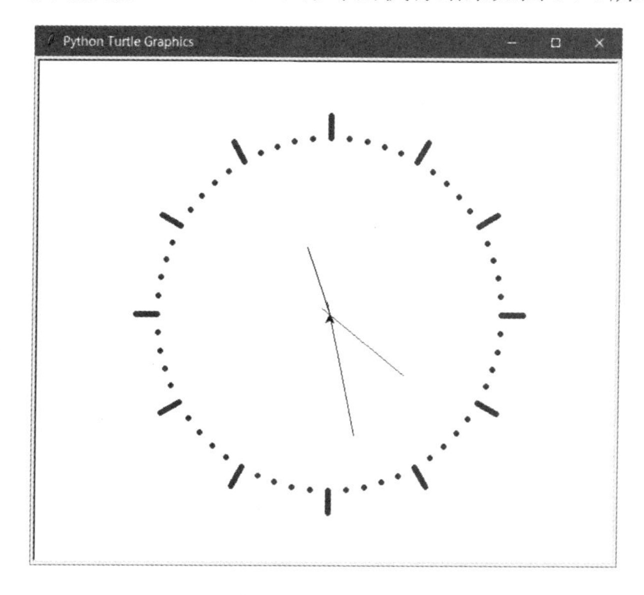

图 34-4　给桌面时钟添加旋转的指针

34.5　添加日期和星期显示

在对 34.4 节的.py 文件执行 Run Module 命令时，会发现时钟的指针确实已经转动起来了，就像图 34-4 展示的那样。可是观察图 34-4 就会发现，目前做出来的这个桌面动态时钟和图 34-2 相比似乎少了点什么。是的没错，我们还没有在桌面时钟的表盘内添加当天的日期和星期显示。

today()函数可以获取当前系统的日期和时间，时间部分用于计算指针的角度，日期部分刚好可以用来在表盘内显示。下面的代码中定义了 date()函数和 week()函数，作用就是把日期和星期以字符串的形式返回。

```
# 定义 date()函数和 week()函数用于获取
# 当天是几月几日及星期几，并把日期数据
```

```
# 和星期数据以字符串的形式返回
def date(t):
    year = t.year
    month = t.month
    day = t.day
    today = "%s.%d.%d"%(year, month, day)
    return "今天是: "+today
def week(t):
    week = ["一", "二", "三","四", "五",
            "六","日"]
    return "星期: " + week[t.weekday()]
```

date()函数和 week()函数的定义要放在 tick()函数的定义之前，最好是放在 init()函数和 tick()函数定义的中间。

tick()函数中要调用 date()函数和 week()函数时，把日期和星期字符串通过 write()方法写在窗口中。

接下来对 tick()函数进行修改，下面就是修改后的 tick()函数，代码如下：

```
def tick():
    # 获取当前的系统时间信息
    # 如 2020-02-01 21:01:08.583975
    t = datetime.datetime.today()

    # 计算在当前的时间，秒针、分针和时针
    # 分别应该是旋转了多少度，并根据这个度数
    # 设置秒针、分针和时针各自在表盘上的朝向
    second = t.second+t.microsecond*0.0000001
    minute = t.minute + second/60.0
    hour = t.hour+minute/60.0
    secpointer.seth(6 * second)
    minpointer.seth(6 * minute)
    hrpointer.seth(30 * hour)

    # 在表盘上添加日期信息和星期信息
    weektext.forward(100)
    weektext.write(date(t), align="center",
                   font=("Courier", 16, "bold"))
    weektext.backward(40)
    weektext.write(week(t), align="center",
                   font=("Courier", 16, "bold"))

    # 把画笔移动到坐标原点，并恢复为原始朝向
    weektext.home()

    # 定时，每过 100ms 调用一次 tick()函数
    turtle.ontimer(tick, 100)
```

打开在 34.4 节保存的.py 文件，把 date()函数和 week()函数添加进去，再把修改后的 tick()函数替换掉原先的 tick()函数，接着保存对.py 文件的修改，最后在 IDLE 中对修改后的.py 文件执行 Run Module 命令。如果代码中没有什么错误的话，那么再次执行 Run Module 命令后的桌面动态时钟就会如图 34-2 所示。

第 35 章　制作一个数显时钟

在第 34 章中提到，计算机上或者手机上常见的时钟大概有两种，即数显时钟和桌面动态时钟。

我们在第 34 章中已经做出了其中的一种，即一个桌面动态时钟。虽然那个时钟的功能不是很丰富，但是观察时间及看出当天是几月几日和星期几还是没有问题的，也算是能够正常使用了。

本章我们就趁热打铁，继续借助 turtle 模块制作出一个数显时钟。数显时钟的制作相比于桌面动态时钟的制作而言稍微简单了点，让我们这就开始吧。

35.1　做个什么样的数显时钟

对于计算机上或者手机上一些自带的数显时钟，从简洁明了的角度出发，时钟上的数字直接采用的就是阿拉伯数字。例如图 35-1 展示的就是我们经常使用的 Windows 10 系统自带的数显时钟。

有一些专门设计的数显时钟软件，为了更好用，它们一般具有设定闹钟、修改背景及调整数字样式等功能。同时，这些数显时钟软件也会从美观的角度出发，支持把数字的样式改成像日常使用的七段数码管时钟那样显示，其实就是模拟七段数码管时钟。

图 35-2 展示了一种日常使用的七段数码管时钟。

图 35-1　系统自带的简易数显时钟

图 35-2　一种日常使用的七段数码管时钟

七段数码管时钟上的每一个数字都是靠控制点亮 7 个发光管中的几个发光管进行显示的。如图 35-3 所示，在左侧是用 a、b、c、d、e、f 和 g 这 7 个发光管排列成的类似数字“8”的形状。

从图 35-3 中可以看出：

- 当要显示数字“0”时，就把 b、c、d、e、f 和 g 这 6 个发光管点亮；
- 当要显示数字“1”时，就只把 b 和 g 这两个发光管点亮；

- 当要显示数字“2”时，就只把 a、c、d、f 和 g 这 5 个发光管点亮；
- 当要显示数字“3”时，就只把 a、b、c、f 和 g 这 5 个发光管点亮；
- 当要显示数字“4”时，就只把 a、b、e 和 g 这 4 个发光管点亮；
- 当要显示数字“5”时，就只把 a、b、c、e 和 f 这 5 个发光管点亮；
- 当要显示数字“6”时，就只把 a、b、c、d、e 和 f 这 6 个发光管点亮；
- 当要显示数字“7”时，就只把 b、f 和 g 这 3 个发光管点亮；
- 当要显示数字“8”时，把全部的发光管点亮；
- 当要显示数字“9”时，就只把 a、b、c、e、f 和 g 这 6 个发光管点亮。

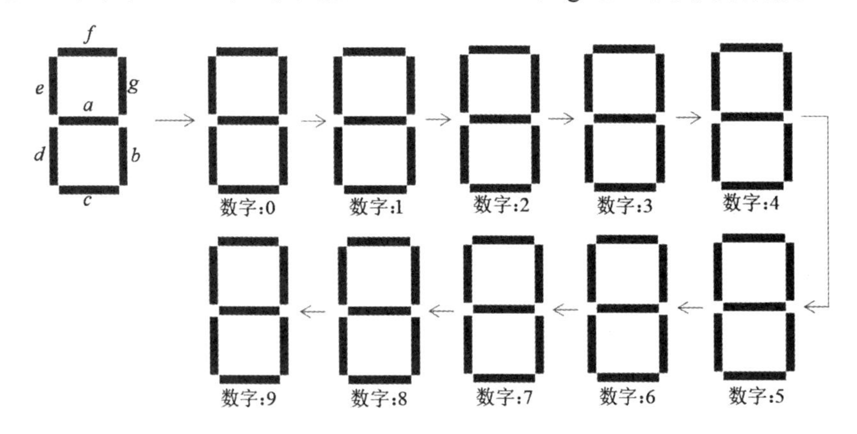

图 35-3　点亮发光管展示数字

我们在本章要做的数显时钟也是模拟了 7 段数码管时钟，如图 35-4 所示就是这个数显时钟成品正在运行。

图 35-4　数显时钟成品

为了简便，我们做的数显时钟不会像其他数显时钟软件一样添加实用的额外功能，如闹钟功能、切换背景功能及数字样式调整功能，就是单纯地显示日期和时间。

35.2　从能够显示的数字开始

为了让数显时钟能够模拟七段数码管时钟，首先就要想一个办法让画笔绘制出的线条能够拼接成七段数码管，并且能够拼接出七段数码管显示的 0～9 任何一个数字。

如图 35-5 所示是线条的绘制顺序，画笔从起点开始向右是第 1 条线，再向下是第 2 条线，再向左是第 3 条线，再向上是第 4 条线，此时画笔来到了刚刚的起点，再向上是第 5 条线，再向右是第 6 条线，再向下是第 7 条线，这样一圈下来，刚好拼成一个七段数码管。

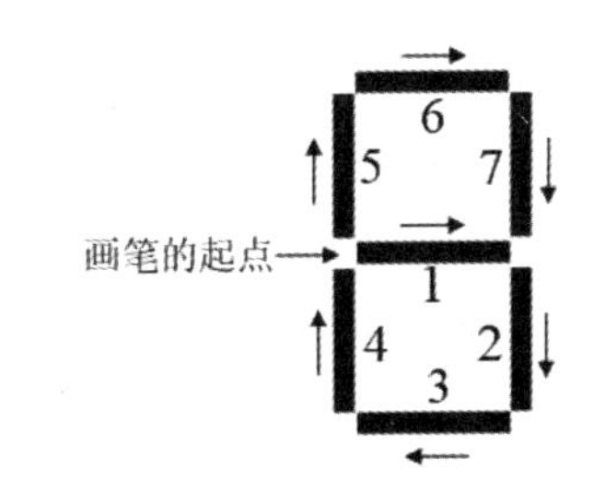

图 35-5　绘制线条模拟七段数码管的顺序

以绘制数字“7”为例，只要绘制出第 2 条线、第 6 条线和第 7 条线就可以了，剩下的第 1 条线、第 3 条线、第 4 条线和第 5 条线在绘制时可以抬起画笔，这样画布上就不会留下绘画的痕迹。

按照这个思路，下面定义一个 draw_num()函数，功能是绘制出 0～9 中的任何一个数字，代码如下：

```
# draw_num()用于绘制出模仿七段数码管显示的数字
def draw_num(num, color):
    turtle.color(color)

    # 当数字是 2、3、4、5、6、8 或 9 时绘制
    # 七段数码管的第 1 条线
    if num in [2, 3, 4, 5, 6, 8, 9]:
        draw_line(True)
    else:
        draw_line(False)

    # 当数字是 0、1、3、4、5、6、7、8 或 9 时
    # 绘制七段数码管的第 2 条线
    if num in [0, 1, 3, 4, 5, 6, 7, 8, 9]:
        draw_line(True)
    else:
        draw_line(False)

    # 当数字是 0、2、3、5、6、8 或 9 时绘制
    # 七段数码管的第 3 条线
    if num in [0, 2, 3, 5, 6, 8, 9]:
        draw_line(True)
    else:
```

```
        draw_line(False)

    # 当数字是 0、2、6 或 8 时绘制数码管的第 4 条线
    if num in [0, 2, 6, 8]:
        draw_line(True)
    else:
        draw_line(False)

    # 左转 90°
    turtle.left(90)

    # 当数字是 0、4、5、6、8 或 9 时绘制
    # 七段数码管的第 5 条线
    if num in [0, 4, 5, 6, 8, 9]:
        draw_line(True)
    else:
        draw_line(False)

    # 当数字是 0、2、3、5、6、7、8 或 9 时
    # 绘制七段数码管的第 6 条线
    if num in [0, 2, 3, 5, 6, 7, 8, 9]:
        draw_line(True)
    else:
        draw_line(False)

    # 当数字是 0、1、2、3、4、7、8 或 9 时
    # 绘制七段数码管的第 7 条线
    if num in [0, 1, 2, 3, 4, 7, 8, 9]:
        draw_line(True)
    else:
        draw_line(False)

    # 绘制完之后的善后工作
    # 包括移动到下一个数字的绘制位置
    turtle.penup()
    turtle.left(180)
    turtle.forward(30)
    turtle.update()
```

draw_num()函数的 num 参数是要绘制的数字，color 参数是数字绘制成什么颜色。

draw_num()函数中调用了 draw_line()函数，draw_line()函数的作用是绘制每一个线条。下面是 draw_line()函数的定义，代码如下：

```
# draw_line()函数用于绘制出七段码管的单根线
def draw_line(draw):
    turtle.pensize(3)
    turtle.penup()
    turtle.forward(3)
    if draw:
        turtle.pendown()
    else:
        turtle.penup()
```

```
    turtle.forward(24)
    turtle.penup()
    turtle.forward(3)
    turtle.right(90)
```

在保存成.py 文件时，draw_line()函数的定义一定要放在 draw_num()函数的定义之前。现在 draw_num()函数和 draw_line()函数都有了，是时候尝试绘制出模仿七段数码管显示的 0～9 这 9 个数字了。

先新建一个.py 文件，在文件的一开始把 turtle 模块导入进来，然后把 draw_num()函数和 draw_line()函数复制粘贴进来，接着把下面这段代码也粘贴进来。

```
# 把画笔向反方向挪动一些距离
turtle.penup()
turtle.backward(300)

# 调用 draw_num()函数在窗口中绘制 0~9 这 9 个数字
draw_num(0,"green")
draw_num(1,"red")
draw_num(2,"blue")
draw_num(3,"yellow")
draw_num(4,"black")
draw_num(5,"purple")
draw_num(6,"gray")
draw_num(7,"red")
draw_num(8,"yellow")
draw_num(9,"blue")

turtle.done()
```

保存这个.py 文件，然后在 IDLE 中对这个.py 文件执行 Run Module 命令，如果代码没什么错误的话，会展示出如图 35-6 所示的数字绘制结果。

图 35-6　绘制出模仿七段数码管显示的数字

35.3　定时刷新时钟的显示

从图 35-6 展示的情况来看，我们距离成功又近了一大步，毕竟绘制出的数字已经和七段数码管展示的数字很像了。

接下来的一步要做的就是把在 35.2 节定义的递归函数 tick()重新再定义一遍，让新的 tick()函数能够获取系统的当前时间，还要能够绘制出日期和时间的数字，以及能够写出“年月日分时秒”这些汉字，并每隔 1000ms 就迭代调用一次。

下面就是新的 tick()函数定义，代码如下：

```
# 重新定义递归函数 tick()
def tick():
    # 用 time 模块的 localtime()函数
    # 获取系统的当前时间
    now = time.localtime()

    # 每次 tick()函数执行都要重置画笔的状态，
    # 隐藏画笔的小箭头并把画笔向左挪动一些距离
    turtle.reset()
    turtle.hideturtle()
    turtle.penup()
    turtle.backward(300)

    # 绘制出年份数字，并紧跟着写出“年”字
    for i in str(now.tm_year):
        draw_num(int(i), "red")
    turtle.forward(10)
    turtle.right(90)
    turtle.forward(30)
    turtle.color("black")
    turtle.write('年', align="center",
              font=("Courier", 30, "bold"))

    # 把画笔挪动一些距离，绘制出月份的数字，
    # 并紧跟着写出“月”字
    turtle.left(180)
    turtle.forward(30)
    turtle.right(90)
    turtle.forward(30)
    for i in str(now.tm_mon):
        draw_num(int(i),"red")
    turtle.forward(10)
    turtle.right(90)
    turtle.forward(30)
    turtle.color("black")
    turtle.write('月', align="center",
              font=("Courier", 30, "bold"))

    # 把画笔挪动一些距离，绘制出日期数字，
    # 并紧跟着写出“日”字
    turtle.left(180)
    turtle.forward(30)
    turtle.right(90)
    turtle.forward(30)
    for i in str(now.tm_mday):
```

```
    draw_num(int(i), "red")
turtle.forward(10)
turtle.right(90)
turtle.forward(30)
turtle.color("black")
turtle.write('日', align="center",
            font=("Courier", 30, "bold"))

# 把画笔挪动一些距离，绘制出小时数字
# 并紧跟着写出“时”字
turtle.left(180)
turtle.forward(-90)
turtle.right(90)
turtle.forward(-380)
for i in str(now.tm_hour):
    draw_num(int(i), "red")
turtle.forward(10)
turtle.right(90)
turtle.forward(30)
turtle.color("black")
turtle.write('时', align="center",
            font=("Courier", 30, "bold"))

# 把画笔挪动一些距离，绘制出分钟数字
# 并紧跟着写出“分”字
turtle.left(180)
turtle.forward(30)
turtle.right(90)
turtle.forward(30)
for i in str(now.tm_min):
    draw_num(int(i), "red")
turtle.forward(10)
turtle.right(90)
turtle.forward(30)
turtle.color("black")
turtle.write('分', align="center",
            font=("Courier", 30, "bold"))

# 把画笔挪动一些距离，绘制出秒数字
# 并紧跟着写出“秒”字
turtle.left(180)
turtle.forward(30)
turtle.right(90)
turtle.forward(30)
for i in str(now.tm_sec):
    draw_num(int(i), "red")
turtle.forward(10)
turtle.right(90)
turtle.forward(30)
turtle.pencolor("black")
turtle.write('秒', align="center",
            font=("Courier", 30, "bold"))
```

```
    # 做一些善后工作
    turtle.left(180)
    turtle.forward(30)
    turtle.right(90)
    turtle.forward(30)

    # 定时，每过 1000ms 调用一次 tick()函数
    turtle.ontimer(tick, 1000)
```

有了 draw_line()函数、draw_num()函数和 tick()函数之后，我们要做的数显时钟基本上就完成了。

和 35.2 节一样，我们再新建另一个.py 文件，还是在文件的一开始把 turtle 模块和 time 模块导入进来，然后把 draw_line()函数、draw_num()函数和 tick()函数复制粘贴进来，接着把下面这段代码也粘贴进来。

```
# 隐藏画笔小箭头
turtle.hideturtle()

turtle.tracer(False)
turtle.penup()
tick()
turtle.update()
turtle.mainloop()
```

保存这个新的.py 文件，然后在 IDLE 中对这个.py 文件执行 Run Module 命令，如果代码没什么错误的话，会展示出如图 35-7 所示的数显时钟成品运行界面。

图 35-7　数显时钟的成品正在运行

在上面的那个 tick()函数中，并不是借助了 datetime 模块的 today()函数获取系统的当前日期和时间，而是借助了 time 模块的 localtime()函数获取系统的当前日期和时间。

事实上，time 模块和 datetime 模块的功能是相同的，或者也可以说 time 模块就是 datetime 模块的前身。如果把 localtime()函数返回的结果打印出来，会发现打印的结果和下面这段代码类似：

```
time.struct_time(tm_year=2020, tm_mon=2, tm_mday=4,
                 tm_hour=22, tm_min=45, tm_sec=42,
                 tm_wday=1, tm_yday=35, tm_isdst=0)
```

第 36 章　做个简易的图片浏览器

Windows 系统自带的工具软件可多了，除了画图软件外，还有音乐播放器软件、视频播放器软件及图片浏览器软件等，几乎涵盖了我们日常使用的所有软件，可谓是面面俱到。

就拿 Windows 系统自带的图片浏览器软件来说吧，它的主要功能就是浏览图片，此外，它还有一些不可或缺的图片编辑功能，例如裁剪图片、在图片上面绘图、把图片设置为桌面背景及把图片另存为其他格式等。

图 36-1 展示的就是用 Windows 系统自带的图片浏览器查看图片。

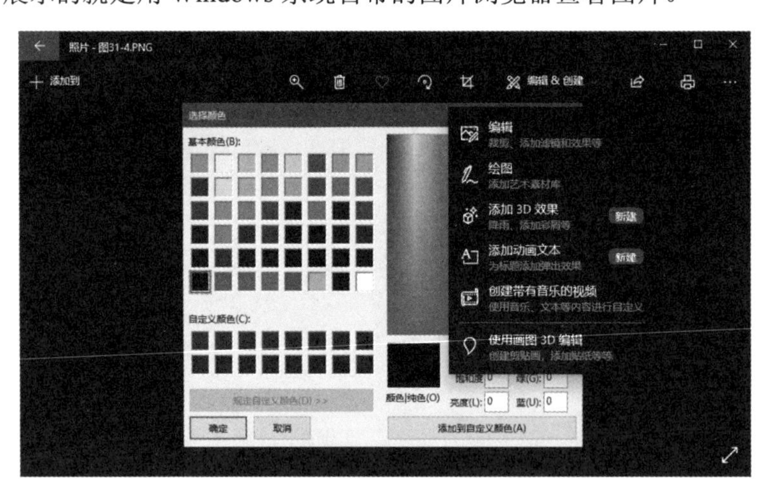

图 36-1　用 Windows 系统自带的图片浏览器查看图片

用 Python 也能做出可以展示图片的窗口程序，既然轻量级的画图板在前面已经做过了，那么在这一章中，我们不妨试着再做出一个轻量级的图片浏览器吧，做的过程中将主要还是借助于 tkinter 模块来完成。

36.1　预览简易图片浏览器成品

这个轻量级图片浏览器应该是什么样的呢？从名字中可以看出，首先这个轻量级图片浏览器没有太复杂的功能，其次这个轻量级图片浏览器可以浏览计算机中的图片。

图 36-2 展示的就是这个轻量级图片浏览器成品在刚打开时的界面。

图 36-2　轻量级图片浏览器打开时的界面

再看看这个轻量级图片浏览器是怎么浏览图片的，图 36-3 展示的就是在这个图片浏览器中打开一幅图片。

图 36-3　用轻量级图片浏览器查看图片

从图 36-3 中可以看出，这个轻量级图片浏览器精简到只有一个按钮，这个按钮用于选择图片，会打开一个图片选择窗口。从图 36-3 中还可以看出，被选择的图片会显示在窗口正中心的位置。

在大概构思好了这个轻量级图片浏览器的界面设计之后，让我们编写代码开始制作吧。

36.2　要看哪张图片：tkinter 的文件选择窗口

回想一下，在第 31 章中，当我们需要设置画笔的颜色时，调用 tkinter 模块中的 askcolor()方法就可以打开一个颜色选择窗口，当我们需要设置画笔的粗细时，调用 tkinter 模块中的 askinteger()方法就可以打开一个整数设置窗口。

因为 askcolor()方法和 askinteger()方法分别是 tkinter 模块的 colorchooser 子模块和 simpledialog 子模块中的方法，所以可以认为颜色选择窗口和整数设置窗口都是 tkinter 模块事先包装好的，可以直接拿过来使用。

我们的轻量级图片浏览器在左上角有一个“选择照片”按钮，单击这个按钮就会打开一个文件选择窗口，这个文件选择窗口就像图 36-4 展示的这样。

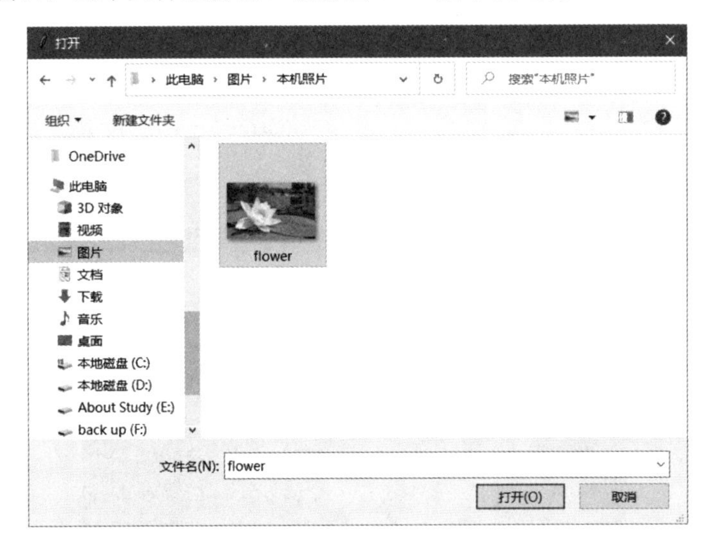

图 36-4　文件选择窗口

要做出这样的文件选择窗口也不难。tkinter 模块不仅打包好了颜色选择窗口和整数设置窗口，类似地，还把文件选择窗口也进行了打包。调用 askopenfilename()方法即可打开文件选择窗口。

下面不妨就试试调用 askopenfilename()方法打开一个文件选择窗口吧。

我们可以先创建出这个轻量级图片浏览器的窗口，再在窗口的左上角放置一个按钮，最后给这个按钮绑定一个事件响应函数，如果单击了这个按钮，就打开一个文件选择窗口。按照这个思路，可编写出下面这段代码：

```
import tkinter
from tkinter.filedialog import askopenfilename
```

```
# 创建轻量级图片浏览器的窗口
window = tkinter.Tk()
window.geometry("1024x640")
window.title('轻量级图片浏览器')

# choose()函数是“选择照片”按钮的事件响应函数
def choose():
    full_name = askopenfilename()
    print(full_name)

# btn_choose 按钮就是窗口左上角的“选择照片”按钮
btn_choose = tkinter.Button(window,text='选择照片',
                            command = choose)
btn_choose.place(width=150, height=50)

window.mainloop()
```

调用 askopenfilename()方法打开文件选择窗口，在这里面选择一个图片文件并单击“打开”按钮后，askopenfilename()方法会返回这个图片文件的全名。在上面的代码中，print()函数打印的就是 skopenfilename()方法返回的文件全名。

图片文件的全名指的是文件在计算机中的位置和文件名的一个组合。例如“C:/Users/ziyang/Pictures/Camera Roll/flower.GIF”，在这个组合中，“flower.GIF”就是图片文件本身的名字，“C:/Users/ziyang/Pictures/Camera Roll/”就是图片文件在计算机中的位置。

把上面这段代码保存为.py 文件，然后在 IDLE 中执行 Run Module 命令，就会得到图 36-2 展示的图片浏览器的初始界面，单击左上角的“选择照片”按钮，就会弹出图 36-4 展示的文件选择窗口。

36.3 把选择的图片显示出来

askopenfilename()方法会返回所选择的图片文件的全名，在 36.2 节的代码中，full_name 就是这个返回的全名了。那么，该怎么通过这个全名获取到图片文件，以及怎么把图片文件展示到窗口中呢？

答案是使用 tkinter 模块中的 PhotoImage 类可以读取图片，显示图片则可以使用 tkinter 模块中的标签控件。标签控件对于我们来说应该算是非常熟悉了，PhotoImage 类的使用也不难。

下面这段代码是在 36.2 节的代码基础上改进的，可以实现打开图片的功能。

```
import tkinter
from tkinter.filedialog import askopenfilename

window = tkinter.Tk()
window.geometry("1024x640")
window.title('轻量级图片浏览器')
```

```
# choose()函数是“选择照片”按钮的事件响应函数
def choose():
    full_name = askopenfilename()
    path.set(full_name)

    # 使用tkinter的PhotoImage类读取图片
    # 只是读取图片还不够，还要把读取的图片显示出来，
    # 恰好，tkinter模块的标签控件可以显示图片
    img = tkinter.PhotoImage(file=path.get())
    image_label.config(image=img)
    image_label.image = img

path = tkinter.StringVar()

# btn_choose按钮就是窗口左上角的'选择图片'按钮
btn_choose = tkinter.Button(window,text='选择图片',
                            command = choose)
btn_choose.place(width=150, height=50)

# 创建一个标签控件用于显示图片，
# 这个标签控件的宽度和和高度都没有设置，
# 默认是随着图片的大小而改变的，
# 用pack()方法把这个标签控件放在窗口的中心位置
image_label = tkinter.Label(window)
image_label.pack(expand=tkinter.YES)

window.mainloop()
```

把上面这段代码保存为.py文件，然后在IDLE中执行Run Module命令，这个轻量级图片浏览器就直接被打开了。

回顾36.2节，我们在文件选择窗口中选择了一张图片并单击“打开”按钮后，窗口中并不会展示这张图片，而是在IDLE中打印出这个图片的全名。虽然这段代码打开的窗口也是图36-2展示的那样，但是我们在文件选择窗口中选择了一张图片并单击“打开”按钮后，这张图片就直接被展示在了窗口的中间。

图片之所以能够展示在窗口的中间，是因为在用pack()方法摆放标签控件的时候设置了expand参数为tkinter.YES，这样控件就会显示在窗口的中心位置。接下来就尽情地尝试用这个轻量级“小神器”来查看计算机中的图片吧。

36.4　克服缺陷：PIL模块来帮忙

如果多试几次用目前的这个轻量级图片浏览器打开图片，就会发现好像有一些图片是打不开的。是的没错，目前的这个作品只能打开.gif格式或.png格式的图片，出现这个问题的原因是tkinter模块的PhotoImage类只能读取.gif格式或.png格式的图片。

要知道，图片不仅有.gif格式或.png格式，还会有.jpg或.jpeg等多种格式。如果想要

展示其他格式的图片，首先就要想办法读到这些格式的图片，也就是替换掉 tkinter 模块的 PhotoImage 类。

在 Python 支持的众多模块中，不乏有一些擅长图像处理的模块，既然 tkinter 模块已经满足不了我们，那么不妨就试试向其他的模块寻求帮助吧。

要说哪些模块擅长图像处理的话，那么小巧又专业的 PIL 模块肯定是不能错过了。PIL 模块中包含的类和函数不仅能够读取多种格式的图片，还能对这些图片进行裁剪、翻转、颜色变换及另存等多种操作。

在 36.3 节代码的基础上，如果想读取.jpg 或.jpeg 等多种格式的图片的话，可以在代码的一开始导入 PIL 模块，然后在代码中把用到的 tkinter 模块的 PhotoImage 类替换为 PIL 模块的 PhotoImage 类，这样就可以了。下面的这段代码体现的就是这个思路。

```
import tkinter
from tkinter.filedialog import askopenfilename
from PIL import ImageTk

window = tkinter.Tk()

# winfo_screenwidth()方法的功能是获取当前屏幕的宽度，
# winfo_screenheight()方法的功能是获取当前屏幕的高度，
# 用屏幕的宽度和高度设置窗口的宽度和高度，
# 这样窗口在打开时就是全屏状态
w = window.winfo_screenwidth()
h = window.winfo_screenheight()
window.geometry("%dx%d" %(w,h))
window.title('轻量级图片浏览器')

# choose()函数是“选择照片”按钮的事件响应函数
def choose():
    full_name = askopenfilename()
    path.set(full_name)

    # 换为使用 PIL 模块的 PhotoImage 类读取图片
    # 并且在标签控件上把图片显示出来
    img = ImageTk.PhotoImage(file=path.get())
    image_label.config(image=img)
    image_label.image = img

path = tkinter.StringVar()

# btn_choose 按钮就是窗口左上角的“选择照片”按钮
btn_choose = tkinter.Button(window,text='选择照片'
                            command = choose)
btn_choose.place(width=150, height=50)

# 创建一个标签控件用于显示图片
# 这个标签控件的宽度和高度都没有设置
# 默认是随着图片的大小而改变的
# 用 pack()方法把这个标签控件放在窗口的中心位置
```

```
image_label = tkinter.Label(window)
image_label.pack(expand=tkinter.YES)

window.mainloop()
```

在上面这段代码中，不仅替换掉了 tkinter 模块的 PhotoImage 类转而改用 PIL 模块的 PhotoImage 类读取图片，还在创建窗口的部分做出了一些小改动。

tkinter 模块的 winfo_screenwidth()方法可以用于获取当前屏幕的宽度值，类似地，winfo_screenheight()方法则可以用于获取当前屏幕的高度值。在用 geometry()方法设置窗口的初始大小时，窗口的宽度和高度正好是当前屏幕的宽度和高度，这样每次打开这个轻量级图片浏览器的时候，窗口都会铺满屏幕。

36.5　另辟蹊径：初识 matplotlib 模块

PIL 模块的作用只是读取图片和处理图片，本身不具有显示照片的功能，因此 PIL 模块更多的时候扮演的是幕后工作者这一角色，把读取或者处理好的图片交给 tkinter 模块显示出来。

其实，除了 tkinter 模块外，Python 支持的能够展示图片的其他模块还有很多，例如 matplotlib 模块就是其中的一个。

和 tkinter 模块一样，matplotlib 模块也是 Python 自带的。和 tkinter 模块不同的是，tkinter 模块本身仅支持展示.gif 格式或者.png 格式的图片，而 matplotlib 模块则没有格式的限制。

下面这段简短的代码就是导入 matplotlib 模块展示计算机中的一张图片。

```
import matplotlib.image as imgplt
import matplotlib.pyplot as plt

# 用 figure()方法设置窗口的标题
plt.figure("查看图片")

# 调用 imread()方法根据图片名读取图片
imge = imgplt.imread("C:/Users/ziyang/Pictures/"
                     "Camera Roll/flower.gif")

# 调用 imshow()方法把读取的图片进行调整
# 为 show()方法显示图片做准备
plt.imshow(imge)

# 调用 show()方法显示图片
plt.show()
```

把上面这段代码保存为.py 文件，然后在 IDLE 中对这个.py 文件执行 Run Module 命令，就可以得到类似图 36-5 所示的结果。

图 36-5　借助 matplotlib 模块查看照片

上面的这段代码看上去很简洁，没有创建窗口的步骤，没有摆放控件的步骤，也没有编写事件响应函数的步骤，直接就是读取图片和展示图片。如果换为 tkinter 模块的话，创建窗口、摆放控件及编写事件响应函数这些步骤一个都少不了。

其实，步骤的差异主要就是由于 tkinter 模块与 matplotlib 模块的用途及使用风格不同而导致的。

tkinter 模块倾向于创建自主规划的窗口。从一个空白窗口开始，按照自己的意愿摆放外观经过精心设计的控件，规定控件显示什么内容，此外还可以定制控件被单击后会执行什么操作。

matplotlib 模块更倾向于直接在窗口的显示区中展示内容（例如图片或图表等）。matplotlib 模块用于展示内容的窗口是统一的，就像图 36-5 展示的那样，中央是一个显示区，显示区内填充的是打开的图片，显示区的宽度和长度方向都有刻度，根据刻度可以大概知道图片的分辨率。

如果仔细观察图 36-5 会发现，在窗口的左下角有几个操作按钮，这些按钮都是用于操作显示区的，如图 36-6 所示。

图 36-6　窗口显示区的操作按钮

从左到右，这些按钮的功能依次是回到显示区的初始视图、回到显示区的上一个视图、跳到显示区的下一个视图、拖动显示区中的视图、放大显示区中的部分视图、设置显示区在窗口中的位置和保存窗口截图。

如果像图 36-5 所示的那样打开了一幅图片，那么就可以尝试用这些按钮对图片进行操作了。单击选择具有放大功能的按钮后，把鼠标指针放在显示区内，鼠标指针会立刻变成十字形，按住鼠标左键拖动出一个矩形区域，矩形区域内的部分就会被放大以至于占满整个显示区，如图 36-7a 所示。

接下来单击具有拖动功能的按钮，再把鼠标指针放在显示区内，鼠标指针会立刻变成端点带箭头的十字形，按住鼠标左键并拖动，就会发现正在观察图片其他区域的细节，如图 36-7b 所示。

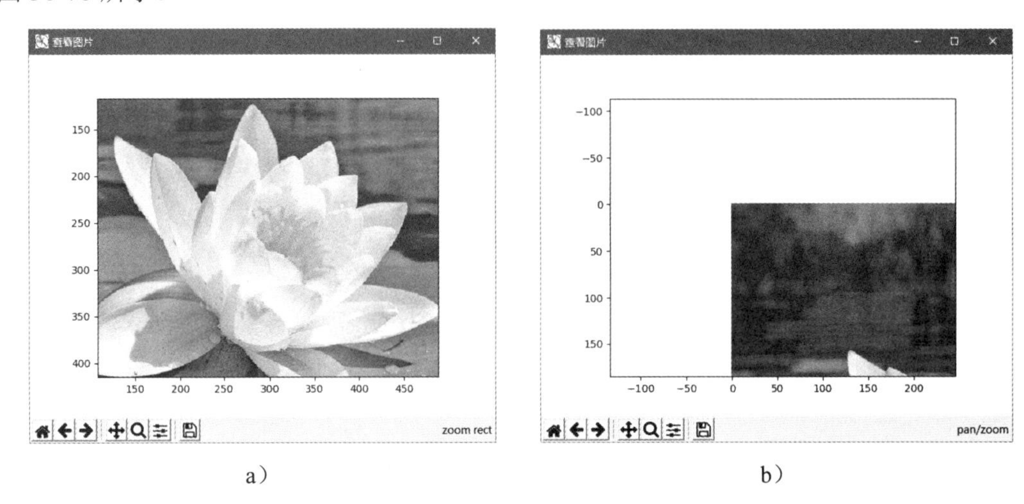

a）　　　　b）

图 36-7　试用显示区的操作按钮

图 36-7 展示的只是其中两个按钮的操作效果，其他的按钮也有令人非常“意外”的功能，不如继续试试看吧。

第 37 章　精彩纷呈的图表 1

把 tkinter 模块和 matplotlib 模块进行比较的话，可以发现它们都能用于创建带有界面的程序，但是二者也有区别。tkinter 模块擅长创建较为通用的窗口界面程序，而 matplotlib 模块则更擅长创建让数据（例如照片和图表数据）能够可视化的窗口界面程序。

就拿图表来说吧。一提到图表，哪些常见的图表会立刻浮现在我们的脑海中呢？是折线图，还是散点图或统计直方图？其实这些都是我们在课本中经常会见到的图表，同时也是使用率比较高的图表。

可以毫不夸张地说，使用 Python 再配合 matplotlib 模块，以上所说的这些图表都能轻而易举地绘制出来，绘制饼图、雷达图、三维散点图等也都不在话下。这一章我们就来看看，在 matplotlib 模块的协助下使用 Python 绘制图表应该怎么做吧。

37.1　折线图：从中发现趋势

一提到折线图，还能不能回忆起它的样子呢？在所有的图表中，折线图应该算是最简单明了的一员了。可以找一些折线图样图练习一下，模仿着绘制出来，相信用不了多久，基本上就能掌握绘制折线图的关键窍门了。

这里有一些折线图的例子，如图 37-1 所示。

折线图的作用主要就是追踪某个数据的变化趋势。

无论折线图里记录的是什么数据，从折线图里我们总会轻易地发现数据的变动情况，甚至可以大致观测出数据的规律及大致遵循的走势，这也算是折线图难得的一个优点吧。

多数情况下，折线图追踪的数据都在随着时间的变化而变化。举例来说，我们可以用折线图记录某个地区全年每个月的平均温度，也可以用折线图记录多期彩票的开奖结果，当然还可以用折线图记录同一个市场中在连续数天内多种蔬菜的价格情况等。

试想一下，如果我们正在用纸和笔手工绘制折线图，那么按照顺序应该先在纸上画出横向和纵向两个坐标轴，其中横向坐标轴通常对应的是时间，称作“x 轴”，而纵向坐标轴对应的是要记录的数据，通常叫作“y 轴”。我们会从表格中找到这个数据在某个时间的数值，然后在图表上对应的位置画出一个点，当所有的点都画完之后，用线把这些点按

顺序连接起来就成了一个折线图。

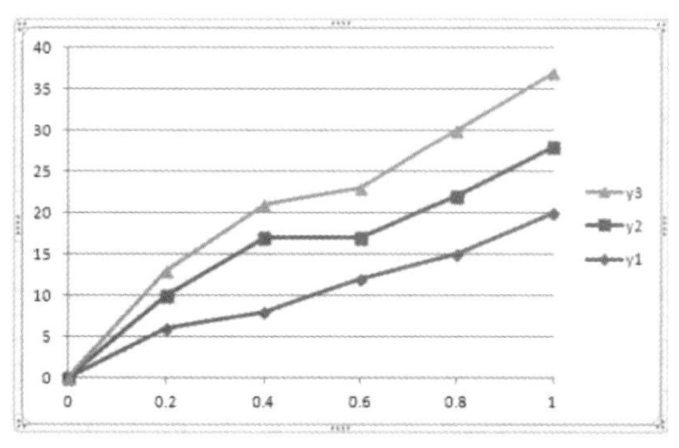

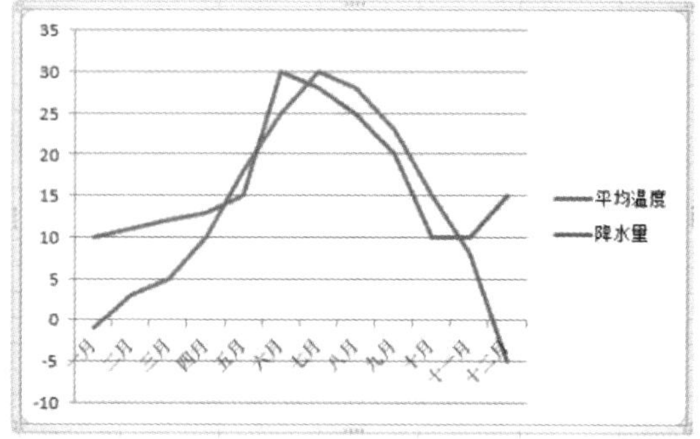

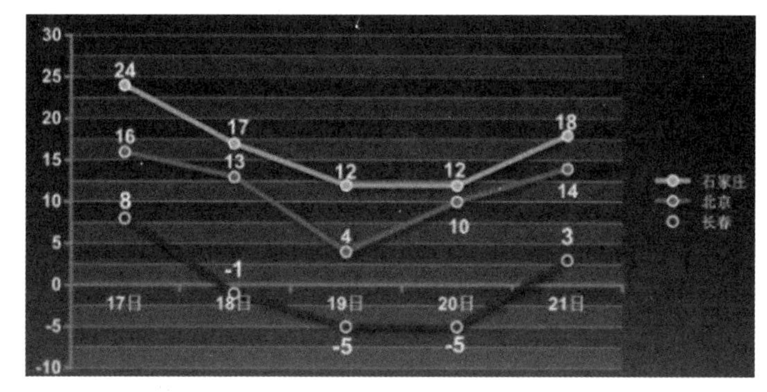

图 37-1　几个折线图的示例

举个例子，假设有位阿姨调研了某个菜市场内连续 7 天的鸡蛋、白菜和南瓜的价格，并且把这些价格填写进了表 37-1 中。

表 37-1　菜市场内连续 7 天的鸡蛋、白菜和南瓜的价格调研　　（单位：元/斤）

产　品	天						
	1	2	3	4	5	6	7
鸡蛋	4.6	4.8	4.7	4.3	4.9	4.6	5.0
白菜	1.2	1.3	1.4	1.6	1.5	1.6	1.7
南瓜	3.5	3.6	4.0	4.2	3.9	3.4	3.6

如果想把表 37-1 中记录的数据通过折线图体现出来，那么编写出下面这段代码就可以了。

```
import matplotlib.pyplot as plt
plt.figure("折线图")

# 定义列表 x 存储 7 天
x=[1, 2, 3, 4, 5, 6, 7]

# 定义列表 egg_price、cabbage_price 和 pumpkin_price
```

```
# 分别存储市场内连续
# 7 天的鸡蛋价格、白菜价格和南瓜价格，
# 单位都是元/斤
egg_price=[4.6, 4.8, 4.7, 4.3, 4.9, 4.6, 5.0]
cabbage_price=[1.2,1.3,1.4,1.6,1.5,1.6,1.7]
pumpkin_price=[3.5,3.6,4.0,4.2,3.9,3.4,3.6]

# 绘制折线图可以使用 plot()方法，
# plot()方法的作用是绘制而不是在显示区展示。
# 如果要绘制折线图
# 那么给 plot()方法传入横纵坐标上的数值就可以了
plt.plot(x, egg_price,
        label='egg_price: yuan/catty')
plt.plot(x, cabbage_price,
        label='cabbage_price: yuan/catty')
plt.plot(x, pumpkin_price,
        label='pumpkin_price: yuan/catty')

# xlabel()方法用于设置折线图的横轴标题
# ylabel()方法用于设置折线图的纵轴标题
# title()方法用于设置折线图的标题
plt.xlabel('day')
plt.ylabel('price')
plt.title("price line graph")

# legend()方法的作用是给图表加上图例
# show()方法的作用是真正地展示绘制的图表
plt.legend()
plt.show()
```

在 IDLE 中把上面这段代码保存为.py 文件，然后再执行 Run Module 命令，就可以得到如图 37-2 所示的折线图。

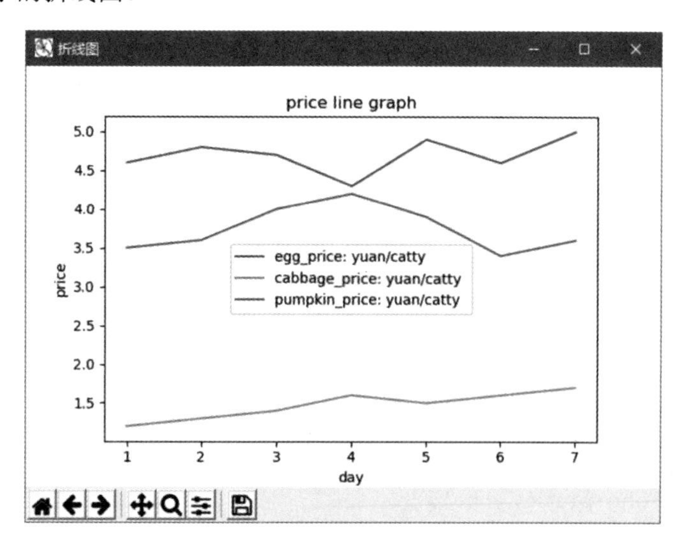

图 37-2　把 7 日内鸡蛋、白菜和南瓜的价格变化绘制成折线图的效果

从图 37-2 中可以看出，三条折线很均匀地分布在窗口的显示区域内，这主要得益于 matplotlib 模块的设定：显示区域会自适应地分配横纵坐标的显示数值及每个坐标值之间的距离。

对于图表来说，添加一些额外的成分，例如图表图例、图表横纵两轴的轴标题及图表自身的标题等，能起到点睛之笔的作用。在折线图中绘制的线比较多的情况下，给折线图添加一个图例，就能很轻松地分辨出每条线记录的都是什么数据。

上面的代码中，用 legend()方法给折线图添加了图例，用 xlabel()方法和 ylabel()方法分别设置了折线图的横轴和纵轴的标题，还用 title()方法设置了折线图自身的标题。

有两点需要注意。首先是给折线图添加图例，那么就必须先在 plot()方法中通过 label 参数设置这条折线的名称。其次是使用 figure()方法设置窗口的标题时，参数可以是中文字符串，但是使用 xlabel()方法、ylabel()方法和 title()方法时，参数一定要是全部由字母组成的字符串。

37.2 散点图：化简后的折线图

如果说折线图把图上的各个数据都通过直线连接起来是为了兼顾美观的话，那么散点图就像是放弃了这种美观，因此可以将其理解成化简了的折线图。

如果把在 37.1 节绘制的折线图改为用散点图绘制，那么代码将不会有很大的变动，主要的变动还是 plot()方法的使用。下面这段代码就是把市场内连续 7 天的鸡蛋、白菜和南瓜的价格绘制成散点图。

```
import matplotlib.pyplot as plt
plt.figure("散点图")

# 定义列表 x 存储 7 天
x=[1, 2, 3, 4, 5, 6, 7]

# 定义列表 egg_price、cabbage_price 和 pumpkin_price
# 分别存储市场内连续
# 7 天的鸡蛋价格、白菜价格和南瓜价格，
# 单位都是元/斤
egg_price=[4.6, 4.8, 4.7, 4.3, 4.9, 4.6, 5.0]
cabbage_price=[1.2,1.3,1.4,1.6,1.5,1.6,1.7]
pumpkin_price=[3.5,3.6,4.0,4.2,3.9,3.4,3.6]

# 绘制散点图也可以使用 plot()方法。
# 如果要绘制散点图，那么除了要给 plot()方法传入横纵坐标上的数值之外，
# 还要传入散点的形状
plt.plot(x, egg_price, 'r.',
        label='egg_price: yuan/catty')
plt.plot(x, cabbage_price, 'bs',
```

```
        label='cabbage_price: yuan/catty')
plt.plot(x, pumpkin_price, 'g^',
        label='pumpkin_price: yuan/catty')

# 用 xlabel()方法设置散点图的横轴标题
# 用 ylabel()方法设置散点图的纵轴标题
# 用 title()方法设置散点图的标题
plt.xlabel('day')
plt.ylabel('price')
plt.title("price scatter plot")

# legend()方法的作用是给图表加上图例
# show()方法的作用是真正地展示绘制的图表
plt.legend()
plt.show()
```

在 IDLE 中把这段代码保存为.py 文件，然后再执行 Run Module 命令，就可以得到如图 37-3 所示的散点图。

对比图 37-2 展示的折线图，从图 37-3 中可以看出，鸡蛋、白菜和南瓜每天的价格只是在图上用点标记了出来，省去了用直线连接。

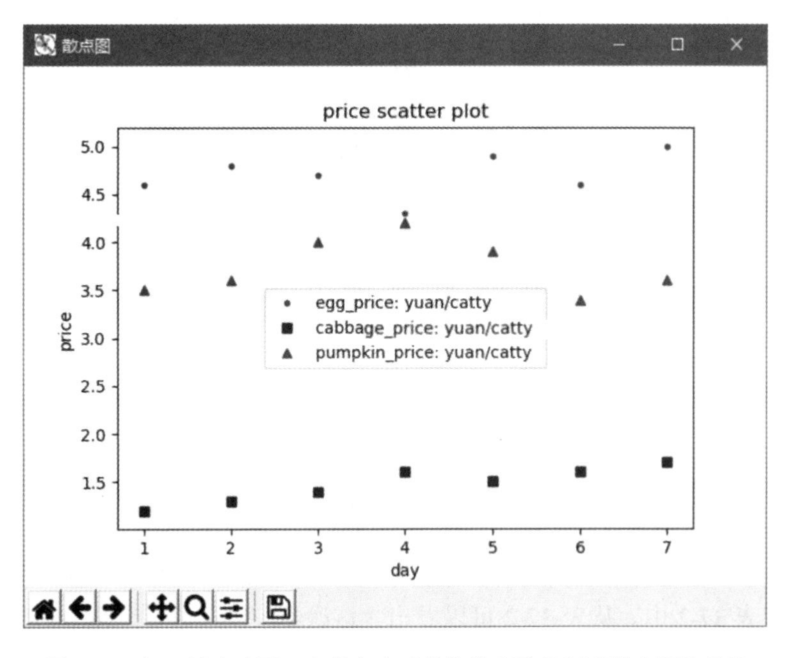

图 37-3　把 7 日内鸡蛋、白蔬和南瓜的价格变化绘制成散点图的结果

在散点图中，点的形状可以在 plot()方法中自行设置，例如"r."表示的是红色的圆点，“bs”表示的是蓝色的方块，“g^”表示的是绿色的三角。如果不在 plot()函数中设置点的形状，那么默认就是点与点之间用直线连接，也就是默认绘制折线图，正是因为在 plot()方法中设置了点的形状，绘制的结果才由折线图成为散点图。

37.3　柱状图：让比较更直观

柱状图也可叫作“条形统计图”，和折线图一样也是非常简单明了，这里有一些柱状图的例子，如图 37-4 所示。

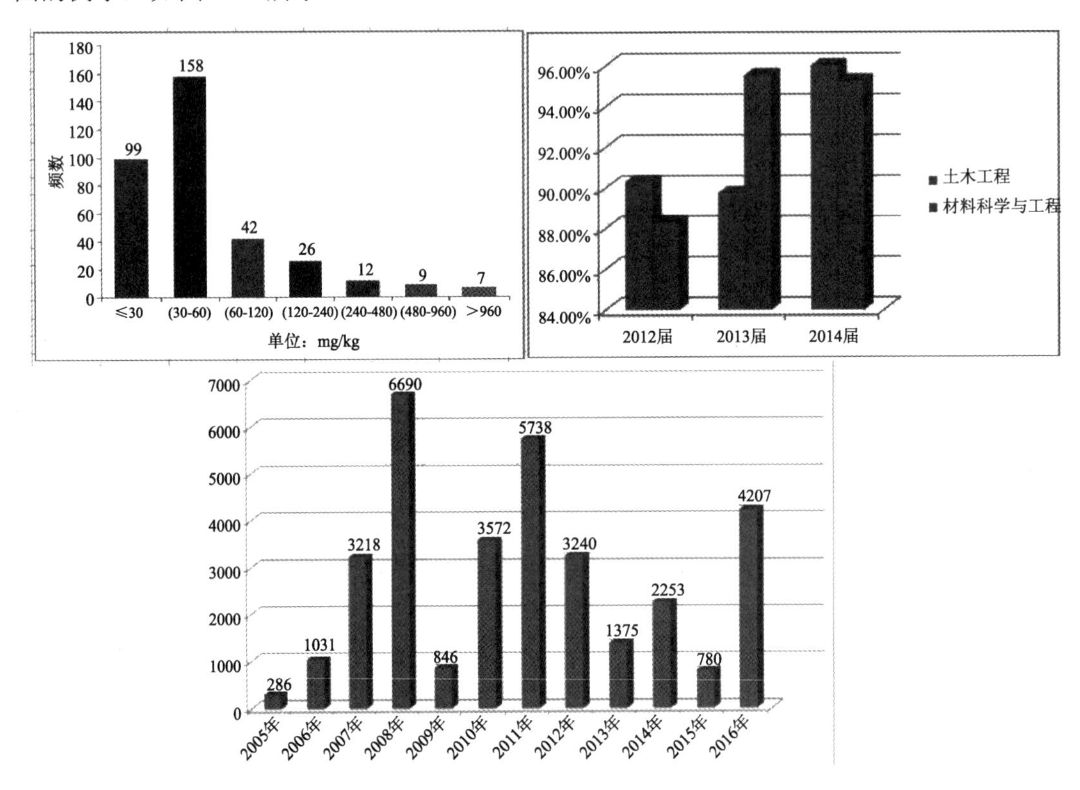

图 37-4　几个柱状图的示例

如果说折线图善于观察某个数据的趋势，那么柱状图不同于折线图的地方就在于，柱状图更善于表现多项数据之间的比较，或者把单独一项数据在不同时期的比较表现出来。

再举个例子，假设有所学校调研了近几年内每一届应届毕业生的就业率，并把调研的结果总结在了表 37-2 中。从表 37-2 可以看出，这次学校一共对 3 个专业进行了调研，时间是从 2014 年到 2019 年。

表 37-2　某学校 2014 年到 2019 年每一届学生的就业率统计表

专　业	年　份					
	2014 年	2015 年	2016 年	2017 年	2018 年	2019 年
计算机专业	92%	90%	95%	89%	94%	90%

（续）

专　业	年　份					
	2014 年	2015 年	2016 年	2017 年	2018 年	2019 年
电气专业	88%	92%	95%	94%	90%	89%
通信专业	95%	94%	92%	90%	93%	96%

把表 37-2 中记录的数据通过柱状图体现出来，用下面这段代码就可以了。

```
import numpy as np
import matplotlib.pyplot as plt
plt.figure("柱状图")

# 列表 computer_spe、electrical_spe 和 communication_spe
# 分别存储的是计算机专业、电气专业和通信专业
# 在 2014 年到 2019 年这 6 年之间
# 应届毕业生的就业率数据
computer_spe = [92, 90, 95, 89, 94, 90]
electrical_spe = [88, 92, 95, 94, 90, 89]
communication_spe = [95, 94, 92, 90, 93, 96]

# n 表示一共有 3 个专业，要为每个专业绘制一个柱子，
# 所以一共要绘制 3 个柱子，total_width 表示这 3 个柱子的总宽度。
# 由 total_width 可以算出每个柱子的宽度，即 width
total_width, n = 0.8, 3
width = total_width / n

# 绘制柱状图可以使用 bar()方法，由于横坐标是从 2014 开始的，
# 所以要给 x 加上 2014。由于第二个柱子要紧贴着第一个柱子，
# 第三个柱子要紧贴着第二个柱子，
# 所以这里采用偏移的办法，给 x + 2014 分别再加上 width 和 2*width
x = np.arange(0, 6)
x = x - (total_width - width) / 2
plt.bar(x + 2014, computer_spe, width=width,
       label='computer_specialty')
plt.bar(x + 2014 + width,electrical_spe,
       width=width, label='electrical_specialty')
plt.bar(x + 2014 + 2*width, communication_spe,
       width=width, label='communication_specialty')

# 给柱形图添加标题、纵轴标题和横轴标题
plt.xlabel('year')
plt.ylabel('employment rate(%)')
plt.title("employment bar chart")

# 使用 legend()方法给柱状图添加图例，
# 并通过 loc 参数指定图例在窗口显示区内的位置
plt.legend(loc='lower right')
plt.show()
```

在这段代码中，列表 computer_spe、electrical_spe 和 communication_spe 分别存储的是计算机专业、电气专业和通信专业在 2014 年到 2019 年这 6 年之间应届毕业生的就业率数据。bar()方法的作用就是绘制柱状图中的柱子，因为就业率一共是 6 个年份的，所以每个 bar()方法都会绘制出 6 个柱子。

在 IDLE 中把这段代码保存为.py 文件，然后再执行 Run Module 命令，就可以得到如图 37-5 所示的柱状图。

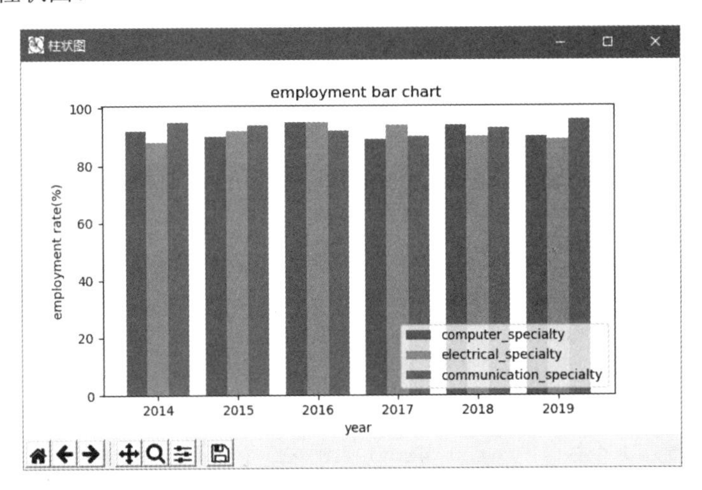

图 37-5　把 6 年内每届毕业生的就业率绘制成柱状图的结果

从图 37-5 中，我们可以很容易地对比出在这个学校同一年毕业的学生中，哪个专业的学生就业率更高，只要比较图中柱子的高低就可以了。

legend()方法的作用是给图表添加图例。如果在使用 legend()方法时没有给函数设置任何参数，那么图例会被默认放置，这样图例就很可能挡住图表的一部分。

通过 legend()方法的 loc 参数可以设置图例的位置，例如 loc='lower right'表示图例在显示区的右下角，loc='upper right'表示图例在显示区的右上角，loc='upper left'表示图例在显示区的左上角，loc='lower left'表示图例在显示区的左下角。

37.4　叠加的柱状图：看看比例

柱状图也可以具体划分出多个种类，就拿图 37-5 所示的那种柱状图来说吧，那是一种典型的并列柱状图，即每个柱子都只记录一个数据。

还有一种柱状图是叠加柱状图，即把多个并列的柱子叠加到一个柱子上，用一个柱子记录多个数据，保持各个柱子的颜色不同，用这样的办法区分各个数据。图 37-6 展示的就是一些叠加柱状图的例子。

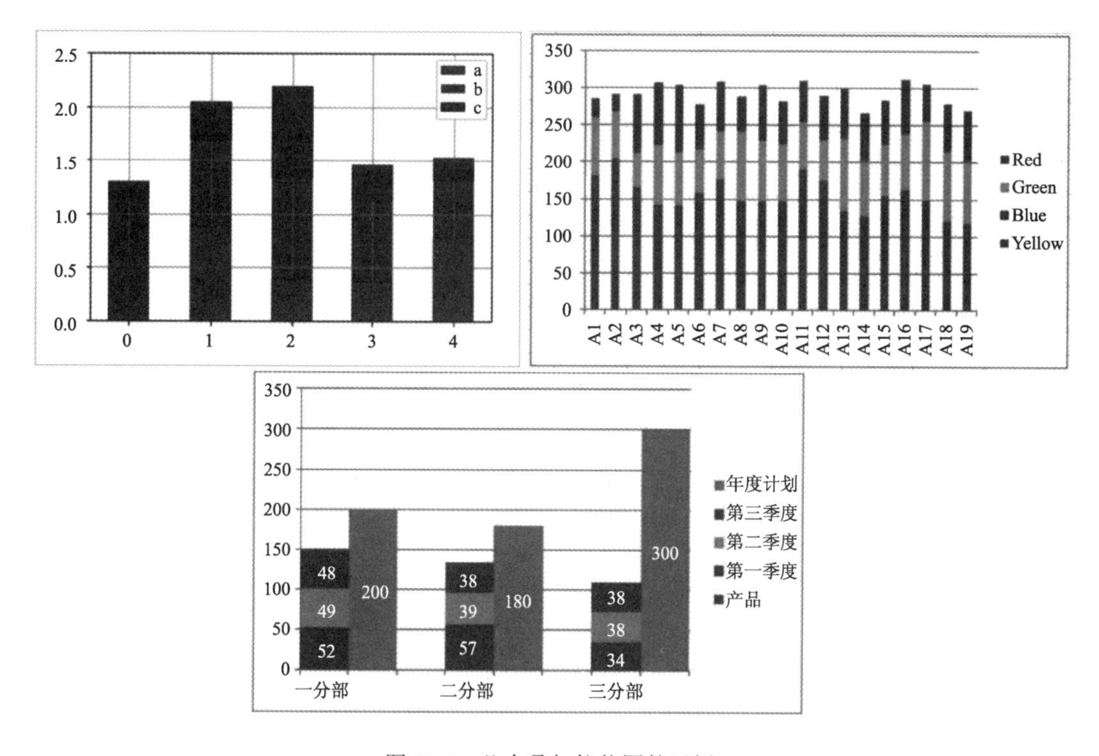

图 37-6　几个叠加柱状图的示例

叠加柱状图当然也可以像并列柱状图那样进行数据的比较。此外，叠加柱状图还有个更大的优势，那就是可以大概地看到比例情况。

还是以 37.3 节的那个例子来讲，在学校调研了应届毕业生就业率之后，假如该学校又继续统计了 2014 年到 2019 年期间这 3 个专业每年的应届毕业生人数，并且根据统计结果和就业率计算出了各专业应届生的实际就业人数，计算的结果汇总在表 37-3 中。

表 37-3　某学校 2014 年到 2019 年每一届学生的就业人数统计表

专　业	年　份					
	2014 年	2015 年	2016 年	2017 年	2018 年	2019 年
计算机专业	136	140	130	136	120	130
电气专业	200	210	200	180	190	220
通信专业	150	180	170	160	150	170

接下来，我们可以绘制出一个叠加柱状图，把 3 个专业在同一年的应届毕业生就业人数绘制在同一个柱子上，通过这样的办法，我们就可以从叠加柱状图中看出在同一年究竟哪个专业为学校整体的就业人数贡献更大。

下面这段代码就是绘制上述叠加柱状图的具体实现。

```
import numpy as np
```

```
import matplotlib.pyplot as plt
plt.figure("叠加柱状图")

# 列表 computer_num、electrical_num 和 communication_num
# 分别存储的是计算机专业、电气专业和通信专业
# 在 2014 年到 2019 年这 6 年之间
# 应届毕业生的就业人数
computer_num = np.array([136, 140, 130, 136,
                         120, 130])
electrical_num = np.array([200, 210, 200, 180,
                           190, 220])
communication_num = np.array([150, 180, 170, 160,
                              150, 170])

# 绘制叠加柱状图同样使用 bar()方法，
# 由于横坐标是从 2014 开始的，所以要给 x 加上 2014。
# 由于要把 3 个柱子叠加起来，所以要通过 bottom 设置叠加的顺序，
# computer_num 在最上面，下面依次是 electrical_num
# 和 communication_num
x = np.arange(6)
plt.bar(x + 2014, computer_num, width=0.5,
        label='computer_num',fc='r')
plt.bar(x + 2014, electrical_num, bottom=computer_num,
        width=0.5, label='electrical_num', fc='g')
plt.bar(x + 2014, communication_num,
        bottom=computer_num+electrical_num, width=0.5,
        label='communication_num', fc='b')

# 使用 legend()方法给柱状图添加图例，
# 并通过 loc 参数指定图例在窗口显示区内的位置
plt.legend(loc='lower right')
plt.show()
```

在这段代码中，computer_num、electrical_num 和 communication_num 分别存储的是计算机专业、电气专业和通信专业在 2014 年到 2019 年这 6 年之间应届毕业生的就业人数。这 3 个变量并不是列表类型而是改为了 NumPy 模块独有的数组类型，如果继续使用列表类型的话，上面这段代码在执行 Run Module 命令时是会被报告错误的。

绘制叠加的柱状图依旧可以使用 bar()方法，只不过和 37.3 节的代码中使用 bar()的方式有所不同。由于要把 3 个柱子叠加成一个柱子，所以要在 bar()方法内通过 bottom 参数设置叠加的顺序。

在 IDLE 中把这段代码保存为.py 文件，然后再执行 Run Module 命令，就可以得到如图 33-7 所示的叠加柱状图。从图 37-7 中，我们可以很容易地对比出在同一年哪个专业为学校整体的就业人数贡献更大。

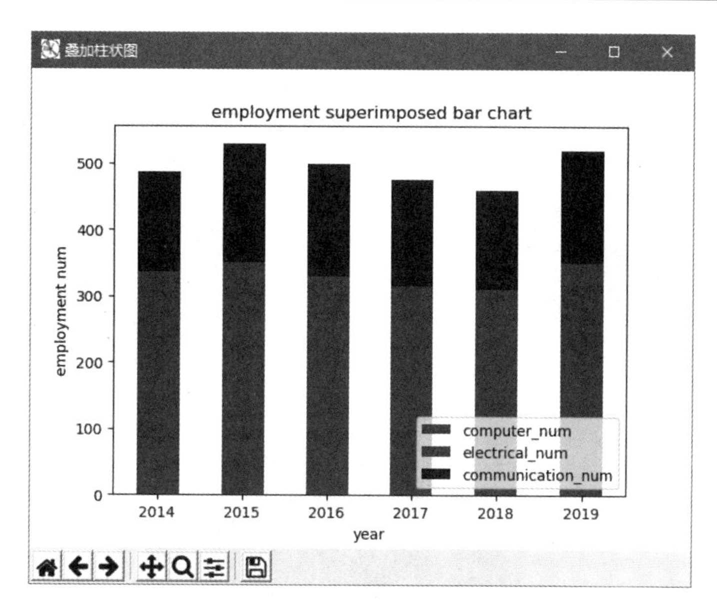

图 37-7　把 6 年内每届毕业生的就业人数绘制成叠加柱状图的结果

37.5　饼图：让比例更清晰

在图表中，有这么一种图，它比叠加的柱状图更适合表达比例关系，这种图就是饼图。

绘制饼图的最简单方式，就是先画一个圆圈，然后从圆心沿不同的方向朝着圆边画几条直线，这样一来整个圆就被分割成了多个扇形，这些扇形可能有不同的圆心角也可能圆心角相等，无论如何，总是圆心角大的扇形占用的圆内面积大，而圆心角小的扇形占用的圆内面积小。

用这种最简单的方式绘制出的饼图，当然也是最简单的饼图。我们都知道圆的内角是 360°，在计算出每个扇形的圆心角占 360° 的百分之几后，那么这个扇形的面积就是整个圆形的百分之几了。

图 37-8 展示的就是几个饼图的例子。

如果用刚刚所说的绘制饼图的最简单方式来绘制一个饼图，那么得到的结果就和图 33-8 中上面的两个饼图相似。还有一种饼图叫作“嵌套饼图”，也就是在一个饼图内再放入一个或多个小饼图，图 33-8 中下面的那个饼图就是嵌套饼图。

再举一个例子，假设某个公司正在调研内部员工的学历水平，调研的结果是，在公司全部的 100 名员工中，研究生学历的有 15 名，本科学历的有 30 名，高中学历的有 40 名，初中学历的有 10 名，小学学历的只有 5 名。

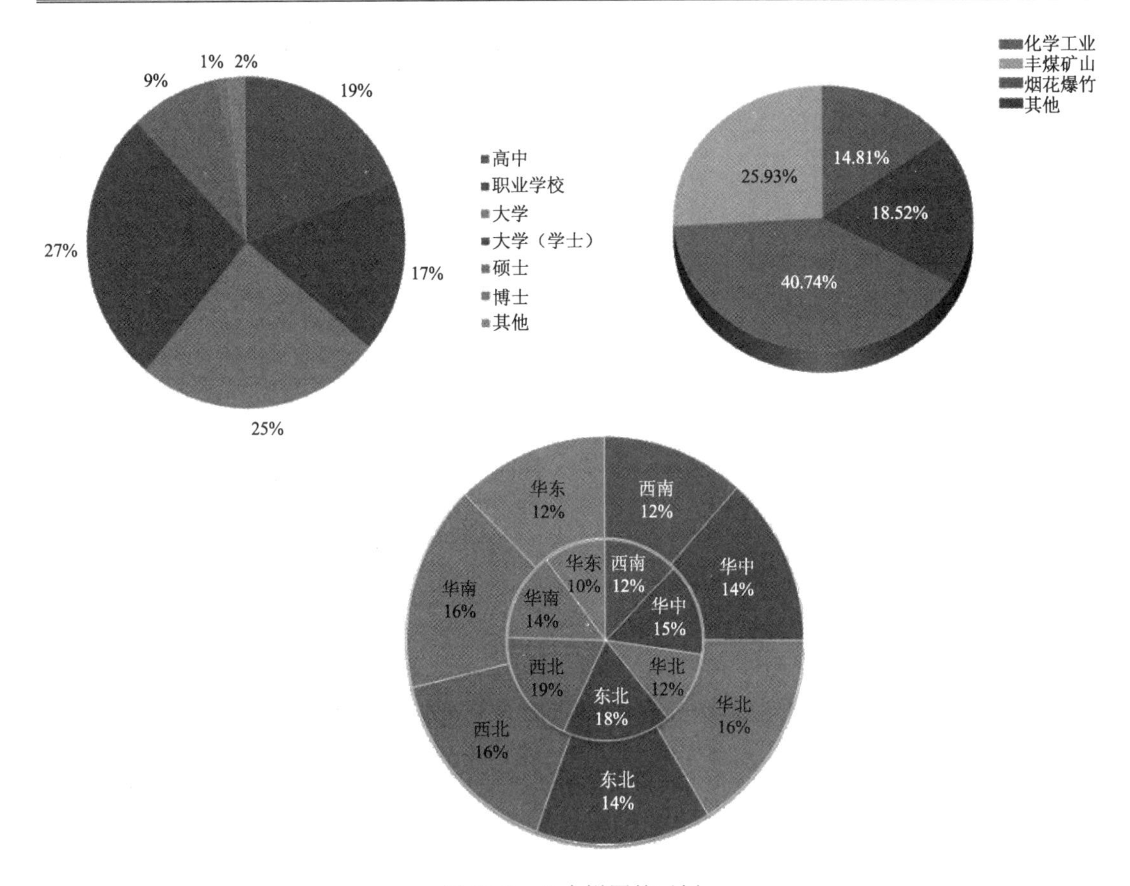

图 37-8　几个饼图的示例

如果这个公司想从调研结果中看出各个学历的员工占总员工数的比例，那么根据调研结果绘制出饼图就再合适不过了。下面的这段代码就是用 Python 搭配 matplotlib 模块完成饼图的绘制。

```
import matplotlib.pyplot as plt
plt.figure("普通饼图")

# labels 列表存储的是饼图图例中的各个条目，
# 依次对应研究生、本科、高中、初中和小学学历的员工
labels =["graduate","undergraduate","senior",
         "junior","elementary"]

# number 列表存储的是学历分别为研究生、本科
# 以及高中、初中和小学的员工数量
number = [15, 30, 40, 10, 5]

# 使用 pie()方法绘制饼图
# labels 参数用于给饼图的扇形在紧挨着的地方添加说明标签
# autopct 参数用于在饼图的扇形中备注扇形的面积占饼图总面积的百分比
plt.pie(number, labels=labels, autopct='%1.1f%%',
```

```
        startangle=90)

# 用 axis()方法保证画出的图是正圆形
plt.axis('equal')
plt.legend()
plt.show()
```

在上面的这段代码中，完成饼图绘制功能的是 pie()方法。因为 number 列表中只有 5 个成员，所以绘制的饼图就被分成了 5 个面积不等的扇形。pie()方法还支持通过 autopct 参数以百分比的形式标注出扇形面积在饼图总面积中所占的比例。

在 IDLE 中把这段代码保存为.py 文件，然后再执行 Run Module 命令，就可以得到如图 37-9 所示的饼图。

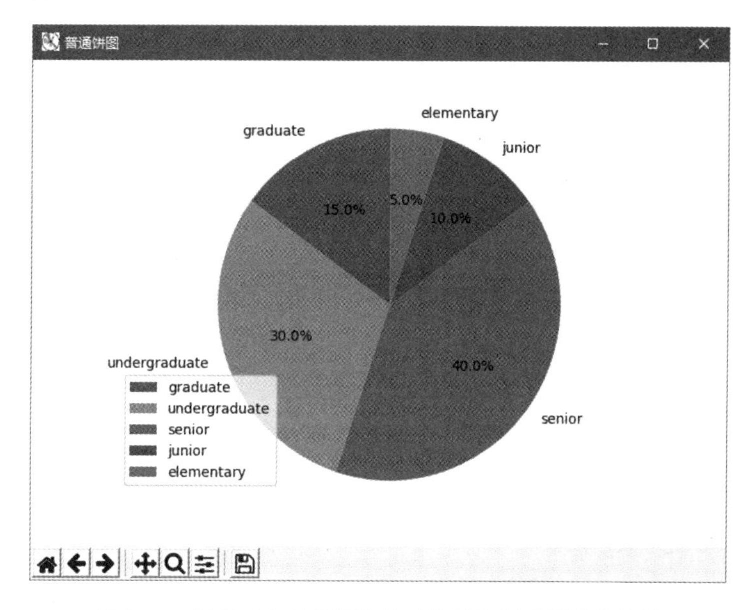

图 37-9　把公司内各学历的员工数量绘制成饼图的结果

从图 37-9 中，我们可以很容易地对比出在这个公司工作的员工大多数都是什么学历的，还可以对比出研究生学历的员工占公司总员工的比例，当然也可以对比出本科学历的员工数是小学学历的员工数的多少倍。

假设这个公司还不满足，又在已有的员工学历调研的基础上调研了员工的工龄情况，调研的结果是，在公司全部的 100 名员工中，工龄大于 20 年的有 20 名，工龄在 15～20 年之间的有 25 名，工龄在 10～15 年之间的有 30 名，工龄在 5～10 年之间的有 10 名，工龄在 1～5 年之间的有 10 名，工龄不到 1 年的只有 5 名。

很显然，这次员工工龄的调研情况也非常适合绘制成饼图，因为这样很容易就看出各个工龄段的员工数占总员工数的比例。也可以把这两次的调研情况绘制成一张饼图，这样的饼图就是嵌套饼图了。

下面这段代码就是用 Python 搭配 matplotlib 模块完成嵌套饼图的绘制。

```
import matplotlib.pyplot as plt
plt.figure("嵌套饼图")

# label_years 列表存储的是饼图图例中的各个条目
# 依次对应的是工龄大于 20 年、工龄在 15~20 年之间、
# 工龄在 10~15 年之间、工龄在 5~10 年之间、
# 工龄在 1~5 年之间和工龄小于 1 年的员工
label_years =[">20 years","15~20 years",
            "10~15 years","5~10 years",
            "1~5 years","<1 years"]

# labels_edu 列表存储的是饼图图例中的各个条目
# 依次对应的是研究生、本科、高中、初中和
# 小学学历的员工
labels_edu =["graduate","undergraduate","senior",
        "junior","elementary"]

# education 列表存储的是学历分别为研究生、本科、
# 高中、初中和小学的员工的数量
# years 列表存储的是工龄分别为大于 20 年、在 15~20 年之间、
# 在 10~15 年之间、在 5~10 年之间、在 1~5 年之间
# 和小于 1 年的员工的数量
education = [15, 30, 40, 10, 5]
years = [20, 25, 30, 10, 10, 5]

# 绘制嵌套的饼图要用到两次 pie()方法
# 该函数的 radius 参数可用于确定所绘制的饼图的半径
# 如果半径=1，那这个饼图就是嵌套饼图最外层的
# 如果半径<1，那这个饼图就是嵌套饼图内层的
# wedgeprops 参数可以设置外层嵌套饼图的宽度
# 以及在内部用什么颜色填充
size = 0.3
plt.pie(education, radius=1,labels=labels_edu,
       wedgeprops=dict(width=size, edgecolor='w'))
plt.pie(years, radius=1-size, autopct='%1.1f%%',
       wedgeprops=dict(width=size, edgecolor='w'))

plt.axis('equal')
plt.legend()
plt.show()
```

其实嵌套饼图就是在一个饼图的基础上再绘制一个半径稍小的小饼图，这样看起来就是两个饼图嵌套在了一起。

嵌套饼图的绘制依旧使用的是 pie()方法。想要在内部嵌套几个饼图，就要多用几次 pie()方法，当然，相应的数据也要准备好。pie()方法的 radius 参数用于设置饼图的半径大小，默认是 radius=1，嵌套在内部的饼图通常 radius＜1，例如 0.8 或 0.7，这样就形成了嵌套的效果。

在 IDLE 中把上面这段代码保存为.py 文件，然后再执行 Run Module 命令，就可以得到如图 37-10 所示的嵌套饼图。

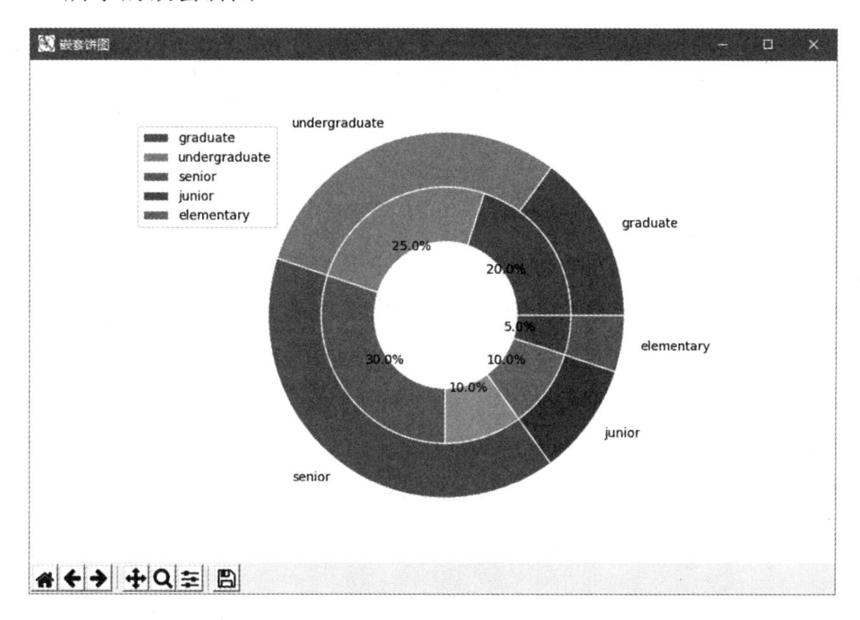

图 37-10　把公司内员工的学历和工龄的调研结果绘制成嵌套饼图的结果

第 38 章　精彩纷呈的图表 2

在第 37 章中，借助于 matplotlib 模块，我们用 Python 制作出了一些非常精彩的图表，这些图表形态各异，但是有一个共同点，即它们全都是二维平面上的图表，简单来说就是只有 x 和 y 两条垂直的坐标轴。

图表当然也有三维立体的，也就是有 x、y 和 z 这 3 条互相垂直的坐标轴。即便是绘制三维的图表，对于 matplotlib 模块也不在话下。别忘了，matplotlib 模块本身的“职责”就是可视化各种数据（照片数据、图表数据等）。

这一章，就让我们试试在 matplotlib 模块的帮助下用 Python 绘制出三维的图表吧。

38.1　三维散点图：更酷炫的散点图

一提到“三维散点图”，大多数人可能都会有些迷茫，三维散点图到底是什么样的呢？其实，在第 37 章中，我们用 Python 并借助于 matplotlib 模块绘制的散点图只是一种常见的二维散点图。事实上，三维散点图也是散点图，只不过是在二维散点图的基础上又增加了一个坐标轴。

或许看一些三维散点图的图例能够帮助我们更好地理解什么是三维散点图，图 38-1 展示的就是一些三维散点图的图例。

要想用 Python 绘制三维散点图，也可以借助 matplotlib 模块，只是如果像前两章那样单纯地调用 matplotlib 模块中的图表绘制函数已经不行了，还要涉及 matplotlib 模块中的 mpl_toolkits 组件。

mpl_toolkits 组件相当于 matplotlib 模块中的一个工具包，在这个工具包中的 mplot3d 子工具包是 matplotlib 模块里面专门用来画三维图的。如果我们要绘制三维散点图的话，那就要用到这个 mplot3d 工具包。

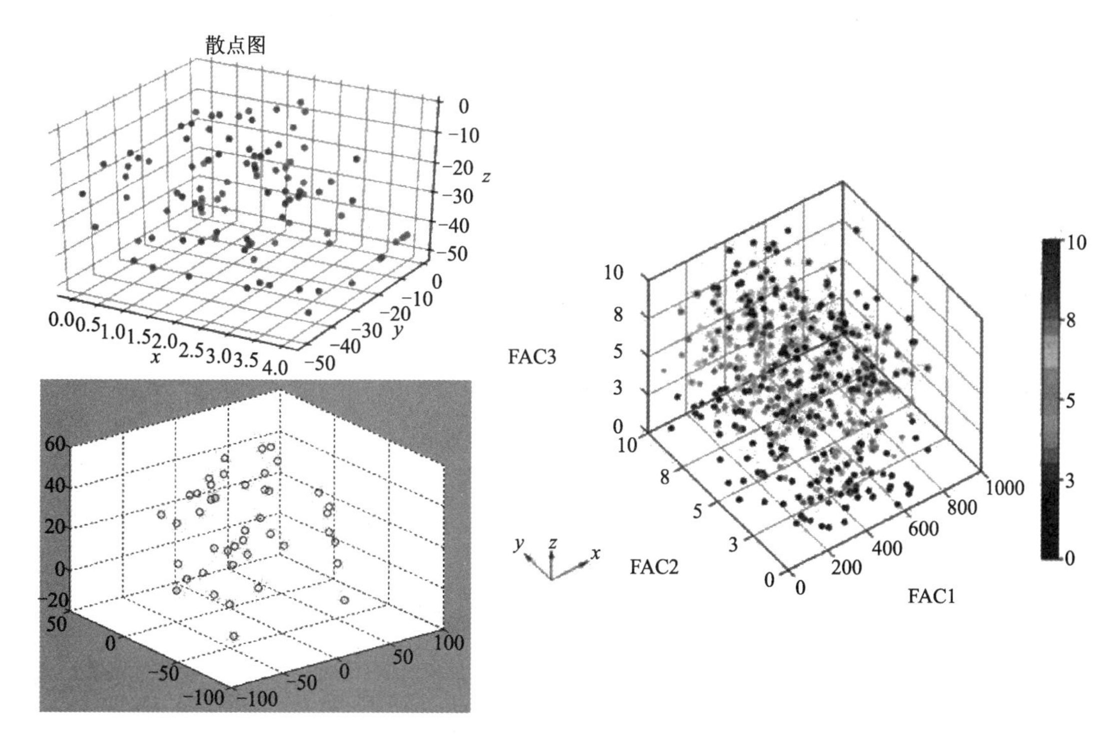

图 38-1　三维散点图的图例

下面这段代码就是一个绘制三维散点图的典型例子。

```
import numpy as np
import matplotlib.pyplot as plt
from mpl_toolkits.mplot3d import Axes3D
fig = plt.figure("三维散点图")

# data 是要绘制在三维散点图中的点的坐标值，
# 通过 size=[10, 10, 10]控制散点的个数为 100 个，
# 坐标值的范围是 0~255，每个点的坐标值都由 x 轴、y 轴
# 和 z 轴这 3 个轴的坐标值组成
data = np.random.randint(0, 255, size=[10, 10, 10])

# 变量 x、y 和 z 存储的分别是散点在 x 轴、y 轴和 z 轴
# 这 3 个轴上的坐标值
x, y, z = data[0], data[1], data[2]

# 创建一个三维的绘图工程
ax = Axes3D(fig)

# 在三维散点图上绘制点可以用 scatter()方法，
# 点在 x 轴、y 轴和 z 轴 3 个轴上的坐标值是必须要给 scatter()方法的
# 另外还可以在 scatter()方法中
# 通过 color 参数设置散点的颜色
ax.scatter(x[:3], y[:3], z[:3], c='y')
```

```
ax.scatter(x[3:6], y[3:6], z[3:6], c='r')
ax.scatter(x[6:9], y[6:9], z[6:9], c='g')
ax.scatter(x[9], y[9], z[9], c='b')

# 用 set_xlabel()方法、set_ylabel()方法和 set_zlabel()方法
# 分别设置三维散点图的 x 轴、y 轴
# 和 z 轴 3 个轴的轴标题
ax.set_xlabel('X')
ax.set_ylabel('Y')
ax.set_zlabel('Z')

plt.show()
```

绘制三维散点图之前要做的就是创建一个三维绘图工程。在这段代码中，绘制三维散点图用到的是 scatter()方法，scatter()方法的前 3 个参数是散点在三维坐标系中对应的 *x* 轴、*y* 轴和 *z* 轴这 3 个轴的坐标值。在 scatter()方法中，也可以通过 color 参数设置散点的颜色。

把这段代码在 IDLE 中保存为.py 文件，然后执行 Run Module 命令，得到的三维散点图的绘制结果如图 38-2 所示。

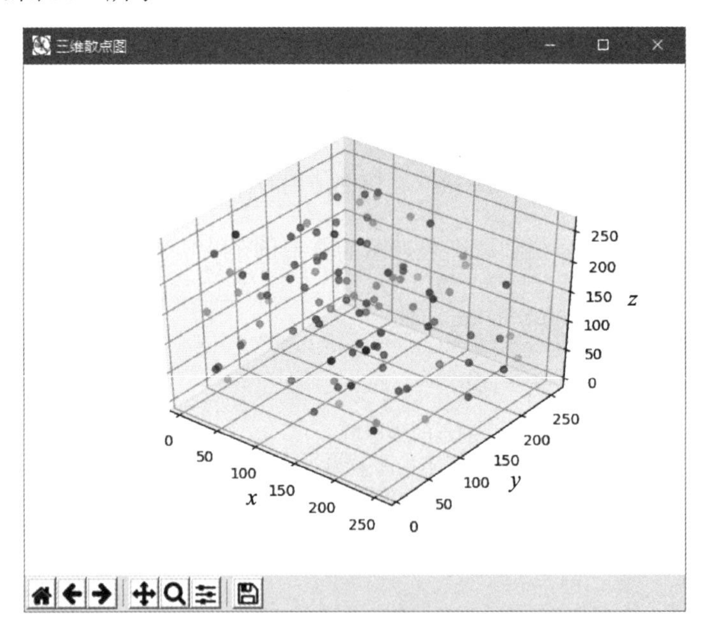

图 38-2 三维散点图的绘制结果

38.2 三维平面图：凸显立体效果

比起三维散点图，三维平面图可能更令人陌生，因为用到三维平面图的通常是一些比较专业的场合。尽管这样，我们依旧可以先来简单地认识一下三维平面图，并用 Python

绘制出一个简单的三维平面图。

图 38-3 展示了一些三维平面图的图例。

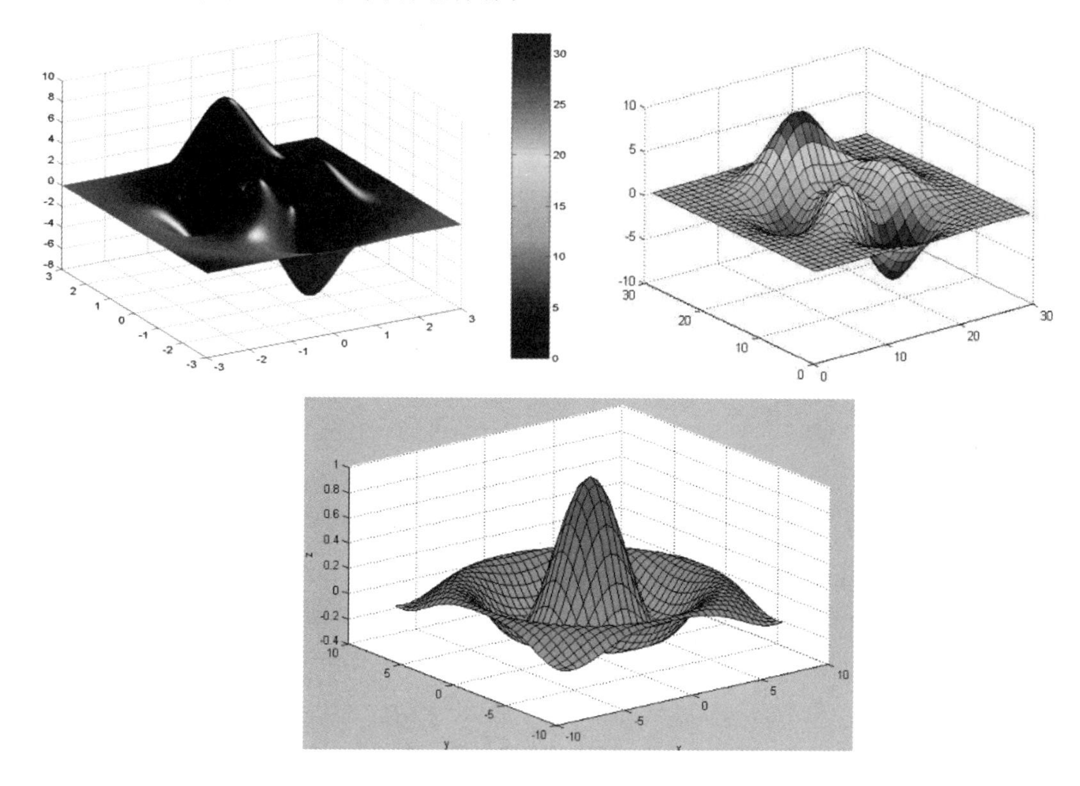

图 38-3　三维平面图的图例

要想用 Python 绘制三维平面图，同样需要借助 matplotlib 模块的 mplot3d 工具包。下面的这段代码就是一个绘制三维平面图的典型例子。

```
import numpy as np
from matplotlib import pyplot as plt
from mpl_toolkits.mplot3d import Axes3D
fig = plt.figure("三维平面图")

# 创建一个三维的绘图工程
ax = Axes3D(fig)

# x 和 y 都是从-5 到 4.8 的数列，
# 数列中的元素按照 0.2 依次减小
x = np.arange(-5, 5.2, 0.2)
y = np.arange(-5, 5.2, 0.2)

# 以变量 x 作为横轴刻度，以变量 y 作为纵轴刻度，
# NumPy 模块的 meshgrid()函数的作用是绘制出网格
# 并返回网格中交叉点的坐标。这些交叉点的坐标
# 可以作为三维平面对应到 x 轴和 y 轴的坐标
```

```
X, Y = np.meshgrid(x, y)

# NumPy 模块的 sqrt() 函数用于计算开平方值，
# 这个值就作为网格交叉点处的平面高度值，
# 即三维平面的 z 轴坐标值
Z = np.sqrt(X**2 + Y**2)


# 绘制三维平面图用到的是 plot_surface() 方法
ax.plot_surface(X, Y, Z, rstride=1,
                cstride=1, cmap='rainbow')

# 用 set_xlabel() 方法、set_ylabel() 方法和
# set_zlabel() 方法分别设置三维散点图的 x 轴、y 轴
# 和 z 轴 3 个轴的轴标题
ax.set_xlabel('X')
ax.set_ylabel('Y')
ax.set_zlabel('Z')

plt.show()
```

在这段代码中，我们首先遇到的一个比较棘手的问题应该就是 NumPy 模块的 meshgrid()函数了。meshgrid()函数需要两个数列分别作为横轴和纵轴上的刻度，然后用这些刻度模拟绘制出网格，网格上的交叉点的坐标就是 meshgrid()函数的返回值。图 38-4 展示的就是在 meshgrid()函数模拟绘制出的网格中，交叉点都有哪些。

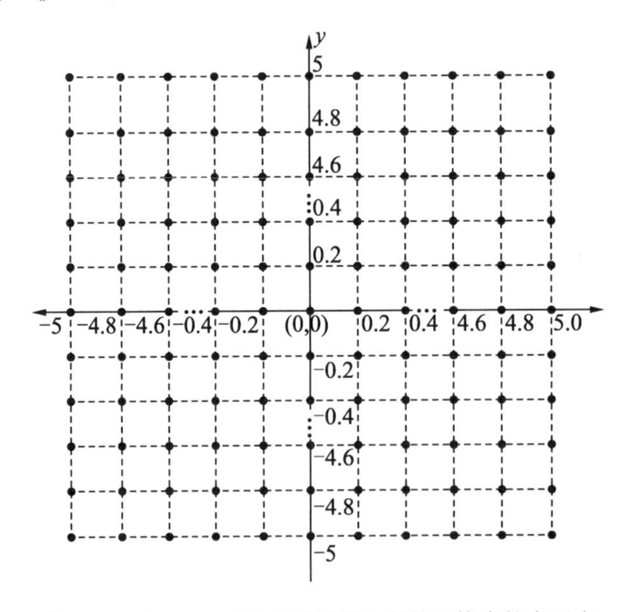

图 38-4　在 meshgrid()函数模拟绘制的网格中的交叉点

plot_surface()方法的前 3 个参数是绘制三维平面要依据的 x 轴、y 轴和 z 轴的坐标值。plot_surface()方法的 rstride 参数和 cstride 参数用于控制绘制出的三维平面的细腻程度，其

值越小，绘制出的三维平面越细腻，反之，绘制出的三维平面越粗糙。

图 38-5 展示的就是对上面这段代码执行 Run Module 命令之后得到的三维平面图绘制结果。

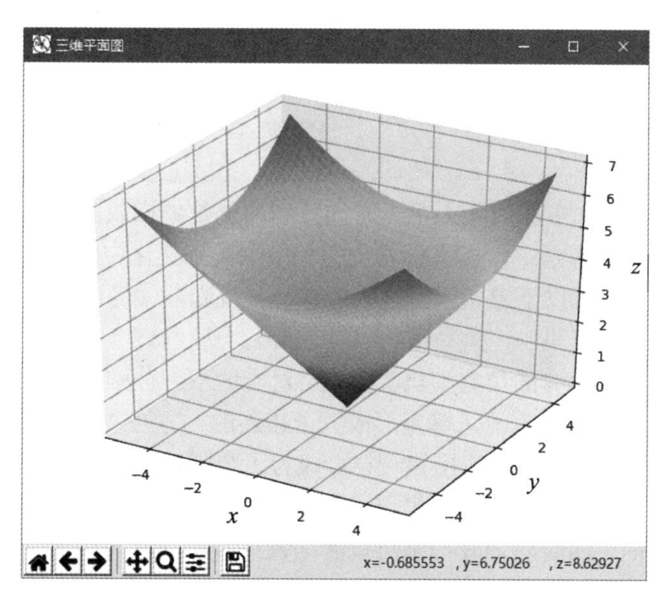

图 38-5　三维平面图的绘制结果

图 38-6a 展示的是在上面那段代码的基础上把 rstride 参数和 cstride 参数均设置为 2 之后再执行 Run Module 命令之后得到的三维平面图的绘制结果。图 38-6b 展示的是在上面那段代码的基础上把 rstride 参数和 cstride 参数均设置为 5 之后，再执行 Run Module 命令得到的三维平面图的绘制结果。

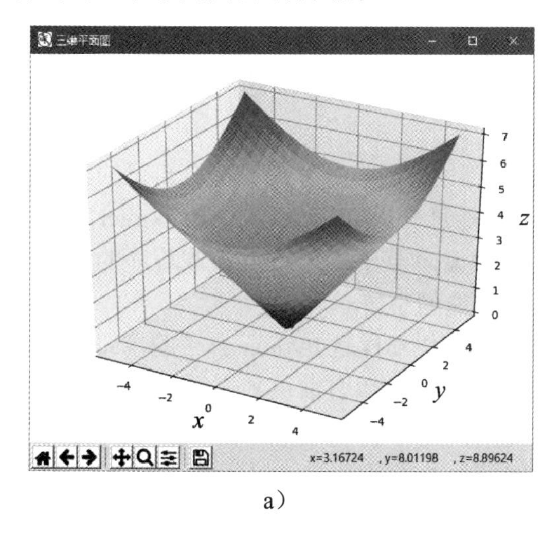

a）

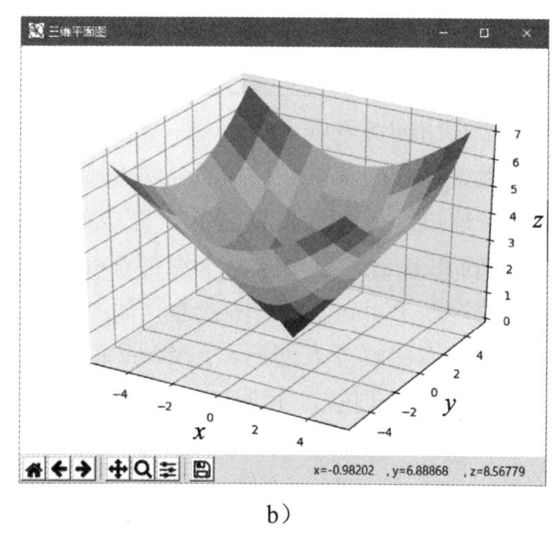

b）

图 38-6　修改 rstride 和 cstride 参数之后的三维平面图绘制结果对比

第 39 章　益智五子棋游戏

一提到下棋，可能大多数成年人第一时间想到的就是象棋或者围棋。象棋及围棋在我国都有着悠久的历史，都是中国棋文化乃至整个中华民族文化中的瑰宝。

当然了，下棋不仅可以下象棋或围棋，还有一种规则非常简单的棋，大多数人小时候都曾经玩过，这就是五子棋。

五子棋是一种两人对弈的策略型棋类游戏，对弈的双方分别使用黑白两色的棋子，在棋盘纵线与横线的交叉点上落子，率先形成五子相连的一方在本局中获胜。

如今，五子棋已经如同象棋或围棋一样，成为了全国智力运动会的竞技项目之一。各种五子棋游戏程序也铺天盖地般相继出现，有运行在计算机上的，有运行在平板电脑上的，还有运行在手机上的，随时随地我们都可以和朋友展开一局有趣的五子棋对战。

本章，我们的目标就是用 Python 制作一个五子棋游戏。只不过，在制作的过程中要借助的模块是继 tkinter 模块、turtle 模块和 matplotlib 模块之后的又一个新模块——pygame 模块。

39.1　初识 pygame 模块

从第 26 章开始，我们就一直致力于创建带有窗口界面的 Python 程序，所借助的模块也是从 tkinter 换到了 turtle 再换到了 matplotlib。回想一下，这一路走来，哪个作品给我们留下了最深刻的印象呢？是用按钮操作的计算器？还是分秒不差的动态时钟？亦或是那些非常实用的图表呢？

无论是哪个作品，模块都给我们提供了不小的帮助。因为每个模块都有自己的功能侧重点，所以不仅使用风格迥异，完成的作品也是功能悬殊。pygame 模块和 tkinter、turtle 及 matplotlib 这些模块的侧重点都不相同，它是一个偏向于开发 Python 游戏程序的常用模块，允许在 Python 程序中创建带有声音和动画等功能的小游戏。

有一点比较令人遗憾，pygame 模块不像其他的模块那样是 Python 自带的，即它不会在安装 Python 时被一起安装。因为这个缘故，我们需要在使用之前单独安装 pygame 模块，安装 pygame 模块的操作可以参考附录 D。

pygame 模块的一个优点就是，整个模块按照功能的类别又具体划分成了多个子模块。例如，pygame 模块的 display 子模块用于在显示屏上展示游戏界面，draw 子模块用于绘制游戏界面上的线、点或者其他图形，event 子模块用于监听来自鼠标或者键盘的操作事件并做出响应等。

想要体验 pygame 模块的话，或许简单地创建一个“空白”游戏窗口是个不错的想法，使用下面这段代码就可以完成了。

```
# 导入 pygame 模块
import pygame

# 初始化 pygame
pygame.init()

# 显示空白游戏窗口
size = (480, 320)
screen = pygame.display.set_mode(size)

# 永不停止的循环可以保证游戏窗口一直显示
while True:
    # 监测是否发生鼠标或键盘事件，
    # 如果用鼠标单击了窗口的关闭按钮，
    # 那么退出 pygame 的使用并结束程序的运行
    for event in pygame.event.get():
        if event.type == pygame.QUIT:
            pygame.quit()
            exit()
```

把这段代码保存到.py 文件中并在 IDLE 中执行 Run Module 命令，不出意外的话可以得到如图 39-1 所示的“空白”游戏窗口。

图 39-1　“空白”游戏窗口

因为 pygame 模块包含很多子模块，所以在 import pygame 语句之后应该执行 init()方法初始化 pygame 模块。init()方法会监测子模块是否全部可用，如果有些子模块丢失了，那么 init()方法就会产生警告。

正如前面所说，display 子模块和游戏界面的显示有关。display 子模块的 set_mode()方法可以创建并显示一个游戏窗口，这个游戏窗口默认是全黑填充的，因为还没有什么内容，所以称之为“空白”的也合情合理。

如果没有接下来一直执行的 while 循环结构，那么游戏窗口只会在展示之后又瞬间关闭。while 循环结构里可以添加一些代码构建游戏的界面，也可以添加一些代码响应游戏的鼠标或者键盘操作事件。

event 子模块与响应鼠标或键盘的事件有关。event 子模块的 get()方法可以监测有无事件发生，如果事件的类型是 pygame.QUIT，就代表用鼠标单击了窗口的关闭按钮，这时可以执行的事件响应是退出 pygame 的使用（模块自带的 quit()方法）并结束程序的运行（Python 自带的 exit()函数）。

下面我们来看一下借助 pygame 模块做出的五子棋游戏是什么样的。图 39-2 展示了我们要做的五子棋游戏在执行 Run Module 命令时的样子。从图 39-2 中可以看出，黑子已经构成了五连子，游戏不允许我们再落子，并提示 black win（黑方胜出）。

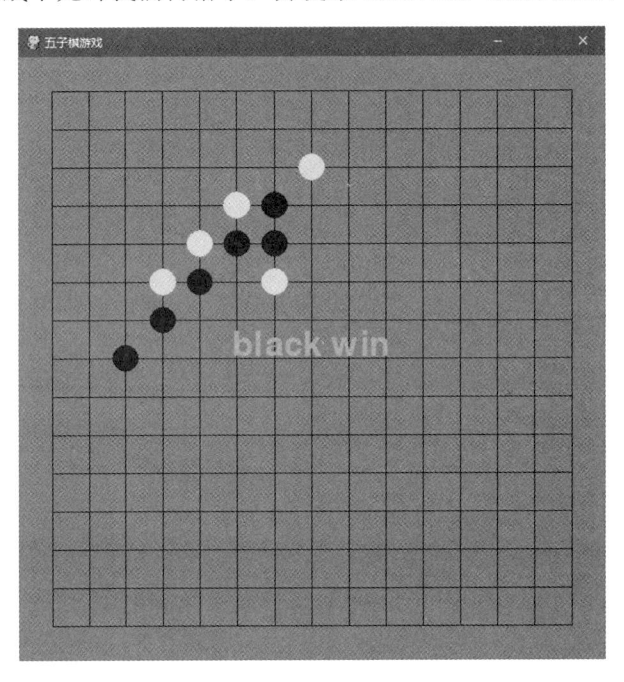

图 39-2　五子棋游戏试玩

39.2　绘制出棋盘是第一步

一般情况下，五子棋的棋盘都是 15×15 的，也就是说横向有 15 条网格线，纵向也有 15 条网格线，这样的棋盘上一共有 196 个正方形小网格，横向有 14 个小网格，纵向也有 14 个小网格。

我们已经创建出了一个“空白”的游戏窗口，接着要做的就是在游戏窗口中绘制横向和纵向的 15 条网格线作为这个五子棋游戏的棋盘。

为了方便绘制，最好是先创建一些变量，用来保存横纵网格线的数量、正方形小网格的宽和高，以及棋盘四边分别到游戏窗口四边的距离，这样棋盘的大小就确定了，游戏窗口的大小也确定了。

绘制五子棋游戏的棋盘可以用下面这段代码：

```
# 导入要用的模块
import pygame
```

```
# 初始化 pygame 模块
pygame.init()

# 定义变量 space 保存棋盘的四个边
# 到窗口边框之间的距离都是 40
space = 40

# 定义变量 line_num 保存棋盘上
# 横向网格线的数量和纵向网格线的数量都是 15
line_num = 15

# 定义变量 cell_size 保存棋盘上
# 每个正方形网格的宽度和高度都是 45
cell_size = 45

# 定义变量 grid_size 保存整个棋盘的宽度和高度
grid_size = cell_size * (line_num - 1)

# 变量 window_size 保存游戏窗口的宽度和高度
window_size = grid_size + space * 2

# pygame 的子模块 display 中的 set_caption()
# 方法可以用于设置游戏窗口的标题
pygame.display.set_caption('五子棋游戏')

# 用 display 子模块的 set_mode()方法显示窗口
screen = pygame.display.\
    set_mode((window_size, window_size))

# 为了体现出棋盘的样子，把窗口填充成原木色
screen.fill((205,133,63))

while True:
    # 监测游戏窗口内发生的鼠标或键盘操作事件
    # 并做出需要的响应
    for event in pygame.event.get():
        # 如果是用鼠标单击了窗口的关闭按钮，
        # 那么终止 pygame 的使用并停止程序的执行
        if event.type == pygame.QUIT:
            pygame.quit()
            exit()

    # 绘制出棋盘上的横向网格线，
    # 绘制直线可以用子模块 draw 中的 line()方法，
    # 因为横向网格线有 15 条，所以在一个 for 循环结构中执行绘制
    for i in range(0,cell_size*line_num,cell_size):
        pygame.draw.\
            line(screen, (0, 0, 0),
                (0+space, i+space),
                (grid_size+space, i+space), 1)

    # 绘制出棋盘上的纵向网格线，纵向网格线也有 15 条
```

```
    # 所以也要在一个 for 循环结构中
    # 通过执行 line()方法进行绘制
    for j in range(0,cell_size*line_num,cell_size):
        pygame.draw.\
            line(screen, (0, 0, 0),
                 (j+space, 0+space),
                 (j+space, grid_size+space), 1)

    # 必须调用子模块 display 中的 update()方法
    # 才能刷新游戏界面的显示
    pygame.display.update()
```

因为棋盘上的网格线要一条一条地绘制，横向上每条网格线之间的距离相等，纵向上每条网格线之间的距离也相等，所以在两个循环结构里分别完成 15 条横向网格线和 15 条纵向网格线的绘制是很合理的。

把上面那段代码保存到一个.py 文件中，然后在 IDLE 中对这个.py 文件执行 Run Module 命令，如果不出什么意外的话，得到的棋盘绘制结果如图 39-3 所示。

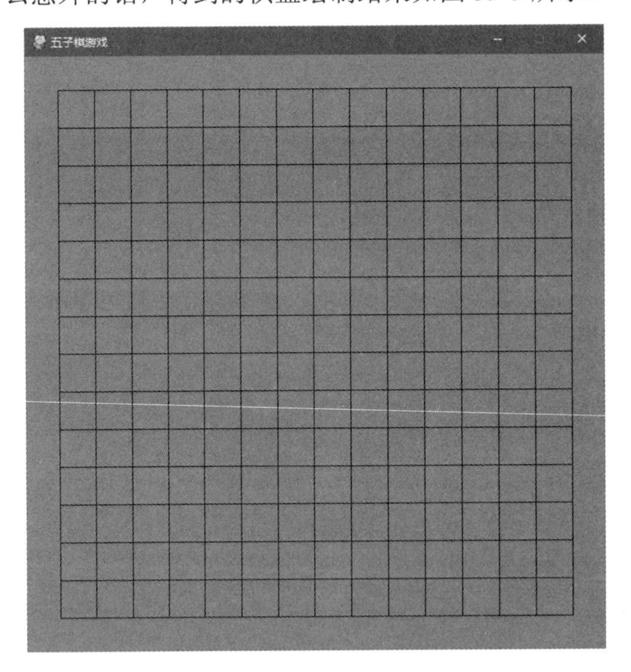

图 39-3　绘制五子棋棋盘的结果

在 39.1 节就提到过，pygame 的 draw 子模块用于绘制游戏界面上的点、线或者其他图形。在上面的这段代码中，绘制棋盘上的网格线，用的就是 draw 子模块中的 line()方法。

line()方法在定义时有 surface、color、start_pos、end_pos 和 width 5 个参数，其中 surface 参数用于指定要绘制的直线的窗口，color 参数用于指定直线的颜色，start_pos 参数和 end_pos 参数分别用于指定直线的起点和终点，width 参数用于指定直线的粗细。

除了前面提到的 event 子模块、display 子模块和 draw 子模块之外，pygame 还有很多的子模块。

比较简单的子模块如 font 子模块用于给游戏界面添加各种字体的文字，image 子模块用于给游戏界面添加各种图片，key 子模块用于监测在键盘上按下了哪个键，mixer 子模块用于支持游戏播放声音，mouse 子模块和鼠标的操作有关，movie 子模块用于在游戏中播放视频文件，music 子模块用于在游戏中播放音频文件。

稍微复杂的子模块如 joystick 子模块用于支持在游戏中使用手柄或者类似的设备，overlay 子模块用于在游戏中进行视频叠加，rect 子模块用于管理窗口中的一个矩形区域，scrap 子模块可以支持游戏访问本地的剪贴板，sndarray 子模块用于操作声音数据，sprite 子模块用于移动游戏中的图像，surface 子模块用于管理游戏窗口，surfarray 子模块用于管理点阵图像数据，time 子模块用于管理时间和帧信息，transform 子模块用于在游戏中缩放和移动图像。

39.3　支持落子是第二步

在 39.2 节中我们通过稍微有些长的一段代码完成了五子棋棋盘的绘制，这只是制作五子棋游戏的第一步。有了棋盘后，这个五子棋游戏还要能支持落子操作，这就是我们在第二步要给五子棋游戏添加的功能。

落子的功能实现起来非常简单，把 39.2 节的代码改良一下，添加一个判断结构和一个循环结构就足够了，例如下面的这段代码即可满足需求。

```
import pygame

# 初始化 pygame 模块
pygame.init()

# 定义变量 space 保存棋盘的四个边
# 到窗口边框之间的距离都是 40
space = 40

# 定义变量 line_num 保存棋盘上
# 横向网格线的数量和纵向网格线的数量都是 15
line_num = 15

# 定义变量 cell_size 保存棋盘上
# 每个正方形网格的宽度和高度都是 45
cell_size = 45

# 定义变量 grid_size 保存整个棋盘的宽度和高度
grid_size = cell_size * (line_num - 1)

# 变量 window_size 保存游戏窗口的宽度和高度
window_size = grid_size + space * 2

# pygame 的子模块 display 中的 set_caption()方法
```

```
# 可以用于设置游戏窗口的标题
pygame.display.set_caption('五子棋游戏')

# 用 display 子模块的 set_mode()方法显示窗口
screen = pygame.display.\
    set_mode((window_size, window_size))

# 为了体现出棋盘的样子，把窗口填充成原木色
screen.fill((205,133,63))

# 定义列表 chess_list 用于保存落子的位置
chess_list = []

while True:
    # 监测游戏窗口内发生的鼠标或键盘操作事件
    # 并做出需要的响应
    for event in pygame.event.get():
        # 如果是用鼠标单击了窗口的关闭按钮，
        # 那么终止 pygame 的使用并停止程序的执行
        if event.type == pygame.QUIT:
            pygame.quit()
            exit()

        # 如果是鼠标在窗口内单击之后又弹起
        # 那么就获取这个单击的位置
        # 在计算得到与之距离最近的网格线交叉点之后
        # 把这个交叉点的行列值保存到 chess_list 中作为落子的位置
        if event.type == pygame.MOUSEBUTTONUP:
            x, y = pygame.mouse.get_pos()
            row = int(round((y-space)*1.0/cell_size))
            column = int(round((x-space)*1.0/cell_size))
            if column >= 0 and column < line_num and \
                    row >= 0 and row < line_num \
                    and (column, row) not in chess_list:
                chess_list.append((column, row))

    # 绘制出棋盘上的横向网格线
    # 绘制直线可以用子模块 draw 中的 line()方法
    # 因为横向网格线有 15 条，所以在一个 for 循环结构中执行绘制
    for i in range(0,cell_size*line_num,cell_size):
        pygame.draw.\
            line(screen, (0, 0, 0),
                 (0+space, i+space),
                 (grid_size+space, i+space), 1)

    # 绘制出棋盘上的纵向网格线，纵向网格线也有 15 条
    # 所以也要在一个 for 循环结构中
    # 通过执行 line()方法进行绘制
    for j in range(0,cell_size*line_num,cell_size):
        pygame.draw.\
            line(screen, (0, 0, 0),
                 (j+space, 0+space),
                 (j+space, grid_size+space), 1)
```

```
    # 遍历 chess_list 列表里保存的网格交叉点行列值
    # 在窗口中的相应位置绘制出黑色填充的圆形
    # 作为棋盘上的落子
    for x, y in chess_list:
        x_loc = x*cell_size+space
        y_loc = y*cell_size+space
        pygame.draw.circle(screen,(0,0,0),
                       [x_loc, y_loc], 16,16)

    # 必须调用子模块 display 中的 update()方法
    # 才能刷新游戏界面的显示
    pygame.display.update()
```

要实现落子的功能，思路大概就是在发生鼠标单击棋盘的事件时，先调用 mouse 子模块的 get_pos()方法获得鼠标指针在窗口中的位置坐标值，然后计算一下这个位置和棋盘上的哪一个交叉点离得最近，接着判断这个交叉点在棋盘上处于第几行和第几列，最后把交叉点的行列值追加保存到列表 chess_list 中。

棋盘上的棋子落在哪里是根据 chess_list 里保存的交叉点行列值确定的，绘制棋子可以使用 draw 子模块的 circle()方法绘制出圆形来代表。使用 circle()方法绘制圆形时，圆形在窗口中的位置要靠坐标值来确定，所以还要把 chess_list 里的交叉点行列值换算成窗口中的坐标值。

把上面这段新的五子棋游戏代码保存到一个.py 文件中并执行 Run Module 命令，在游戏界面中再次用鼠标单击棋盘上的交叉点，会发现交叉点上立即就出现了黑色的棋子，如图 39-4 所示。

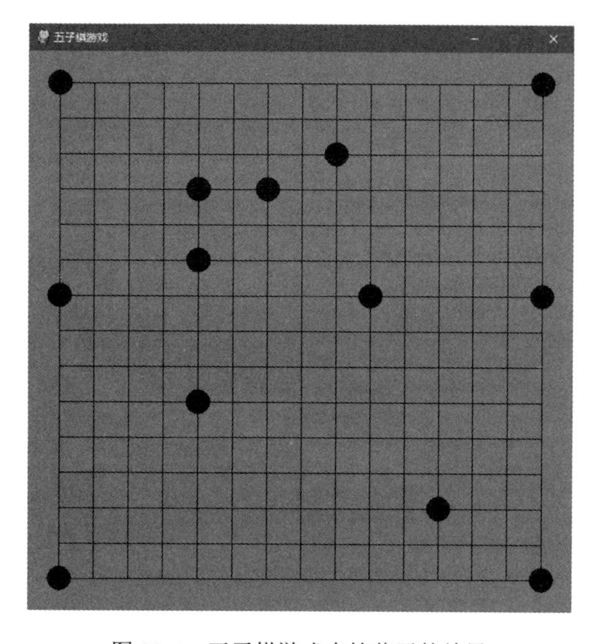

图 39-4　五子棋游戏支持落子的结果

draw 子模块的 circle()方法在定义时有 surface、color、pos、radius 和 width 共 5 个参数，其中 surface 参数用于指定要在哪个窗口中绘制圆形，color 参数用于指定圆形的线框颜色，pos 参数用于指定圆形的圆心在窗口中的坐标值，width 参数用于指定圆形的边框粗细。

39.4　区分黑白子是第三步

落子的功能实现了，可是落下的棋子都是一个颜色的。五子棋的棋子有黑白两种颜色，假如每局开始时是黑棋先落子，那么白棋就要紧接着落子，然后又是黑棋落子，以此类推，黑棋落完子之后是白棋落子，白棋落完子之后又是黑棋落子。

实现落子的黑白区分是我们第三步要做的事情，这个需求倒也不难实现。可以再定义一个变量（如 flag）用于保存当前落子的颜色，在把交叉点的行列值保存到列表 chess_list 中时 flag 也一起保存，这样在绘制棋子的时候，就可以根据 flag 判断棋子的颜色。

按照这个思路，39.3 节的代码还需要改良并完善一下，主要是添加 if 判断结构和 for 循环结构部分。改良、完善后的代码如下：

```
import pygame

# 初始化 pygame 模块
pygame.init()

# 定义变量 space 保存棋盘的四个边
# 到窗口边框之间的距离都是 40
space = 40

# 定义变量 line_num 保存棋盘上
# 横向网格线的数量和纵向网格线的数量都是 15
line_num = 15

# 定义变量 cell_size 保存棋盘上
# 每个正方形网格的宽度和高度都是 45
cell_size = 45

# 定义变量 grid_size 保存整个棋盘的宽度和高度
grid_size = cell_size * (line_num - 1)

# 变量 window_size 保存游戏窗口的宽度和高度
window_size = grid_size + space * 2

# pygame 的子模块 display 中的
# set_caption()方法可以用于设置游戏窗口的标题
pygame.display.set_caption('五子棋游戏')

# 用 display 子模块的 set_mode()方法显示窗口
screen = pygame.display.\
   set_mode((window_size, window_size))
```

```
# 为了体现出棋盘的样子，把窗口填充成原木色
screen.fill((205,133,63))

# 定义列表 chess_list 用于保存落子的位置
chess_list = []

# 定义变量 flag 记录落子的颜色
# 如果是黑色，则 flag=1，如果是白色，则 flag=2
flag = 1

while True:
    # 监测游戏窗口内发生的鼠标或键盘操作事件
    # 并做出需要的响应
    for event in pygame.event.get():
        # 如果是用鼠标单击了窗口的关闭按钮,
        # 那么终止 pygame 的使用并停止程序的执行
        if event.type == pygame.QUIT:
            pygame.quit()
            exit()

        # 如果是鼠标在窗口内单击之后又弹起
        # 那么就获取这个单击的位置,
        # 在计算得到与之距离最近的网格线交叉点之后,
        #把这个交叉点的行列值保存到 chess_list 中作为落子的位置
        # 一同保存的还有 flag，这在绘制棋子时会用到
        if event.type == pygame.MOUSEBUTTONUP:
            x, y = pygame.mouse.get_pos()
            row = int(round((y-space)*1.0/cell_size))
            column = int(round((x-space)*1.0/cell_size))
            if column >= 0 and column < line_num \
                    and row >= 0 and row < line_num \
                    and (column, row, 1) not in chess_list \
                    and (column, row, 2) not in chess_list:
                chess_list.append((column, row, flag))
                # 为了改变下一个落子的颜色，要调换 flag 的值
                if flag == 1:
                    flag = 2
                else:
                    flag = 1

    # 绘制出棋盘上的横向网格线,
    # 绘制直线可以用子模块 draw 中的 line()方法,
    # 因为横向网格线有 15 条，所以在一个 for 循环结构中执行绘制
    for i in range(0,cell_size*line_num,cell_size):
        pygame.draw.\
            line(screen, (0, 0, 0),
                 (0+space, i+space),
                 (grid_size+space, i+space), 1)

    # 绘制出棋盘上的纵向网格线,
    # 纵向网格线也有 15 条，所以也要在一个 for 循环结构中通过
```

```
    # 执行 line()方法进行绘制
    for j in range(0,cell_size*line_num,cell_size):
        pygame.draw.\
            line(screen, (0, 0, 0),
                 (j+space, 0+space),
                 (j+space, grid_size+space), 1)

    # 遍历 chess_list 列表里保存的网格交叉点行列值以及 flag 值
    # 在棋盘上相应的交叉点处绘制出圆形作为落子
    # 落子的颜色根据 flag 值确定
    for x, y, f in chess_list:
        x_loc = x * cell_size+space
        y_loc = y * cell_size+space
        if f==1:
            color = (0, 0, 0)
        else:
            color = (225, 225, 225)
        pygame.draw.circle(screen, color,
                           [x_loc, y_loc], 16, 16)

    # 必须调用子模块 display 中的 update()方法
    # 才能刷新游戏界面的显示
    pygame.display.update()
```

把上面这段新的五子棋游戏代码保存到一个.py 文件中并执行 Run Module 命令，在游戏界面中再次用鼠标单击棋盘上的交叉点会发现，交叉点上首先出现的是黑色棋子，接着再单击其他交叉点的话出现的是白色棋子，如此反复，如图 39-5 所示。

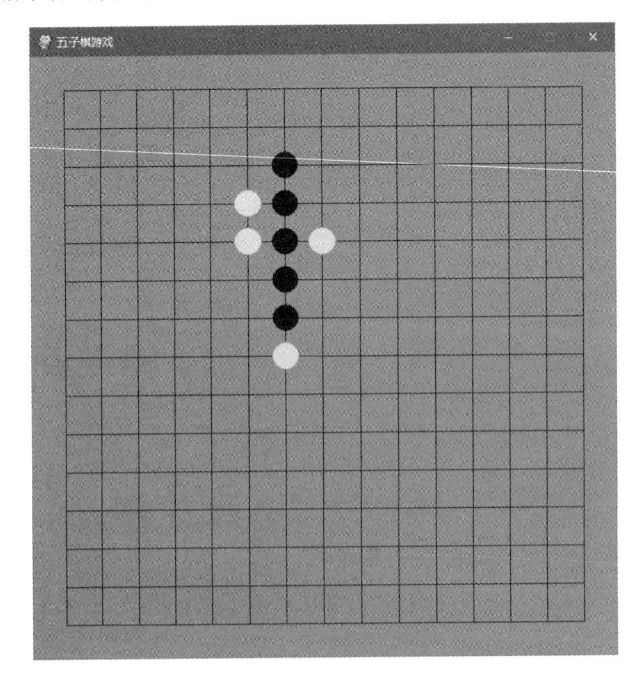

图 39-5　落子区分黑白

39.5　判断输赢是第四步

经过前面的奋战，我们的五子棋游戏可以玩了。如果想要在和小伙伴们对战的过程中自行判断输赢的话，那么把 39.4 节的成果算作是最终成品也没问题。

从图 39-5 中我们可以明显地看出是黑棋赢了这一局，在棋盘上的落子不多的情况下，自行判断输赢很容易，但是在棋盘上的落子密密麻麻的情况下，自行判断输赢就变成另一项挑战了。

要是能够给这个五子棋游戏加入输赢判断功能的话，那么这个五子棋游戏才能称得上比较完善了，这就是我们第四步要做的事情。如果不加入输赢判断功能，那么在黑棋已经赢了的情况下白棋可以继续落子，这就违反了五子棋游戏本身的规定。

在 39.4 节的代码的基础上，可以通过额外定义一些函数的办法实现输赢判断的功能，下面这段代码就是再次改良之后的五子棋游戏的最终版本。

```
import pygame

# 初始化 pygame 模块
pygame.init()

# 定义变量 space 保存棋盘的四个边
# 到窗口边框之间的距离都是 40
space = 40

# 定义变量 line_num 保存棋盘上
# 横向网格线的数量和纵向网格线的数量都是 15
line_num = 15

# 定义变量 cell_size 保存棋盘上
# 每个正方形网格的宽度和高度都是 45
cell_size = 45

# 定义变量 grid_size 保存整个棋盘的宽度和高度
grid_size = cell_size * (line_num - 1)

# 变量 window_size 保存游戏窗口的宽度和高度
window_size = grid_size + space * 2

# pygame 的子模块 display 中的 set_caption()方法
# 可以用于设置游戏窗口的标题
pygame.display.set_caption('五子棋游戏')

# 用 display 子模块的 set_mode()方法显示窗口
screen = pygame.display.\
    set_mode((window_size, window_size))
```

```
# 为了体现出棋盘的样子，把窗口填充成原木色
screen.fill((205,133,63))

# 定义列表 chess_list 用于保存落子的位置
chess_list = []

# 定义变量 flag 记录落子的颜色
# 若是黑色，则 flag=1，若是白色，则 flag=2
flag = 1

# 创建变量 game_state 记录游戏的状态
game_state = 1

# 创建 font 作为屏幕输赢提示的字体
font = pygame.font.Font(None, 60)

# 定义 chess_num()函数计算一个落子
# 在棋盘的某个方向上有多少个相连的同颜色落子
def chess_num(lx, ly, dx, dy, chess):
    num = 0
    while True:
        lx += dx
        ly += dy
        if lx < 0 or lx >= line_num \
              or ly < 0 or ly >= line_num \
              or chess[ly][lx] == 0:
            return num
        num += 1

# 定义 win()函数判断输赢
def win(chess_list, flag):
    # 创建一个 15*15 的全 0 二维列表，
    # 用于模拟棋盘上的 15*15 个交叉点，
    # 并记录棋盘的哪些交叉点上有相同颜色的落子
    n_chess = [[0] * 15 for i in range(15)]
    for x, y, c in chess_list:
        if c == flag:
            n_chess[y][x] = 1

    # 在 chess_list 中找到最后一个落子的行列值
    last_x = chess_list[-1][0]
    last_y = chess_list[-1][1]

    # 定义方向列表 direction_list，
    # 保存的是在棋盘上围绕某个交叉点一圈的其他交叉点
    # 相对于这个交叉点的坐标值
    direction_list = [(-1, 0), (1, 0),(0, -1),
                     (0, 1),(-1, -1), (1, 1),
                     (-1, 1), (1, -1)]

    # 多次调用 chess_num()函数
    # 计算最后一个落子的 8 个方向上有多少紧挨着的相同颜色的落子
```

```
    for d1 in direction_list:
        num = chess_num(last_x, last_y,
                        d1[0], d1[1], n_chess)
        # 输赢判断
        if num + 1 >= 5:
            return True
    return False

while True:
    # 监测游戏窗口内发生的鼠标或键盘操作事件
    # 并做出需要的响应
    for event in pygame.event.get():
        # 如果是用鼠标单击了窗口的关闭按钮,
        # 那么终止 pygame 的使用并停止程序的执行
        if event.type == pygame.QUIT:
            pygame.quit()
            exit()

        # 如果是鼠标在窗口内单击之后又弹起
        # 那么就获取这个单击的位置
        # 在计算得到与之距离最近的网格线交叉点之后
        # 把这个交叉点的行列值保存到 chess_list 中作为落子的位置
        # 一同保存的还有 flag，这在绘制棋子时会用到
        if event.type == pygame.MOUSEBUTTONUP:
            x, y = pygame.mouse.get_pos()
            row = int(round((y-space)*1.0/cell_size))
            column = int(round((x-space)*1.0/cell_size))
            if column >= 0 and column < line_num \
                    and row >= 0 and row < line_num \
                    and (column, row, 1) not in chess_list \
                    and (column, row, 2) not in chess_list:
                chess_list.append((column, row, flag))
                # 调用 win()函数，如果有一方产生了五连子
                # 那么就根据这一方是黑还是白设置 game_state
                # 如果还没有一方产生五连子，那么就继续落子
                if win(chess_list, flag):
                    if flag == 1:
                        game_state = 2
                    else:
                        game_state = 3
                else:
                    if flag == 1:
                        flag = 2
                    else:
                        flag = 1

    # 绘制出棋盘上的横向网格线
    # 绘制直线可以用子模块 draw 中的 line()方法
    # 因为横向网格线有 15 条，所以在一个 for 循环结构中执行绘制
    for i in range(0,cell_size*line_num,cell_size):
        pygame.draw.\
            line(screen, (0, 0, 0),
                 (0+space, i+space),
```

```
                (grid_size+space, i+space), 1)

    # 绘制出棋盘上的纵向网格线
    # 纵向网格线也有 15 条，所以也要在一个 for 循环结构中通过
    # 执行 line()方法进行绘制
    for j in range(0,cell_size*line_num,cell_size):
        pygame.draw.\
            line(screen, (0, 0, 0),
                (j+space, 0+space),
                (j+space, grid_size+space), 1)

    # 遍历 chess_list 列表里保存的网格交叉点行列值
    # 以及 flag 值，在棋盘上相应的交叉点处绘制出圆形
    # 作为落子，落子的颜色根据 flag 值确定
    for x, y, f in chess_list:
        x_loc = x * cell_size+space
        y_loc = y * cell_size+space
        if f==1:
            color = (0, 0, 0)
        else:
            color = (225, 225, 225)
        pygame.draw.circle(screen, color,
                        [x_loc, y_loc], 16, 16)

    # 根据 game_state 是 2 还是 3 判断黑棋胜还是白棋胜
    if game_state == 2:
        win_text = font.render("%s win" %('black'),
                            True, (210, 210, 0))
        screen.blit(win_text, (260, 320))
    elif game_state == 3:
        win_text = font.render("%s win" % ('white'),
                            True, (210, 210, 0))
        screen.blit(win_text, (260, 320))

    # 必须调用子模块 display 中的 update()方法
    # 才能刷新游戏界面的显示
    pygame.display.update()
```

把上面这段最终版本的五子棋游戏代码保存到一个.py 文件中并执行 Run Module 命令，在游戏界面中用鼠标单击棋盘上的交叉点即可实现落子。落子的颜色是先黑后白，一旦黑子或白子形成五连子，游戏就会提示 black win 或 white win，并不允许再落子，效果如图 39-6 所示。

这段新的代码相较之前又添加了几个变量，例如 game_state 及 font，其中 game_state 是记录游戏状态的，font 是输赢提示时的字体。game_state=1 表示游戏正在继续，如果黑方胜出就令 game_state=2，如果白方胜出就令 game_state=3

输赢判断的功能是 win()函数完成的，在 win()函数里面还调用了 chess_num()函数。chess_num()函数的参数 lx 和 ly 是一个落子的行列值，参数 dx 和 dy 用于确定方向，这个函数的作用就是计算棋盘上的某个落子在确定方向上有几个颜色相同的连子。

几经周折，总算是完成了这个益智五子棋游戏。上面这段最终版本的五子棋游戏代码

比较长，也不像之前的那些 Python 编程小案例一样理解起来几乎没什么难度，反而是需要在试玩几局之后静下心来看着代码慢慢揣摩一番的。

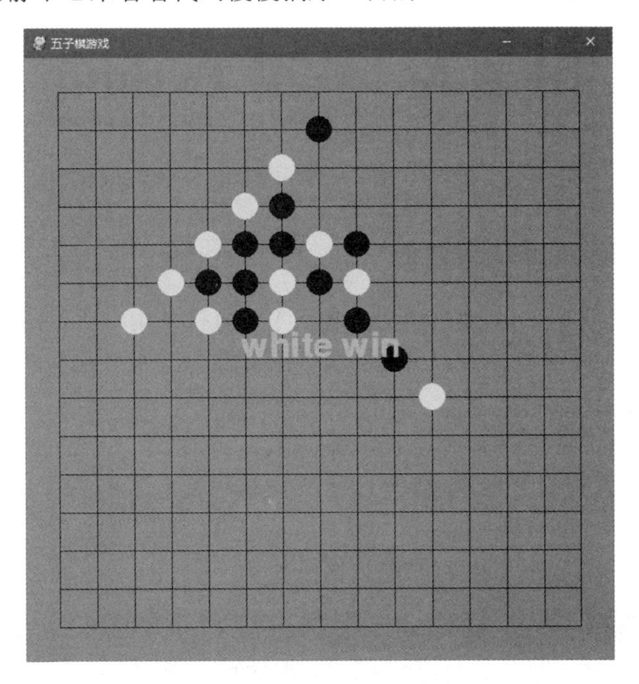

图 39-6　试玩最终版本的五子棋游戏

在这个益智五子棋游戏完成之后，我们整本书的“旅程”到这里就算是告一段落了。事实上，有趣的 Python 编程小案例还有很多，限于篇幅，就到此为止了。

本书中的前半部分涉及 Python 的基础语法，遗憾的是这部分并不是全部的 Python 基础语法。后半部分的实践证明了掌握 Python 的基础语法还是很有必要的，浏览一些学习 Python 的网站可以让我们快速地掌握更多 Python 的基础语法，如 runoob（https://www.runoob.com/python/python-tutorial.html）及 w3cschool（https://www.w3cschool.cn/python3/python3-tutorial.html）等。

附录 A　安装 Python

1．获取和安装Python的大致过程

在使用非常广泛的 Windows 系统上，我们不能直接使用 IDLE 编写 Python 程序并运行，原因是 Windows 系统上并没有 Python，也就是说，想要在计算机上使用 Python，还得下载安装包然后进行安装。

到目前为止，Python 一共有两大版本系列可选，分别是 Python 2.x 系列和 Python 3.x 系列。这两大版本系列的 Python 都被打包成安装包文件发布在了 Python 的官方网站（https://www.python.org/）上。

如图 A-1 展示的就是 Python 官网的页面。

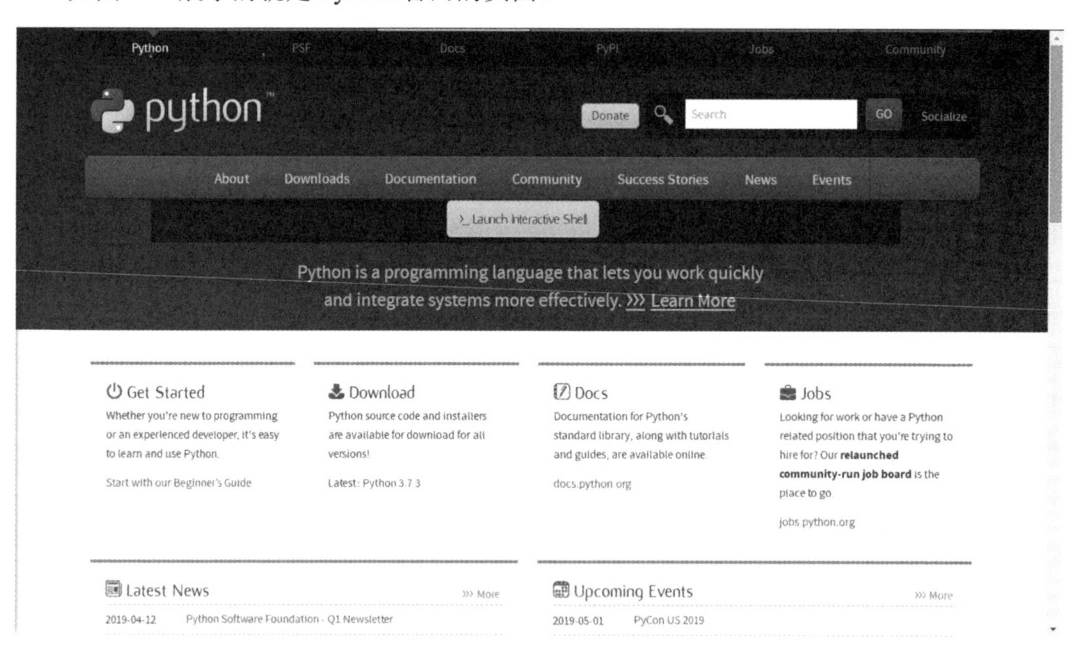

图 A-1　Python 官网页面

相较之下，Python 3.x 目前被用得最多，用户也在逐渐增加，所以更能代表未来的趋势。本书中的例子都是基于 Python 3.6 的版本，所以接下来要安装的也是 Python 3.6。

在图 A-1 所示的 Python 官网页面的中间，单击 Download 选项就可进入最新版 Python

的正式下载页面。还是在 A-1 所示的 Python 官网页面，拉到最下端，单击 All releases 选项就可进入到下载旧版 Python 的页面。

假设安装在 Windows 系统上进行，那么通过 All releases 选项下载得到的安装包文件就是 python-3.6.0-amd64.exe（amd64 表示软件为 64 位）。双击运行这个安装包文件可以进入 Python 的安装界面，如图 A-2 所示。

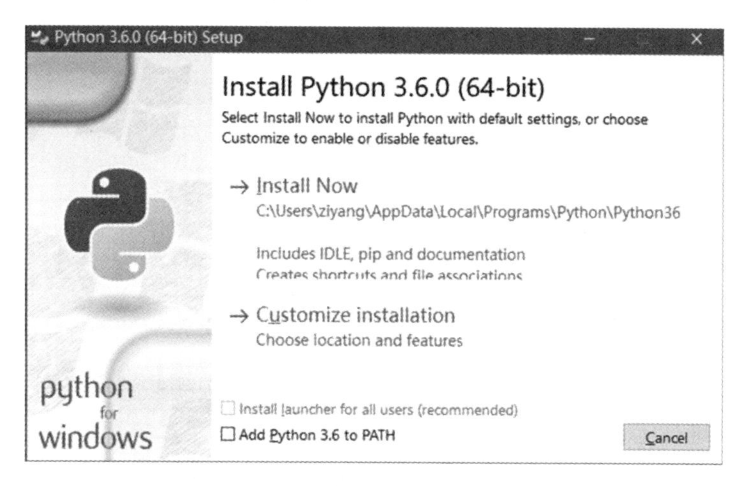

图 A-2 开始 Python 3.6.0 的安装

Python 的安装界面上有两个选项，选择 Install Now 可以按照默认的安装路径和安装选项进行 Python 的安装，而选择 Customize installation 则可以自定义安装路径和安装选项。

对于新手来说，在选中了最下方的 Add Python 3.6 to PATH（将 Python 3.6 添加到环境变量）复选框后选择 Install Now 选项，然后等待几分钟，Python 就自动安装到计算机上并可以使用了。Install Now 选项是一步到位，所以是对新手最友好的 Python 安装方式。

对于有探索欲望的读者，可以选择 Customize installation 选项开始 Python 的定制化安装。如图 A-3 所示是选择该选项后进入的安装可选项页面。逐项看的话，选中 Documentation 表示同时安装 Python 自带的说明文档；选中 pip 表示安装 Python 自带的一个下载和安装模块的工具；选中 td/tk and IDLE 表示安装 Python 自带的 IDLE 工具。默认情况下这些可选特性是都选中的，也建议将这些可选特性全部选中。

单击 Next 按钮进入高级选项页面，如图 A-4 所示，这里最重要的是 Customize install location 选项，表示 Python 3.6.0 的安装路径。

- Install for all users 选项表示为这台计算机上的每个用户都安装 Python。
- Create shortcuts for installed applications 选项表示为安装的 Python 主程序及其他附加程序在应用列表中添加图标。
- Add Python to environment variables 表示将 Python 的安装路径添加到系统的环境变量中。强烈建议选中这个选项，这和图 A-2 中的 Add Python 3.6 to PATH 选项是相同的作用，即使在安装的过程中没有选中将 Python 的安装路径添加到系统的环境变量中，在安装过后也要手动执行添加的操作。

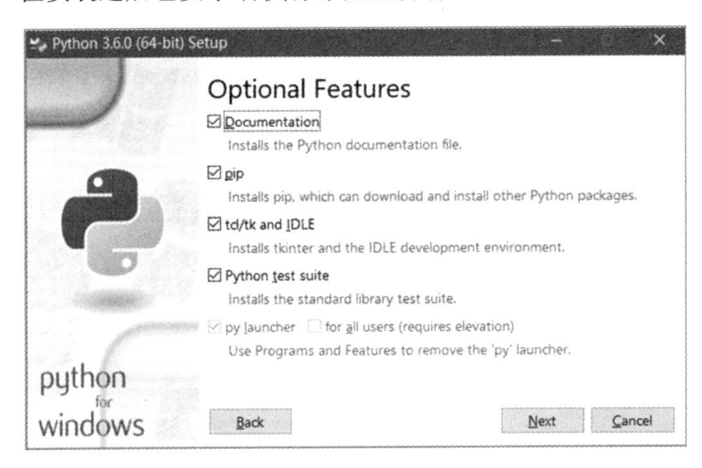

图 A-3　可选特性

图 A-4 所示的选中选项为常用选项，如果尚不清楚选中哪些选项是对自己有用的，那么按照图中所示进行选择即可。

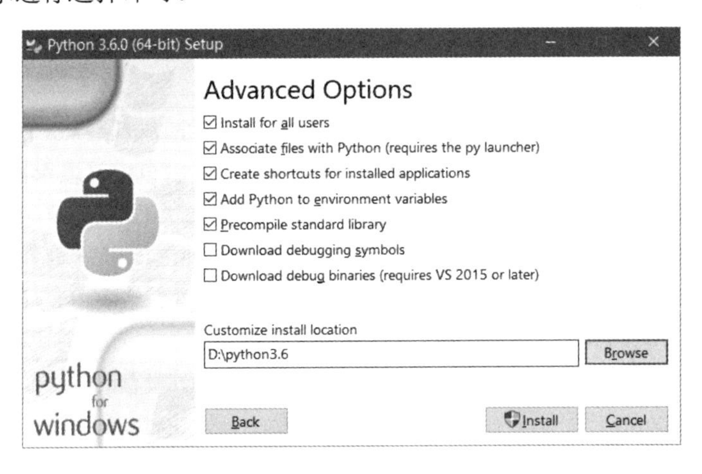

图 A-4　高级选项

全部设置完之后，单击 Install 按钮即可开始安装，这次同样是要等待几分钟。

需要说明的一点是，如果在图 A-4 中选中了 Add Python to environment variables 复选框，那么在安装完成后使用快捷键 Win+R 打开“运行”对话框，并在其中运行 python 命令就会顺利地打开 Python 命令行程序，如图 A-5 和图 A-6 所示。

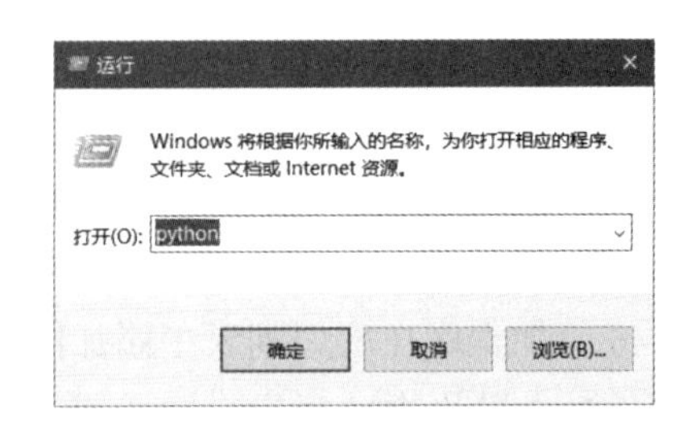

图 A-5　在“运行”对话框中执行命令

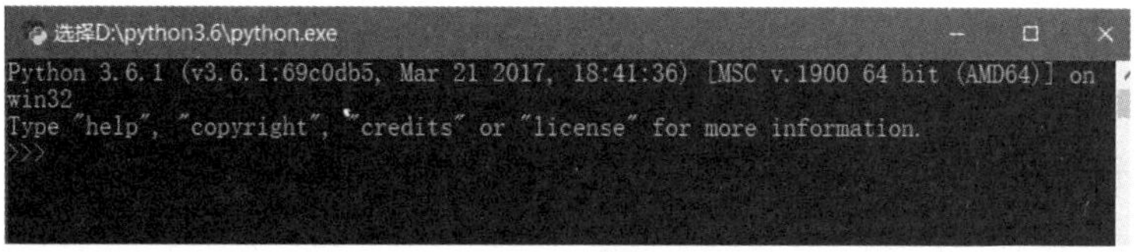

选择D:\python3.6\python.exe
Python 3.6.1 (v3.6.1:69c0db5, Mar 21 2017, 18:41:36) [MSC v.1900 64 bit (AMD64)] on win32
Type "help", "copyright", "credits" or "license" for more information.
>>>

图 A-6　Python 的命令行程序界面

能够顺利地打开图 A-6 所示的界面就说明不仅 Python 已经安装成功，而且系统也通过环境变量识别到了安装的Python。假如在安装的时候忘记选中Add Python to environment variables 复选框，那么就要参考下面所说的步骤，手动将 Python 的安装路径添加到系统环境变量中。

2. 添加环境变量以加载Python

图 A-7 展示了在 Windows 10 系统中打开“环境变量”对话框的步骤，先右击“这台电脑”，然后在弹出的快捷菜单中选择“属性(R)”命令，这样会打开“系统”信息窗口。再在“系统”信息窗口中选择“高级系统设置”选项,这样会打开“系统属性”对话框，最后在“系统属性”对话框中单击“环境变量”按钮。

打开(O)
管理(G)
创建快捷方式(S)
删除(D)
重命名(M)
属性(R)
系统
控制面板 › 系统和安全 › 系统
控制面板主页
设备管理器
远程设置
系统保护
高级系统设置
查看有关计算机的基本信息
Windows 版本
Windows 10 教育版
系统属性
计算机名　硬件　高级　系统保护　远程
性能
用户配置文件
启动和故障恢复
环境变量(N)...
确定　取消

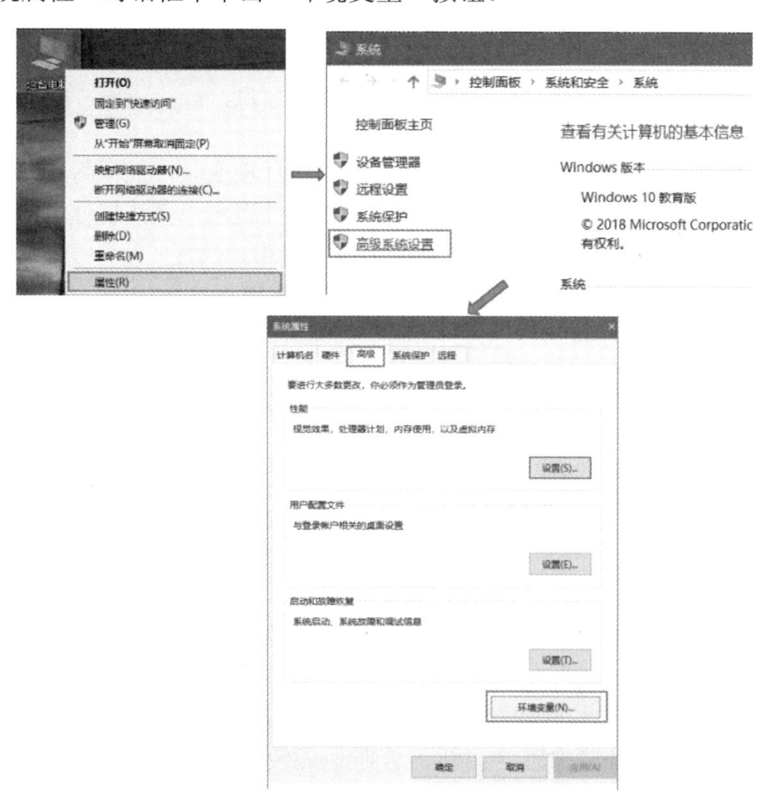

图 A-7　Windows 10 系统中打开“环境变量”对话框的步骤

图 A-8 所示为 Windows 10 系统的“环境变量”对话框。

环境变量共分为用户变量和系统变量两种，我们要操作的是系统变量。单击选中 Path，然后单击“编辑”按钮，弹出系统变量的编辑对话框，如图 A-9 所示。

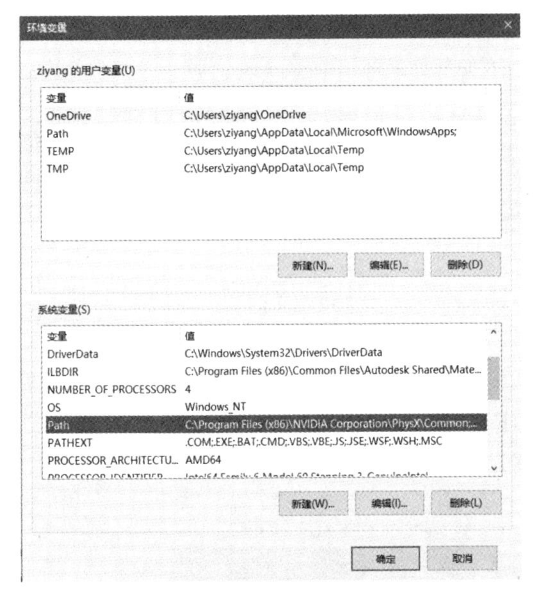

图 A-8　进入“环境变量”对话框

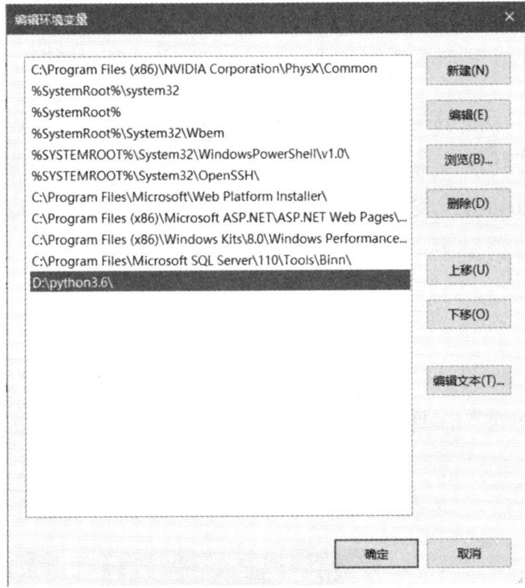

图 A-9　“编辑环境变量”对话框

我们所需要做的就是单击“新建”按钮新建一个环境变量，然后将 Python 的安装路径作为该环境变量的值。最后一路单击“确定”按钮并退出“系统属性”对话框。注意，这里已经将 Python 的安装路径添加到了系统环境变量中。

如果需要安装 Python 2.x，那么添加环境变量的步骤也是相同的，将环境变量的值改为 Python 2.x 的安装路径即可。

3. 简单聊聊Python的历史

聊聊 Python 的历史就像是一道饭后甜点一样，可以让大家在得到并使用 Python 之后可以缅怀前人们为我们做出的杰出贡献。

说到 Python 的起源，那就与荷兰的一位名叫 Guido van Rossum 的人息息相关，他就是 Python 的作者。Rossum 在 1989 年开始了 Python 的设计，那时的他还在荷兰的 CWI（Centrum voor Wiskunde en Informatica，国家数学和计算机科学研究院）工作。在 1991 年，他对外发布了第一个 Python 的公开发行版。

促使 Rossum 投身于一门新语言开发的原因，大概就是因为 Rossum 想要在他以后所从事的工作（在 Rossum 构思这门新语言时他还没有进入 CWI）中使用一种更便捷的语言，这门语言既要最大化地利用较低配置的计算机的有限存储空间（20 世纪 80 年代初的计算机配置相较于今天而言是有着天壤之别的），又要在使用时能够感受到轻松、惬意。

在 20 个世纪 80 年代，正是一些面向对象的程序设计语言被逐渐开发出来的时期，那时在计算机领域处于“霸主”地位的还是像 C 语言这些面向过程的程序设计语言。C 语言的功能强大是不言而喻的，但是要想凭借 C 语言设计出功能复杂的程序，那就不得不考虑计算机的存储空间了，不仅如此，编写冗长的代码也会耗费相当一部分的时间。

Rossum 很自然地想到了 shell。shell 的作用就是通过几行简短的命令将散碎的 C 语言程序片段像“胶水”一样粘接起来，这样一来，可就比直接编写成百上千行的 C 语言程序轻松多了。可是 shell 毕竟不是一门语言，在灵活地实现各种所需要的功能及调用计算机的功能等方面使得 Rossum 不怎么满意。受到其他面向对象程序设计语言的启发，Rossum 考虑能不能自己设计一门语言，既能够极大程度地缩短代码篇幅，又能具有像 C 语言那样的灵活性和多功能性。

带着这样的想法，Rossum 后来进入了 CWI 参加工作，并参与了 ABC 语言的开发工作。毕竟 ABC 语言不是 Rossum 主导开发的语言，但 ABC 语言所拥有的功能也基本达到了 Rossum 对他所期待的新语言的构想，可以认为，ABC 语言就是 Python 语言的雏形。后来，ABC 语言之所以没能像 Python 那样广为人知，原因就是它本身存在着一些不小的问题，例如较差的可拓展性、非开放而导致传播困难（Rossum 认为这是最重要的原因）、过度革新（新手学习起来比较吃力）及对 I/O 操作较差的支持等。

ABC 的失败使得 Rossum 下定决心打造一款自己心目中的新的程序设计语言。此时正值 1989 年的圣诞节期间，Rossum 为了度过他认为无聊的圣诞节，决心开发一个新的脚本解释程序设计语言以继续发扬他认为的 ABC 语言中所体现出来的优势。Rossum 为这门语言起名 Python，这个名字源于他非常喜欢的一部英国“肥皂剧”*Monty Python's Flying Circus*（飞行马戏团）。

Rossum 对他的 Python 的设定是“优雅”“清晰”“尽可能简单”。在设计 Python 的时候，Rossum 就在考虑 Python 该拥有怎样的语法规则才会被广大的开发者接受而不是只为他自己所用。在这些基本原则的指导下，Python 摒弃了对略显“花俏”的语法的支持，开发者很容易能够使用 Python 写出明确的没有或者很少有歧义的语句。也就是说，Python 通常被认为具备更好的可读性（相较于 Perl 或 C++等）。

不过 Python 也并不是完全没有缺点，从它诞生至今这个缺点也没有完全被克服，那就是它可能有点慢。原因和 Python 程序的执行过程有关。Python 源代码通常会经过编译的步骤转换成字节码，这种字节码是一种与平台无关的格式，因此具有较好的可移植性。但是字节码没有被编译器编译成底层的二进制代码（或者说是 CPU 的机器指令），而是由 Python 虚拟机（PVM）执行这部分字节码。PVM 通过逐条读入及解释字节码并翻译成对应的二进制代码的方式执行字节码程序。相比于 C/C++语言这种将代码完全编译成二进制代码的方式，Python 程序的执行方式显然“不够直接”。

为了应付这项弊端，设计者们已经在多个发行版本的 Python 中进行了相应的优化。

目前来说，有相当一部分使用 Python 开发的程序可以不受 Python 运行速度的影响，而少量的一些注重快速反应（也就是对运行速度要求很高）的情况，设计师在使用 Python 完成时通常会考虑使用 JIT（Just In Time，即时编译）技术，或者使用 C/C++语言改写这部分程序（Python 能够很好地支持调用 C/C++语言的代码）。

瑕不掩瑜，Python 的这个缺点并不能掩盖它的优点。一些程序设计师亲切地将 Python 语言称为“胶水语言（glue language）”，这正是其优点的证明。所谓胶水语言，即将一些需要优化速度的程序部分改为使用 C/C++语言编写，而系统整体上则是使用 Python 去调用这些用其他语言编写的程序（像胶水一样拼接起零散的程序）。在现如今计算机 CPU 的处理速度快速增长的大环境下，因 Python 程序的执行速度而带来的性能损失又恰好被 Python 程序开发速度快而带来的效益提高所很好地弥补。

关于 Python 的这种胶水语言特性，Alex Martelli（《Python 技术手册》的作者）是这样描述的：“2004 年，Python 已在 Google 内部使用，Google 招聘了许多 Python 程序设计师并在此之前就已决定使用 Python，他们的目的就是在操控硬件的场合使用 C++而在快速开发时使用 Python。”

伴随着第一个发行版 Python 的发布，第一个 Python 编译器也于 1991 年被 Rossum 开发出来。这个 Python 的编译器是采用 C 语言实现的，所以编译器原生支持调用 C 语言程序库（后缀名为.so 的文件）。最开始发布的 Python 和现如今我们所使用的 Python 2.x 及 Python3.x 均不相同，这主要受当时的大环境影响。在那时，Intel 才发布了 486 处理器，而 Windows 则还处于视窗操作系统的起步阶段。除此之外 Internet 及个人计算机还没有完全普及，因此使用 Python 的程序设计师只占很少的一部分。依赖于后来网络技术的进步，Python 的各项功能特性开始逐步改善，语法也逐渐丰富起来，重点是更加容易获得和使用。

在附录的一开始我们就知道了目前 Python 一共有两大版本系列可选，分别是 Python 2.x 和 Python 3.x。从这种命名中可以看出，Python 2.x 系列出现的比 Python 3.x 系列要早。事实上，早在 2001 年的 6 月，Python 2.x 系列的第一个版本（Python 2.0.1）就发布了，而 Python 3.x 系列的第一个版本（Python 3.0.1）则是在 2009 年的 2 月才发布。

附录 B　程序流程图图例

1. 程序流程图的基本图形符号

表 B-1 汇总了程序流程图的七大基本图形符号，同时配有名称及作用说明。

B-1　程序流程图的七大基本图形符号

基本图形符号	名　称	作　用
	起止框	通常出现在程序流程图的开始和结束
	执行框	一些Python程序要执行的语句，例如计算表达式或者执行某个函数等，都放在执行框里
	输入/输出框	Python程序的输入和输出都可以放在输入/输出框里，例如用input()函数读取来自屏幕的输入或print()函数打印一些内容等
	判断框	在for循环、while循环及if判断结构中，都会涉及条件表达式的判断，判断框的作用就是放置Python程序中的条件表达式
	流程线	顾名思义，用来提示程序的执行顺序
	连接点	通常用来连接程序流程图中的连接线和四个框（起止框、执行框、输入/输出框及判断框），有时为了方便经常可以忽略
	注释框	是为了给程序流程图注释一些内容以更方便理解。注释框的左半侧是连接线，用于连接程序流程图中需要注释的地方，右半侧是开放的矩形，用于放置注释的内容

2. 程序流程图的三种基本结构

程序流程图的三种基本结构包括顺序结构、选择（分支）结构及循环结构。

图 B-1 展示了顺序结构的程序流程图模板。

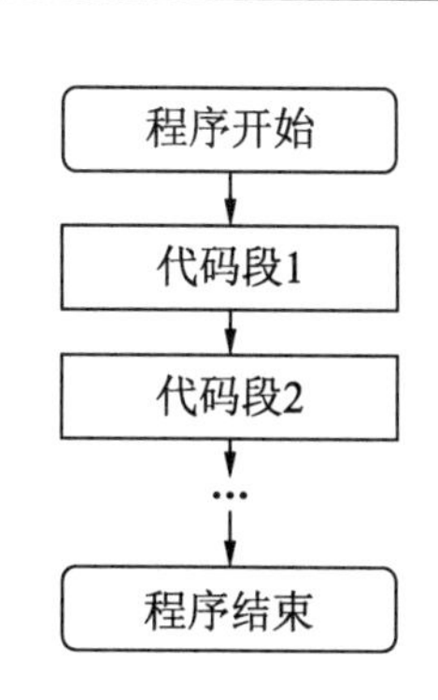

图 B-1　顺序结构的程序流程图

顺序结构的程序流程图没什么好探究的，就是从一开始就直连了一串的执行框，对应到 Python 程序中就是语句一条一条地被执行，没有选择和循环结构。

接下来看看选择（分支）结构的程序流程图模板，如图 B-2 所示。

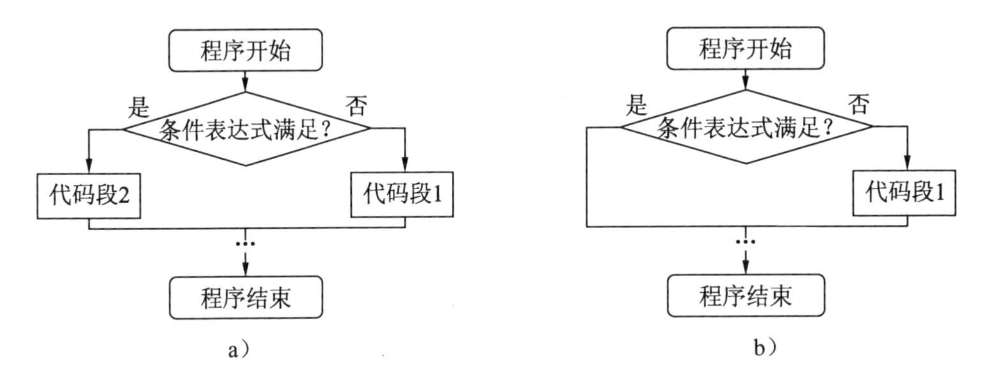

图 B-2　选择（分支）结构的程序流程图

选择（分支）结构的程序流程图可能有两种，图 B-2a 展示的是一种在条件表达式被判断为成立及不成立的情况下，均连接有执行框的选择（分支）结构流程图，而图 B-2b 展示的则是一种只有在条件表达式被判断为成立的情况下，才连接有执行框的选择（分支）结构流程图。

对应到 Python 程序中，有 elif 分支的 if 判断结构就可以绘制为类似图 B-2a 所示的程序流程图，而没有 elif 分支的 if 判断结构则可以绘制为类似图 B-2b 所示的程序流程图。

接下来看看循环结构的程序流程图模板，如图 B-3 所示。

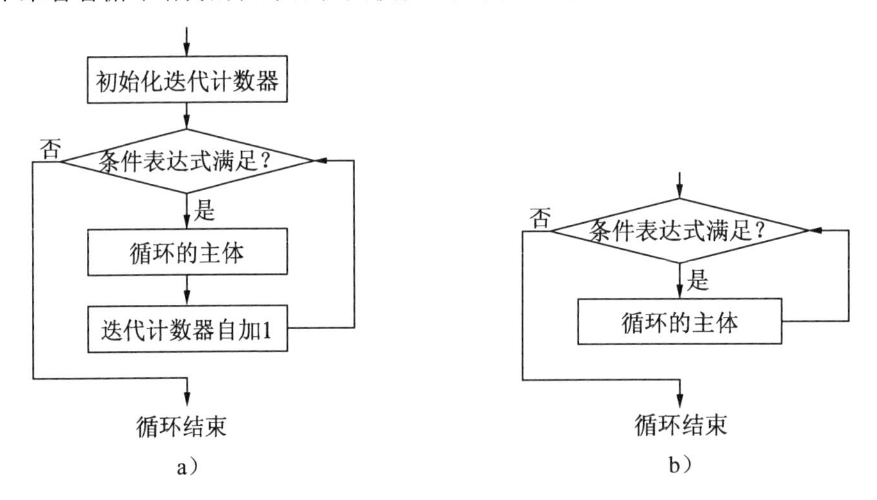

图 B-3　循环结构的程序流程图

Python 程序中的循环结构有 for 循环和 while 循环两种。图 B-3a 展示的循环结构的程序流程图模板可以对应到 for 循环结构，而图 B-3b 展示的循环结构的程序流程图模板可以对应到 while 循环结构。

附录 C　Python 的表达式操作符

在 Python 中，常用的表达式操作符有加法运算符（+）、减法运算符（-）、乘法运算符（*）、除法运算符（/）、幂运算符（**）及赋值运算符（=）等，这些都是我们非常熟悉的。此外，还有自增运算符（+=）及自减运算符（-=）等，这些我们也会用到并且极易混淆，要牢记相应的功能。

当然，在 Python 中还可以使用的表达式操作符还有很多。本附录的内容就是汇总了在 Python 中可用的表达式操作符，以方便在日后要用到的情况下可以随手翻查，如表 C-1 所示。

表C-1　Python中可用的表达式操作符

表达式操作符		含　义	示　例
算数运算符	+	加法（或合并）	x + y（功能是计算x与y的和）
	-	减法	x - y（功能是计算x减y的差）
	*	乘法（或重复）	x * y（功能是计算x与y的乘积）
	/	除法	x / y（功能是计算x除以y的结果）
	%	除法取余数	x % y（功能是计算x除以y后取余的结果）
	**	幂运算	x ** y（功能是计算x的y次幂）
	//	除法取整数（真除法或floor除法）	x // y（功能是计算x除以y后取整的结果）
	++	自加1	x++或++x（作用相当于x=x+1）
	--	自减1	x--或--x（作用相当于x=x-1）
赋值运算符	=	赋值	x = y（就是将y的值赋值给x）
	+=	相加后赋值	x += y（作用相当于x = x + y）
	-=	相减后赋值	x -= y（作用相当于x = x - y）
	*=	相乘后赋值	x *= y（作用相当于x = x * y）
	**=	幂运算后赋值	x **= y（作用相当于x = x ** y）
	%=	除法取余数后赋值	x %= y（作用相当于x = x % y）
	/=	相除后赋值	x /= y（作用相当于x = x / y）
	//=	除法取整数后赋值	x //= y（作用相当于x = x // y）

（续）

表达式操作符		含　义	示　例
逻辑运算符	and	逻辑与	x and y（x和y都判断为True时，结果为True）
	or	逻辑或	x or y（x和y中有一个判断为True时，结果为True）
	not	逻辑非	not x（将x的判断结果取反）
比较运算符	==	等于	x == y（x等于y，一般作为判断表达式）
	!=	不等于	x != y（x不等于y，一般作为判断表达式）
	<=	小于等于	x <= y（x小于等于y，一般作为判断表达式）
	>=	大于等于	x >= y（x大于等于y，一般作为判断表达式）
	<=	小于	x ＜ y（x小于y，一般作为判断表达式）
	>=	大于	x ＞ y（x大于y，一般作为判断表达式）
成员关系运算符	in	某成员在指定的序列中	x in y（如果x在序列y中，则返回Ture，否则返回False）
	not in	某成员不在指定的序列中	x not in y（如果x不在序列y中，则返回Ture，否则返回False）
	is	判断两个标识符是否引用自同一个对象	x is y（如果x和y是引用自同一个对象，则返回Ture，否则返回False）
	is not	判断两个标识符是否引用自不同的对象	x is not y（如果x和y是引用自不同的对象，则返回Ture，否则返回False）
位运算符	&	按位与运算	x & y（对于二进制的x和y两个值，如果对应位都为1，则该位的结果为1，否则为0）
	|	按位或运算	x | y（对于二进制的x和y两个值，如果对应位有一个为1，则该位的结果为1，否则为0）
	^	按位异或运算	x ^ y（对于二进制的x和y两个值，如果对应位不相同，则该位的结果为1，否则为0）
	~	按位取反运算	~x（对于二进制的x，将二进制数据的每个位取反，即把1变为0，把0变为1）
	<<	按位左移若干位运算	x << y（对于二进制的x，各二进制位全部左移y位）
	>>	按位右移若干位运算	x >> y（对于二进制的x，各二进制位全部右移y位）
括号运算符	(...)	改变表达式计算顺序、创建元组	(x+y)*z（这是先计算括号内x和y相加的和，再计算与z的乘积，如果是x+y*z，那么就先计算y和z的乘积，再加上x） (x,y)（这是创建只有x和y两个元素的元组）
	[...]	列表、列表解析	x[i]（列表的索引） x[i:j:k]（列表的分片）
	{...}	创建字典/集合及解析字典/集合	{"spam":2, "eggs":3}（这是含有两个成员的字典） {x,y,z}（这是含有三个成员的集合）

从表 C-1 中可以看出，Python 中的表达式操作符大致可以分为 7 类：算数运算符、赋值运算符、逻辑运算符、比较运算符、成员关系运算符、位运算符及括号运算符。

附录 D　安装 pygame 模块

如果安装 Python 的过程是按照附录 A 进行的，那么 pip 工具也会在这个过程中被一起安装上，这是一个 Python 自带的下载和安装模块的工具。

虽然 Python 自带了上百个模块，例如 math 模块、tkinter 模块及 matplotlib 模块等，但是仍有一些其他团队开发的模块没有自带，例如 pygame 模块。如果需要用到这些非 Python 自带的模块，就要先自行安装这些模块，在这个过程中就需要用到 pip 工具。

按 Win+R 快捷键打开“运行”对话框，在其中输入 powershell 命令打开 Windows 系统自带的 PowerShell 命令行程序，如图 D-1 所示。

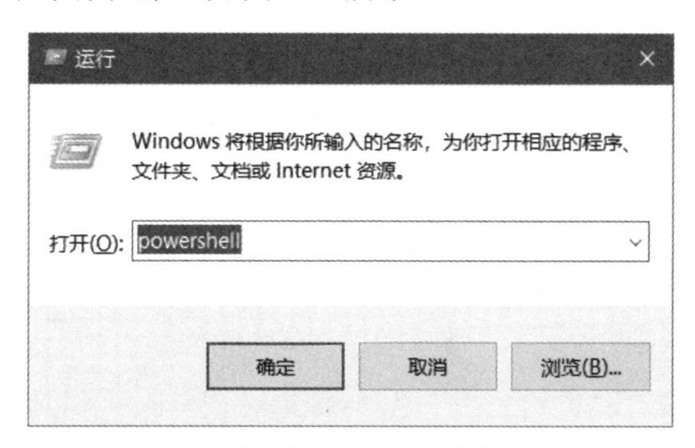

a）运行 powershell 命令

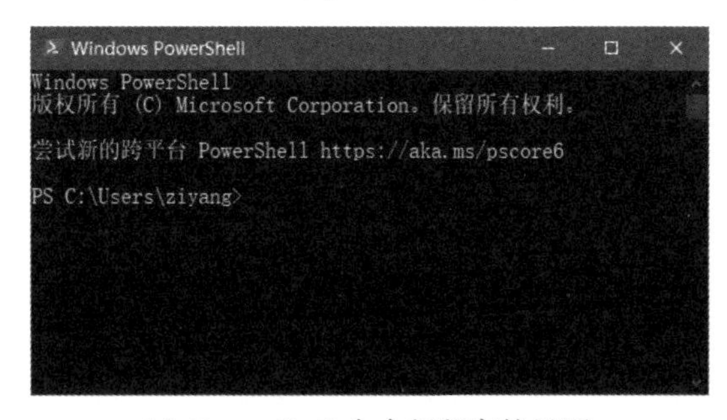

b）PowerShell 命令行程序的界面

图 D-1　运行 powershell 命令打开 Power Shell 命令行程序

接下来在 PowerShell 命令行程序中输入下面这行命令后按 Enter 键。

```
pip install pygame
```

在这行命令中，pip表示使用pip工具，install表示使用pip工具执行模块的安装，pygame就是要安装的模块的名字。使用 pip 工具安装模块时，计算机一定要能够联网，这样 pip 工具就会从其他网站找到适合已安装的 Python 使用的 pygame 模块，并下载安装。

图 D-2 展示的是在PowerShell命令行程序中执行上面那行命令。从图 D-2 中可以看出，pip 工具会先下载 pygame 模块的安装包，然后才会执行安装，如果成功安装的话，就会在结束后提示“Successfully installed pygame-1.9.6”。

图 D-2　执行命令安装 pygame 模块

除了 pygame 模块不是 Python 自带的模块之外，我们在做照片浏览器的时候接触过的 PIL 模块也不是 Python 自带的模块，也需要在使用之前单独安装。在 PowerShell 命令行程序中执行下面的这行命令就可以完成 PIL 模块的安装。

```
pip install pillow
```

附录 E　安装一款 IDE 软件代替 IDLE

回顾一下，在本书前面囊括的所有编程实践中，用到的软件工具只有 IDLE 一个，它是安装 Python 时自带的。我们可以将 IDLE 看作是测试 Python 语句、编写 Python 程序及运行 Python 程序的环境。

上手 IDLE 的使用并不困难，甚至可以说非常简单。IDLE 拥有干净的界面，所以我们可以很快地记住每个按钮有什么作用，可是正因为如此，IDLE 的功能并不是很丰富。有些情况下，在直接使用 IDLE 测试 Python 语句时，如果不慎输入了一行不符合语法规则的语句，那么就意味着这行语句要被重新输入。

如果想要优化编写 Python 程序及运行 Python 程序过程中的体验，那么可以尝试在计算机上安装一款专业的 IDE（Integrated Development Environment，集成开发环境）软件。

Pycharm 就是 JetBrains 公司专为 Python 程序开发而推出的一款非常不错的 IDE 软件。Pycharm 拥有的功能比 IDLE 更多，包括工程管理、语法关键字高亮显示、代码语法错误智能提示、自动补全、单元测试及版本控制等，运行界面看上去也更加高大上。

作为一款专业的大型 IDE，程序开发人员可能会用到的功能 Pycharm 应有尽有。此外，在使用一些 Python 框架/库（例如 Scrapy 框架及 Django 框架等）进行专业的网络开发时，Pycharm 也能提供良好的支持。

目前，Pycharm 有社区版（community）和专业版（professional）两大版本，其中社区版是免费使用的，专业版不是免费的但可以免费试用一段时间。下载 Pycharm 可访问 https://www.jetbrains.com/pycharm/download/#section=windows。

以安装社区版的 Pycharm 为例，在下载 pycharm-community-2019.1.1.exe 安装文件（这是在写作本书时社区版 Pycharm 的最新版本）之后，双击打开，选择好安装路径后开始安装，如图 E-1 所示。

一般安装的过程不会出现什么问题，只需要注意在 Destination Folder 选项中选择 Pycharm 的安装路径即可。

Pycharm 的启动界面如图 E-2 所示。

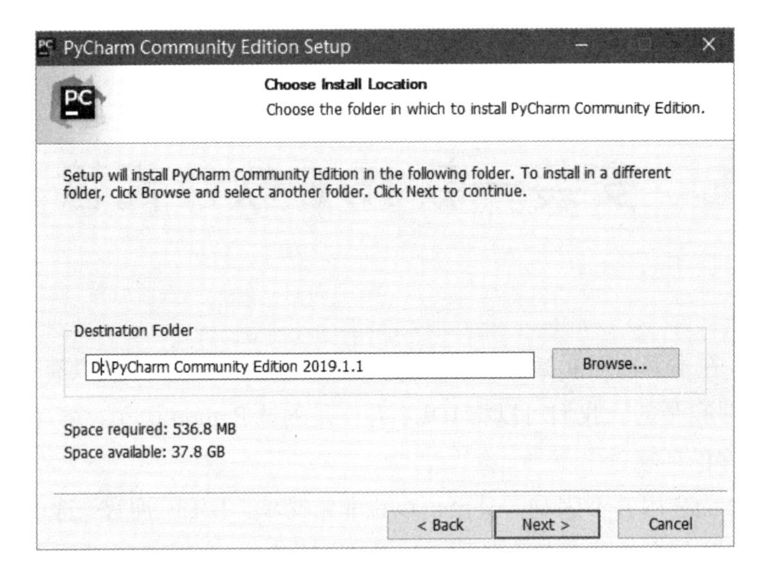

图 E-1 Pycharm 安装

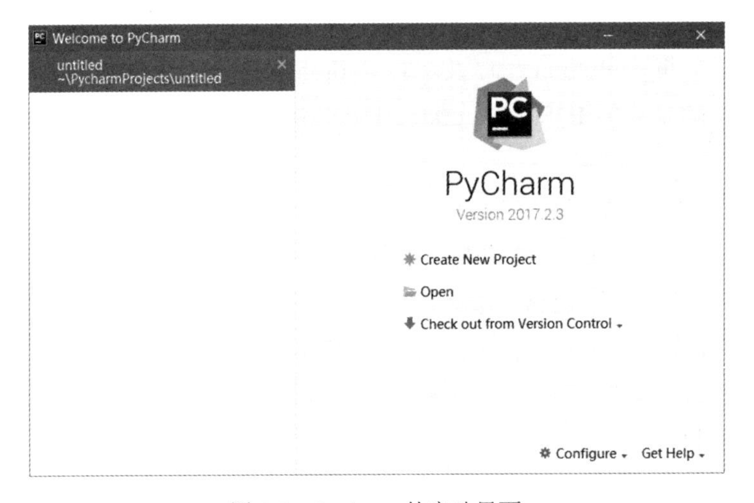

图 E-2 Pycharm 的启动界面

在这个启动界面中，左侧展示的是曾经用 Pycharm 创建的项目，Create New Project 选项表示创建一个新项目，选择该选项后会出现如图 E-3 所示的界面。

如果是一般的 Python 项目，那么来到图 E-3 所示的新项目选择界面中，先在左边项目类型中选择 Pure Python，然后在 Location 一栏中选择项目的位置和项目的名称（默认的 Python 项目名就是 untitled）。Interpreter 一栏的内容指的是 Python 在计算机中的安装位置。

接着在图 E-3 中单击 Create 按钮，就创建了一个新的 Python 项目，IDE 也顺利地进入主界面中。一个 Python 项目中可以有很多 Python 文件，这些文件既可以是相关的，也可以是不相关的。

如果现在要给这个项目添加 Python 文件，可以在 IDE 主界面左侧的窗口中右击这个项目，在弹出的快捷菜单中依次选择 New→Python File 命令，如图 E-4 所示。

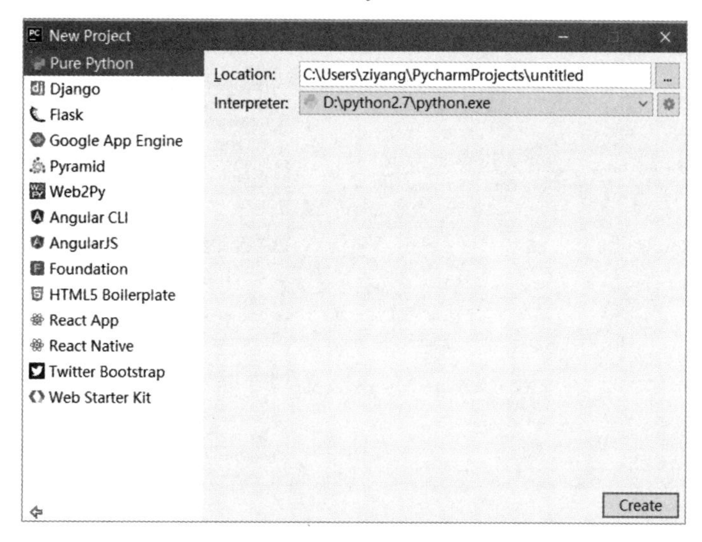

图 E-3　新建一个 Python 工程

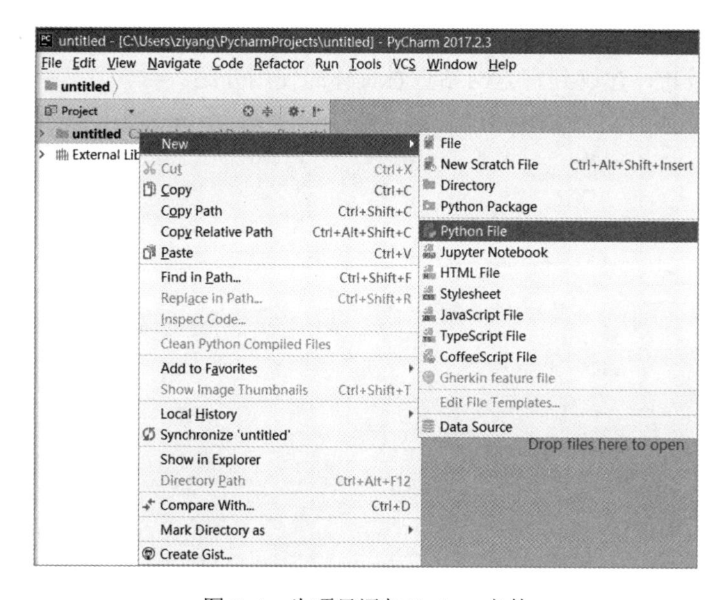

图 E-4　为项目添加 Python 文件

假如现在 Pycharm 中已经编写好了一个 Python 程序，想要运行它看看效果，那么可以在程序编辑区右击，然后在弹出的快捷菜单中选择 Run 命令，如图 E-5 所示。

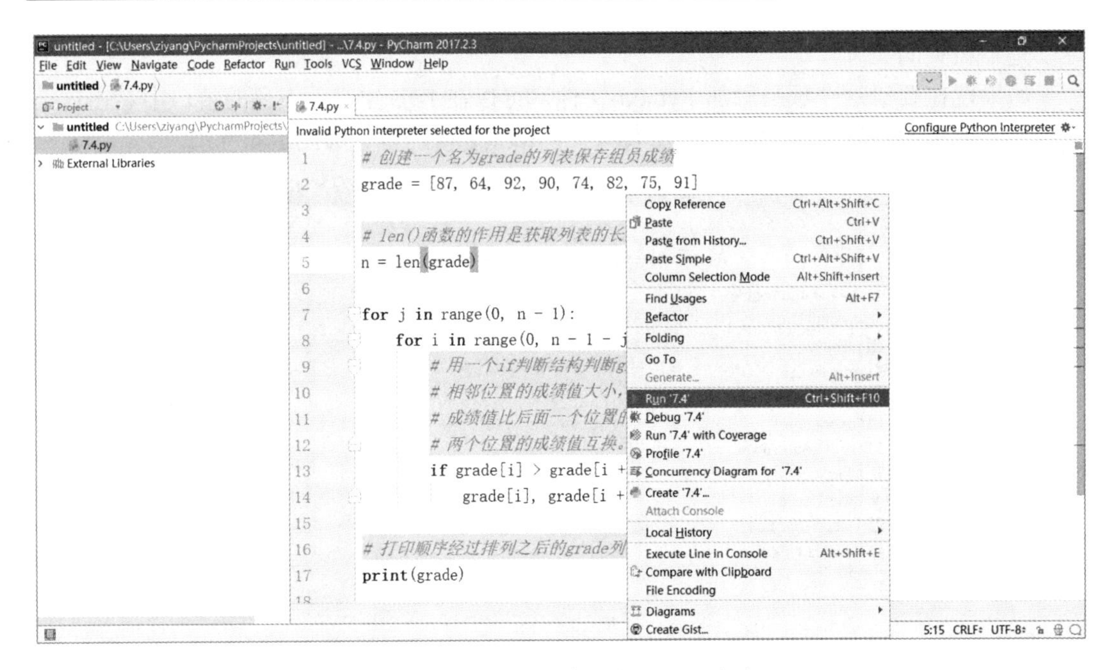

图 E-5　在 Pycharm 中运行 Python 程序

关于 Pycharm 这款 IDE 的安装和初步使用的介绍，到这里就基本结束了。如果对 Pycharm 的使用展开详细的介绍，那么估计用半本书的篇幅都不为过。想要了解更多关于 Pycharm 的使用技巧，建议到官方网站查看具体的使用介绍。